Mathematik

Gymnasiale Oberstufe

Hessen

Leistungskurs

2.2

Herausgegeben von

Dr. Anton Bigalke   Dr. Norbert Köhler

Erarbeitet von

Dr. Anton Bigalke
Dr. Norbert Köhler
Dr. Horst Kuschnerow
Dr. Gabriele Ledworuski

unter Mitarbeit der Verlagsredaktion

Cornelsen

Multimediales Zusatzangebot

Zu den Stellen des Buches, die durch das CD-Symbol gekennzeichnet sind, gibt es ein über Mediencode verfügbares multimediales Zusatzangebot auf der dem Buch beiliegenden CD.

1. CD starten
2. Mediencode eingeben, z. B. **012-1**

Bilder aus dem Bundesland Hessen

Umschlag:	Marburg, Oberstadt mit Schloss
Seite 9:	Burg Waldeck über dem Edersee
Seite 29:	Wetzlar, Dom und Altstadt
Seite 59:	Elisabethenbrunnen
Seite 87:	Hofheim am Taunus, Europäisches Haus der Andacht
Seite 115:	Lauterbach, Ankerturm
Seite 157:	Bad Orb, Kleinstes Haus
Seite 183:	Frankfurt, Goethedenkmal
Seite 203:	Fachwerkkapelle aus Niederhörlau im Freilichtmuseum Hessenpark
Seite 237:	Erbach an der Mümling

Redaktion: Dr. Jürgen Wolff
Layoutkonzept: Wolf-Dieter Stark
Layout: Klein und Halm Grafikdesign, Berlin
Herstellung: Hans Herschelmann
Bildrecherche: Peter Hartmann

Grafik: Dr. Anton Bigalke, Waldmichelbach
Illustration: Detlev Schüler †
Umschlaggestaltung: Klein und Halm Grafikdesign, Berlin
Technische Umsetzung: CMS – Cross Media Solutions GmbH, Würzburg

www.cornelsen.de

1. Auflage, 1. Druck 2010

Alle Drucke dieser Auflage sind inhaltlich unverändert und können im Unterricht nebeneinander verwendet werden.

Druck: CS-Druck CornelsenStürtz, Berlin

ISBN 978-3-464-57457-7

Inhalt gedruckt auf säurefreiem Papier aus nachhaltiger Forstwirtschaft.

Inhalt

■ Basis
◪ Basis/Erweiterung
□ Vertiefung

Vorwort

Rahmenplan

In diesem Buch wird der Rahmenplan Mathematik konsequent umgesetzt und eine intensive Vorbereitung der Schüler auf das spätere Abitur frühzeitig in Gang gesetzt. Der modulare Aufbau des Buches und der einzelnen Kapitel ermöglichen dem Lehrer individuelle Schwerpunktsetzungen. Die Schüler können sich aufgrund des beispielbezogenen und selbsterklärenden Konzeptes problemlos orientieren und zielgerichtet vorbereiten.

Druckformat

Das Buch besitzt ein weitgehend zweispaltiges Druckformat, was die Übersichtlichkeit deutlich erhöht und die Lesbarkeit erleichtert.
Lehrtexte und Lösungsstrukturen sind auf der linken Seitenhälfte angeordnet, während Beweisdetails, Rechnungen und Skizzen in der Regel rechts platziert sind.

Beispiele

Wichtige Methoden und Begriffe werden auf der Basis anwendungsnaher, vollständig durchgerechneter Beispiele eingeführt, die das Verständnis des klar strukturierten Lehrtextes instruktiv unterstützen. Diese Beispiele können auf vielfältige Weise als Grundlage des Unterrichtsgesprächs eingesetzt werden und entlasten auf diese Weise den Lehrer bei der Unterrichtsvorbereitung erheblich. Im Folgenden werden einige Möglichkeiten skizziert:

- Die Aufgabenstellung eines Beispiels wird problemorientiert vorgetragen. Die Lösung wird im Unterrichtsgespräch oder in Stillarbeit entwickelt, wobei die Schülerbücher geschlossen bleiben. Im Anschluss kann die erarbeitete Lösung mit der im Buch dargestellten Lösung verglichen werden.
- Die Schüler lesen ein Beispiel und die zugehörige Musterlösung. Anschließend bearbeiten sie eine an das Beispiel anschließende Übung in Einzel- oder Partnerarbeit. Diese Vorgehensweise ist auch für Hausaufgaben gut geeignet.
- Ein Schüler wird beauftragt, ein Beispiel zu Hause durchzuarbeiten und als Kurzreferat zur Einführung eines neuen Begriffs oder Rechenverfahrens im Unterricht vorzutragen.

Übungen

Im Anschluss an die durchgerechneten Beispiele werden exakt passende Übungen angeboten.

- Diese Übungsaufgaben können mit Vorrang in Stillarbeitsphasen eingesetzt werden. Dabei können die Schüler sich am vorangegangenen Unterrichtsgespräch orientieren.
- Eine weitere Möglichkeit: Die Schüler erhalten den Auftrag, eine Übung zu lösen, wobei sie mit dem Lehrbuch arbeiten sollen, indem sie sich am Lehrtext oder an den Musterlösungen der Beispiele orientieren, die vor der Übung angeordnet sind.
- Weitere Übungsaufgaben auf zusammenfassenden Übungsseiten finden sich am Ende der meisten Abschnitte. Sie sind für Hausaufgaben, Wiederholungen und Vertiefungen geeignet.
- In erheblichem Umfang sind die Aufgabenformate des Abiturs berücksichtigt, vor allem auch solche mit einfachen Anwendungsbezügen und mit Modellierungen.

Überblick und Test

An jedem Kapitelende sind in einem Überblick die wichtigsten mathematischen Regeln, Formeln und Verfahren des Kapitels in knapper Form zusammengefasst.
Auf der letzten Kapitelseite findet man einen Test, der Aufgaben zum Standardstoff des Kapitels beinhaltet. So kann der Lernerfolg überprüft oder vertieft werden. Der Test kann auch zur Selbstkontrolle verwendet werden. Die Lösungen findet man auf der dem Buch beiliegenden CD mithilfe des angegebenen Mediencodes.

Streifzüge und Knobelaufgaben

Eingestreut findet man jeweils Doppelseiten mit mathematischen Streifzügen zur Vertiefung und zur Unterstützung der räumlichen Anschauung mithilfe von 3-D-Programmen der Buch-CD. Außerdem gibt es gelegentlich Knobelaufgaben zur Motivation leistungsfähiger Schüler. Diese können auch zur Binnendifferenzierung eingesetzt werden.

Gesamtkonzeption

1. Semester: Einführung der Integralrechnung, Integration von Polynom-, Potenz- und Exponentialfunktionen. Untersuchung komplexerer Funktionen mithilfe von Produkt- und Kettenregel. Lineare Substitution als weiterführende Integrationsmethode. In diesem Rahmen vertiefte Untersuchung von Exponentialfunktionen, als weitere Funktionsklassen werden einfache gebrochen-rationale Funktionen sowie trigonometrische Funktionen behandelt.
2. Semester: Analytische Geometrie und lineare Algebra: Vektoren, Geraden, Ebenen, Skalarprodukt, Lagebeziehungen, Abstands- sowie Schnittwinkelbestimmung, lineare Gleichungssysteme
3. Semester: Stochastik: Wiederholung grundlegender Begriffe, Laplace-Wahrscheinlichkeit, Baumdiagramme, Pfadregeln, bedingte Wahrscheinlichkeit, Zufallsgröße, Erwartungswert, Bernoulli-Kette, Binomialverteilung, Hypothesentest
4. Semester: Behandlung eines der Kursthemen des Rahmenplans

Kapitel I: Lineare Gleichungssysteme

Dieses Kapitel wurde vorangestellt, da die sichere Handhabung von Gleichungssystemen bei vielen Problemstellungen der anderen Kapitel (z. B. bei Lagebeziehungen) gefordert ist.

Abschnitt 1: Grundlagen
Der erste Abschnitt hat Wiederholungs- und Nachschlagecharakter. Er dient der Auffrischung des Additionsverfahrens. Die Schüler können bei Bedarf vorhandene Lücken schnell aufarbeiten. Kurz ansprechen sollte man die Lösungsmannigfaltigkeitsbetrachtungen.

Abschnitt 2: Das Lösungsverfahren von Gauß (Gauß'scher Algorithmus)
Vermittelt werden sollte die frappierend einfache Kernidee des Gauß: Mithilfe von Äquivalenzumformungen – wie vom Additionsverfahren bekannt – lassen sich lineare Gleichungssysteme in Dreieckssysteme umwandeln, die durch simples Aufrollen gelöst werden können.

Abschnitt 3: Lösbarkeitsuntersuchungen
Bei der Umformung eines konkret gegebenen linearen Gleichungssystems mit dem Gauß'schen Algorithmus ergibt sich ein äquivalentes Gleichungssystem in Dreiecks- bzw. Stufenform, aus dem die Lösungsmannigfaltigkeit ohne jeden Aufwand unmittelbar abgelesen werden kann.

Im Anschluss an die theoretischen Betrachtungen sollten zahlreiche Übungen gerechnet werden, um die Rechentechnik abzusichern. Auf die hohe Wahrscheinlichkeit von Rechen- und Vorzeichenfehlern sollte man immer wieder hinweisen und Sorgfalt verlangen.

Abschnitt 4: Anwendungen
Abschließend kann man exemplarische Anwendungen aus verschiedenen Gebieten ansprechen. So befasst sich ein mathematischer Streifzug fachübergreifend mit der Bestimmung chemischer Reaktionsgleichungen.

Kapitel II: Vektoren

In diesem Kapitel werden die Grundlagen der Vektorrechnung eingeführt. Dabei wird der Schwerpunkt auf den dreidimensionalen Raum gelegt. Das Kapitel sollte trotz seines Grundlagencharakters zügig behandelt werden, um schnell zu klausur- und abiturrelevanten Fragestellungen mit Geraden und Ebenen zu kommen.

Abschnitt 1: Punkte im Koordinatensystem
Hier werden Raumkoordinaten wiederholt und die im Folgenden immer wieder wichtige Abstandsformel für Punkte im Raum eingeführt.

Abschnitt 2: Vektoren
Nach der Einführung des Begriffs des Vektors als Parallelverschiebung und Pfeilklasse sollte man zügig zu Spaltenvektoren übergehen, denn damit werden im weiteren Kursverlauf fast alle Rechnungen durchgeführt. Wichtige Begriffe und Formeln sind hier: Der Verbindungsvektor zweier Punkte, der Ortsvektor eines Punktes, der Betrag eines Vektors.

Abschnitt 3: Rechnen mit Vektoren
Die grundlegenden Rechengesetze sollten hier bei knapp gehaltener Theorie ganz beispielbezogen eingeführt und geübt werden. Wichtig sind die Begriffe Linearkombination, kollinear und komplanar, die später oft in fachsprachlichen Begründungen verwendet werden. Der im Exkurs behandelte Begriff des Vektorzugs kann sehr hilfreich sein. Der Exkurs über räumliche Anwendungen kann aus Zeitgründen höchstens knapp gestreift werden.

Kapitel III: Geraden

Abschnitt 1: Geraden im Raum
Hier wird die vektorielle Parametergleichung einer Geraden und damit eines der wichtigsten Grundkonstrukte des Kurses eingeführt. Das Verständnis für die Bedeutung des Stützvektors, des Richtungsvektors und vor allem des Parameters sollte möglichst anschaulich gefördert werden.

Abschnitt 2: Lagebeziehungen
Grundlegend ist die Lagebeziehung von Punkt und Gerade und ihre Überprüfung mit der Punktprobe. Bei der Lagebeziehung Punkt und Strecke wird die Bedeutung des Parameters besonders deutlich. Die Lagebeziehung zweier Raumgeraden erfordert das sichere Lösen einfacher Gleichungssystemen (3 Gleichungen, 2 Unbekannte) und führt auf erste beispielhafte, anwendungsnahe, abiturrelevante Aufgaben (Flugbahnen, Tunnel). Hier ist gründliches Einüben erforderlich. Als Exkurs werden auch Geraden mit Variablen (Scharen) angesprochen.

Abschnitt 3: Exkurs Spurpunkte und Anwendungen
Spurpunkte und ihre Anwendungen (Spiegelungen, Schattenwurf) können bei Bedarf angesprochen werden. Schatten kommen auch in späteren Anwendungen und zum Teil im Abitur vor.

Am Kapitelende befindet sich eine Aufgabensammlung, in der auch komplexe Anwendungsaufgaben vorkommen. Diese können besonders den Schülern mit geplantem schriftlichen Abitur zur selbständigen Bearbeitung empfohlen werden.

Kapitel IV: Skalarprodukt und Vektorprodukt

In diesem Kapitel wird die Metrik des Vektorraums eingeführt, d. h. das Messen/Bestimmen von Längen, Winkeln und Flächeninhalten mithilfe des Skalarprodukts. So besteht frühzeitig die Möglichkeit, differenzierte Aufgabenstellungen mit Winkeln und Flächen zu bearbeiten.

Abschnitt 1: Das Skalarprodukt
Im ersten Abschnitt wird das Skalarprodukt in der Winkelform und in der Koordinatenform eingeführt, die mit Spaltenvektoren arbeitet. Theorie und Rechenregeln können knapp gehalten werden, da sie in praktischen Rechnungen selten eine Fehlerquelle darstellen.

Abschnitt 2: Winkel- und Flächenberechnungen
Zunächst wird der Betrag eines Vektors mithilfe des Skalarprodukts dargestellt, womit Längenberechnungen mit dem Skalarprodukt möglich werden. Die Kosinusformel, die den Winkel zwischen Vektoren liefert, ist von zentraler Bedeutung für fast alle Winkelberechnungen. Mit dem Skalarprodukt ergibt sich das Orthogonalitätskriterium für Vektoren und der Begriff des Normalenvektors zu zwei gegebenen Vektoren. Schließlich kann auch der Flächeninhalt eines beliebigen, durch zwei Vektoren aufgespannte Dreiecks mithilfe von Skalarprodukten ausgedrückt werden. Damit sind zahlreiche Werkzeuge für metrische Berechnungen im Raum geschaffen.

Abschnitt 3: Winkel zwischen Geraden
In diesem kurzen Abschnitt wird die Berechnung des Schnittwinkels zweier Vektoren auf die Kosinusformel zurückgeführt. Die Orthogonalitätsbedingung für Geraden ergibt sich ebenfalls aus dem Orthogonalitätskriterium für Vektoren.

Abschnitt 4: Anwendungen des Skalarproduktes
Die elementargeometrischen Beweise sowie die physikalischen Anwendungen bilden interessante Aspekte des Skalarproduktes, sind aber optionaler Zusatzstoff. Ein mathematischer Streifzug gibt einen ersten Ausblick auf Anwendungen des Skalarproduktes in der Wirtschaftsmathematik (vgl. dazu auch Kapitel VIII).

Abschnitt 5: Das Vektorprodukt
In diesem Abschnitt wird das Vektorprodukt eingeführt, mit dem sich orthogonale Vektoren, der Flächeninhalt von Parallelogrammen und Dreiecken sowie das Volumen von dreiseitigen Pyramiden besonders leicht bestimmen lassen.

Kapitel V: Ebenen

Abschnitt 1: Ebenengleichungen
Hier werden alle wichtigen Ebenendarstellungen behandelt, die vektorielle Parametergleichung, die Normalengleichung und die Koordinatengleichung. Auch die Umrechnung einer Art in die jeweils anderen wird behandelt. Dennoch sollte man hier zügig vorgehen, da in den späteren zusammengesetzten Aufgaben der Zwang zur permanenten Übung ohnehin vorhanden ist. Ganz besonders wichtig ist es jedoch, das Verständnis des Normalenvektors zu sichern sowie seine schnelle und sichere Bestimmung.

Abschnitt 2: Lagebeziehungen
Es geht um die Lagebeziehungen von Punkten, Geraden und Ebenen. Dies kann isoliert geschehen, aber auch in geometrischen Figuren und in Anwendungszusammenhängen. Oft ist es günstig, beteiligte Ebenen in Normalen- oder Koordinatenform zu bringen. Die Verwendung der Koordinatenform erleichtert Rechnungen und spart Zeit. Auch kann sie gut zur zeichnerischen Erfassung verwendet werden, da sie die einfache Bestimmung der Achsenabschnitte der Ebene gestattet. Als Anwendungen sind Flugbahnen, Sichtlinien und Schattenwürfe vorgesehen. Abschließend werden Ebenenscharen behandelt.

Kapitel VI: Winkel und Abstände

Abschnitt 1: Schnittwinkel
In diesem Abschnitt werden alle Winkelberechnungen systematisiert und können in Anwendungen eingebunden werden.

Abschnitt 2: Abstandsberechnungen
Basierend auf der grundlegenden Abstandsbestimmung von Punkt und Ebene mit einem Lotfußpunktverfahren sowie der Hesse'schen Normalenform werden alle Abstandsprobleme mit Anwendungen angeboten, wobei in der Regel mit Lotfußpunktverfahren gearbeitet wird, da diese das Verständnis besser fördern als Formeln und daher auch besser behalten werden. Der Lehrer sollte sich an den Erfordernissen des Kurses orientieren und die Schüler mit schriftlichem Abitur evtl. verstärkt binnendifferenzierend versorgen.

Kapitel VII: Der Vektorraum

Erst jetzt wird der abstrakte Begriff des Vektorraums sowie die Begriffe Erzeugendensystem, Basis und Dimension von Vektorräumen eingeführt, nachdem die analytische Geometrie bereits behandelt wurde. Dies hat den Vorteil, dass der Umgang mit Spaltenvektoren und deren Rechenregeln bereits gefestigt ist. Zum anderen lassen sich Untervektorräume des Vektorraums der Spaltenvektoren geometrisch interpretieren, wodurch den Schülern das Verständnis der abstrakten linearen Algebra erleichtert wird.

Kapitel VIII: Matrizen

Nach der Einführung des Matrixbegriffs und den grundlegenden Rechengesetzen für Matrizen werden mehrstufige Prozesse, Grenzmatrizen sowie Fixvektoren behandelt. Anhand von Sachzusammenhängen werden entsprechende Modelle aufgestellt, untersucht und interpretiert. Bei der Durchführung von Berechnungen ist die Anwendung von Grafik-Taschenrechnern (GTR) bzw. Computer-Algebra-Systemen (CAS) zu empfehlen.

Kapitel IX: Komplexe Aufgaben

Die komplexen Aufgaben sind vor allem für die Vorbereitung auf das schriftliche Abitur von Bedeutung. Den Schülern sollten diese Aufgaben so früh wie möglich zur selbständigen Behandlung angeboten werden. Denn hier bietet sich die Möglichkeit, die Abiturfähigkeit der Schüler für die Aufgaben aus der analytischen Geometrie schon weitgehend abschließend herzustellen. Dies ist auch wichtig, da das sehr kurze vierte Semester für die Ergänzung und Vertiefung der Analysis und die abiturbezogene Erschließung der Stochastik benötigt wird.

I. Lineare Gleichungssysteme

1. Grundlagen

A. Der Begriff des linearen Gleichungssystems

Die Bedeutung ***linearer Gleichungssysteme*** als Hilfsmittel bei der Lösung komplexer naturwissenschaftlicher, technischer und vor allem auch wirtschaftlicher Problemstellungen hat rasant zugenommen. Die Entwicklung hat sich weiter verstärkt, seit es leistungsfähige Computer gibt. Inzwischen sind bereits auf speziellen Taschenrechnern ***Computer-Algebra-Systeme (CAS)*** verfügbar, die mehrere Möglichkeiten zur automatischen Umformung und Lösung linearer Gleichungssysteme gestatten.

In diesem ersten Abschnitt wiederholen wir einige einfache Grundlagen, die beim Lösen linearer Gleichungssysteme eine Rolle spielen. In der Regel beschränken wir uns zunächst auf Gleichungssysteme mit nur zwei Variablen.

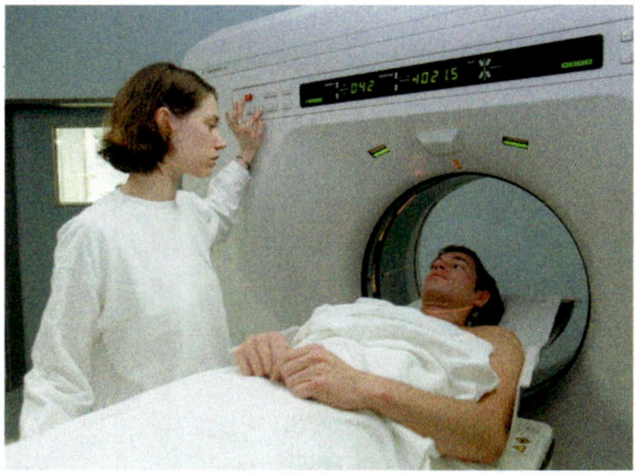

Die Computertomographie ist nur mithilfe der Mathematik möglich. Denn die dabei erzeugten Schnittbilder des menschlichen Körpers entstehen nicht optisch, sondern werden aus Messergebnissen mithilfe der Computerlösung großer linearer Gleichungssysteme erzeugt.

Ein **l**ineares **G**leichungs**s**ystem (***LGS***) besteht aus einer Anzahl linearer Gleichungen. Nebenstehend ist ein lineares Gleichungssystem mit vier Gleichungen und drei Variablen (x, y, z) dargestellt. Man spricht hier von einem (4, 3)-LGS.

Die Darstellung ist in der so genannten ***Normalform*** gegeben: Die variablen Terme stehen auf der linken Seite, die konstanten Terme bilden die rechte Seite.

Ein (4, 3)-LGS in Normalform:

$$\begin{array}{rcrcrcr} 3x & + & 2y & - & 2z & = & 9 \\ 2x & + & 3y & + & 2z & = & 6 \\ 4x & - & 2y & + & 3z & = & -3 \\ 5x & + & 4y & + & 4z & = & 9 \\ \uparrow & & \uparrow & & \uparrow & & \uparrow \end{array}$$

Koeffizienten des LGS rechte Seite des LGS

Die allgemeine Form eines (m, n)-LGS ist nebenstehend abgebildet.

Die n Variablen heißen $x_1, x_2, \ldots, x_n$.

Die konstanten Terme, welche die rechten Seiten der m linearen Gleichungen bilden, sind mit $b_1, b_2, \ldots, b_m$ bezeichnet. a_{ij} bezeichnet denjenigen Koeffizienten des LGS, der in der i-ten Gleichung steht und zur Variablen x_j gehört.

Eine Lösung des LGS gibt man als ***n-Tupel*** $(x_1; x_2; \ldots; x_n)$ an.

(m, n)-LGS:

$$\begin{array}{l} a_{11}x_1 + a_{12}x_2 + \ldots + a_{1n}x_n = b_1 \\ a_{21}x_1 + a_{22}x_2 + \ldots + a_{2n}x_n = b_2 \\ \quad \vdots \qquad\qquad\qquad \vdots \\ a_{m1}x_1 + a_{m2}x_2 + \ldots + a_{mn}x_n = b_m \end{array}$$

B. Das Additionsverfahren bei Gleichungssystemen mit zwei Variablen

Zunächst bringen wir uns ein elementares Verfahren zur Lösung linearer Gleichungssysteme anhand eines einfachen Beispiels (2 Gleichungen, 2 Variable) in Erinnerung.

Beispiel: Lösen Sie das nebenstehende lineare Gleichungssystem.

$$\begin{array}{ll} \text{I} & 2x - 4y = 2 \\ \text{II} & 5x + 3y = 18 \end{array}$$

Lösung:
Wir verwenden das sogenannte Additionsverfahren. Zunächst multiplizieren wir Gleichung I mit -5 und Gleichung II mit 2, sodass die Koeffizienten der Variablen x den gleichen Betrag, aber verschiedene Vorzeichen erhalten.

$$\begin{array}{lll} \text{I} & 2x - 4y = 2 & \rightarrow (-5) \cdot \text{I} \\ \text{II} & 5x + 3y = 18 & \rightarrow 2 \cdot \text{II} \end{array}$$

So entsteht ein neues Gleichungssystem. Es ist zum Ursprungssystem äquivalent, d. h. lösungsgleich.

$$\begin{array}{lll} \text{I} & -10x + 20y = -10 & \\ \text{II} & 10x + 6y = 36 & \rightarrow \text{I} + \text{II} \end{array}$$

Nun addieren wir Gleichung I zu Gleichung II. Bei diesem Additionsvorgang wird die Variable x eliminiert. Das entstehende Gleichungssystem ist wiederum äquivalent zum vorhergehenden.

$$\begin{array}{ll} \text{I} & -10x + 20y = -10 \\ \text{II} & 26y = 26 \end{array}$$

Gleichung II enthält nun nur noch eine Variable, nämlich y. Auflösen der Gleichung nach y liefert $y = 1$ als Lösungswert.

Aus II folgt $y = 1$.

Setzen wir dieses Teilresultat in Gleichung I ein, so folgt $x = 3$.

Einsetzen in I liefert: $x = 3$.
Lösungsmenge: $L = \{(3; 1)\}$.

Die Lösungsverfahren für lineare Gleichungssysteme beruhen darauf, dass die Anzahl der Variablen pro Gleichung durch Umformungen schrittweise reduziert wird, bis nur noch eine Variable übrig bleibt, nach der sodann aufgelöst werden kann.
Die verwendeten Umformungen dürfen die Lösungsmenge des Gleichungssystems nicht verändern. Umformungen mit dieser Eigenschaft werden als ***Äquivalenzumformungen*** bezeichnet.
Die drei wesentlichen Äquivalenzumformungen sind nebenstehend aufgeführt.

Äquivalenzumformungen eines Gleichungssystems

Die Lösungsmenge eines linearen Gleichungssystems ändert sich nicht, wenn

(1) 2 Gleichungen vertauscht werden,

(2) eine Gleichung mit einer reellen Zahl $k \neq 0$ multipliziert wird,

(3) eine Gleichung zu einer anderen Gleichung addiert wird.

Zur Pfeilschreibweise: $A \rightarrow B$ bedeutet: A wird durch B ersetzt.

Übung 1

Lösen Sie die linearen Gleichungssysteme rechnerisch. Prüfen Sie Ihre Lösung gegebenenfalls mit CAS.

a) $2x - 3y = 5$
$3x + 4y = 16$

b) $6x - 4y = -2$
$4x + 3y = 10$

c) $\frac{1}{2}x - 2y = 1$
$3x + 4y = 14$

d) $5x = y - 3$
$2y = 7 + 9x$

Übung 2

Lösen Sie die linearen Gleichungssysteme zeichnerisch.

a) $3x + 2y = 12$
$4x - 2y = 2$

b) $2x - 3y = -9$
$4x + 6y = -6$

C. Die Anzahl der Lösungen eines Gleichungssystems mit zwei Variablen

Die Gesamtheit der Lösungen (x; y) jeder einzelnen Gleichung eines (2, 2)-LGS bildet eine Gerade im $\mathbb{R}^2$. Damit kann die Frage nach der Anzahl der Lösungen eines (2, 2)-LGS in sehr anschaulicher Weise beantwortet werden.

Die Lösungen eines solchen Gleichungssystems sind die Koordinaten der gemeinsamen Punkte der den Gleichungen zugeordneten Geraden. Geraden haben entweder keine gemeinsamen Punkte oder sie haben genau einen gemeinsamen Punkt oder sie haben unendlich viele gemeinsame Punkte. Entsprechend ist ein lineares Gleichungssystem entweder ***unlösbar*** oder es ist ***eindeutig lösbar*** oder es hat ***unendlich viele Lösungen***, ist also ***nicht eindeutig lösbar***.

Dies gilt nicht nur für Gleichungssysteme mit zwei Variablen, sondern für alle lineare Gleichungssysteme.

I $2x - 2y = -2$ II $-3x + 3y = 6$	I $2x - y = 2$ II $3x + 3y = 12$	I $8x + 4y = 16$ II $-6x - 3y = -12$
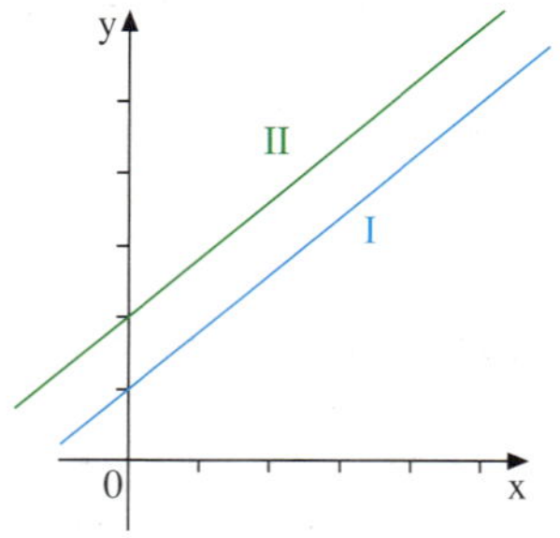	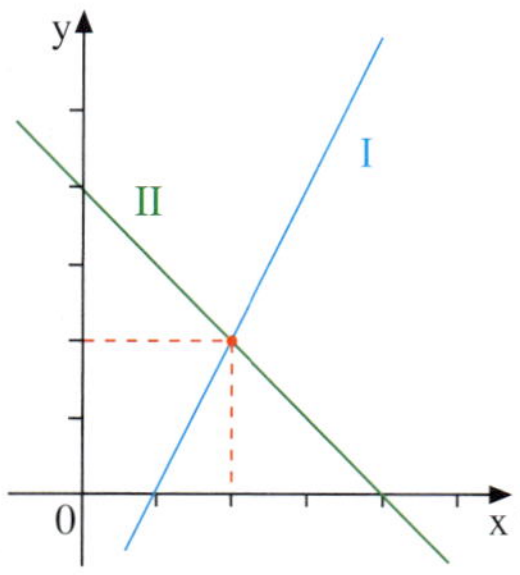	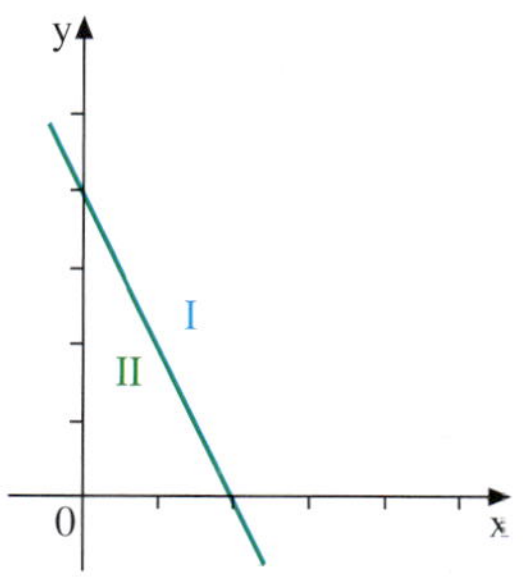
Die Geraden sind parallel. Sie haben keine gemeinsamen Punkte. **Das Gleichungssystem ist unlösbar.**	Die Geraden schneiden sich in einem Punkt. **Das Gleichungssystem hat genau eine Lösung.**	Die Geraden sind identisch. Sie haben unendlich viele gemeinsame Punkte. **Das Gleichungssystem hat unendlich viele Lösungen.**

012-1

Auch mithilfe des Additionsverfahrens kann man erkennen, welcher der drei bezüglich der Lösbarkeit möglichen Fälle vorliegt. Den Fall der eindeutigen Lösbarkeit haben wir bereits geübt (vgl. Seite 11). Die restlichen Fälle behandeln wir nun exemplarisch.

Beispiel: Untersuchen Sie die Gleichungssysteme mithilfe des Additionsverfahrens auf Lösbarkeit.

a) $2x - 2y = -3$
$-3x + 3y = 9$

b) $8x + 4y = 16$
$-6x - 3y = -12$

Lösung zu a:

$$\begin{array}{lrl} \text{I} & 2x - 2y = -3 & \rightarrow 3 \cdot \text{I} \\ \text{II} & -3x + 3y = 9 & \rightarrow 2 \cdot \text{II} \end{array}$$

$$\begin{array}{lrl} \text{I} & 6x - 6y = -9 & \\ \text{II} & -6x + 6y = 18 & \rightarrow \text{I} + \text{II} \end{array}$$

$$\begin{array}{lr} \text{I} & 6x - 6y = -9 \\ \text{II} & 0x + 0y = 9 \end{array}$$

Die Äquivalenzumformungen führen auf ein Gleichungssystem, dessen Gleichung II für kein Paar x, y lösbar ist, da sie $0 = 9$ lautet.
Sie stellt einen Widerspruch in sich dar.

Da eine Gleichung des Systems keine Lösung besitzt, hat das Gleichungssystem als Ganzes erst recht keine Lösungen.
Man spricht von einem unlösbaren Gleichungssystem. Die Lösungsmenge des Systems ist die leere Menge:
$L = \{\,\}$.

Lösung zu b:

$$\begin{array}{lrl} \text{I} & 8x + 4y = 16 & \rightarrow 3 \cdot \text{I} \\ \text{II} & -6x - 3y = -12 & \rightarrow 4 \cdot \text{II} \end{array}$$

$$\begin{array}{lrl} \text{I} & 24x + 12y = 48 & \\ \text{II} & -24x - 12y = -48 & \rightarrow \text{I} + \text{II} \end{array}$$

$$\begin{array}{lr} \text{I} & 24x + 12y = 48 \\ \text{II} & 0x + 0y = 0 \end{array}$$

Die Umformungen führen auf ein äquivalentes System, dessen Gleichung II für alle Paare x, y trivialerweise erfüllt ist, da sie $0 = 0$ lautet. Sie kann also auch weggelassen werden.

In der verbleibenden Gleichung I kann eine der Variablen frei gewählt werden. Sei etwa $x = c$ $(c \in \mathbb{R})$.
Dann folgt $y = -2c + 4$. Für jeden Wert des Parameters c ergibt sich eine Lösung. Man spricht von einer einparametrigen unendlichen Lösungsmenge:
$L = \{(c;\ -2c + 4);\ c \in \mathbb{R}\}$.

Übung 3

Untersuchen Sie das Gleichungssystem auf Lösbarkeit. Geben Sie die Lösungsmenge an. Prüfen Sie Ihre Lösung gegebenenfalls mit CAS.

a) $8x - 3y = 11$, $5x + 2y = 34$

b) $3x + 2y = 13$, $2x - 5y = -4$

c) $8x - 6y = 2$, $2x + 3y = 2$

d) $-4x + 14y = 6$, $6x - 21y = 8$

e) $12x + 16y = 28$, $15x + 20y = 35$

f) $3x - 4y = 14$, $2x + 3y = -2$, $x + 10y = -18$

g) $4x - 2y = 8$, $3x + y = 11$, $6x - 8y = 1$

h) $3x - 6y = 9$, $-2x + 4y = -6$, $x - 2y = 3$

Übung 4

Für welche Werte des Parameters $a \in \mathbb{R}$ liegt eindeutige Lösbarkeit vor?

a) $2x - 5y = 9$, $4x + ay = 5$

b) $3x + 4y = 7$, $2x - 6y = a + 12$

c) $ax + 2y = 5$, $8x + ay = 10$

d) $ax - 2y = a$, $2x - ay = 2$

Übungen

5. Lösen Sie das lineare Gleichungssystem mithilfe des Additionsverfahrens.

a) $\begin{array}{l} 2x-3y=5 \\ 3x+2y=1 \end{array}$ b) $\begin{array}{l} -3x+4y=-1 \\ 4x-2y=8 \end{array}$ c) $\begin{array}{l} 1{,}2x-0{,}5y=5 \\ 3{,}4x-1{,}5y=14 \end{array}$ d) $\begin{array}{l} \frac{1}{4}x-\frac{5}{4}y=3 \\ -\frac{3}{4}x+2y=-\frac{1}{2} \end{array}$

e) $\begin{array}{l} 2-2x=2y-4 \\ 6x-4=6y+2 \end{array}$ f) $\begin{array}{l} y-3x-3=2y \\ 4-4x+y=8-3y \end{array}$ g) $\begin{array}{l} 13-x+4y=0 \\ 24-2(x-y)=10 \end{array}$ h) $\begin{array}{l} 12x-4y=x+2y+36 \\ 33-(y-x)=8y-x \end{array}$

6. Untersuchen Sie das LGS auf Lösbarkeit. Bestimmen Sie die Lösungsmenge.

a) $\begin{array}{l} x-\frac{1}{3}y=3 \\ x+2y=-4 \end{array}$ b) $\begin{array}{l} 2x+4y=-4 \\ -0{,}5x-y=1 \end{array}$ c) $\begin{array}{l} -6x+3y=3 \\ 4x-2y=2 \end{array}$ d) $\begin{array}{l} x+y=-3 \\ \frac{1}{6}x-\frac{1}{2}y=\frac{1}{2} \end{array}$

e) $\begin{array}{l} -2x+6y=-2 \\ x-3y=1 \end{array}$ f) $\begin{array}{l} 3x-3y=0 \\ 6x+3y=18 \\ -2x+4y=4 \end{array}$ g) $\begin{array}{l} -2x+y=-1 \\ 4x+2y=-10 \\ -6x+3y=-2 \end{array}$ h) $\begin{array}{l} 2x-2y=14 \\ 3x+6y=3 \\ 4x-12y=44 \end{array}$

7. Für welche Werte des Parameters $a \in \mathbb{R}$ liegt eindeutige Lösbarkeit vor?

a) $\begin{array}{l} 3x-5y=4 \\ ax+10y=5 \end{array}$ b) $\begin{array}{l} 4x-2y=a \\ 3x+4y=7 \end{array}$ c) $\begin{array}{l} ax+3y=8 \\ 3x+ay=4 \end{array}$ d) $\begin{array}{l} 5x-ay=a \\ ax-5y=5 \end{array}$

8. Eine zweistellige Zahl ist siebenmal so groß wie ihre Quersumme. Vertauscht man die beiden Ziffern, so erhält man eine um 27 kleinere Zahl. Wie heißt diese zweistellige Zahl?

9. Aus 6 Liter blauer Farbe und 10 Liter gelber Farbe sollen zwei grüne Farbmischungen hergestellt werden. Die Mischung „Hellgrün" besteht zu 30% aus blauer und zu 70% aus gelber Farbe, während die Mischung „Dunkelgrün" zu 60% aus blauer und zu 40% aus gelber Farbe besteht. Wie groß sind die Mengen hellgrüner bzw. dunkelgrüner Farbe, die sich aufgrund dieser Mischungsverhältnisse ergeben?

10. Wie alt sind Max und Moritz jetzt?

2. Das Lösungsverfahren von Gauß

Carl Friedrich Gauß (1777–1855) war ein deutscher Mathematiker und Astronom, der sich bereits in frühester Jugend durch überragende Intelligenz auszeichnete. Fast 50 Jahre lang war er als Mathematikprofessor an der Uni Göttingen tätig. Neben der Mathematik beschäftigte er sich vor allem mit der Astronomie. Durch eine neue Berechnung der Umlaufbahnen von Himmelskörpern konnte der 1801 entdeckte und gleich wieder aus dem Blick verlorene Planet Ceres wieder aufgefunden werden. Hierbei entwickelte er auch das nach ihm benannte Lösungsverfahren für Gleichungssysteme, das er 1809 in seinem Buch „Theoria motus corporum caelestium" (Theorie der Bewegung der Himmelskörper) veröffentlichte.

015-1

A. Dreieckssysteme

Beispiel: Das gegebene Gleichungssystem hat eine besondere Gestalt, denn die von null verschiedenen Koeffizienten sind in Gestalt eines Dreiecks angeordnet.
Lösen Sie dieses Dreieckssystem.

Ein Dreieckssystem

$$\begin{array}{lrcl} \text{I} & 3x - 2y + 4z & = & 11 \\ \text{II} & 4y + 2z & = & 14 \\ \text{III} & 5z & = & 15 \end{array}$$

Lösung:
Dreieckssysteme sind wegen ihrer besonderen Gestalt sehr einfach zu lösen:

1. Wir lösen Gleichung III nach z auf und erhalten $z = 3$.

2. Dieses Ergebnis setzen wir in Gleichung II ein, die sodann nach y aufgelöst werden kann. Wir erhalten $y = 2$.

3. Nun setzen wir $z = 3$ und $y = 2$ in Gleichung I ein, die anschließend nach x aufgelöst werden kann: $x = 1$.

Resultat: Das gegebene Dreieckssystem ist ***eindeutig lösbar***.
Die Lösung ist (1; 2; 3).

Lösen eines Dreieckssystems durch ***Rückeinsetzung***:

Auflösen von III nach z:

$$\begin{aligned} 5z &= 15 \\ z &= 3 \end{aligned}$$

Einsetzen in II:
Auflösen nach y:

$$\begin{aligned} 4y + 2z &= 14 \\ 4y + 6 &= 14 \\ 4y &= 8 \\ y &= 2 \end{aligned}$$

Einsetzen in I:
Auflösen nach x:

$$\begin{aligned} 3x - 2y + 4z &= 11 \\ 3x - 4 + 12 &= 11 \\ 3x &= 3 \\ x &= 1 \end{aligned}$$

Lösungsmenge: $L = \{(1; 2; 3)\}$

B. Der Gauß'sche Algorithmus

Im Folgenden zeigen wir das besonders systematische Verfahren zur Lösung linearer Gleichungssysteme von Gauß, das als Gauß'scher Algorithmus oder als Gauß'sches Eliminationsverfahren bezeichnet wird. Wegen seiner algorithmischen Struktur ist es hervorragend für die numerische Bearbeitung mittels Computer geeignet.

Die Grundidee von Gauß war sehr einfach: Mithilfe von Äquivalenzumformungen (vgl. S. 11) wird das lineare Gleichungssystem in ein Dreieckssystem umgewandelt. Dieses wird anschließend durch „Rückeinsetzung" gelöst.

Beispiel: Formen Sie das lineare Gleichungssystem (LGS) in ein Dreieckssystem um und lösen Sie dieses.

$$\begin{array}{ll} \text{I} & 3x+3y+2z=5 \\ \text{II} & 2x+4y+3z=4 \\ \text{III} & -5x+2y+4z=-9 \end{array}$$

Lösung:
Die außerhalb des blauen Dreiecks stehenden Terme stören auf dem Weg zum Dreieckssystem. Sie sollen durch Äquivalenzumformungen schrittweise eliminiert werden.
Als Darstellungsmittel verwenden wir den Umformungspfeil, der angibt, wodurch die Gleichung ersetzt wird, von welcher dieser Pfeil ausgeht.

1. Wir eliminieren die Variable x aus den Gleichungen II und III.
   Wir erreichen dies, indem wir zu geeigneten Vielfachen dieser Gleichung geeignete Vielfache von Gleichung I addieren oder subtrahieren.

2. Wir eliminieren die Variable y aus der Gleichung II des neu entstandenen Systems in entsprechender Weise.

3. Es ist nun wieder ein Dreieckssystem entstanden, das wir leicht durch „Rückeinsetzung" lösen können.

Resultat: $L=\{(1;2;-2)\}$

Umformen des LGS:

1. Elimination von x

$$\begin{array}{lrl} \text{I} & 3x+3y+2z=5 & \\ \text{II} & 2x+4y+3z=4 & \rightarrow 3\cdot\text{II}-2\cdot\text{I} \\ \text{III} & -5x+2y+4z=-9 & \rightarrow 3\cdot\text{III}+5\cdot\text{I} \end{array}$$

2. Elimination von y

$$\begin{array}{lrl} \text{I} & 3x+3y+2z=5 & \\ \text{II} & 6y+5z=2 & \\ \text{III} & 21y+22z=-2 & \rightarrow 2\cdot\text{III}-7\cdot\text{II} \end{array}$$

Dreieckssystem

$$\begin{array}{lr} \text{I} & 3x+3y+2z=5 \\ \text{II} & 6y+5z=2 \\ \text{III} & 9z=-18 \end{array}$$

3. Lösen durch Rückeinsetzung

Auflösen von III nach z:

$$9z=-18$$
$$z=-2$$

Einsetzen in II, Auflösen nach y:

$$6y+5z=2$$
$$6y-10=2$$
$$y=2$$

Einsetzen in I, Auflösen nach x:

$$3x+3y+2z=5$$
$$3x+6-4=5$$
$$x=1$$

016-1

In entsprechender Weise lassen sich auch lineare Gleichungssysteme mit größerer Anzahl von Gleichungen und Variablen lösen. Es kommt darauf an, die störenden Terme in systematischer Weise, z. B. spaltenweise, zu eliminieren, sodass eine ***Dreiecksform*** bzw. ***Stufenform*** entsteht.

Übungen

1. Lösen Sie das LGS. Formen Sie das LGS ggf. zunächst in ein Dreieckssystem um.

a) $$\begin{aligned} 2x+4y-z&=-13\\ 2y-2z&=-12\\ 3z&=9 \end{aligned}$$

b) $$\begin{aligned} 2x+4y-3z&=3\\ -6y+5z&=7\\ 2z&=4 \end{aligned}$$

c) $$\begin{aligned} 3x-2y+2z&=6\\ 2x-z&=2\\ -3x&=-6 \end{aligned}$$

d) $$\begin{aligned} x-3y+5z&=-2\\ y+2z&=8\\ y+z&=6 \end{aligned}$$

e) $$\begin{aligned} x+y+4z&=10\\ 2y-5z&=-14\\ y+3z&=4 \end{aligned}$$

f) $$\begin{aligned} 2x+2y-z&=8\\ -2x+y+2z&=3\\ 4z&=8 \end{aligned}$$

2. Lösen Sie das LGS mithilfe des Gauß'schen Algorithmus.

a) $$\begin{aligned} 4x-2y+2z&=2\\ -2x+3y-2z&=0\\ 3x-5y+z&=-7 \end{aligned}$$

b) $$\begin{aligned} x+2y-2z&=-4\\ 2x+y+z&=3\\ 3x+2y+z&=4 \end{aligned}$$

c) $$\begin{aligned} 2x+2y-3z&=-7\\ -x-2y-2z&=3\\ 4x+y-2z&=-1 \end{aligned}$$

d) $$\begin{aligned} 2x+y-z&=6\\ 5x-5y+2z&=6\\ 3x+2y-3z&=0 \end{aligned}$$

e) $$\begin{aligned} x-2y+z&=0\\ 3y+z&=9\\ 2x+y&=4 \end{aligned}$$

f) $$\begin{aligned} 2x+2y+3z&=-2\\ x+z&=-1\\ y+2z&=-3 \end{aligned}$$

3. Lösen Sie das LGS mithilfe des Gauß'schen Algorithmus.

a) $$\begin{aligned} x-2y+z+2t&=8\\ 2x+3y-2z+3t&=14\\ 4x-y+3z-t&=7\\ 3x+2y-4z+5t&=15 \end{aligned}$$

b) $$\begin{aligned} x+2y-z+t&=-2\\ 2x+y+2z-2t&=-2\\ 3x+3y+3z+2t&=14\\ x+y+2z+t&=9 \end{aligned}$$

c) $$\begin{aligned} 2x+2y-3z+4t&=13\\ 4x-3y+z+3t&=9\\ 6x+4y+2z+2t&=8\\ 2x-5y+3z+t&=1 \end{aligned}$$

4. Lösen Sie das LGS mithilfe des Gauß'schen Algorithmus. Bringen Sie das LGS zunächst auf Normalform. (Erzeugen Sie zweckmäßigerweise auch ganzzahlige Koeffizienten.)

a) $$\begin{aligned} 2y&=4-z\\ 3z&=x-10\\ 9+z&=x+y \end{aligned}$$

b) $$\begin{aligned} 2y-5&=z+2x\\ -2z&=x-2y\\ 4x&=y-10 \end{aligned}$$

c) $$\begin{aligned} 3z&=2y+7\\ x-4&=y+z\\ 2x+2y&=x-1 \end{aligned}$$

d) $$\begin{aligned} \tfrac{1}{4}x-\tfrac{1}{2}y+\tfrac{3}{4}z&=4\\ \tfrac{3}{2}x-\tfrac{2}{3}y-\tfrac{1}{2}z&=-2\\ y-\tfrac{1}{2}z&=2 \end{aligned}$$

e) $$\begin{aligned} -0{,}2x+1{,}5y+0{,}4z&=-9\\ 1{,}1x+2{,}2z&=8{,}8\\ 0{,}8x-0{,}2y&=4{,}4 \end{aligned}$$

f) $$\begin{aligned} \tfrac{1}{2}x+\tfrac{1}{5}y+\tfrac{2}{3}z&=7\\ \tfrac{3}{8}x+\tfrac{1}{10}y+\tfrac{1}{12}z&=\tfrac{5}{2}\\ 4{,}5x-0{,}5y+\tfrac{1}{3}z&=17{,}5 \end{aligned}$$

5. Eine dreistellige natürliche Zahl hat die Quersumme 14. Liest man die Zahl von hinten nach vorn und subtrahiert 22, so erhält man eine doppelt so große Zahl. Die mittlere Ziffer ist die Summe der beiden äußeren Ziffern. Wie heißt die Zahl?

6. Eine Parabel zweiten Grades besitzt bei $x = 1$ eine Nullstelle und im Punkt $P(2\,|\,6)$ die Steigung 8. Bestimmen Sie die Gleichung der Parabel.

3. Lösbarkeitsuntersuchungen

A. Unlösbare und nicht eindeutig lösbare LGS

018-1

Wir haben festgestellt, dass sich die Lösung eines eindeutig lösbaren LGS mithilfe des Gauß'schen Algorithmus berechnen lässt. Wir wollen nun untersuchen, welches Resultat der Gauß'sche Algorithmus liefert, wenn ein LGS unlösbar ist oder wenn es unendlich viele Lösungen hat.

Beispiel: Untersuchen Sie das LGS mithilfe des Gauß'schen Algorithmus auf Lösbarkeit.

a)
$$\begin{aligned} x + 2y - z &= 3 \\ 2x - y + 2z &= 8 \\ 3x + 11y - 7z &= 6 \end{aligned}$$

b)
$$\begin{aligned} 2x + y - 4z &= 1 \\ 3x + 2y - 7z &= 1 \\ 4x - 3y + 2z &= 7 \end{aligned}$$

Lösung zu a:

$$\begin{array}{lrcll} \text{I} & x + 2y - z &=& 3 & \\ \text{II} & 2x - y + 2z &=& 8 & \rightarrow \text{II} - 2 \cdot \text{I} \\ \text{III} & 3x + 11y - 7z &=& 6 & \rightarrow \text{III} - 3 \cdot \text{I} \\ \hline \text{I} & x + 2y - z &=& 3 & \\ \text{II} & -5y + 4z &=& 2 & \\ \text{III} & 5y - 4z &=& -3 & \rightarrow \text{III} + \text{II} \\ \hline \text{I} & x + 2y - z &=& 3 & \\ \text{II} & 5y - 4z &=& -2 & \\ \text{III} & 0 &=& -1 & \end{array}$$

↑ Widerspruchszeile

Gleichung III des Dreieckssystems wird als ***Widerspruchszeile*** bezeichnet. Sie ist unlösbar ($0x + 0y + 0z = -1$ ist für **kein** Tripel x, y, z erfüllt).

Damit ist das Dreieckssystem als Ganzes unlösbar.
Es folgt: Das ursprüngliche LGS ist ebenfalls ***unlösbar,*** die Lösungsmenge ist daher leer: $L = \{\ \}$.

Die Unlösbarkeit eines LGS wird nach Anwendung des Gauß'schen Algorithmus stets auf diese Weise offenbar:

Wenigstens in einer Gleichung des resultierenden Dreieckssystems tritt ein offensichtlicher Widerspruch auf.

Lösung zu b:

$$\begin{array}{lrcll} \text{I} & 2x + y - 4z &=& 1 & \\ \text{II} & 3x + 2y - 7z &=& 1 & \rightarrow 2 \cdot \text{II} - 3 \cdot \text{I} \\ \text{III} & 4x - 3y + 2z &=& 7 & \rightarrow \text{III} - 2 \cdot \text{I} \\ \hline \text{I} & 2x + y - 4z &=& 1 & \\ \text{II} & y - 2z &=& -1 & \\ \text{III} & -5y + 10z &=& 5 & \rightarrow \text{III} + 5 \cdot \text{II} \\ \hline \text{I} & 2x + y - 4z &=& 1 & \\ \text{II} & y - 2z &=& -1 & \\ \text{III} & 0 &=& 0 & \end{array}$$

↑ Nullzeile

Gleichung III des Gleichungssystems wird als ***Nullzeile*** bezeichnet. Sie ist für jedes Tripel x, y, z erfüllt, stellt keine Einschränkung dar und könnte daher auch weggelassen werden.

Es verbleiben 2 Gleichungen mit 3 Variablen, von denen daher eine Variable frei wählbar ist. Wir setzen für diese „überzählige" Variable einen Parameter ein.

Wählen wir $z = c \quad (c \in \mathbb{R})$,
so folgt aus II $y = 2c - 1$
und dann aus I $x = c + 1$.

Wir erhalten für jeden Wert des freien Parameters c genau ein Lösungstripel x, y, z. Das Gleichungssystem hat eine ***einparametrige unendliche Lösungsmenge***:
$L = \{(c + 1; 2c - 1; c); c \in \mathbb{R}\}$.

Übung 1

Untersuchen Sie das LGS auf Lösbarkeit. Bestimmen Sie die Lösungsmenge.

a) $\begin{aligned} 2x+2y+2z&=6\\ 2x+y-z&=2\\ 4x+3y+z&=8 \end{aligned}$ b) $\begin{aligned} 3x+5y-2z&=10\\ 2x+8y-5z&=6\\ 4x+2y+z&=8 \end{aligned}$ c) $\begin{aligned} 4x-3y-5z&=9\\ 2x+5y-9z&=11\\ 6x-11y-z&=7 \end{aligned}$ d) $\begin{aligned} 2x-y+3z+2t&=7\\ x+4z+3t&=13\\ x+2y+2z-t&=3\\ 2x-3y+5z+6t&=17 \end{aligned}$

B. Unter- und überbestimmte LGS

Alle bisher durchgeführten Überlegungen zur Lösbarkeit bezogen sich auf den Sonderfall, dass die Anzahl der Gleichungen mit der Anzahl der Variablen übereinstimmt. Im Folgenden zeigen wir exemplarisch, dass sie jedoch sinngemäß für jedes beliebige LGS gelten.
Enthält ein LGS weniger Gleichungen als Variablen, so reichen die Informationen für eine eindeutige Lösung nicht aus, d. h., es ist ***unterbestimmt***. Enthält ein LGS hingegen mehr Gleichungen als Variablen, so würden für eine eindeutige Lösung bereits weniger Gleichungen genügen. In diesem Fall ist das LGS ***überbestimmt***. Wir zeigen die Vorgehensweisen bei derartigen LGS an zwei Beispielen.

Beispiel: Untersuchen Sie das LGS auf Lösbarkeit.

a) $\begin{aligned} x+y&=1\\ 2x-y&=8\\ x-2y&=5 \end{aligned}$

b) $\begin{aligned} x-2y+z+t&=1\\ -2x+5y-4z+2t&=-2 \end{aligned}$

Lösung zu a:

I	$x+y=1$	
II	$2x-y=8$	$\to (-2)\cdot \text{I}+\text{II}$
III	$x-2y=5$	$\to \text{I}-\text{II}$
I	$x+y=1$	
II	$-3y=6$	
III	$3y=-4$	$\to \text{II}+\text{III}$
I	$x+y=1$	
II	$-3y=6$	
III	$0=2$	Widerspruch

Wendet man den Gauß'schen Algorithmus an, erhält man die obige ***Stufenform.*** Da die Gleichung III einen Widerspruch enthält, ist das gesamte LGS unlösbar, obwohl das Teilsystem aus den ersten beiden Gleichungen eine eindeutige Lösung $(x=3,\ y=-2)$ besitzt. Diese erfüllt jedoch die Gleichung III nicht. Somit erhalten wir als Resultat: $L=\{\ \}$.

Lösung zu b:

I	$x-2y+z+t=1$	
II	$-2x+5y-4z+2t=-2$	$\to 2\cdot \text{I}+\text{II}$
I	$x-2y+z+t=1$	
II	$y-2z+4t=0$	

Das LGS ist ***unterbestimmt.*** Da die Anwendung des Gauß'schen Algorithmus auf keinen Widerspruch führt, besitzt das LGS unendlich viele Lösungen. Da das LGS in ***Stufenform*** nur 2 Gleichungen, aber 4 Variablen enthält, ersetzen wir die „überzähligen" Variablen durch Parameter. Hier können sogar 2 Variablen frei gewählt werden.

Wählen wir $z=c$ und $t=d$ $(c, d \in \mathbb{R})$,
so folgt aus II $y=2c-4d$
und dann aus I $x=1+3c-9d$.

Das Gleichungssystem hat eine ***zweiparametrige unendliche Lösungsmenge***:
$L=\{(1+3c-9d;\, 2c-4d;\, c;\, d);\ c, d \in \mathbb{R}\}$.

Übung 2

Untersuchen Sie das LGS auf Lösbarkeit. Bestimmen Sie die Lösungsmenge.

a) $\begin{aligned} 3x-3y &= 0 \\ 6x+3y &= 18 \\ -2x+4y &= 4 \end{aligned}$

b) $\begin{aligned} -2x+y &= -1 \\ 4x+2y &= -10 \\ -6x+3y &= -2 \end{aligned}$

c) $\begin{aligned} 2x-2y &= 14 \\ 3x+6y &= 3 \\ 4x-12y &= 44 \end{aligned}$

d) $\begin{aligned} 3x-4y+z &= 5 \\ 2x-y-z &= 0 \\ 4x-2y-z &= 12 \\ x-y+z &= 10 \end{aligned}$

e) $\begin{aligned} x+z &= -1 \\ y+z &= 4 \\ x+y &= 5 \\ x+y+z &= 4 \end{aligned}$

f) $\begin{aligned} 4x+y-2z+t &= 1 \\ 2x+y+3z-2t &= 3 \end{aligned}$

g) $\begin{aligned} 3x+2y+z &= 5 \\ -6x-4y-2z &= 8 \end{aligned}$

h) $\begin{aligned} 2x+3z+2t &= 4 \\ y+3z+2t &= 4 \end{aligned}$

i) $\begin{aligned} 2x-4y+2z &= 6 \\ 4x-8y+4z &= 12 \\ -x+2y-z &= -3 \end{aligned}$

Die Lösbarkeitsuntersuchungen haben gezeigt, dass Nullzeilen (triviale Zeilen) noch nichts über die Lösbarkeit des gesamten LGS aussagen, während aus einer Widerspruchszeile sofort die Unlösbarkeit des gesamten LGS folgt. Wir können zusammenfassend folgendes Lösungsschema zum Gauß'schen Algorithmus angeben:

<table>
<tr><td>1.</td><td colspan="3">LGS in die Normalform überführen,
ganzzahlige Koeffizienten erzeugen, sofern möglich.</td></tr>
<tr><td>2.</td><td colspan="3">Gauß'schen Algorithmus auf das LGS anwenden. Es entsteht eine Dreiecks- bzw. Stufenform.</td></tr>
<tr><td rowspan="2">3.</td><td colspan="3">Prüfen, welche der folgenden Eigenschaften das aus 2. resultierende LGS besitzt.</td></tr>
<tr><td>Widerspruch

Wenigstens eine Gleichung stellt einen offensichtlichen Widerspruch dar.</td><td colspan="2">Es existiert kein Widerspruch.

<table><tr><td>Die Anzahl der Variablen ist gleich der Anzahl der nichttrivialen Zeilen.</td><td>Es gibt mehr Variable als nichttriviale Zeilen.</td></tr></table></td></tr>
<tr><td rowspan="2">4.</td><td>Das LGS ist
unlösbar.</td><td>Das LGS ist
eindeutig lösbar.</td><td>Das LGS hat
unendlich viele Lösungen.</td></tr>
<tr><td></td><td>Die einzige Lösung wird durch „Rückeinsetzung" aus dem Stufenform-LGS bestimmt.</td><td>Die freien Parameter werden festgelegt.
Die Parameterdarstellung</td></tr>
</table>

Übungen

3. Lösen Sie das LGS. Geben Sie die Lösungsmenge an.

a) $$\begin{aligned} 2x - y + 6z &= 5 \\ 2y - 3z &= 10 \\ 4z &= 8 \end{aligned}$$

b) $$\begin{aligned} 3x + y + 7z &= 2 \\ y + 2z &= 1 \\ 3y + 5z &= 4 \end{aligned}$$

c) $$\begin{aligned} 3x - y + z &= 3 \\ 2y - 2z &= 0 \\ -5x + z &= -2 \end{aligned}$$

d) $$\begin{aligned} x + 2y - z &= -3 \\ 2x + 4y - 2z &= -1 \\ 3x + y + 5z &= 6 \end{aligned}$$

e) $$\begin{aligned} -2x + 2y - 4z &= -2 \\ x + 3z &= 0 \\ x - y + 2z &= 1 \end{aligned}$$

f) $$\begin{aligned} x + y + z &= 5 \\ x - y + z &= 1 \\ -2x - 3z &= -3 \end{aligned}$$

4. Untersuchen Sie das LGS auf Lösbarkeit. Bestimmen Sie die Lösungsmenge.

a) $$\begin{aligned} 3x - 8y - 5z &= 0 \\ 2x - 2y + z &= -1 \\ x + 4y + 7z &= 2 \end{aligned}$$

b) $$\begin{aligned} 2x - 2y - 3z &= -1 \\ -2y + z &= -3 \\ -x + y - 3z &= -4 \end{aligned}$$

c) $$\begin{aligned} 4x - y + 2z &= 6 \\ x + 2y - z &= 6 \\ 6x + 3y &= 18 \end{aligned}$$

d) $$\begin{aligned} 2x - 3y - 8z &= 8 \\ 6y + 4z &= -8 \\ 6x + 8y - 8z &= 6 \end{aligned}$$

e) $$\begin{aligned} 3x - y + 2z &= 4 \\ 4x - 6y + 4z &= 10 \\ -x - 2y &= 1 \end{aligned}$$

f) $$\begin{aligned} 3x - 4y + z &= 5 \\ 2x - y - z &= 0 \\ 4x - 2y - 2z &= 12 \end{aligned}$$

g) $$\begin{aligned} z - 2 &= y - 2x \\ 2 - 2y &= -x \\ 3y - 6 &= -z \end{aligned}$$

h) $$\begin{aligned} \tfrac{3}{2}x - 1 &= y - \tfrac{1}{2}z \\ 5 - y &= \tfrac{1}{4}x - z \\ \tfrac{1}{2}x + z &= 4 \end{aligned}$$

i) $$\begin{aligned} 4x + 2y &= 2(2 + y) - z \\ 2(4 - x) &= z - 3y \\ 4x - 3y &= 3(x + y + 1) - (z - 1) \end{aligned}$$

5. Untersuchen Sie das LGS auf Lösbarkeit. Bestimmen Sie die Lösungsmenge.

a) $$\begin{aligned} 2x + 3z + 2t &= 4 \\ y + 3z + 2t &= 4 \\ 4x - 2y + z &= 0 \\ 2x + 2z - 2t &= 0 \end{aligned}$$

b) $$\begin{aligned} 4x - y - 2z &= 1 \\ 2x + 3y - 3t &= -6 \\ x + y - 3t &= -8 \\ x + y + z + t &= 3 \end{aligned}$$

c) $$\begin{aligned} 2x - y + 3z &= 10 \\ x - 2z + t &= -4 \\ 2y + z + t &= 6 \\ 3x - 3y &= 3 \end{aligned}$$

d) $$\begin{aligned} 2x + 2y - z &= 2 \\ x + y + 2t &= 2 \\ 4y + 2z + t &= 6 \\ 3x + 7y + z + 3t &= 10 \end{aligned}$$

e) $$\begin{aligned} 2x - 2y - t &= 0 \\ 4y - 2z + 3t &= 10 \\ x + y - z &= -5 \\ 3x + z - 5t &= 0 \end{aligned}$$

f) $$\begin{aligned} 3x - 2y + 4z &= -2 \\ 3y - z + 2t &= 5 \\ 2x - y + 2z &= -1 \\ 5x + 5z + 2t &= 2 \end{aligned}$$

6. Untersuchen Sie das LGS auf Lösbarkeit. Bestimmen Sie die Lösungsmenge.

a) $$\begin{aligned} x_1 + x_4 &= 2 \\ x_2 + x_3 &= -3 \\ x_4 - x_1 &= x_3 \\ x_4 - x_2 &= 1 \end{aligned}$$

b) $$\begin{aligned} x_1 + x_3 &= 1 \\ x_2 - x_3 &= 0 \\ x_1 + x_2 + x_3 - x_4 &= 1 \\ x_2 - x_4 &= 0 \end{aligned}$$

c) $$\begin{aligned} x_1 + x_3 &= x_2 \\ x_2 + x_5 &= x_4 \\ x_5 - x_3 &= 0 \\ x_4 - x_2 &= x_3 \\ x_4 - x_1 &= x_3 + x_5 \end{aligned}$$

7. Untersuchen Sie das LGS auf Lösbarkeit. Bestimmen Sie die Lösungsmenge.

a) $\begin{aligned} 2x+3y&=10\\ 4x+5y&=18\\ 3x-y&=4 \end{aligned}$

b) $\begin{aligned} 4x-2y&=12\\ -x+0{,}5y&=-3\\ 2x-y&=5 \end{aligned}$

c) $\begin{aligned} 4x-2y+z&=-8\\ 9x-3y&=0\\ 2x+z&=12\\ -3x+y+3z&=6 \end{aligned}$

d) $\begin{aligned} 2x-y+2z&=3\\ x+y+z&=0\\ x-2y+z&=3\\ 4x-2y+4z&=6 \end{aligned}$

e) $\begin{aligned} 2x+1&=y\\ 4-y&=4x\\ 2y&=7-6x\\ x-3y&=-5 \end{aligned}$

f) $\begin{aligned} 4x-6y+z&=4\\ 2x-6y+2z&=-4\\ x-y&=2\\ 3x-5y+z&=2 \end{aligned}$

g) $\begin{aligned} 3x-5y+3z&=-2\\ x-5y+z&=1 \end{aligned}$

h) $\begin{aligned} 3x+4y-2z-2t&=0\\ x+y+z+t&=0 \end{aligned}$

i) $\begin{aligned} 4x-2y+2z&=6\\ -2x+y-z&=6 \end{aligned}$

j) $\begin{aligned} 4x-2y+2z+6t&=-8\\ -2x+y-z-3t&=4 \end{aligned}$

k) $\begin{aligned} 3x+2y+5z+t&=14\\ 2z+3t&=9\\ x+y+2z&=3 \end{aligned}$

l) $\begin{aligned} 4x-2y+t&=-1\\ 4y+4z+2t&=-9\\ 2x+z+t&=-4 \end{aligned}$

8. Robert, Alfons und Edel finden einen Sack voller Münzen. Es sind 3 große, 16 mittlere und 40 kleine Münzen im Gesamtwert von 30 €. Die Münzen werden gerecht aufgeteilt. Robert erhält 2 große und 30 kleine Münzen, Alfons erhält 8 mittlere und 10 kleine Münzen. Den Rest erhält Edel. Wie groß sind die einzelnen Münzwerte?

9. An einer Kinokasse werden Karten in drei Preislagen verkauft: I. Rang 5 €, II. Rang 4 €, III. Rang 3 €. Bei einer Vorführung wurden 60 Karten zu insgesamt 230 € verkauft. Für den zweiten Rang wurden ebenso viele Karten wie für die beiden anderen Ränge zusammen verkauft. Wie verteilen sich die 60 Karten auf die einzelnen Ränge?

10. Im Garten sitzen Schnecken, Raben und Katzen. Großvater zählt die Köpfe und die Füße der Tiere. Er kommt auf insgesamt 39 Köpfe und 57 Füße. Die Raben haben zusammen 6 Füße mehr als die Katzen. Wie viele Katzen sind es?

Knobelaufgabe

Auf dem Geflügelmarkt werden an einem Stand Gänse für 5 Taler, Enten für 3 Taler und Küken zu je dreien für einen Taler angeboten. Der Standbetreiber hat insgesamt 100 Tiere und hat sich 100 Taler als Gesamteinnahme errechnet, wenn er alle Tiere verkaufen kann.
Wie viele Gänse, Enten und Küken hatte er zunächst?

4. Anwendung: Ströme in Netzwerken

Die Auslastung von Transport- und Straßennetzen sowie der Stromfluss in elektrischen Netzwerken können mit mathematischen Hilfsmitteln berechnet werden. In einfachen Fällen können LGS zur modellhaften Erfassung derartiger Prozesse herangezogen werden.

Beispiel: Der abgebildete Ausschnitt aus einem Straßennetz zeigt ein System von Einbahnstraßen (Pfeile).
Die Zahlenangaben beziffern die stündlichen Durchflussmengen (in 1000 KFZ pro h), durch Verkehrszählung ermittelt.
Der zentrale Straßenring soll erneuert werden. Wie groß sind die Kapazitäten x, y, z und t wenigstens zu wählen, wenn es nicht zwangsläufig zu einem Stau kommen soll?

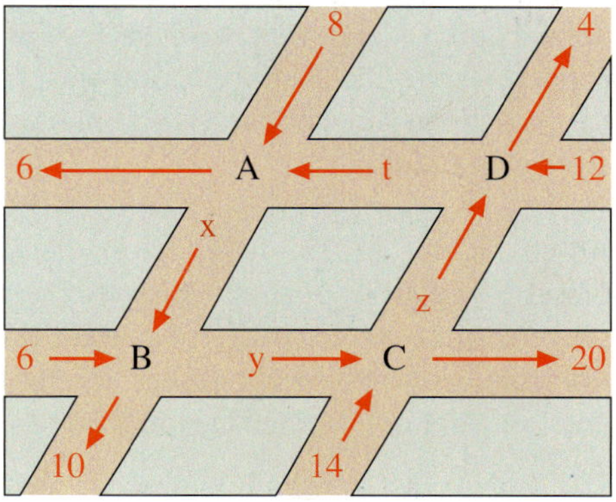

Lösung:
Für jede der vier Kreuzungen muss gelten, dass die Anzahl der pro Stunde einfahrenden Fahrzeuge gleich der Anzahl der pro Stunde ausfahrenden Fahrzeuge ist; andernfalls kommt es zu einem Stau.
Für Kreuzung A z. B. gilt aus diesem Grund:

$$t + 8 = x + 6.$$

Analog erhält man zu jeder Kreuzung eine lineare Gleichung; insgesamt ergibt sich ein (4, 4)-LGS. Dieses LGS hat – wie sich nach Anwendung des Gauß'schen Algorithmus herausstellt – unendlich viele Lösungen. Wählen wir t als freien Parameter, so ergeben sich die restlichen Kapazitäten in Abhängigkeit von t:

$$x = t + 2,\ y = t - 2,\ z = t - 8.$$

Da alle Kapazitäten nicht negativ sind, darf t nicht kleiner als 8 sein.
Für t = 8 ergeben sich die gesuchten Minimalkapazitäten: x = 10, y = 6, z = 0, t = 8.

	Ein	Aus	
A:	$t + 8$	$= x + 6$	LGS
B:	$x + 6$	$= y + 10$	Kreuzungs-
C:	$y + 14$	$= z + 20$	bilanzen
D:	$z + 12$	$= t + 4$	

$$\begin{aligned} x \qquad\quad - t &= 2 \\ x - y \qquad\quad &= 4 \\ y - z \quad &= 6 \\ z - t &= -8 \end{aligned}$$ Normalform

$$\begin{aligned} x \qquad\quad - t &= 2 \\ -y \quad + t &= 2 \\ -z + t &= 8 \\ 0 &= 0 \end{aligned}$$ Dreieckssystem

$$\begin{aligned} z &= t - 8 \\ y &= t - 2 \\ x &= t + 2 \end{aligned}$$ Parameterdarstellung der Lösung

Wegen $z \geq 0$ folgt $t \geq 8$.
Für $t = 8$ gilt: $z = 0, y = 6, x = 10$ — Minimallösung

Übung 1

a) Wegen einer Spurerneuerung wird die Kapazität des Straßenstücks DA auf 5000 KFZ pro h begrenzt. Ersatzweise wird eine Behelfsfahrbahn von D nach B gelegt. Welche Kapazität muss diese Fahrbahn mindestens erhalten, damit kein Stau auftritt?

b) Die Kapazität der bei C aus dem Ring herausführenden Straße wird auf 10 000 KFZ pro h gesenkt; gleichzeitig werden die Kapazitäten der bei B bzw. D herausführenden Straßen auf 15 000 bzw. 9000 KFZ pro h erhöht. Berechnen Sie die Minimalkapazitäten der Ringstraßen.

Chemische Reaktionsgleichungen

Dem italienischen Chemiker SOBRERO gelang im Jahre 1846 die Herstellung der hochexplosiven Flüssigkeit *Nitroglycerin* ($C_3H_5N_3O_9$). Schon durch kleine mechanische Erschütterungen wurde die Explosion ausgelöst, was die praktische Anwendbarkeit als Sprengstoff stark einschränkte.

Alfred NOBEL (1833–1896) hatte die Idee, dieses Sprengöl in porösem Kieselgut aufzusaugen, sodass ein erschütterungsfester, transportabler, kontrolliert zündbarer Sprengstoff entstand, der den Namen *Dynamit* erhielt.

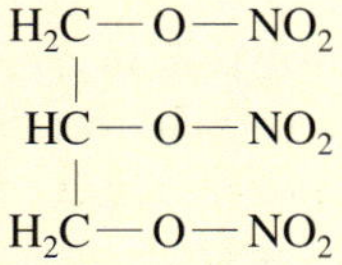
Nitroglycerin

Chemische Reaktionen lassen sich durch ***Reaktionsgleichungen*** beschreiben. Dabei muss berücksichtigt werden, dass bei allen chemischen Reaktionen die Gesamtmasse aller Stoffe unverändert bleibt. Vor und nach der Reaktion müssen also gleich viele Atome desselben Elements vorhanden sein. Beim Aufstellen chemischer Reaktionsgleichungen müssen die Koeffizienten vor den an der Reaktion beteiligten Stoffen (Molekülen) bestimmt werden. Wir zeigen dies im folgenden Beispiel.

Bestimmung einer chemischen Reaktionsgleichung

Bei der Explosion von *Nitroglycerin* ($C_3H_5N_3O_9$) entstehen unter Hitzeentwicklung die Gase Kohlendioxid (CO_2), Wasserdampf (H_2O), Stickstoff (N_2) und Sauerstoff (O_2). Bestimmen Sie die chemische Reaktionsgleichung für den Explosionsvorgang.

Lösung:
Wir verwenden den nebenstehenden Ansatz für die Reaktionsgleichung. Die Koeffizienten $x_1, \dots, x_5$ geben die Anzahl der Moleküle an. Man verwendet in der chemischen Reaktionsgleichung möglichst kleine natürlichen Zahlen $x_1, \dots, x_5$, für die die chemische Reaktion möglich ist.
Da vor und nach der Reaktion von jedem Element gleich viele Atome vorhanden sein müssen, erhalten wir für jedes Element eine Gleichung.

Ansatz:

$$x_1 \cdot C_3H_5N_3O_9 \rightarrow x_2 \cdot CO_2 + x_3 \cdot H_2O + x_4 \cdot N_2 + x_5 \cdot O_2$$

Für C: $3x_1 = x_2$

Für H: $5x_1 = 2x_3$

Für N: $3x_1 = 2x_4$

Für O: $9x_1 = 2x_2 + x_3 + 2x_5$

Somit ergibt sich ein LGS aus 4 Gleichungen mit 5 Variablen, das wir zunächst in Normalform umstellen und dann mithilfe des Gauß'schen Algorithmus auf Stufenform bringen.

$$\begin{array}{ll} \text{I} & 3x_1 - x_2 = 0 \\ \text{II} & 5x_1 - 2x_3 = 0 \\ \text{III} & 3x_1 - 2x_4 = 0 \\ \text{IV} & 9x_1 - 2x_2 - 2x_3 - 2x_5 = 0 \\ \hline \text{I} & 3x_1 - x_2 = 0 \\ \text{II} & 5x_2 - 6x_3 = 0 \\ \text{III} & -6x_3 + 10x_4 = 0 \\ \text{IV} & -2x_4 + 12x_5 = 0 \end{array}$$

Das LGS besitzt unendlich viele Lösungen, eine Variable ist frei wählbar.
Wir wählen $x_5 = c \in \mathbb{R}$.
Nun bestimmen wir durch Rückeinsetzung die Lösungsmenge.

$$L = \{(4c; 12c; 10c; 6c; c); \; c \in \mathbb{R}\}$$

Für die chemische Reaktionsgleichung ist nun die kleinste positive Zahl c gesucht, für die sich eine Lösung ergibt, die nur aus natürlichen Zahlen besteht. Diese erhalten wir in diesem Fall für c = 1.

Für c = 1: (4; 12; 10; 6; 1)

Reaktionsgleichung:
$4\,C_3H_5N_3O_9 \rightarrow 12\,CO_2 + 10\,H_2O + 6\,N_2 + O_2$

Übungen

Übung 1

Ermitteln Sie für die folgenden chemischen Reaktionen die Koeffizienten.

a) $x_1\,CuO + x_2\,C \rightarrow x_3\,Cu + x_4\,CO_2$ (Gewinnung von Kupfer aus Kupferoxid)

b) $x_1\,FeS_2 + x_2\,O_2 \rightarrow x_3\,SO_2 + x_4\,Fe_2O_3$ (Entstehung von Schwefeldioxid aus Pyrit)

c) $x_1\,P_4O_{10} + x_2\,H_2O \rightarrow x_3\,H_3PO_4$ (Entstehung von Phosphorsäure)

d) $x_1\,C_6H_{12}O_6 \rightarrow x_2\,C_2H_5OH + x_3\,CO_2$ (alkoholische Gärung)

e) $x_1\,KMnO_4 + x_2\,HCl \rightarrow x_3\,MnCl_2 + x_4\,Cl_2 + x_5\,H_2O + x_6\,KCl$ (Herstellung von Chlorgas)

Übung 2

Die Bildung von *Tropfsteinhöhlen* (025-1) lässt sich im Wesentlichen auf folgende chemische Reaktionen zurückführen:
Wasser (H_2O) und Kohlendioxid (CO_2) haben im Verlaufe von Jahrtausenden den Kalkstein ($CaCO_3$ Calciumcarbonat) gelöst. Bei der chemischen Reaktion entstehen zunächst Ca- und HCO_3-Ionen, die sich dann zu wasserlöslichem Calciumhydrogencarbonat ($Ca(HCO_3)_2$) verbinden. Die Rückreaktion (Entzug von CO_2) führt wieder zu unlöslichem $CaCO_3$ und damit zur Tropfsteinbildung.
Bestimmen Sie die Reaktionsgleichung für die Anfangsreaktion.

Übungen

2. Eine dreistellige natürliche Zahl hat die Quersumme 16. Die Summe der ersten beiden Ziffern ist um 2 größer als die letzte Ziffer. Addiert man zum Doppelten der mittleren Ziffer die erste Ziffer, so erhält man das Doppelte der letzten Ziffer. Wie heißt die Zahl?

3. Ein pharmazeutischer Betrieb verwendet als Basis für Knoblauchpräparate Ölauszüge aus drei Knoblauchsorten A, B und C, die die Hauptwirkstoffe K und G des Knoblauchs in unterschiedlichen Konzentrationen enthalten:

A: 3 % K, 9 % G,
B: 5 % K, 10 % G,
C: 13 % K, 4 % G.

Welche Mengen von jeder Sorte benötigt man für die Herstellung von 100 g eines Präparates, das 5 g von K und 9 g von G enthalten soll?

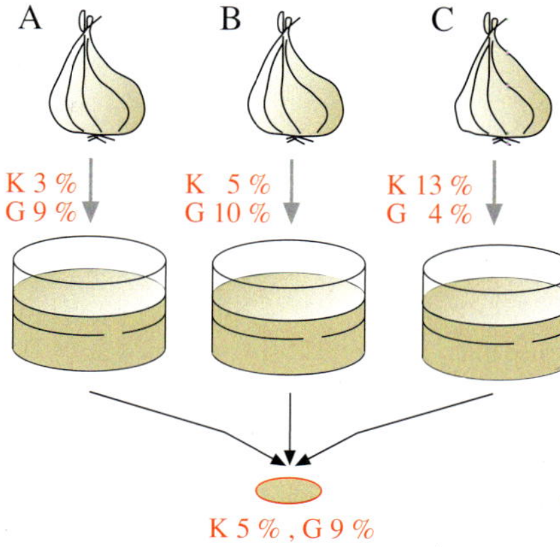

4. a) Wie heißt die ganzrationale Funktion zweiten Grades, deren Graph durch die Punkte $A(1|-1)$, $B(2|3)$, $C(-2|23)$ geht?

b) Der Graph einer ganzrationalen Funktion dritten Grades geht durch die Punkte $A(1|5)$, $B(2|16)$ und hat im Punkt $P(-1|1)$ die Steigung $m = 8$.
Wie lautet die Funktionsgleichung?

c) Der Graph einer ganzrationalen Funktion dritten Grades hat bei $x = 2$ eine Nullstelle, ein Minimum im Punkt $T(1|-3)$ und eine Wendestelle bei $x = \frac{1}{3}$.
Wie heißt die Funktionsgleichung?

5. Ermitteln Sie für die folgenden chemischen Reaktionen die Koeffizienten.

a) $x_1 H_2SO_4 + x_2 Cu \rightarrow x_3 CuSO_4 + x_4 SO_2 + x_5 H_2O$ (Oxidation von Kupfer durch Schwefelsäure)

b) $x_1 CuO + x_2 NH_3 \rightarrow x_3 Cu + x_4 N_2 + x_5 H_2O$ (Reduktion von Kupferoxid durch Ammoniak)

c) $x_1 HNO_3 + x_2 H_2SO_4 \rightarrow x_3 H_3O + x_4 NO_2 + x_5 HSO_4$ (Nitrierung von Benzol)

6. Für das abgebildete Einbahnstraßennetz sind die Verkehrsflüsse der einfahrenden und ausfahrenden Autos pro Stunde in der Grafik gegeben.
Wie groß sind die Kapazitäten der Ringstraßen mindestens zu wählen, damit es nicht zwangsläufig zum Stau kommt?

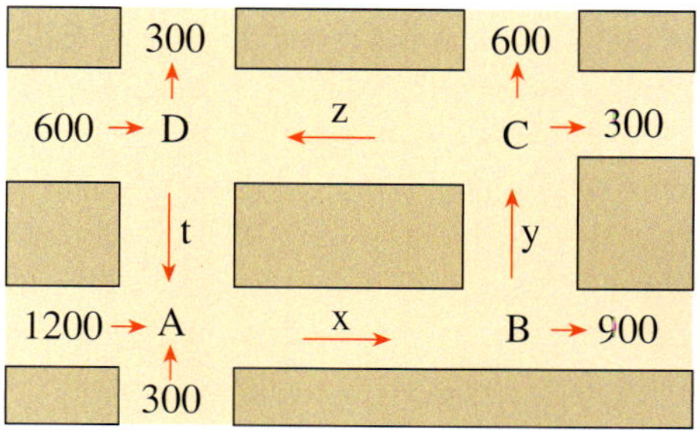

Überblick

Lösungen eines linearen Gleichungssystems:

Eine Lösung eines (m, n)-LGS gibt man als n-Tupel $(x_1; x_2; \ldots; x_n)$ an.

Äquivalenzumformungen eines lin. Gleichungssystems:

Die Lösungsmenge eines LGS ändert sich nicht, wenn
(1) 2 Gleichungen vertauscht werden,
(2) eine Gleichung mit einer reellen Zahl $k \neq 0$ multipliziert wird,
(3) eine Gleichung zu einer anderen Gleichung addiert wird.

Anzahl der Lösungen eines lin. Gleichungssystems:

Es können drei Fälle eintreten:
Fall 1: Das LGS ist unlösbar.
Fall 2: Das LGS hat genau eine Lösung.
Fall 3: Das LGS hat unendlich viele Lösungen.

Der Gauß'sche Algorithmus:

Man bringt das LGS mithilfe des Additionsverfahrens in ein Dreieckssystem. Anschließend bestimmt man die Lösungsmenge.
Fall 1: Wenigstens eine Gleichung stellt einen Widerspruch dar.
Dann ist das LGS unlösbar.
Fall 2: Die Anzahl der Variablen ist gleich der Anzahl der nichttrivialen Zeilen.
Dann ist das LGS eindeutig lösbar.
Fall 3: Es gibt mehr Variable als nichttriviale Zeilen.
Dann hat das LGS unendlich viele Lösungen.
Es werden die freien Parameter festgelegt. Die Lösungsmenge wird mithilfe dieser Parameter dargestellt.

Unterbestimmtes LGS:

Das LGS hat mehr Variable als Gleichungen.
Wenn der Gauß'sche Algorithmus zu keinem Widerspruch führt, hat das LGS unendlich viele Lösungen.

Überbestimmtes LGS:

Das LGS hat mehr Gleichungen als Variable.
Ergibt sich ein Widerspruch, so ist das LGS unlösbar.
Gibt es genau eine Lösung, so muss diese für *alle* Gleichungen gelten.
Gibt es keinen Widerspruch und hat das LGS mehr Variable als nicht-triviale Gleichungen, so hat das LGS unendlich viele Lösungen.

Test

Lineare Gleichungssysteme

1. Lösen Sie die linearen Gleichungssysteme.

a) $4x - 5y = -4$
$5x + 3y = 32$

b) $-2x - 6y = -7$
$4x + 4y = 2$

2. Lösen Sie die Gleichungssysteme mit dem Gauß'schen Algorithmus.

a) $2x + y - z = 2$
$3x - 2y + 2z = 3$
$4x - 4y + 6z = 2$

b) $\frac{1}{2}x - \frac{3}{2}y + z = -3$
$\frac{1}{2}x + \frac{1}{3}y - 4z = -7$
$\frac{1}{3}x - y + z = -1$

3. Untersuchen Sie das Gleichungssystem auf Lösbarkeit und bestimmen Sie gegebenenfalls die Lösung.

a) $3x - y + 2z = 1$
$-x + 2y - 3z = -7$
$2x - 3y + 4z = 7$

b) $x + y + 2z = 5$
$3x - 2y + z = 0$
$x + 6y + 7z = 18$

c) $x + y + 2z = 5$
$2x - y + 3z = 3$
$4x + y + 7z = 13$

4. Eine dreistellige natürliche Zahl hat die Quersumme 16. Die Summe der ersten beiden Ziffern ist um 2 größer als die letzte Ziffer. Addiert man zum Doppelten der mittleren Ziffer die erste Ziffer, so erhält man das Doppelte der letzten Ziffer.
Wie heißt die Zahl?

5. Für welche Werte des Parameters a liegt eine eindeutige Lösung vor?

a) $3x - 6y = 4$
$4x - ay = a - 1$

b) $\frac{1}{2}x - \frac{3}{5}y = 16$
$ax + (1 - a)y = 5$

Lösungen unter 028-1

II. Vektoren

1. Punkte im Koordinatensystem

Im Folgenden wird das räumliche kartesische Koordinatensystem eingeführt. Dabei wird analog zum bereits bekannten ebenen kartesischen Koordinatensystem vorgegangen.

A. Koordinaten im Raum

Punkte und geometrische Figuren im dreidimensionalen Anschauungsraum werden im ***kartesischen Koordinatensystem***[1] dargestellt. Ein solches System wird in der Regel als ***Schrägbild*** gezeichnet.
y-Achse und z-Achse werden auf dem Zeichenblatt rechtwinklig zueinander dargestellt, während die x-Achse in einem Winkel von 135° zu diesen beiden Achsen gezeichnet wird, um einen räumlichen Eindruck zu erzeugen, der durch die Verkürzung der Einheit auf der x-Achse mit dem Faktor $\frac{1}{\sqrt{2}}$ noch realistischer wird.

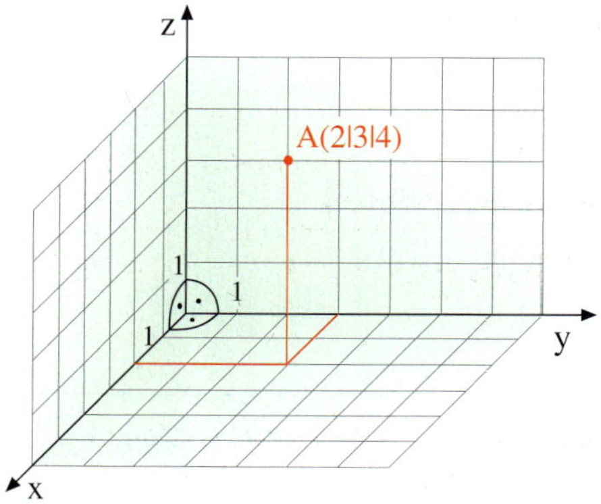

Solche Koordinatensysteme lassen sich auf Karopapier besonders gut darstellen. Die Lage von Punkten wird durch Koordinaten angegeben. Beispielsweise bezeichnet $A(2\,|\,3\,|\,4)$ einen Punkt mit dem Namen A, dessen x-Koordinate 2 beträgt, während die y-Koordinate den Wert 3 und die z-Koordinate den Wert 4 hat. 030-1

B. Abstand von Punkten im Raum

Der ***Abstand von zwei Punkten*** im Raum $A(a_1\,|\,a_2\,|\,a_3)$ und $B(b_1\,|\,b_2\,|\,b_3)$ wird mit dem Symbol $d(A;B)$ bezeichnet. Man kann ihn mithilfe der folgenden Formel bestimmen, die auf zweifacher Anwendung des Satzes von Pythagoras beruht.

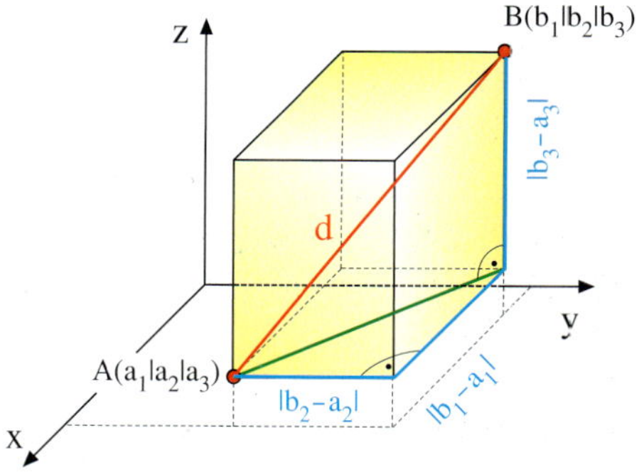

Die Abstandsformel im Raum

Die Punkte $A(a_1\,|\,a_2\,|\,a_3)$ und $B(b_1\,|\,b_2\,|\,b_3)$ haben den Abstand

$$d(A;B) = \sqrt{(b_1 - a_1)^2 + (b_2 - a_2)^2 + (b_3 - a_3)^2}.$$

030-2

[1] Das kartesische Koordinatensystem wurde nach dem französischen Mathematiker René Descartes (lat. Cartesius) benannt, dem Begründer der analytischen Geometrie.

C. Punkte in der Ebene (Wiederholung)

Analog zum Vorgehen im Raum kann man auch Punkte in der Ebene durch Koordinaten in einem zweidimensionalen kartesischen Koordinatensystem darstellen.

Der Abstand $d(A;B) = |AB|$ der Punkte $A(a_1|a_2)$ und $B(b_1|b_2)$ wird auch hier mithilfe des Satzes von Pythagoras errechnet.

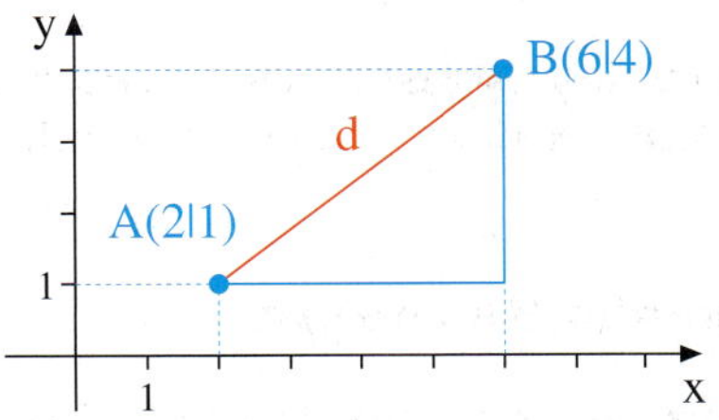

Die Abstandsformel in der Ebene
Die Punkte $A(a_1|a_2)$ und $B(b_1|b_2)$ besitzen den Abstand

$$d(A;B) = \sqrt{(b_1-a_1)^2 + (b_2-a_2)^2}.$$

$$\begin{aligned} d(A;B) &= \sqrt{(b_1-a_1)^2 + (b_2-a_2)^2} \\ &= \sqrt{(6-2)^2 + (4-1)^2} \\ &= \sqrt{4^2+3^2} \\ &= \sqrt{25} \\ &= 5 \end{aligned}$$

Beispiel: Koordinaten im Raum
Die Graphik zeigt die die Planskizze eines Gebäudes. Der Ursprung des Koordinatensystems liegt wie eingezeichnet in der Hausecke unten links. Das Haus ist 9 m hoch.
Bestimmen Sie die Koordinaten der Punkte A, B, C, D, E und F.

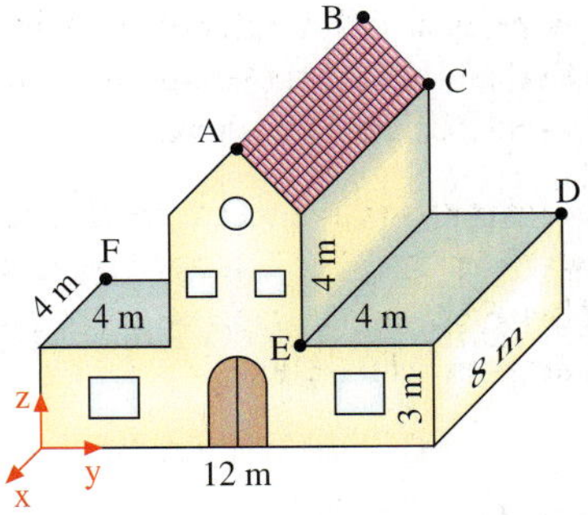

Lösung:
$A(0|6|9)$, $B(-8|6|9)$, $C(-8|8|7)$,
$D(-8|12|3)$, $E(0|8|3)$, $F(-4|0|3)$

Beispiel: Gleichschenkligkeit
Gegeben ist ein Dreieck ABC im Raum mit den Ecken $A(1|-1|-2)$, $B(5|7|6)$ und $C(3|1|4)$.
Ist das Dreieck gleichschenklig?
Welchen Umfang hat das Dreieck?

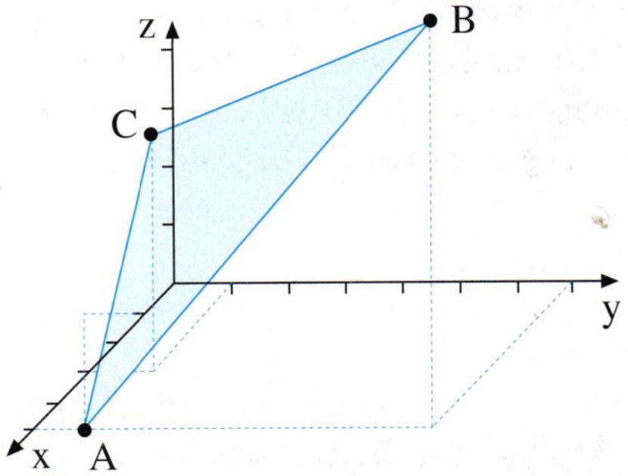

Lösung:
Wir errechnen die Abstände (Seitenlängen) mithilfe der Abstandsformel für Punkte im Raum.

$d(A;B) = \sqrt{(5-1)^2 + (7-(-1))^2 + (6-(-2))^2} = \sqrt{16+64+64} = \sqrt{144} = 12$

Analog erhalten wir $d(A;C) = \sqrt{4+16+36} = \sqrt{44} \approx 6{,}63$ und $d(B;C) = \sqrt{4+36+4} = \sqrt{44} \approx 6{,}63$.

Das Dreieck ist also gleichschenklig. Sein Umfang beträgt ungefähr 25,26.

Übungen

1. Gegeben ist ein Dreieck ABC mit den Eckpunkten A(1 | 3 | 2), B(3 | 2 | 4) und C(−1 | 1 | 3).

a) Zeichnen Sie ein räumliches kartesisches Koordinatensystem. Tragen Sie die Punkte A, B und C ein und zeichnen Sie das Schrägbild des Dreiecks ABC.

b) Weisen Sie rechnerisch nach, dass das Dreieck ABC gleichschenklig ist.

2. Ein Würfel besitzt als Grundfläche das Quadrat ABCD und als Deckfläche das Quadrat EFGH.
Dabei gelte: A(3 | 2 | 1), B(3 | 6 | 1), G(−1 | 6 | 5).

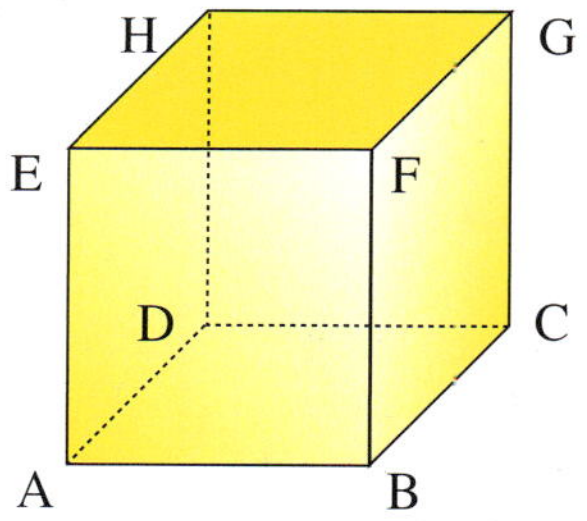

a) Zeichnen Sie in ein räumliches Koordinatensystem ein Schrägbild des Würfels.

b) Bestimmen Sie die Koordinaten von C, D, E, F und H.

c) Wie lauten die Koordinaten des Mittelpunktes der Seitenfläche BCGF?

d) Wie lauten die Koordinaten des Würfelmittelpunktes?

e) Wie lang ist eine Raumdiagonale des Würfels?

3. Gegeben sind die Punkte A(5 | 6 | 1), B(2 | 6 | 1), C(0 | 2 | 1), D(3 | 2 | 1) und S(2 | 4 | 5). Das Viereck ABCD ist die Grundfläche einer Pyramide mit der Spitze S.

a) Zeichnen Sie die Pyramide in ein kartesisches räumliches Koordinatensystem ein (Schrägbild).

b) Welche Länge besitzt die Seitenkante AS?

c) Welcher Punkt F ist der Höhenfußpunkt der Pyramide? Wie hoch ist die Pyramide?

4. Ein Würfel ABCDEFGH hat die Eckpunkte A(2 | 3 | 5) und G(x | 7 | 13).
Wie muss x gewählt werden, wenn die Diagonale AG die Länge 12 besitzen soll?

5. Der Punkt A(3 | 0 | 1) wird an einem Punkt P gespiegelt.
A′(3 | 6 | 3) ist der Spiegelpunkt von A.

a) Wie lauten die Koordinaten von P?

b) Spiegeln Sie den Punkt B(0 | 0 | 4) ebenfalls an P und stellen Sie beide Spiegelungen im Schrägbild dar.

6. Gegeben ist das abgebildete Schrägbild eines Hauses.

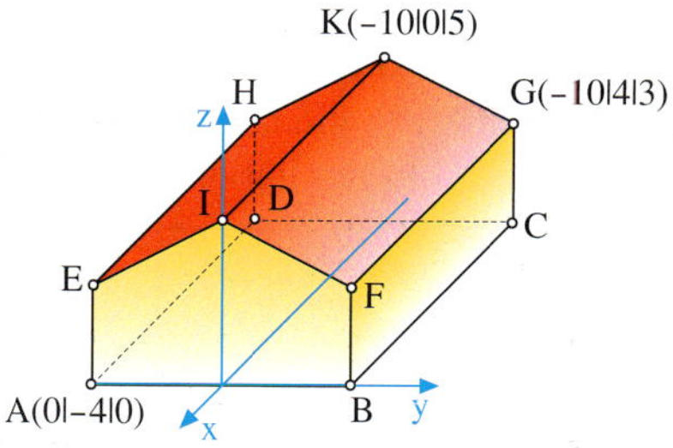

a) Bestimmen Sie die Koordinaten der Punkte B, C, D, E, F, H und I.

b) Das Dach soll eingedeckt werden. Welchen Inhalt hat die Dachfläche?

c) Das Haus soll verputzt werden. Wie groß ist die zu verputzende Außenfläche des Hauses?

d) Welches Volumen hat das Haus?

e) Zwischen welchen der eingetragenen Punkte des Hauses liegt die längste Strecke? Wie lang ist diese Strecke?

2. Vektoren

A. Vektoren als Pfeilklassen

Bei Ornamenten und Parkettierungen entsteht die Regelmäßigkeit oft durch ***Parallelverschiebungen*** einer Figur wie auch bei dem abgebildeten Muster des berühmten Malers *Maurits Cornelis ESCHER* (1898–1972). 033-1

Eine Parallelverschiebung kann man durch einen Verschiebungspfeil oder durch einen beliebigen Punkt A_1 und dessen Bildpunkt A_2 kennzeichnen.

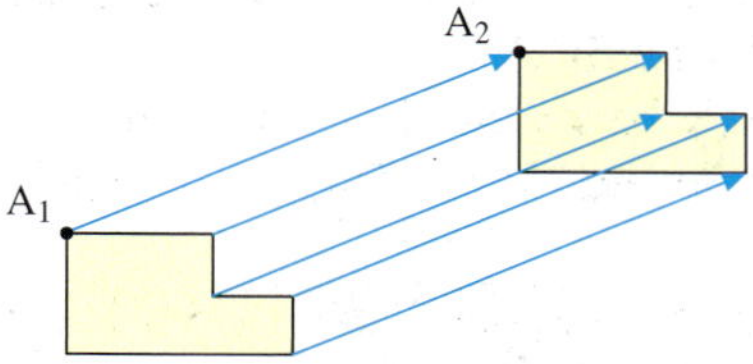

Bei einer Seglerflotte, die innerhalb eines gewissen Zeitraumes unter dem Einfluss des Windes abtreibt, werden alle Schiffe in gleicher Weise verschoben.
Die Verschiebung wird schon durch jeden einzelnen der gleich gerichteten und gleich langen Pfeile $\overrightarrow{A_1A_2}$, $\overrightarrow{B_1B_2}$, $\overrightarrow{C_1C_2}$ eindeutig festgelegt.

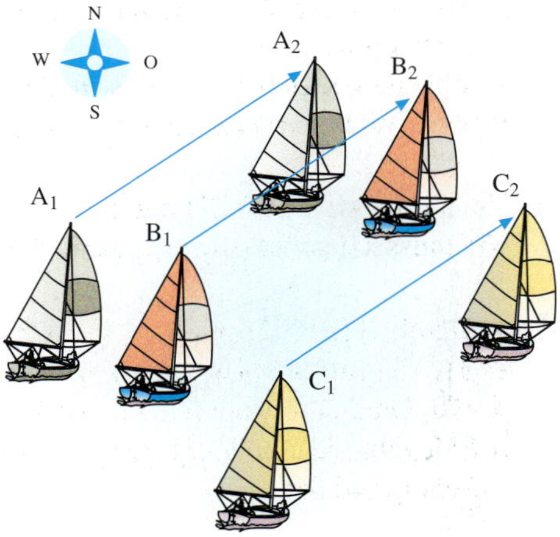

Wir fassen daher alle Pfeile der Ebene (des Raumes), die gleiche Länge und gleiche Richtung haben, zu einer Klasse zusammen. Eine solche Pfeilklasse bezeichnen wir als einen ***Vektor*** in der Ebene (im Raum).

Vektoren stellen wir symbolisch durch Kleinbuchstaben dar, die mit einem Pfeil versehen sind: $\vec{a}, \vec{b}, \vec{c}, \ldots$.
Jeder Vektor ist schon durch einen einzigen seiner Pfeile festgelegt.
Daher bezeichnen wir beispielsweise den Vektor $\vec{a}$ aus nebenstehendem Bild auch als Vektor $\overrightarrow{P_1P_2}$. Eine vektorielle Größe ist also durch eine Richtung und eine Länge gekennzeichnet im Gegensatz zu einer reellen Zahl, einer sog. skalaren Größe.

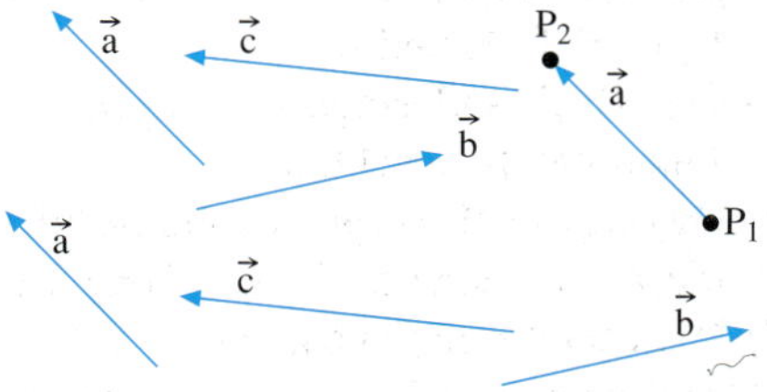

Übung 1

Welche der auf dem Quader eingezeichneten Pfeile gehören zum Vektor $\vec{a}$?

a) $\vec{a} = \overrightarrow{AB}$ b) $\vec{a} = \overrightarrow{EH}$ c) $\vec{a} = \overrightarrow{DH}$

d) $\vec{a} = \overrightarrow{CD}$ e) $\vec{a} = \overrightarrow{HG}$ f) $\vec{a} = \overrightarrow{AH}$

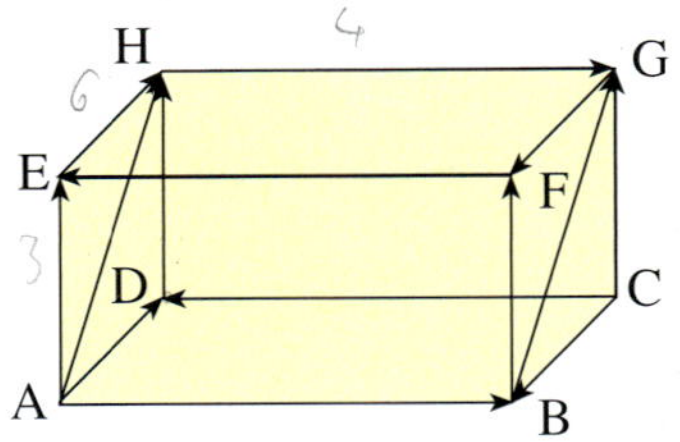

B. Spaltenvektoren / Koordinaten eines Vektors

Im Koordinatensystem können Vektoren besonders einfach dargestellt werden, indem man ihre Verschiebungsanteile in Richtung der Koordinatenachsen erfasst. Man verwendet dazu sogenannte ***Spaltenvektoren***.

Rechts ist ein Vektor $\vec{v}$ dargestellt, der eine Verschiebung um $+4$ in Richtung der positiven x-Achse und eine Verschiebung um $+2$ in Richtung der positiven y-Achse bewirkt.

Man schreibt $\vec{v} = \begin{pmatrix} 4 \\ 2 \end{pmatrix}$ und bezeichnet $\vec{v}$ als einen ***Spaltenvektor*** mit den Koordinaten 4 und 2.

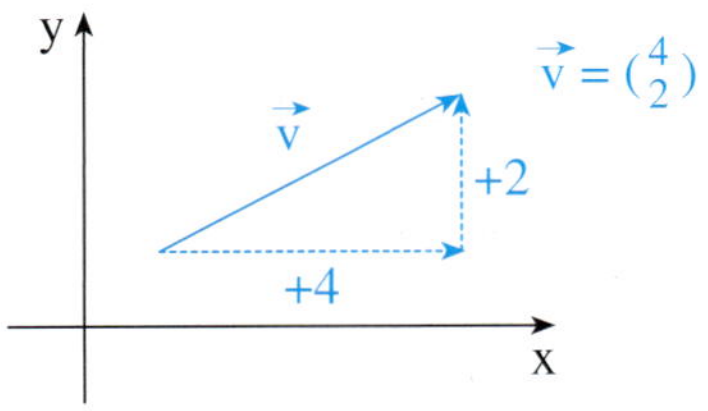

Spaltenvektoren in der Ebene

$$\vec{v} = \begin{pmatrix} v_1 \\ v_2 \end{pmatrix}$$

Spaltenvektoren im Raum

$$\vec{v} = \begin{pmatrix} v_1 \\ v_2 \\ v_3 \end{pmatrix}$$

v_1, v_2 bzw. v_1, v_2 und v_3 heißen Koordinaten von $\vec{v}$. Sie stellen die Verschiebungsanteile des Vektors $\vec{v}$ in Richtung der Koordinatenachsen dar. 034-1

Übung 2

Der in der Übung 1 dargestellte Quader habe die Maße $6 \times 4 \times 3$. Der Koordinatenursprung liege im Punkt D. Die Koordinatenachsen seien parallel zu den Quaderkanten.

Stellen Sie die folgenden Vektoren als Spaltenvektoren dar.

a) $\overrightarrow{CB}$ b) $\overrightarrow{BC}$ c) $\overrightarrow{AE}$

d) $\overrightarrow{AH}$ e) $\overrightarrow{BH}$ f) $\overrightarrow{BG}$

g) $\overrightarrow{DG}$ h) $\overrightarrow{DC}$ i) $\overrightarrow{AC}$

Übung 3

Dargestellt ist eine regelmäßige Pyramide mit der Höhe 6. Stellen Sie die eingezeichneten Vektoren in Spaltenform dar.

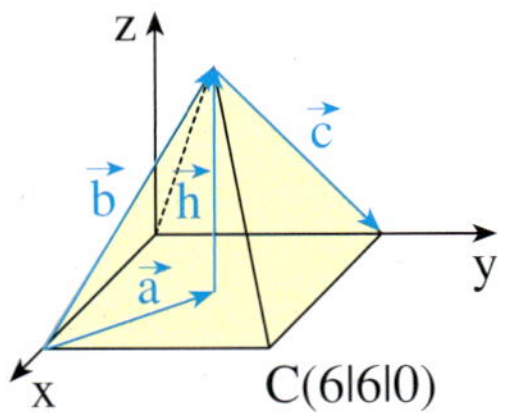

C. Der Vektor $\overrightarrow{PQ}$

Sind von einem Vektor $\vec{v}$ Anfangspunkt P und Endpunkt Q eines seiner Pfeile bekannt, so lässt sich $\vec{v}$ besonders leicht als Spaltenvektor darstellen.

Man errechnet dann einfach die ***Koordinatendifferenzen*** von Endpunkt und Anfangspunkt, um die Koordinaten des Spaltenvektors zu bestimmen. Im Beispiel rechts gilt also:

$\vec{v} = \overrightarrow{PQ} = \begin{pmatrix} 7-2 \\ 1-4 \end{pmatrix} = \begin{pmatrix} 5 \\ -3 \end{pmatrix}$

Analog kann man im Raum vorgehen, um den Vektor $\overrightarrow{PQ}$ zu bestimmen, wenn P und Q bekannt sind.

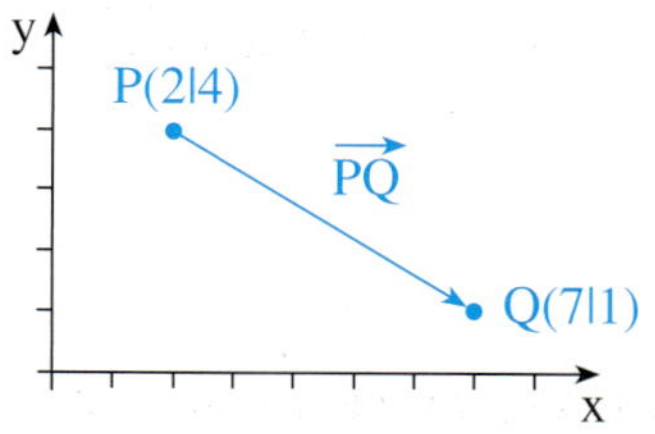

$\overrightarrow{PQ} = \begin{pmatrix} 7-2 \\ 1-4 \end{pmatrix} = \begin{pmatrix} 5 \\ -3 \end{pmatrix}$

Der Vektor $\overrightarrow{PQ}$

Ebene: $P(p_1 | p_2)$, $Q(q_1 | q_2)$

$$\overrightarrow{PQ} = \begin{pmatrix} q_1 - p_1 \\ q_2 - p_2 \end{pmatrix}$$

Raum: $P(p_1 | p_2 | p_3)$, $Q(q_1 | q_2 | q_3)$

$$\overrightarrow{PQ} = \begin{pmatrix} q_1 - p_1 \\ q_2 - p_2 \\ q_3 - p_3 \end{pmatrix}$$

035-1

Übung 4

Bestimmen Sie die Koordinaten von $\overrightarrow{PQ}$.

a) $P(2|1)$, $Q(6|4)$
b) $P(2|-3)$, $Q(-2|1)$
c) $P(1|2|-3)$, $Q(5|6|1)$
d) $P(-4|-3|5)$, $Q(2|3|-1)$
e) $P(3|4|7)$, $Q(2|6|2)$
f) $P(1|4|a)$, $Q(a|-3|2a+1)$

Übung 5

Eine dreiseitige Pyramide hat die Grundfläche ABC mit $A(1|-1|-2)$, $B(5|3|-2)$, $C(-1|6|-2)$ und die Spitze $S(2|3|4)$.

a) Zeichnen Sie die Pyramide.
b) Bestimmen Sie die Spaltenvektoren der Seitenkanten $\overline{AB}$, $\overline{AC}$ und $\overline{AS}$.
c) M sei der Mittelpunkt der Kante $\overline{AB}$. Wie lautet der Vektor $\overrightarrow{AM}$?

D. Der Ortsvektor $\overrightarrow{OP}$ eines Punktes

Auch die Lage von Punkten im Koordinatensystem lässt sich vektoriell erfassen. Dazu verwendet man den Pfeil $\overrightarrow{OP}$, der vom Ursprung O des Koordinatensystems auf den gewünschten Punkt P zeigt. Dieser Vektor heißt ***Ortsvektor*** von P. Seine Koordinaten entsprechen exakt den Koordinaten des Punktes P. Man geht in der Ebene und im Raum analog vor.

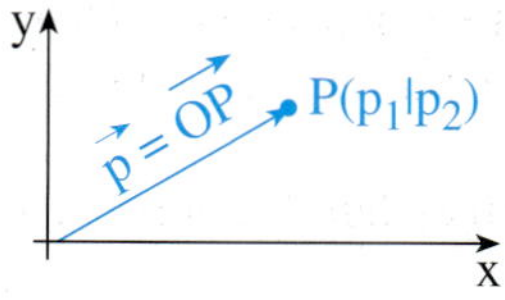

$\vec{p} = \overrightarrow{OP} = \begin{pmatrix} p_1 \\ p_2 \end{pmatrix}$ bzw. $\vec{p} = \overrightarrow{OP} = \begin{pmatrix} p_1 \\ p_2 \\ p_3 \end{pmatrix}$

E. Der Betrag eines Vektors

Jeder Pfeil in einem ebenen Koordinatensystem hat eine Länge, die sich mithilfe des Satzes von Pythagoras errechnen lässt.

Alle Pfeile eines Vektors $\vec{a}$ haben die gleiche Länge. Man bezeichnet diese Länge als ***Betrag des Vektors*** und verwendet die Schreibweise $|\vec{a}|$.

Länge eines Pfeils in der Ebene:

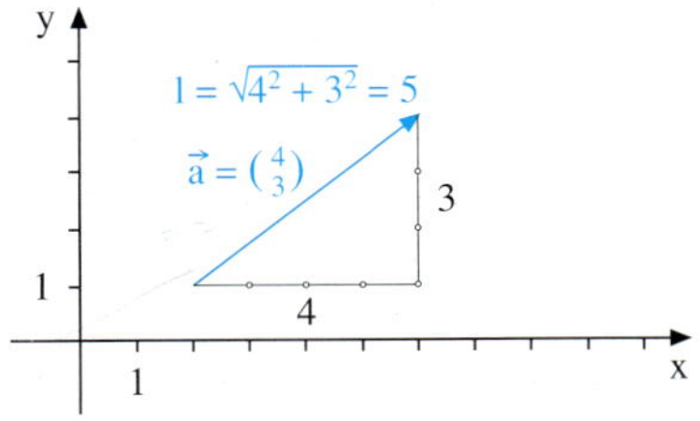

Betrag eines Vektors in der Ebene:

$$\left|\begin{pmatrix}4\\3\end{pmatrix}\right| = \sqrt{4^2+3^2} = \sqrt{25} = 5$$

Betrag eines Vektors im Raum:

$$\left|\begin{pmatrix}1\\2\\5\end{pmatrix}\right| = \sqrt{1^2+2^2+5^2} = \sqrt{30} \approx 5{,}48$$

Definition II.1: Der Betrag eines Vektors
Der Betrag $|\vec{a}|$ eines Vektors ist die Länge eines seiner Pfeile.

Betrag eines Spaltenvektors in der Ebene:

$$\vec{a} = \begin{pmatrix}a_1\\a_2\end{pmatrix} \Rightarrow |\vec{a}| = \sqrt{a_1^2 + a_2^2}$$

Betrag eines Spaltenvektors im Raum:

$$\vec{a} = \begin{pmatrix}a_1\\a_2\\a_3\end{pmatrix} \Rightarrow |\vec{a}| = \sqrt{a_1^2 + a_2^2 + a_3^2}$$

036-1

Beispiel: Betrag eines Vektors
Bestimmen Sie $|\vec{a}|$.

a) $\vec{a} = \begin{pmatrix}2\\4\end{pmatrix}$ b) $\vec{a} = \begin{pmatrix}a\\-3\end{pmatrix}$

c) $\vec{a} = \begin{pmatrix}2\\3\\6\end{pmatrix}$ d) $\vec{a} = \begin{pmatrix}-3\\0\\4\end{pmatrix}$

Lösung:

a) $|\vec{a}| = \sqrt{2^2+4^2} = \sqrt{20} \approx 4{,}48$

b) $|\vec{a}| = \sqrt{a^2+(-3)^2} = \sqrt{a^2+9}$

c) $|\vec{a}| = \sqrt{2^2+3^2+6^2} = \sqrt{49} = 7$

d) $|\vec{a}| = \sqrt{(-3)^2+0^2+4^2} = \sqrt{25} = 5$

Übung 6
Bestimmen Sie den Betrag des gegebenen Vektors.

a) $\begin{pmatrix}1\\a\end{pmatrix}$ b) $\begin{pmatrix}5\\12\end{pmatrix}$ c) $\begin{pmatrix}-3\\-5\end{pmatrix}$ d) $\begin{pmatrix}5\\-2\\12\end{pmatrix}$ e) $\begin{pmatrix}4\\6\\12\end{pmatrix}$ f) $\begin{pmatrix}3a\\0\\4a\end{pmatrix}$

Übung 7
Stellen Sie fest, für welche $t \in \mathbb{R}$ die folgenden Bedingungen gelten.

a) $\vec{a} = \begin{pmatrix}t\\2t\end{pmatrix}$, $|\vec{a}| = 1$ b) $\vec{a} = \begin{pmatrix}2\\t\end{pmatrix}$, $|\vec{a}| = t+1$ c) $\vec{a} = \begin{pmatrix}-2t\\t\\2t\end{pmatrix}$, $|\vec{a}| = 5$

F. Exkurs: Geometrische Anwendungen

Mithilfe von Vektoren kann man geometrische Objekte erfassen, z. B. Seitenkanten und Diagonalen von Körpern. Man kann geometrische Operationen durchführen, beispielsweise Spiegelungen. Wir behandeln hierzu exemplarisch zwei Aufgaben.

Beispiel: Diagonalen in einem Körper
Stellen Sie die Vektoren $\overrightarrow{AK}$, $\overrightarrow{BL}$ und $\overrightarrow{CM}$ als Spaltenvektoren dar.
Bestimmen Sie außerdem die Länge der Diagonalen $\overline{CM}$.

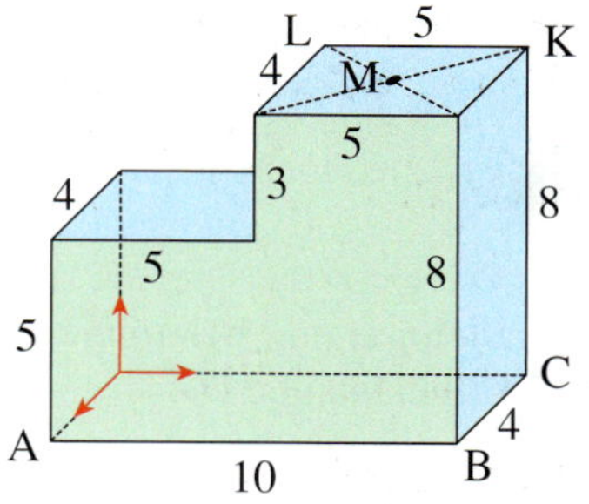

Lösung:
Wir verwenden ein Koordinatensystem, dessen Achsen parallel zu den Kanten des Körpers verlaufen.
Dann können wir die achsenparallelen Verschiebungsanteile der gesuchten Vektoren aus der Figur direkt ablesen. Damit erhalten wir die rechts aufgeführten Resultate.

$$\overrightarrow{AK} = \begin{pmatrix} -4 \\ 10 \\ 8 \end{pmatrix}, \overrightarrow{BL} = \begin{pmatrix} -4 \\ -5 \\ 8 \end{pmatrix}, \overrightarrow{CM} = \begin{pmatrix} 2 \\ -2{,}5 \\ 8 \end{pmatrix}$$

$$|\overrightarrow{CM}| = \sqrt{2^2 + (-2{,}5)^2 + 8^2} \approx 8{,}62$$

Beispiel: Spiegelung eines Punktes
Der Punkt A(4 | 3 | 3) wird am Punkt P(5 | 7 | 2) gespiegelt. Auf diese Weise entsteht der Spiegelpunkt A′. Bestimmen Sie die Koordinaten von A′.

Lösung:
Wir bestimmen den Vektor $\overrightarrow{AP}$, der den Punkt A in den Punkt P verschiebt.

Er lautet $\overrightarrow{AP} = \begin{pmatrix} 5-4 \\ 7-3 \\ 2-3 \end{pmatrix} = \begin{pmatrix} 1 \\ 4 \\ -1 \end{pmatrix}$.

Diesen Vektor können wir verwenden, um den Punkt P nach A′ zu verschieben.

Daher gilt für den Punkt A′:
A′(5 + 1 | 7 + 4 | 2 − 1) = A′(6 | 11 | 1).

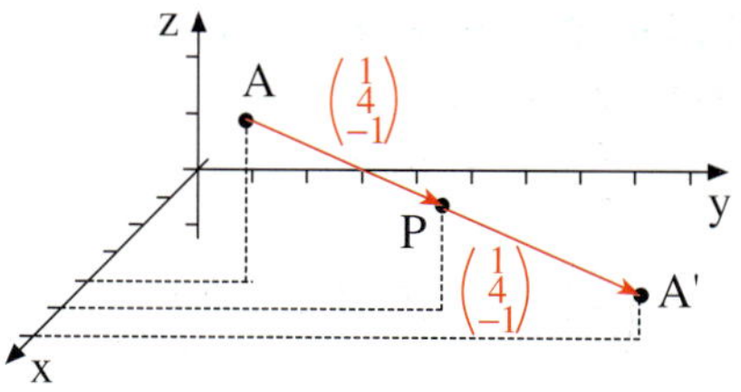

Übung 8
Im kartesischen Koordinatensystem ist ein Quader ABCDEFGH durch die Angabe der drei Punkte B(2 | 4 | 0), C(−2 | 4 | 0), H(−2 | 0 | 3) gegeben. Bestimmen Sie die restlichen Punkte, zeichnen Sie ein Schrägbild des Quaders, und berechnen Sie die Länge der Raumdiagonalen $\overline{BH}$ des Quaders.

Übung 9
Gegeben ist das Raumdreieck ABC mit A(4 | − 2 | 2), B(0 | 2 | 2) und C(2 | − 1 | 4). Stellen Sie die Seitenkanten des Dreiecks als Spaltenvektoren dar. Berechnen Sie den Umfang des Dreiecks. Spiegeln Sie das Dreieck ABC am Punkt P(4 | 4 | 3). Fertigen Sie ein Schrägbild des Dreiecks ABC und des Bilddreiecks A′B′C′ an.

Mithilfe von Vektoren kann man Nachweise führen, die sonst schwierig wären, vor allem bei geometrischen Figuren im dreidimensionalen Raum.

Beispiel: Dreieck / Parallelogramm

Gegeben ist das Dreieck ABC mit den Eckpunkten A(6 | 2 | 1), B(4 | 8 | − 2) und C(0 | 5 | 3) (siehe Abb.).

a) Zeigen Sie, dass das Dreieck gleichschenklig ist, aber nicht gleichseitig.

b) Der Punkt D ergänzt das Dreieck zu einem Parallelogramm. Bestimmen Sie die Koordinaten von D.

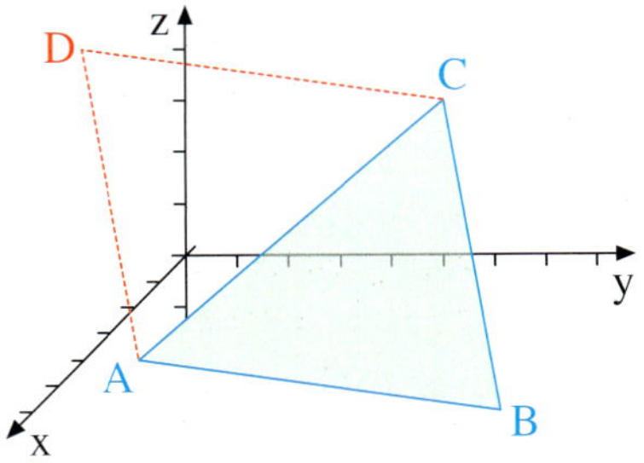

Lösung zu a:
Wir bestimmen die Beträge der drei Seitenvektoren und vergleichen diese.
Das Dreieck ist gleichschenklig, da die Vektoren $\overrightarrow{AB}$ und $\overrightarrow{AC}$ gleichlang sind.
Es ist nicht gleichseitig, da $\overrightarrow{BC}$ länger ist.
Ein direktes Abmessen im Schrägbild ist wegen der Verzerrung nicht sinnvoll und führt zu falschen Ergebnissen.

$$\overrightarrow{AB} = \begin{pmatrix} 4-6 \\ 8-2 \\ -2-1 \end{pmatrix} = \begin{pmatrix} -2 \\ 6 \\ -3 \end{pmatrix} \Rightarrow |\overrightarrow{AB}| = 7$$

$$\overrightarrow{AC} = \begin{pmatrix} 0-6 \\ 5-2 \\ 3-1 \end{pmatrix} = \begin{pmatrix} -6 \\ 3 \\ 2 \end{pmatrix} \Rightarrow |\overrightarrow{AC}| = 7$$

$$\overrightarrow{BC} = \begin{pmatrix} 0-4 \\ 5-8 \\ 3+2 \end{pmatrix} = \begin{pmatrix} -4 \\ -3 \\ 5 \end{pmatrix} \Rightarrow |\overrightarrow{BC}| \approx 7{,}1$$

Lösung zu b:
Die Koordinaten des Punktes D erhalten wir durch eine Parallelverschiebung des Punktes A mit dem Vektor $\overrightarrow{BC}$.
Resultat: D(2 | − 1 | 6)

$$A(6|2|1) \xrightarrow[\text{Verschiebung}]{\begin{pmatrix} -4 \\ -3 \\ 5 \end{pmatrix}} D(2|-1|6)$$

Übung 10

Ein Viereck ABCD ist genau dann ein Parallelogramm, wenn die Vektorgleichungen $\overrightarrow{AB} = \overrightarrow{DC}$ und $\overrightarrow{AD} = \overrightarrow{BC}$ gelten. Begründen Sie diese Aussage anschaulich anhand einer Skizze. Prüfen Sie, ob die folgenden Vierecke Parallelogramme sind. Fertigen Sie jeweils eine Zeichnung an und rechnen Sie anschließend.

a) A(−2 | 1)
B(4 | − 1)
C(7 | 2)
D(1 | 4)

b) A(2 | 1)
B(5 | 2)
C(5 | 5)
D(2 | 4)

c) A(0 | 0 | 3)
B(7 | 6 | 5)
C(11 | 7 | 5)
D(4 | 4 | 3)

d) A(10 | 10 | 5)
B(6 | 17 | 7)
C(1 | 10 | 9)
D(5 | 3 | 7)

Übung 11

Das Viereck ABCD ist ein Parallelogramm. Es gilt A(0 | 3 | 1), B(6 | 5 | 7) und C(4 | 1 | 3). Bestimmen Sie die Koordinaten von D. Handelt es sich um eine Raute?

Übungen

12. Der abgebildete Körper setzt sich aus drei gleich großen Würfeln zusammen.

a) Welche der eingezeichneten Pfeile gehören zum gleichen Vektor?

b) Begründen Sie, weshalb die Pfeile $\overrightarrow{JH}$, $\overrightarrow{KL}$ und $\overrightarrow{GL}$ nicht zu dem gleichen Vektor gehören, obwohl sie parallel zueinander sind.

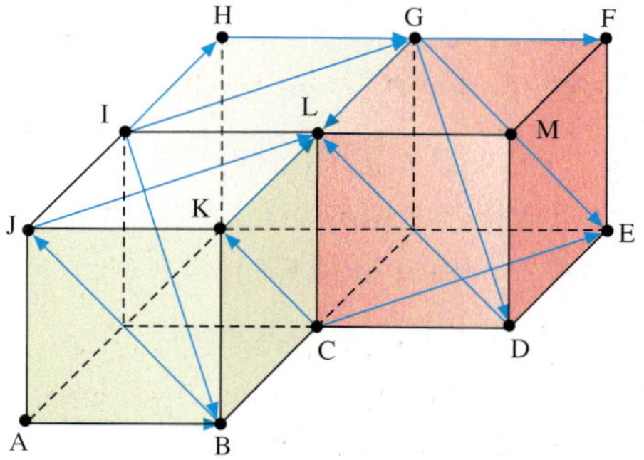

13. Die Pfeile $\overrightarrow{AB}$ und $\overrightarrow{CD}$ sollen zum gleichen Vektor gehören. Bestimmen Sie die Koordinaten des jeweils fehlenden Punktes.

a) $A(-3|4)$, $B(5|-7)$, $D(8|11)$
b) $A(3|2)$, $C(8|-7)$, $D(11|15)$
c) $B(3|8)$, $C(3|-2)$, $D(8|5)$
d) $A(3|a)$, $B(2|b)$, $C(4|3)$
e) $A(-3|5|-2)$, $C(1|-4|2)$, $D(3|3|3)$
f) $A(3|3|4)$, $B(-1|4|0)$, $D(2|1|8)$
g) $A(1|8|-7)$, $B(0|0|0)$, $D(3|3|7)$
h) $A(a|a|a)$, $B(a+1|a+2|3)$, $D(a|2|a-1)$

14. Bestimmen Sie die Koordinatendarstellung des Vektors $\vec{a} = \overrightarrow{PQ}$.

a) $P(2|4)$, $Q(3|8)$
b) $P(-3|5)$, $Q(7|-2)$
c) $P(1|a)$, $Q(3|2a+1)$
d) $P(4|4|-2)$, $Q(1|5|5)$
e) $P(1|-3|7)$, $Q(4|0|-3)$

15. Der Vektor $\vec{a} = \begin{pmatrix} -1 \\ 2 \\ -3 \end{pmatrix}$ verschiebt den Punkt P in den Punkt Q. Bestimmen Sie P bzw. Q.

a) $P(3|2|1)$
b) $Q(0|0|0)$
c) $P(3|-2|4)$
d) $Q(1|0|2)$
e) $P(4|-3|0)$
f) $P(0|0|0)$
g) $P(1|a|1)$
h) $Q(a|3|0)$
i) $Q(q_1|q_2|q_3)$
j) $P(p_1|p_2|p_3)$

16. Der abgebildete Quader habe die Maße $4 \times 2 \times 2$. Bestimmen Sie die Koordinatendarstellung zu allen angegebenen Vektoren sowie ihre Beträge.

$\overrightarrow{AB}$, $\overrightarrow{AD}$, $\overrightarrow{AE}$, $\overrightarrow{AF}$, $\overrightarrow{AG}$, $\overrightarrow{AH}$, $\overrightarrow{BC}$, $\overrightarrow{BH}$, $\overrightarrow{CD}$, $\overrightarrow{CH}$, $\overrightarrow{DA}$, $\overrightarrow{DB}$, $\overrightarrow{DC}$, $\overrightarrow{EB}$, $\overrightarrow{EC}$, $\overrightarrow{ED}$, $\overrightarrow{EG}$, $\overrightarrow{FD}$, $\overrightarrow{FG}$, $\overrightarrow{FH}$, $\overrightarrow{HG}$.

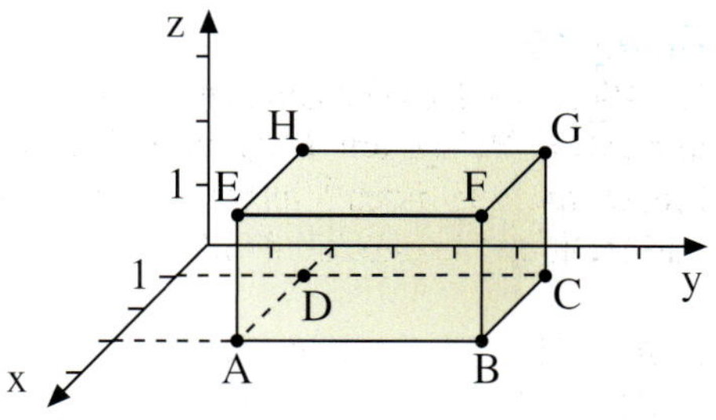

17. a) Bestimmen Sie die Beträge der Vektoren $\begin{pmatrix} 4 \\ 1 \\ 8 \end{pmatrix}$, $\begin{pmatrix} 32 \\ 8 \\ 1 \end{pmatrix}$, $\begin{pmatrix} 2 \\ -6 \\ 5 \end{pmatrix}$, $\begin{pmatrix} 0 \\ -15 \\ -20 \end{pmatrix}$.

b) Für welchen Wert von a hat der Vektor $\begin{pmatrix} 2a \\ 2 \\ 5 \end{pmatrix}$ den Betrag 15?

3. Rechnen mit Vektoren

A. Addition und Subtraktion von Vektoren

Der Punkt P(1 | 1) wird zunächst mithilfe des Vektors $\vec{a} = \binom{4}{1}$ in den Punkt Q(5 | 2) verschoben. Anschließend wird der Punkt Q(5 | 2) mithilfe des Vektors $\vec{b} = \binom{2}{3}$ in den Punkt R(7 | 5) verschoben.

Offensichtlich kann man mithilfe des Vektors $\vec{c} = \binom{6}{4}$ eine direkte Verschiebung des Punktes P in den Punkt R erzielen.

In diesem Sinne kann der Vektor $\vec{c}$ als Summe der Vektoren $\vec{a}$ und $\vec{b}$ betrachtet werden.

$$\binom{4}{1} + \binom{2}{3} = \binom{6}{4}$$

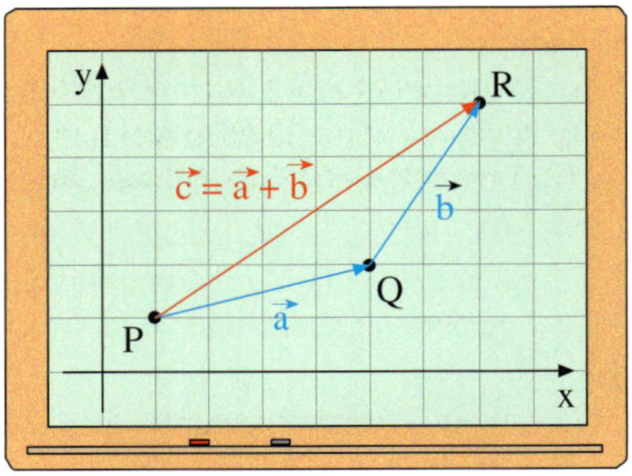

Addition von Vektoren:

$P(1|1) \xrightarrow{\binom{4}{1}} Q(5|2) \xrightarrow{\binom{2}{3}} R(7|5)$, direkt: $\binom{6}{4}$

Definition II.2: Unter der ***Summe*** zweier Vektoren $\vec{a}$, $\vec{b}$ versteht man den Vektor, der entsteht, wenn man die einander entsprechenden Koordinaten von $\vec{a}$ und $\vec{b}$ addiert:

Addition in der Ebene:

$$\vec{a} + \vec{b} = \binom{a_1}{a_2} + \binom{b_1}{b_2} = \binom{a_1 + b_1}{a_2 + b_2}$$

Addition im Raum:

$$\vec{a} + \vec{b} = \begin{pmatrix} a_1 \\ a_2 \\ a_3 \end{pmatrix} + \begin{pmatrix} b_1 \\ b_2 \\ b_3 \end{pmatrix} = \begin{pmatrix} a_1 + b_1 \\ a_2 + b_2 \\ a_3 + b_3 \end{pmatrix}$$

040-1

Geometrisch lässt sich die Addition zweier Vektoren mithilfe von Pfeilrepräsentanten nach der folgenden Dreiecksregel ausführen.

Dreiecksregel (Addition durch Aneinanderlegen): Ist $\overrightarrow{PQ}$ ein Repräsentant von $\vec{a}$ und $\overrightarrow{QR}$ der in Q beginnende Repräsentant von $\vec{b}$, so ist $\overrightarrow{PR}$ ein Repräsentant der Summe $\vec{a} + \vec{b}$.

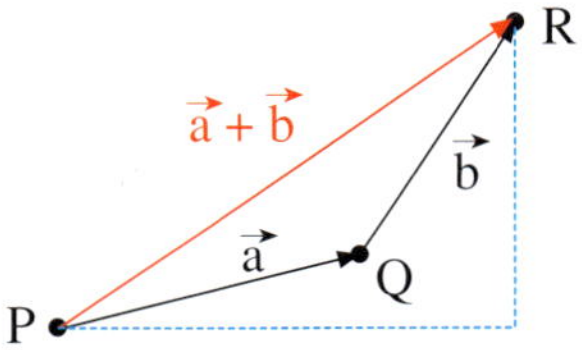

Offensichtlich spielt die Reihenfolge bei der Hintereinanderausführung von Parallelverschiebungen keine Rolle, da die resultierende Verschiebung in x-, y- bzw. z-Richtung gleich bleibt. Die Addition von Vektoren ist also ***kommutativ***. Hieraus ergibt sich eine weitere geometrische Deutung des Summenvektors, die sog. ***Parallelogrammregel***.

Parallelogrammregel:
Der Summenvektor $\vec{a} + \vec{b}$ lässt sich als Diagonalenvektor in dem durch $\vec{a}$ und $\vec{b}$ aufgespannten Parallelogramm darstellen.

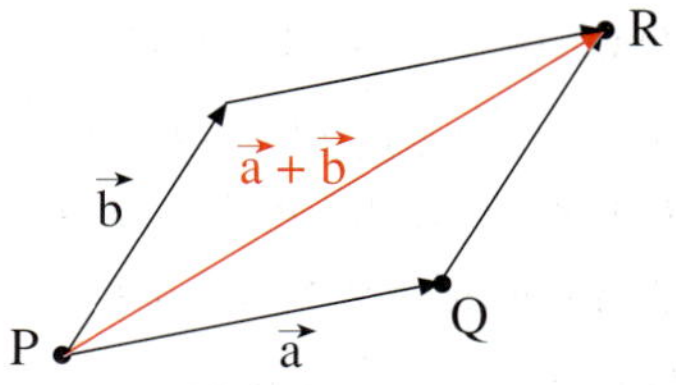

Übung 1

Berechnen Sie die Summe der beiden Vektoren, sofern dies möglich ist.

a) $\begin{pmatrix}2\\3\end{pmatrix}, \begin{pmatrix}3\\-4\end{pmatrix}$ b) $\begin{pmatrix}2\\1\\3\end{pmatrix}, \begin{pmatrix}3\\-4\\1\end{pmatrix}$ c) $\begin{pmatrix}3\\-3\\2\end{pmatrix}, \begin{pmatrix}-3\\3\\-2\end{pmatrix}$ d) $\begin{pmatrix}4\\0\\2\end{pmatrix}, \begin{pmatrix}0\\0\\0\end{pmatrix}$ e) $\begin{pmatrix}2\\3\\1\end{pmatrix}, \begin{pmatrix}3\\-4\end{pmatrix}$

Übung 2

Bestimmen Sie zeichnerisch und rechnerisch die angegebene Summe.

a) $\vec{u} + \vec{v}$ b) $\vec{u} + \vec{w}$ c) $\vec{v} + \vec{w}$
d) $(\vec{u} + \vec{v}) + \vec{w}$ e) $\vec{v} + \vec{u}$
f) $\vec{u} + (\vec{v} + \vec{w})$ g) $\vec{u} + \vec{u}$

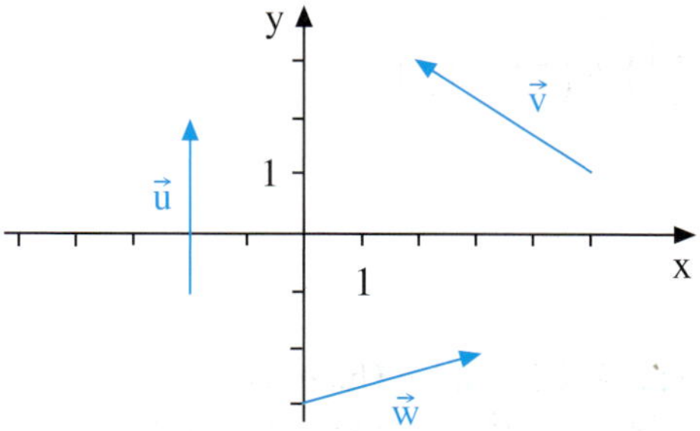

Übung 3

Was fällt Ihnen auf, wenn Sie die Resultate von Übung 2 a) und 2 e) bzw. von 2 d) und 2 f) vergleichen?

Neben dem Kommutativgesetz gelten bei der Addition von Vektoren auch noch einige weitere Rechengesetze, die Rechnungen erheblich erleichtern können, wie das Assoziativgesetz.

Satz II.1: $\vec{a}$, $\vec{b}$ und $\vec{c}$ seien Vektoren in der Ebene bzw. im Raum. Dann gilt:

$$\vec{a} + \vec{b} = \vec{b} + \vec{a}$$ **Kommutativgesetz**

$$(\vec{a} + \vec{b}) + \vec{c} = \vec{a} + (\vec{b} + \vec{c})$$ **Assoziativgesetz**

041-1

Die folgenden, mithilfe von Definition II.2 trivial zu beweisenden Sätze führen auf die wichtigen Begriffe „Nullvektor" und „Gegenvektor".

Satz II.2: Es gibt sowohl in der Ebene als auch im Raum genau einen Vektor $\vec{0}$, für den gilt: $\vec{a} + \vec{0} = \vec{a}$ für alle Vektoren $\vec{a}$. Er heißt ***Nullvektor***.

Nullvektor in der Ebene $\vec{0} = \begin{pmatrix}0\\0\end{pmatrix}$ Nullvektor in Raum $\vec{0} = \begin{pmatrix}0\\0\\0\end{pmatrix}$

> **Satz II.3:** Zu jedem Vektor $\vec{a}$ der Ebene bzw. des Raumes gibt es genau einen Vektor $-\vec{a}$, sodass gilt:
> $\vec{a} + (-\vec{a}) = \vec{0}$.
> $-\vec{a}$ heißt ***Gegenvektor*** zu $\vec{a}$.
>
> $\begin{pmatrix} a_1 \\ a_2 \end{pmatrix} + \begin{pmatrix} -a_1 \\ -a_2 \end{pmatrix} = \begin{pmatrix} 0 \\ 0 \end{pmatrix}$ $\quad$ $\begin{pmatrix} a_1 \\ a_2 \\ a_3 \end{pmatrix} + \begin{pmatrix} -a_1 \\ -a_2 \\ -a_3 \end{pmatrix} = \begin{pmatrix} 0 \\ 0 \\ 0 \end{pmatrix}$
>
> Vektor Gegenvektor Vektor Gegenvektor

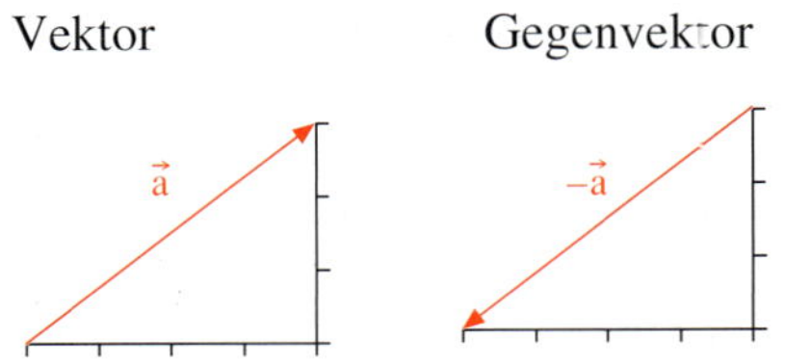

$\vec{a} = \begin{pmatrix} 4 \\ 3 \end{pmatrix}$ $\qquad$ $-\vec{a} = \begin{pmatrix} -4 \\ -3 \end{pmatrix}$

Geometrisch bedeutet der Gegenvektor $(-\vec{a})$ diejenige Parallelverschiebung, die eine Verschiebung mittels $\vec{a}$ bei der Hintereinanderausführung wieder rückgängig macht.
Mithilfe des Gegenvektors lässt sich die Subtraktion von Vektoren definieren.

> **Definition II.3:** Die Differenz $\vec{a} - \vec{b}$ zweier Vektoren $\vec{a}$ und $\vec{b}$ sei gegeben durch:
> $$\vec{a} - \vec{b} = \vec{a} + (-\vec{b}).$$
> 042-1

Beispiel:

$$\begin{pmatrix} 1 \\ 4 \\ 5 \end{pmatrix} - \begin{pmatrix} 3 \\ 1 \\ 3 \end{pmatrix} = \begin{pmatrix} 1 \\ 4 \\ 5 \end{pmatrix} + \begin{pmatrix} -3 \\ -1 \\ -3 \end{pmatrix} = \begin{pmatrix} -2 \\ 3 \\ 2 \end{pmatrix}$$

Geometrisch kann man die Differenz der Vektoren $\vec{a}$ und $\vec{b}$ ähnlich wie deren Summe als Diagonalenvektor in dem von $\vec{a}$ und $\vec{b}$ aufgespannten Parallelogramm interpretieren.
Wegen $\vec{a} - \vec{b} = \vec{a} + (-\vec{b})$ wird diese Differenz durch den Pfeil repräsentiert, der von der Pfeilspitze eines Repräsentanten des Vektors $\vec{b}$ zur Pfeilspitze des Repräsentanten von $\vec{a}$ geht, der den gleichen Anfangspunkt wie der Repräsentant von $\vec{b}$ hat.

Parallelogrammregel für die Subtraktion

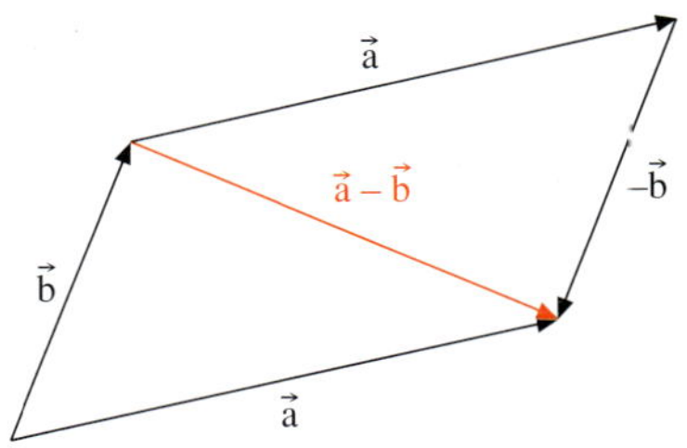

Übung 4

Gegeben sind die Vektoren $\vec{a} = \begin{pmatrix} 2 \\ 1 \\ 3 \end{pmatrix}, \vec{b} = \begin{pmatrix} -1 \\ 4 \\ 2 \end{pmatrix}, \vec{c} = \begin{pmatrix} 3 \\ 1 \\ 5 \end{pmatrix}, \vec{d} = \begin{pmatrix} 0 \\ 0 \\ 1 \end{pmatrix}, \vec{e} = \begin{pmatrix} 2 \\ 4 \end{pmatrix}, \vec{f} = \begin{pmatrix} 1 \\ -5 \end{pmatrix}$.

Berechnen Sie den angegebenen Vektorterm, sofern dies möglich ist.

a) $\vec{a} - \vec{b}$ b) $\vec{c} - \vec{d}$ c) $\vec{e} - \vec{f}$ d) $\vec{a} - \vec{b} - \vec{c}$ e) $\vec{a} - \vec{e}$
f) $\vec{a} + \vec{c} - \vec{d}$ g) $\vec{d} + \vec{d} - \vec{b} + \vec{a} - \vec{c} - \vec{b}$ h) $\vec{0} - \vec{a}$ i) $\vec{a} - \vec{a}$

Übung 5

Bestimmen Sie den Vektor $\vec{x}$.

a) $\begin{pmatrix} 5 \\ 3 \end{pmatrix} + \vec{x} = \begin{pmatrix} 8 \\ 7 \end{pmatrix}$ b) $\begin{pmatrix} 2 \\ 5 \end{pmatrix} + \begin{pmatrix} 1 \\ 4 \end{pmatrix} - \begin{pmatrix} 3 \\ 1 \end{pmatrix} = \begin{pmatrix} 2 \\ 4 \end{pmatrix} - \begin{pmatrix} 8 \\ 2 \end{pmatrix} + \vec{x}$ c) $\begin{pmatrix} 3 \\ 5 \end{pmatrix} + \begin{pmatrix} 2 \\ 1 \end{pmatrix} - \begin{pmatrix} 3 \\ 5 \end{pmatrix} = \begin{pmatrix} 1 \\ 4 \end{pmatrix} + \vec{x} - \begin{pmatrix} 2 \\ 5 \end{pmatrix}$

d) $\begin{pmatrix} 3 \\ 3 \\ 2 \end{pmatrix} + \vec{x} = \begin{pmatrix} 1 \\ 4 \\ 1 \end{pmatrix}$ e) $\begin{pmatrix} 3 \\ 2 \\ 1 \end{pmatrix} + \vec{x} - \begin{pmatrix} 1 \\ 1 \\ 3 \end{pmatrix} + \begin{pmatrix} 2 \\ 4 \\ 1 \end{pmatrix} = \begin{pmatrix} 2 \\ 3 \\ 5 \end{pmatrix}$ f) $\begin{pmatrix} 1 \\ 4 \\ -1 \end{pmatrix} + \begin{pmatrix} -8 \\ -5 \\ -2 \end{pmatrix} = \begin{pmatrix} 2 \\ 1 \\ 3 \end{pmatrix} + \begin{pmatrix} 0{,}5 \\ 1 \\ 2 \end{pmatrix} + \vec{x} - \begin{pmatrix} 3 \\ 4 \\ -1 \end{pmatrix}$

B. Skalar-Multiplikation (S-Multiplikation)

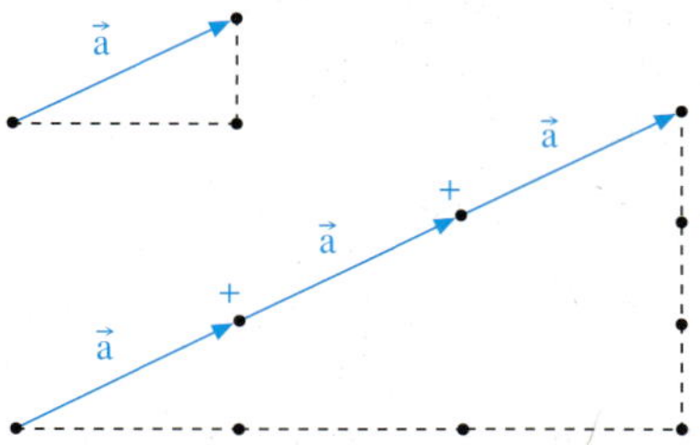

Die nebenstehend durchgeführte zeichnerische Konstruktion (Addition durch Aneinanderlegen) legt es nahe, die Summe $\vec{a} + \vec{a} + \vec{a}$ als ***Vielfaches*** von $\vec{a}$ aufzufassen. Man schreibt daher:

$$3 \cdot \vec{a} = \vec{a} + \vec{a} + \vec{a}.$$

Rechnerisch ergibt sich mithilfe koordinatenweiser Addition für $\vec{a} = \begin{pmatrix} a_1 \\ a_2 \end{pmatrix}$:

$$3 \cdot \begin{pmatrix} a_1 \\ a_2 \end{pmatrix} = \begin{pmatrix} a_1 \\ a_2 \end{pmatrix} + \begin{pmatrix} a_1 \\ a_2 \end{pmatrix} + \begin{pmatrix} a_1 \\ a_2 \end{pmatrix} = \begin{pmatrix} 3a_1 \\ 3a_2 \end{pmatrix}.$$

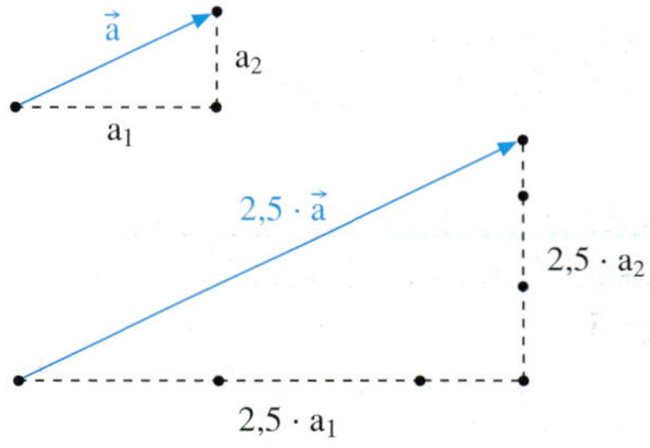

Diese koordinatenweise Vervielfachung eines Vektors lässt sich sogar auf beliebige reelle Vervielfältigungsfaktoren ausdehnen,

z. B. $2{,}5 \cdot \begin{pmatrix} a_1 \\ a_2 \end{pmatrix} = \begin{pmatrix} 2{,}5\,a_1 \\ 2{,}5\,a_2 \end{pmatrix}$.

Definition II.4: Ein Vektor wird mit einer reellen Zahl s (einem sog. Skalar) multipliziert, indem jede seiner Koordinaten mit s multipliziert wird.

In der Ebene: $s \cdot \begin{pmatrix} a_1 \\ a_2 \end{pmatrix} = \begin{pmatrix} s \cdot a_1 \\ s \cdot a_2 \end{pmatrix}$ | **Im Raum:** $s \cdot \begin{pmatrix} a_1 \\ a_2 \\ a_3 \end{pmatrix} = \begin{pmatrix} s \cdot a_1 \\ s \cdot a_2 \\ s \cdot a_3 \end{pmatrix}$ 043-1

Für die S-Multiplikation gelten folgende Rechengesetze:

Satz II.4: r und s seien reelle Zahlen, $\vec{a}$ und $\vec{b}$ Vektoren. Dann gelten folgende Regeln:

(I) $r \cdot (\vec{a} + \vec{b}) = r \cdot \vec{a} + r \cdot \vec{b}$
Distributivgesetz

(II) $(r + s) \cdot \vec{a} = r \cdot \vec{a} + s \cdot \vec{a}$
Distributivgesetz

(III) $(r \cdot s)\vec{a} = r \cdot (s \cdot \vec{a})$

Wir beschränken uns auf den Beweis zu (I) für Vektoren im Raum.

$$r\left(\begin{pmatrix} a_1 \\ a_2 \\ a_3 \end{pmatrix} + \begin{pmatrix} b_1 \\ b_2 \\ b_3 \end{pmatrix}\right) \underset{\text{Def. II.2}}{=} r\begin{pmatrix} a_1+b_1 \\ a_2+b_2 \\ a_3+b_3 \end{pmatrix} \underset{\text{Def. II.4}}{=} \begin{pmatrix} r(a_1+b_1) \\ r(a_2+b_2) \\ r(a_3+b_3) \end{pmatrix} \underset{\text{Distributivgesetz in } \mathbb{R}}{=} \begin{pmatrix} ra_1+rb_1 \\ ra_2+rb_2 \\ ra_3+rb_3 \end{pmatrix} \underset{\text{Def. II.2}}{=} \begin{pmatrix} ra_1 \\ ra_2 \\ ra_3 \end{pmatrix} + \begin{pmatrix} rb_1 \\ rb_2 \\ rb_3 \end{pmatrix} \underset{\text{Def. II.4}}{=} r\begin{pmatrix} a_1 \\ a_2 \\ a_3 \end{pmatrix} + r\begin{pmatrix} b_1 \\ b_2 \\ b_3 \end{pmatrix}$$

Übung 6

Beweisen Sie Satz II.4 (II) sowohl für Vektoren in der Ebene als auch für Vektoren im Raum.
043-2

Übungen

7. Vereinfachen Sie den Term zu einem einzigen Vektor.

a) $5 \cdot \begin{pmatrix} 1{,}2 \\ 0{,}6 \\ 3{,}4 \end{pmatrix}$ b) $5 \cdot \begin{pmatrix} 3 \\ 2 \\ 1 \end{pmatrix} + 3 \cdot \begin{pmatrix} -1 \\ 0 \\ 2 \end{pmatrix}$ c) $3 \cdot \begin{pmatrix} 8 \\ -1 \\ 0 \end{pmatrix} + 2 \cdot \begin{pmatrix} -10 \\ 1 \\ 2 \end{pmatrix} - 2 \cdot \begin{pmatrix} 2 \\ 0{,}5 \\ 2 \end{pmatrix}$

8. Stellen Sie den gegebenen Vektor in der Form $r\vec{a}$ dar, wobei $\vec{a}$ nur ganzzahlige Koordinaten besitzen soll und r eine reelle Zahl ist.

a) $\begin{pmatrix} 0{,}5 \\ 1{,}5 \\ -1{,}5 \end{pmatrix}$ b) $\begin{pmatrix} 3{,}5 \\ 1 \\ 2{,}5 \end{pmatrix}$ c) $\begin{pmatrix} 0{,}25 \\ 0{,}5 \\ -2 \end{pmatrix}$ d) $\begin{pmatrix} 1 \\ 0{,}4 \\ 0{,}6 \end{pmatrix}$ e) $\begin{pmatrix} 0{,}5 \\ -0{,}25 \\ 0{,}125 \end{pmatrix}$ f) $\begin{pmatrix} 1{,}5 \\ 3 \\ 0{,}75 \end{pmatrix}$

9. Bestimmen Sie das Ergebnis des gegebenen Rechenausdrucks als Spaltenvektor.

a) $-\vec{a}+\vec{e}$
b) $\vec{d}-\vec{b}$
c) $3\vec{a}+2\vec{c}+\vec{d}$
d) $2(\vec{a}+\vec{b})-(\vec{a}-\vec{c})-2\vec{b}$
e) $\frac{1}{2}\vec{c}+\frac{1}{4}\vec{b}-\vec{a}$
f) $\vec{a}+\vec{b}+\vec{c}-\vec{d}+3\vec{f}$

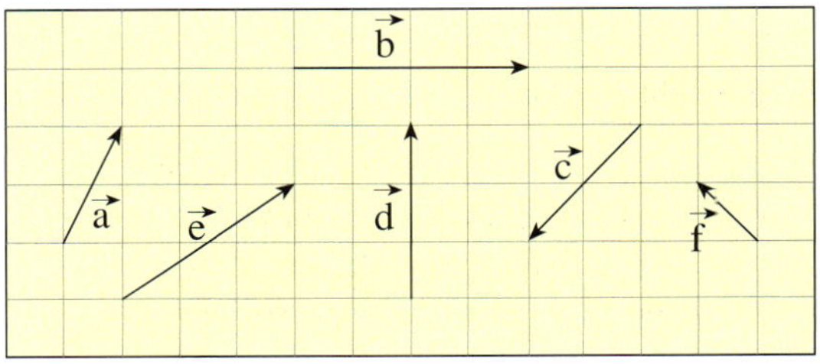

10. Vereinfachen Sie den Term so weit wie möglich.

a) $3\vec{a}+5\vec{a}-7\vec{a}-(-2\vec{a})-\vec{a}$
b) $\vec{a}-4(\vec{b}-\vec{a})-2\vec{c}+2(\vec{b}+\vec{c})$
c) $2(\vec{a}+4(\vec{b}-\vec{a}))+2(\vec{c}+\vec{a})-6\vec{b}$
d) $2(\vec{a}-\vec{c})+0{,}5(\vec{c}-\vec{b})+1{,}5(\vec{b}+\vec{c})-\vec{a}$
e) $-(\vec{a}-2\vec{b}-(7\vec{a}-(-2)\cdot(-\vec{a})))-(\vec{a}-(-\vec{b}))$
f) $\vec{c}-(\vec{a}-2\vec{b}+(7\vec{c}-(4\vec{b}-2\vec{c}))-2\vec{c})$
g) $(4\vec{b}-\vec{a}-(-2\vec{b}))\cdot 3-3(-4\vec{a}-(\vec{b}-\vec{a})\cdot(-1))$
h) $5\vec{b}-(\vec{a}-4\vec{b}+3(\vec{a}-7\vec{b}))\cdot(-2)-5(-9\vec{b}+1{,}6\vec{a})$

11. Berechnen Sie den Wert der Variablen x, sofern eine Lösung existiert.

a) $x \cdot \begin{pmatrix} 3 \\ 5 \\ 1 \end{pmatrix} = \begin{pmatrix} 1 \\ 2 \\ 1 \end{pmatrix} - \begin{pmatrix} 7 \\ 12 \\ -1 \end{pmatrix}$

b) $\begin{pmatrix} 20 \\ 4 \\ -14 \end{pmatrix} = x \cdot \begin{pmatrix} 12 \\ 4 \\ 4 \end{pmatrix} - 2x \cdot \begin{pmatrix} 1 \\ 1 \\ 3 \end{pmatrix}$

c) $\begin{pmatrix} 4 \\ x \\ 2 \end{pmatrix} + 2\begin{pmatrix} 1 \\ 2 \\ 3 \end{pmatrix} = \begin{pmatrix} x \\ 10 \\ x+2 \end{pmatrix}$

d) $x \cdot \begin{pmatrix} x+1 \\ 5 \\ -1 \end{pmatrix} = x \cdot \begin{pmatrix} 1 \\ 2 \\ -2 \end{pmatrix} - 3\begin{pmatrix} 3 \\ 3 \\ 1 \end{pmatrix} + \begin{pmatrix} 6x \\ 18 \\ 2x \end{pmatrix}$

12. Prüfen Sie, ob die angegebene Gleichung richtig ist.

a) $\vec{a}+2\vec{b}=3\vec{d}-2\vec{c}$
b) $\vec{a}-\vec{c}=\vec{d}-3\vec{c}$
c) $\vec{a}-\vec{b}=-\frac{1}{2}\vec{c}$
d) $2\vec{d}-(\vec{c}-\vec{a})=\vec{0}$
e) $\vec{a}+2\vec{d}=2\vec{b}+\vec{d}$

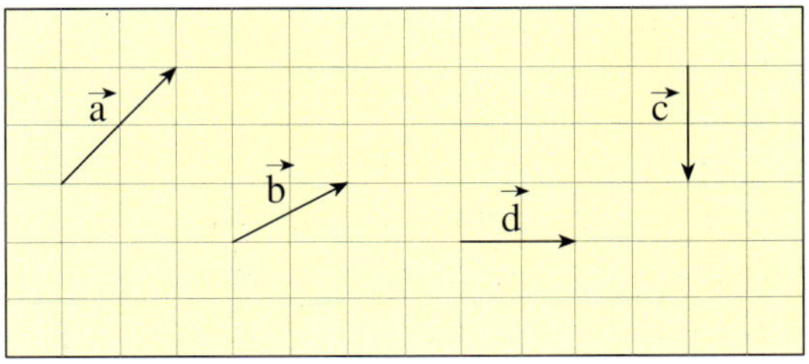

C. Exkurs: Kombination von Rechenoperationen / Vektorzüge

Die Addition bzw. Subtraktion und Skalarmultiplikation von mehr als zwei Vektoren kann mithilfe von sogenannten Vektorzügen vereinfacht und sehr effizient durchgeführt werden.

Beispiel: Addition durch Vektorzug

Gegeben sind die rechts dargestellten Vektoren $\vec{a}$, $\vec{b}$ und $\vec{c}$.
Konstruieren Sie zeichnerisch den Vektor $\vec{x} = \vec{a} + 2\vec{b} + 1{,}5\vec{c}$. Führen Sie eine rechnerische Ergebniskontrolle durch.

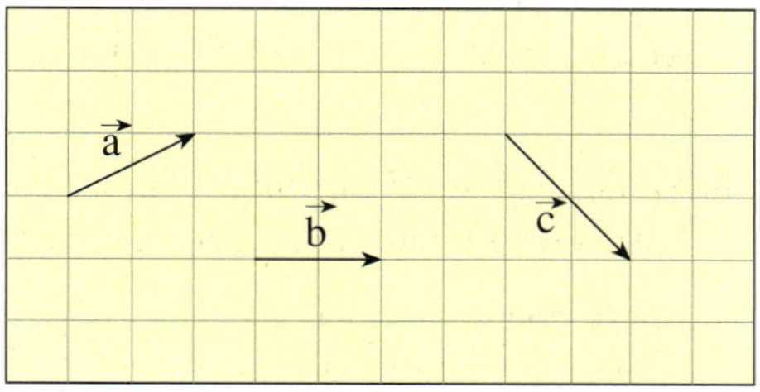

Lösung:
Wir setzen die Vektoren $\vec{a}$, $2\vec{b}$ und $1{,}5\vec{c}$ wie abgebildet aneinander.

Es entsteht ein ***Vektorzug***.

Der gesuchte Vektor führt vom Anfang zum Ende des Vektorzugs. Er bewirkt die gleiche Verschiebung wie die drei Einzelterme insgesamt, ist also deren Summe.

Rechnerisch erhalten wir das gleiche Resultat, indem wir $\vec{a}$, $\vec{b}$ und $\vec{c}$ mithilfe von Spaltenvektoren darstellen.

Zeichnerische Lösung:

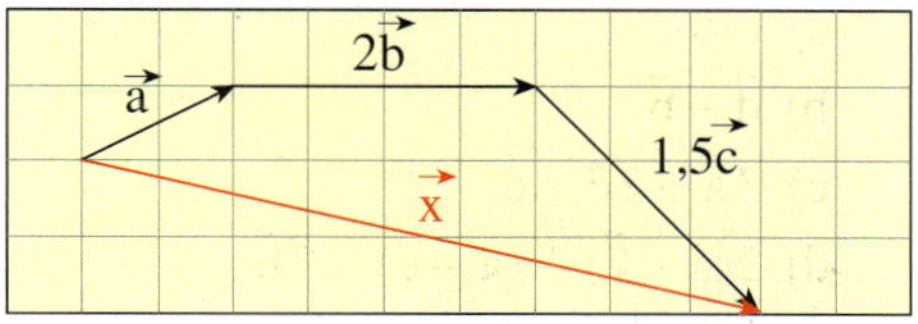

Rechnerische Lösung:

$\vec{x} = \vec{a} + 2\vec{b} + 1{,}5\vec{c}$

$= \begin{pmatrix} 2 \\ 1 \end{pmatrix} + 2\begin{pmatrix} 2 \\ 0 \end{pmatrix} + 1{,}5\begin{pmatrix} 2 \\ -2 \end{pmatrix} = \begin{pmatrix} 9 \\ -2 \end{pmatrix}$

Beispiel: Drittelung einer Strecke

Gegeben ist die Strecke $\overline{AB}$ mit den Endpunkten $A(2\,|\,4)$ und $B(8\,|\,1)$. Punkt C teilt die Strecke im Verhältnis 2 : 1. Bestimmen Sie die Koordinaten von C.

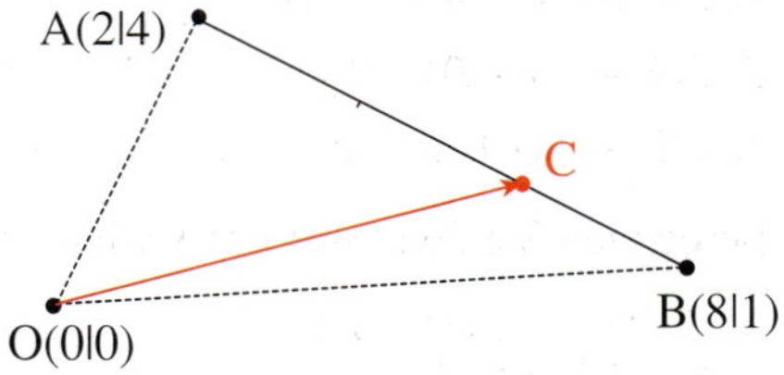

Lösung:
Der Ortsvektor $\overrightarrow{OC}$ des gesuchten Punktes C lässt sich durch den Vektorzug $\overrightarrow{OA} + \frac{2}{3}\overrightarrow{AB}$ darstellen, wie dies aus der Skizze zu erkennen ist.
Die rechts aufgeführte Rechnung führt auf das Resultat $C(6\,|\,6)$.

Berechnung des Ortsvektors von C:

$\overrightarrow{OC} = \overrightarrow{OA} + \overrightarrow{AC}$

$= \overrightarrow{OA} + \frac{2}{3}\overrightarrow{AB}$

$= \begin{pmatrix} 2 \\ 4 \end{pmatrix} + \frac{2}{3}\begin{pmatrix} 6 \\ -3 \end{pmatrix} = \begin{pmatrix} 6 \\ 2 \end{pmatrix}$

Übung 13 Vektoraddition

Bestimmen Sie durch Zeichnung und Rechnung die Vektoren $\vec{x} = \vec{a} + 2\vec{b}$, $\vec{y} = \vec{a} + \vec{b} - \vec{c}$ und $\vec{z} = \vec{a} - 0{,}5\vec{b} + 2\vec{c}$.

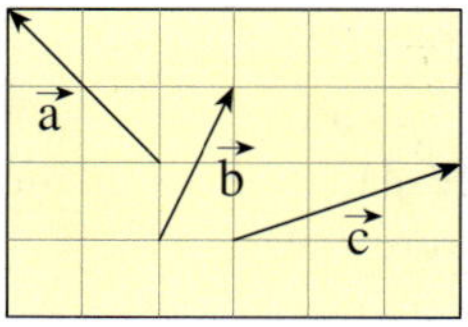

Geometrische Figuren können oft durch einige wenige Basisvektoren festgelegt bzw. aufgespannt werden. Weitere in den Figuren auftretende Vektoren können dann mithilfe dieser Basisvektoren als Vektorzug dargestellt werden.

Beispiel: Vektoren im Trapez

Ein achsensymmetrisches Trapez wird durch die Vektoren $\vec{a}$ und $\vec{b}$ aufgespannt. Die Decklinie des Trapezes ist halb so lang wie die Grundlinie.
Stellen Sie die Vektoren $\overrightarrow{AC}$ und $\overrightarrow{BC}$ mithilfe der Vektoren $\vec{a}$ und $\vec{b}$ dar.

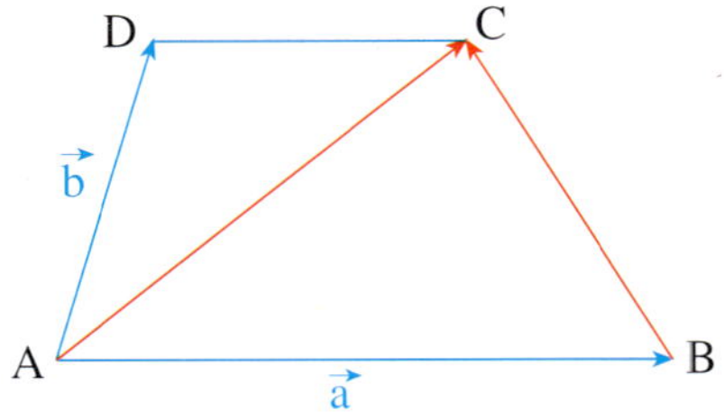

Lösung:
Wir arbeiten zur Darstellung mit Vektorzügen, die $\vec{a}$ und $\vec{b}$ enthalten. Dabei beachten wir, dass $\overrightarrow{DC} = \frac{1}{2}\vec{a}$ gilt, denn $\overrightarrow{DC}$ ist parallel zu $\vec{a}$ und halb so lang.
Die Rechenwege und Resultate sind rechts aufgeführt.

$$\overrightarrow{AC} = \overrightarrow{AD} + \overrightarrow{DC} = \vec{b} + \tfrac{1}{2}\vec{a}$$

$$\overrightarrow{BC} = \overrightarrow{BA} + \overrightarrow{AD} + \overrightarrow{DC} = -\vec{a} + \vec{b} + \tfrac{1}{2}\vec{a} = \vec{b} - \tfrac{1}{2}\vec{a}$$

Übung 14 Vektoren im Quader

Der abgebildete Quader wird durch die Vektoren $\vec{a}$, $\vec{b}$ und $\vec{c}$ aufgespannt. Der Vektor $\vec{x}$ verbindet die Mittelpunkte M und N zweier Quaderkanten.
Stellen Sie den Vektor $\vec{x}$ mithilfe der aufspannenden Vektoren $\vec{a}$, $\vec{b}$ und $\vec{c}$ dar.

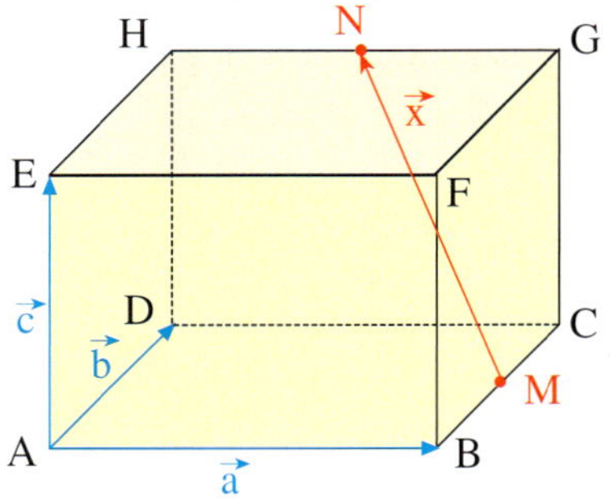

Übung 15 Vektoren im Sechseck

Die Vektoren $\vec{a}$, $\vec{b}$ und $\vec{c}$ definieren ein Sechseck. Stellen Sie die Transversalenvektoren $\overrightarrow{AE}$, $\overrightarrow{DA}$ und $\overrightarrow{CF}$ mithilfe von $\vec{a}$, $\vec{b}$ und $\vec{c}$ dar.

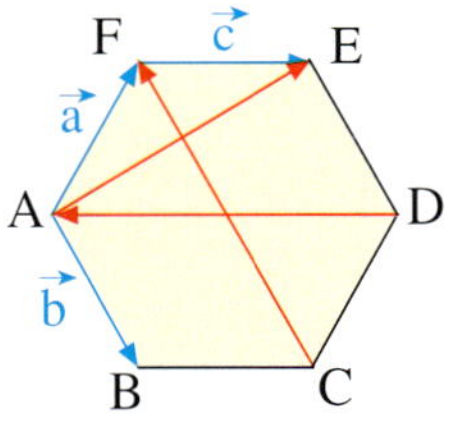

Übung 16 Vektoren in einer Pyramide

Eine gerade Pyramide hat eine quadratische Grundfläche ABCD und die Spitze S. Sie wird von den Vektoren $\vec{a}$, $\vec{b}$ und $\vec{h}$ wie abgebildet aufgespannt. Stellen Sie die Seitenkantenvektoren $\overrightarrow{AS}$, $\overrightarrow{BS}$, $\overrightarrow{CS}$ und $\overrightarrow{DS}$ mithilfe von $\vec{a}$, $\vec{b}$ und $\vec{h}$ dar.

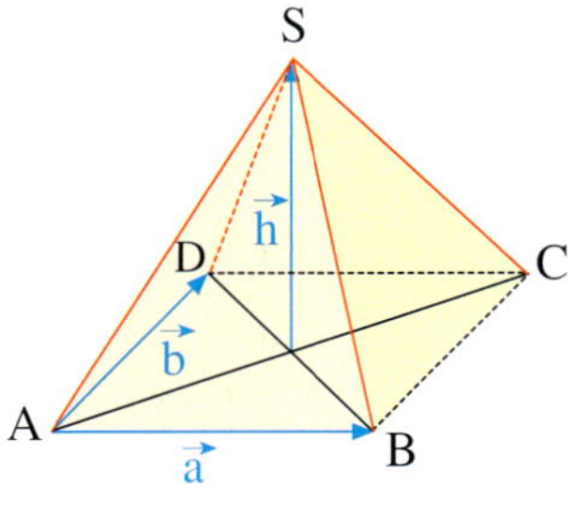

D. Linearkombination von Vektoren

Sind zwei Vektoren $\vec{a}$ und $\vec{b}$ gegeben, lassen sich weitere Vektoren $\vec{x}$ der Form $r \cdot \vec{a} + s \cdot \vec{b}$ aus den gegebenen Vektoren $\vec{a}$ und $\vec{b}$ erzeugen. Eine solche Summe nennt man ***Linearkombination*** von $\vec{a}$ und $\vec{b}$. Man kann den Begriff folgendermaßen verallgemeinern.

Eine Summe der Form $r_1 \cdot \vec{a}_1 + r_2 \cdot \vec{a}_2 + \cdots + r_n \cdot \vec{a}_n$ ($r_i \in \mathbb{R}$) nennt man ***Linearkombination*** der Vektoren $\vec{a}_1, \vec{a}_2, \ldots, \vec{a}_n$.

Beispiel: Darstellung eines Vektors als Linearkombination (LK)

Gegeben sind die Vektoren $\vec{a} = \begin{pmatrix} 2 \\ 1 \\ 1 \end{pmatrix}$, $\vec{b} = \begin{pmatrix} 1 \\ 1 \\ 2 \end{pmatrix}$ sowie $\vec{c} = \begin{pmatrix} 3 \\ 1 \\ 0 \end{pmatrix}$ und $\vec{d} = \begin{pmatrix} 3 \\ 1 \\ 2 \end{pmatrix}$.

a) Zeigen Sie, dass $\vec{c}$ als LK von $\vec{a}$ und $\vec{b}$ dargestellt werden kann.

b) Zeigen Sie, dass $\vec{d}$ **nicht** als LK von $\vec{a}$ und $\vec{b}$ dargestellt werden kann.

Wir versuchen, die Vektoren $\vec{c}$ bzw. $\vec{d}$ als Linearkombination von $\vec{a}$ und $\vec{b}$ darzustellen. Dies führt jeweils auf ein lineares Gleichungssystem mit 3 Gleichungen und 2 Variablen. Wenn es lösbar ist, ist die gesuchte Darstellung gefunden, andernfalls ist sie nicht möglich.

Lösung zu a:

Ansatz: $\begin{pmatrix} 3 \\ 1 \\ 0 \end{pmatrix} = r \cdot \begin{pmatrix} 2 \\ 1 \\ 1 \end{pmatrix} + s \cdot \begin{pmatrix} 1 \\ 1 \\ 2 \end{pmatrix}$

Gl.-system:
I $2r + s = 3$
II $r + s = 1$
III $r + 2s = 0$

Lösungsversuch:
IV I − II: $r = 2$
V IV in I: $s = -1$

Überprüfung: IV, V in III: $0 = 0$ ist wahr

Ergebnis:

$r = 2, \quad s = -1$

$\vec{c}$ ist als Linearkombination von $\vec{a}$ und $\vec{b}$ darstellbar: $\vec{d} = 2\vec{a} - \vec{b}$.

Lösung zu b:

Ansatz: $\begin{pmatrix} 3 \\ 1 \\ 2 \end{pmatrix} = r \cdot \begin{pmatrix} 2 \\ 1 \\ 1 \end{pmatrix} + s \cdot \begin{pmatrix} 1 \\ 1 \\ 2 \end{pmatrix}$

Gl.-system:
I $2r + s = 3$
II $r + s = 1$
III $r + 2s = 2$

Lösungsversuch:
IV I − II: $r = 2$
V IV in I: $s = -1$

Überprüfung: IV, V in III: $0 = 2$ ist falsch

Ergebnis:

Das Gleichungssystem ist unlösbar.

$\vec{d}$ ist **nicht** als Linearkombination von $\vec{a}$ und $\vec{b}$ darstellbar.

Übung 17

Überprüfen Sie, ob die Vektoren $\vec{c} = \begin{pmatrix} 6 \\ 4 \\ 1 \end{pmatrix}$ bzw. $\vec{d} = \begin{pmatrix} 2 \\ 3 \\ 4 \end{pmatrix}$ als Linearkombination der Vektoren $\vec{a} = \begin{pmatrix} 2 \\ 1 \\ -1 \end{pmatrix}$ und $\vec{b} = \begin{pmatrix} 2 \\ 2 \\ 3 \end{pmatrix}$ dargestellt werden können.

E. Kollineare und komplanare Vektoren

Zwei Vektoren, deren Pfeile parallel verlaufen, bezeichnet man als ***kollinear***. Sie verlaufen parallel, können aber eine unterschiedliche Orientierung und Länge haben. Ein Vektor lässt sich dann als Vielfaches des anderen Vektors darstellen.

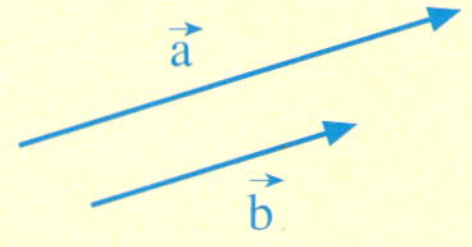

Kollineare Vektoren

$\vec{b} = r \cdot \vec{a}$ *oder* $\vec{a} = r \cdot \vec{b}$

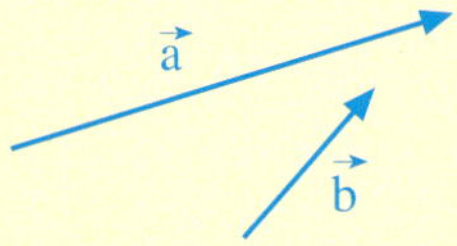

Nicht kollineare Vektoren

Übung 18 **Kollinearitätsprüfung**

Prüfen Sie, ob die gegebenen Vektoren kollinear sind.

a) $\begin{pmatrix} 3 \\ 5 \end{pmatrix}, \begin{pmatrix} -6 \\ -10 \end{pmatrix}$ b) $\begin{pmatrix} -12 \\ 3 \\ 8 \end{pmatrix}, \begin{pmatrix} 4 \\ -1 \\ 3 \end{pmatrix}$ c) $\begin{pmatrix} 4 \\ -2 \\ 8 \end{pmatrix}, \begin{pmatrix} 6 \\ -3 \\ 12 \end{pmatrix}$ d) $\begin{pmatrix} 2 \\ -3 \\ 4 \end{pmatrix}, \begin{pmatrix} 4 \\ -9 \\ 8 \end{pmatrix}$

Übung 19 **Trapeznachweis**

Gegeben sind im räumlichen Koordinatensystem die Punkte $A(3|2|-2)$, $B(0|8|1)$, $C(-1|3|3)$ und $D(1|-1|1)$. Zeigen Sie, dass ABCD ein Trapez ist. Fertigen Sie ein Schrägbild an.

Hinweis: Ein Trapez ABCD ist dadurch gekennzeichnet, dass mindestens ein Paar gegenüberliegender Seiten Parallelität aufweist.

Drei Vektoren, deren Pfeile sich in ein- und derselben Ebene darstellen lassen, bezeichnet man als ***komplanar***. Dies bedeutet, dass mindestens einer der beteiligten Vektoren als Linearkombination der anderen beiden Vektoren darstellbar ist.

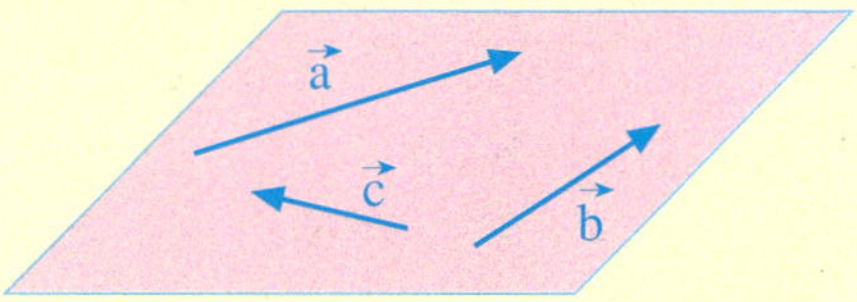

Komplanare Vektoren

$\vec{c} = r \cdot \vec{a} + s \cdot \vec{b}$ *oder* $\vec{b} = r \cdot \vec{a} + s \cdot \vec{c}$
oder $\vec{a} = r \cdot \vec{b} + s \cdot \vec{c}$

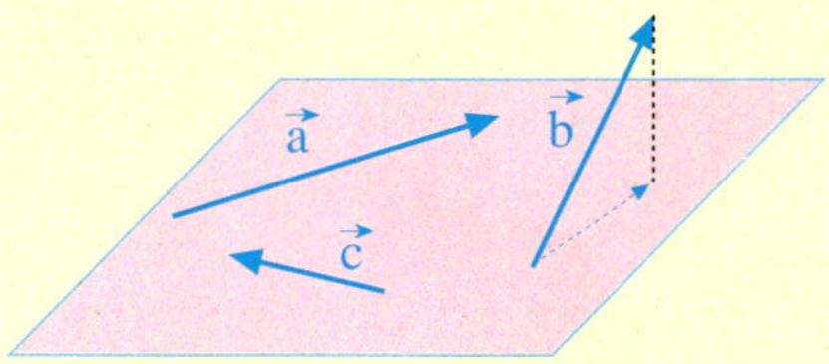

Nicht komplanare Vektoren

$\vec{c} \neq r \cdot \vec{a} + s \cdot \vec{b}$ *und* $\vec{b} \neq r \cdot \vec{a} + s \cdot \vec{c}$
und $\vec{a} \neq r \cdot \vec{b} + s \cdot \vec{c}$

Übung 20

Prüfen Sie, ob die gegebenen Vektoren komplanar sind.

a) $\begin{pmatrix}1\\7\\2\end{pmatrix}, \begin{pmatrix}1\\2\\1\end{pmatrix}, \begin{pmatrix}2\\-1\\1\end{pmatrix}$ b) $\begin{pmatrix}1\\0\\1\end{pmatrix}, \begin{pmatrix}0\\1\\0\end{pmatrix}, \begin{pmatrix}2\\1\\2\end{pmatrix}$ c) $\begin{pmatrix}2\\2\\4\end{pmatrix}, \begin{pmatrix}4\\6\\5\end{pmatrix}, \begin{pmatrix}1\\2\\2\end{pmatrix}$

Übung 21

Begründen Sie die folgenden Aussagen.

a) Ist einer von drei Vektoren $\vec{a}$, $\vec{b}$, $\vec{c}$ der Nullvektor, so sind die drei Vektoren komplanar.

b) Zwei Vektoren sind stets komplanar.

F. Exkurs: Lineare Abhängigkeit und Unabhängigkeit

Kollineare Vektoren und komplanare Vektoren bezeichnet man auch als ***linear abhängig***, da jeweils einer der beteiligten Vektoren sich als Linearkombination der restlichen Vektoren darstellen lässt. Ist dies nicht möglich, so bezeichnet man die Vektoren als ***linear unabhängig***.

049-1

Zwei linear unabhängige Vektoren $\vec{a}$ und $\vec{b}$ des zweidimensionalen Anschauungsraumes $\mathbb{R}^2$ bezeichnet man als eine ***Basis*** des zweidimensionalen Raumes, da sich jeder andere Vektor des zweidimensionalen Raumes als Linearkombination von $\vec{a}$ und $\vec{b}$ darstellen lässt.

Analog bilden drei linear unabhängige Vektoren $\vec{a}$, $\vec{b}$ und $\vec{c}$ des dreidimensionalen Anschauungsraumes $\mathbb{R}^3$ eine Basis des dreidimensionalen Raumes. Jeder andere Vektor des dreidimensionalen Raumes lässt sich dann als Linearkombination von $\vec{a}$, $\vec{b}$ und $\vec{c}$ darstellen.

Beispiel: Basis

In dem abgebildeten Haus haben alle Kanten die gleiche Länge. Begründen Sie, dass die Vektoren $\vec{a}$, $\vec{b}$ und $\vec{c}$ eine Basis bilden. Stellen Sie die folgenden Vektoren als Linearkombination der Basisvektoren dar.: $\overrightarrow{AC}$, $\overrightarrow{AG}$, $\overrightarrow{CE}$, $\overrightarrow{ED}$, $\overrightarrow{TH}$, $\overrightarrow{ES}$, $\overrightarrow{BS}$

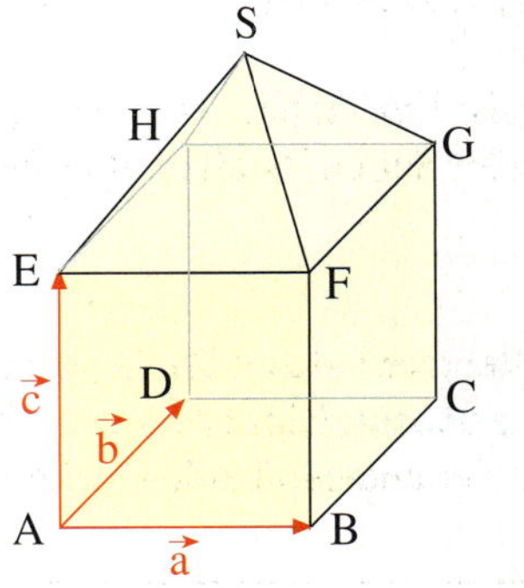

Lösung:

$\vec{a}$, $\vec{b}$ und $\vec{c}$ liegen nicht in einer Ebene und sind daher linear unabhängig. Folglich bilden Sie eine Basis des dreidimensionalen Raumes. Jeder Vektor kann als Linearkombination der Basisvektoren dargestellt werden, insbesondere auch alle innerhalb des Hauses realisierbaren Vektoren.

$\overrightarrow{AC} = \vec{a} + \vec{b}$, $\quad \overrightarrow{AG} = \vec{a} + \vec{b} + \vec{c}$

$\overrightarrow{CE} = -\vec{a} - \vec{b} - \vec{c}$, $\quad \overrightarrow{ED} = \vec{b} - \vec{c}$

$\overrightarrow{TH} = -\vec{a} + 0{,}5\,\vec{b} + \vec{c}$

$\overrightarrow{ES} = 0{,}5\,\vec{a} + 0{,}5\,\vec{b} + \frac{\sqrt{2}}{2}\,\vec{c}$

$\overrightarrow{BS} = -0{,}5\,\vec{a} + 0{,}5\,\vec{b}\left(1 + \frac{\sqrt{2}}{2}\right)\vec{c}$

22. Stellen Sie den angegebenen Vektor als Linearkombination der Vektoren $\vec{a}$, $\vec{b}$ und $\vec{c}$ dar.

$\vec{a} = \overrightarrow{AB}$, $\vec{b} = \overrightarrow{AD}$, $\vec{c} = \overrightarrow{MS}$

a) $\overrightarrow{AS}$ b) $\overrightarrow{BS}$

c) $\overrightarrow{SC}$ d) $\overrightarrow{BD}$

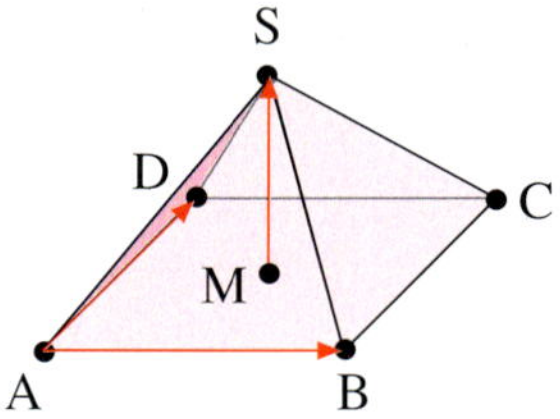

23. Stellen Sie den angegebenen Vektor als Linearkombination von $\vec{a}$, $\vec{b}$ und $\vec{c}$ dar.

$\vec{a} = \overrightarrow{AB}$, $\vec{b} = \overrightarrow{AD}$, $\vec{c} = \overrightarrow{AE}$

a) $\overrightarrow{AM}$ b) $\overrightarrow{BM}$

c) $\overrightarrow{GN}$ d) $\overrightarrow{FD}$ bzw. $\overrightarrow{EC}$

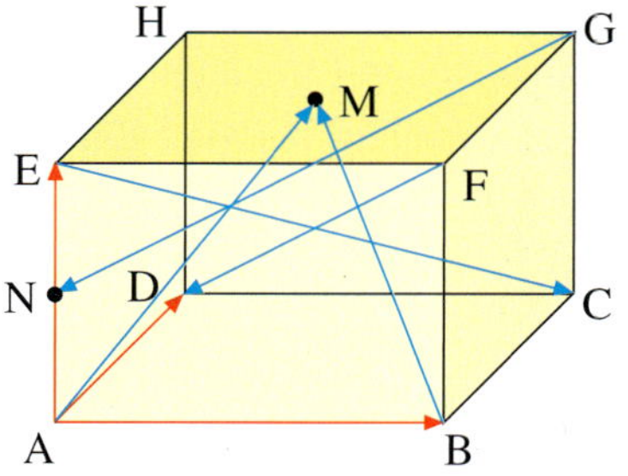

24. Stellen Sie den angegebenen Vektor als Linearkombination von $\vec{a}$, $\vec{b}$ und $\vec{c}$ dar.

$\vec{a} = \overrightarrow{AB}$, $\vec{b} = \overrightarrow{AD}$, $\vec{c} = \overrightarrow{AH}$

a) $\overrightarrow{AE}$ b) $\overrightarrow{AF}$

c) $\overrightarrow{HS}$ d) $\overrightarrow{TG}$

F und G sind Seitenmitten.

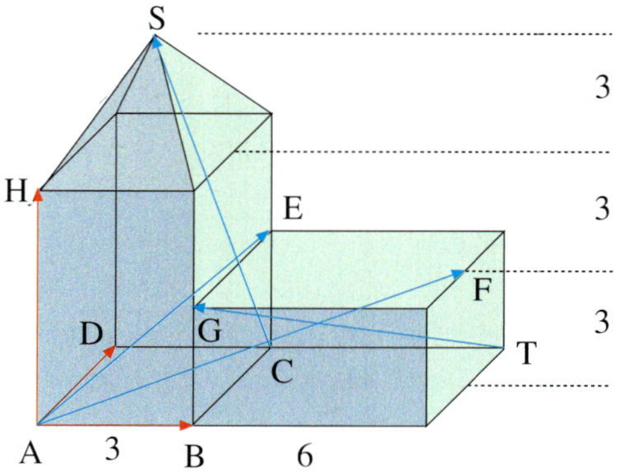

25. Rechts in ein regemäßiges zweidimensionales Sechseck abgebildet.

a) Stellen Sie die Vektoren $\vec{c}$, $\vec{d}$ und $\vec{e}$ als Linearkombination der Vektoren $\vec{a}$ und $\vec{b}$ dar.

b) Stellen Sie den Vektor $\overrightarrow{PQ}$ als Linearkombination von $\vec{a}$ und $\vec{b}$ dar.

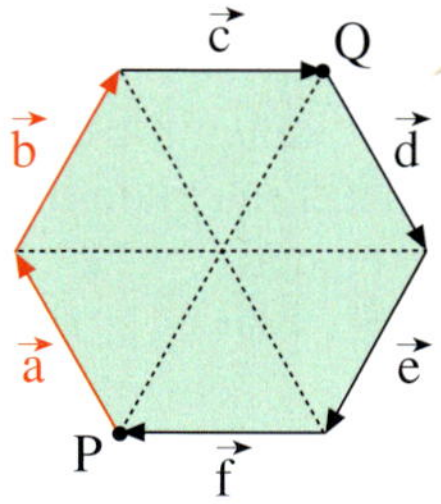

26. Gegeben sind die Vektoren $\vec{a} = \begin{pmatrix} 1 \\ 0 \\ 1 \end{pmatrix}$, $\vec{b} = \begin{pmatrix} 0 \\ 1 \\ 1 \end{pmatrix}$ und $\vec{c} = \begin{pmatrix} 1 \\ 1 \\ 1 \end{pmatrix}$ sowie $\vec{d} = \begin{pmatrix} 2 \\ 1 \\ 4 \end{pmatrix}$ und $\vec{a} = \begin{pmatrix} -2 \\ 0 \\ -3 \end{pmatrix}$.

a) Zeigen Sie, dass die Vektoren $\vec{a}$, $\vec{b}$, $\vec{c}$ nicht komplanar sind.

b) Stellen Sie die Vektoren $\vec{d}$ und $\vec{e}$ als Linearkombination der Vektoren $\vec{a}$, $\vec{b}$ und $\vec{c}$ dar.

G. Exkurs: Anwendungen des Rechnens mit Vektoren

Das Rechnen mit Vektoren hat praktische Anwendungsbezüge. Vektoren sind gut geeignet, gerichtete Größen wie Kräfte und Geschwindigkeiten zu modellieren. Wir behandeln exemplarisch zwei einfache Beispiele.

Beispiel: Die resultierende Kraft
Ein Lastkahn K wird von zwei Schleppern auf See wie abgebildet gezogen. Schlepper A zieht mit einer Kraft von 10 kN in Richtung N60°O. Schlepper B zieht mit 15 kN in Richtung S80°O. Wie groß ist die resultierende Zugkraft? In welche Richtung bewegt sich die Formation insgesamt?

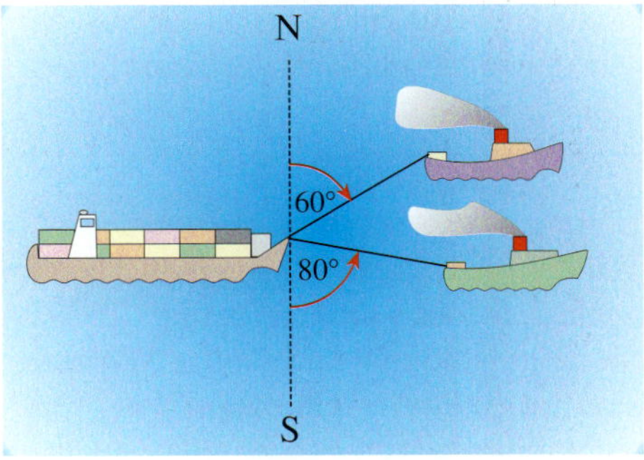

Lösung:
Wir zeichnen die beiden Zugkräfte $\vec{F}_1$ und $\vec{F}_2$ maßstäblich (z. B: 1 kN = 1 cm), bilden ihre vektorielle Summe $\vec{F}$ (Resultierende) und messen deren Betrag und Richtung. Wir erhalten eine Kraft von $|\vec{F}| = 23{,}5$ kN in Richtung N84°O.

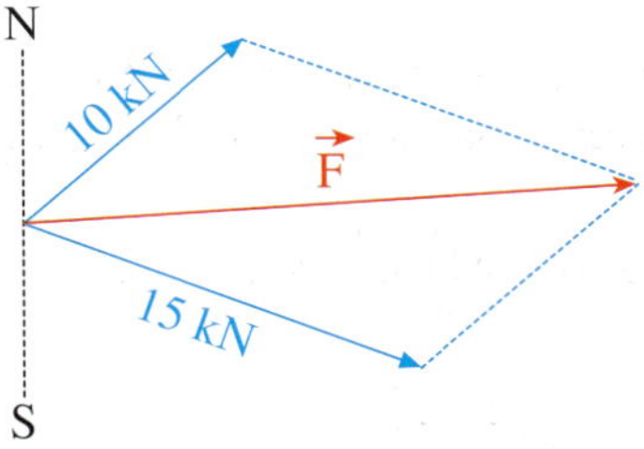

Beispiel: Die wahre Geschwindigkeit
Ein Hubschrauber X bewegt sich mit einer Geschwindigkeit von 300 km/h relativ zur Luft. Der Pilot hat Kurs N50°O eingestellt, als Wind mit 100 km/h in Richtung N20°W aufkommt. Bestimmen Sie den wahren Kurs und die wahre Geschwindigkeit des Hubschraubers.

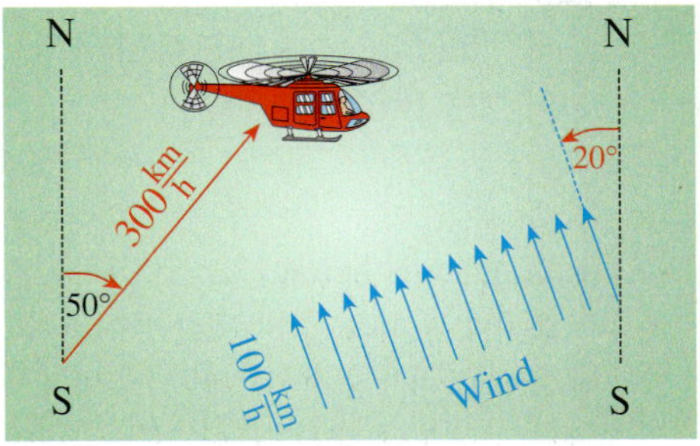

Lösung:
Wir addieren die beiden Geschwindigkeiten $\vec{v}_X$ und $\vec{v}_W$ mithilfe einer maßstäblichen Zeichnung (z. B. 100 km/h = 2 cm) und erhalten als Resultat, dass sich das Flugzeug mit einer Geschwindigkeit von ca. 350 km/h relativ zum Boden in Richtung N34°O bewegt. Der Wind erhöht also die Geschwindigkeit und verändert den Kurs.

Übung 27
Drei Pferde ziehen wie abgebildet nach rechts, zwei Stiere ziehen nach links. Ein Stier ist doppelt so stark wie ein Pferd. Wer gewinnt den Kampf?

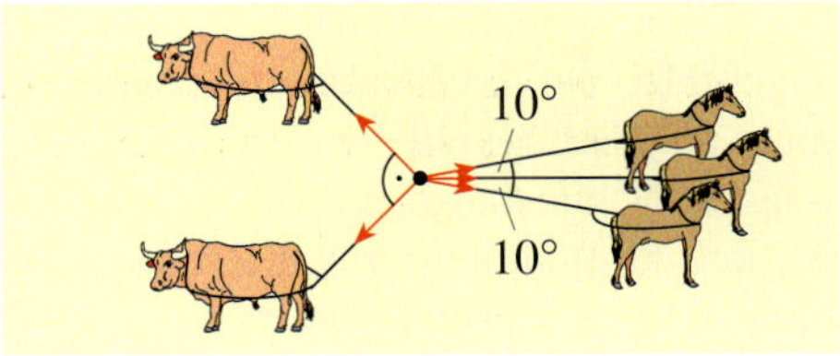

Die Angabe N60°O bedeutet: Das Objekt bewegt sich nach Norden mit einer Abweichung von 60° nach Osten.

Im Folgenden ist im Gegensatz zu den vorhergehenden Beispielen die resultierende Kraft gegeben. Gesucht sind nun Komponenten dieser Kraft in bestimmte vorgegebene Richtungen.

Beispiel: Antriebskraft am Hang
Welche Antriebskraft muss ein 1200 kg schweres Auto mindestens aufbringen, um einen 15° steilen Hang hinauffahren zu können?

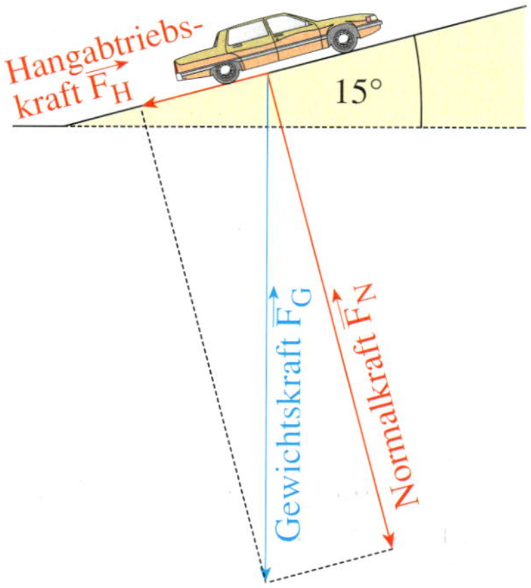

Lösung:
Wir fertigen eine Zeichnung an. Die Gewichtskraft des Autos beträgt ca. 12 000 N. Sie zeigt senkrecht nach unten. Wir zerlegen Sie additiv in eine zum Hang senkrechte Normalkraft $\vec{F}_N$ und eine zum Hang parallele Hangabtriebskraft $\vec{F}_H$.
Maßstäbliches Ausmessen ergibt die Beträge $|\vec{F}_N| = 11\,600$ N und $|\vec{F}_H| = 3100$ N. Die Antriebskraft des Autos muss nur den Hangabtrieb ausgleichen, d. h. sie muss mindestens 3100 N betragen.

Beispiel: Seilkräfte
Zwei Kräne heben ein 10 000 kg schweres Bauteil mithilfe von Drahtseilen. Wie groß sind die Seilkräfte?

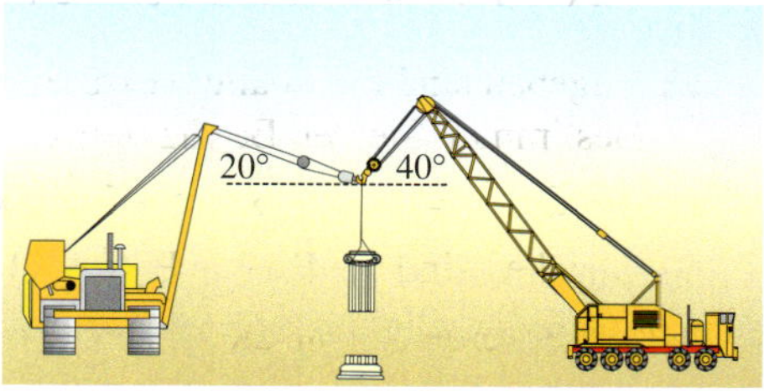

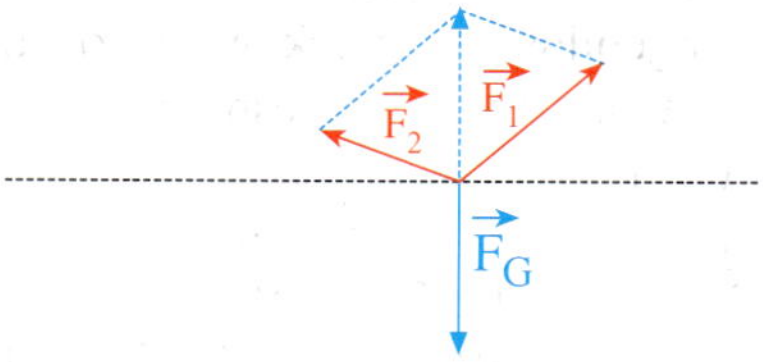

Lösung:
Die Gewichtskraft beträgt ca. 100 000 N. Sie muss durch eine gleichgroße, nach oben gerichtete Gegenkraft ausgeglichen werden. Mithilfe eines Parallelogramms konstruieren wir zwei längs der Seile wirkende Kräfte, deren resultierende Summe genau diese Gegenkraft ergibt.
Durch maßstäbliches Zeichnen und Ablesen erhalten wir $|\vec{F}_1| = 108\,500$ N und $|\vec{F}_2| = 88\,500$ N.

Übung 28
Ein Gärtner schiebt einen Rasenmäher wie abgebildet auf einer ebenen Wiese. Er muss eine Schubkraft von 200 N in Richtung der Schubstange aufbringen. Welche Antriebskraft müsste ein gleichschwerer motorisierter Rasenmäher besitzen, um die gleiche Wirkung zu erzielen?

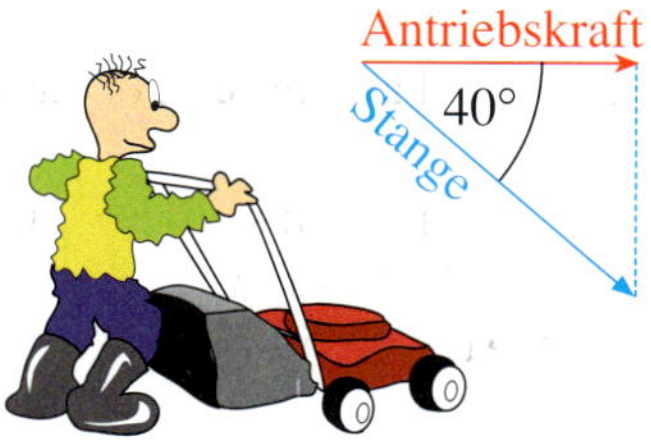

Übungen

29. Abstand von Punkten

a) Bestimmen Sie den Abstand der Punkte A und B.
A(3 | 1) und B(6 | 5), A(1 | 2 | 3) und B(3 | 5 | 9), A(−1 | 2 | 0) und B(1 | 6 | 4)

b) Wie muss a gewählt werden, damit A(2 | 1 | 2) und B(3 | a | 10) den Abstand 9 besitzen?

30. Schrägbild und Volumen einer Pyramide

Gegeben sind die Punkte A(0 | 4 | 2), B(6 | 4 | 2), C(10 | 8 | 2), D(4 | 8 | 2) und S(5 | 6 | 8). Sie bilden eine Pyramide mit der Grundfläche ABCD und der Spitze S.

a) Zeichnen Sie ein Schrägbild der Pyramide. Bestimmen Sie den Fußpunkt F der Höhe.

b) Zeigen Sie, dass ABCD ein Parallelogramm ist. Bestimmen Sie das Pyramidenvolumen.

31. Spaltenvektoren

Das abgebildete Objekt besteht aus Quadern der Größe 8×4×4 und 4×2×2. Stellen Sie die folgenden Vektoren als Spaltenvektoren dar.

$\overrightarrow{AB}$, $\overrightarrow{AC}$, $\overrightarrow{BC}$, $\overrightarrow{CJ}$, $\overrightarrow{IJ}$, $\overrightarrow{AE}$, $\overrightarrow{JM}$, $\overrightarrow{ED}$, $\overrightarrow{LM}$, $\overrightarrow{GM}$, $\overrightarrow{AG}$, $\overrightarrow{HB}$, $\overrightarrow{AM}$, $\overrightarrow{GJ}$, $\overrightarrow{GI}$

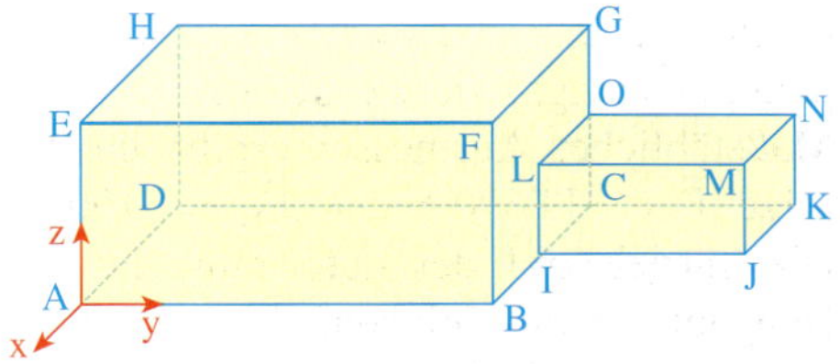

32. Addition und Subtraktion von Vektoren, der Betrag eines Vektors

a) Gegeben sind die Spaltenvektoren $\vec{a} = \begin{pmatrix} 4 \\ 4 \\ 3 \end{pmatrix}$, $\vec{b} = \begin{pmatrix} 0 \\ 1 \\ 4 \end{pmatrix}$ und $\vec{c} = \begin{pmatrix} 6 \\ 0 \\ 5 \end{pmatrix}$.
Bestimmen Sie den Betrag von $\vec{x}$.
$\vec{x} = \vec{a}$, $\vec{x} = \vec{b} - \vec{c}$, $\vec{x} = \vec{a} + 2\vec{b}$, $\vec{x} = \vec{b} - 2\vec{a} + \vec{c}$, $\vec{x} = \vec{a} + \vec{b} + \vec{c}$, $\vec{x} = 2\vec{a} - \vec{b} - 2\vec{c}$

b) Gegeben sind die Punkte P(2 | 2 | 1), Q(5 | 10 | 15), R(3 | a | 0), S(4 | 6 | 5). Wie muss a gewählt werden, wenn die Differenz der Vektoren $\overrightarrow{PQ}$ und $\overrightarrow{RS}$ den Betrag 11 besitzen soll?

33. Vektoren im Viereck

Das abgebildete Viereck wird von den Vektoren $\vec{a}$, $\vec{b}$ und $\vec{c}$ aufgespannt.

a) Stellen Sie die folgenden Vektoren mithilfe von $\vec{a}$, $\vec{b}$ und $\vec{c}$ dar.
$\overrightarrow{DA}$, $\overrightarrow{DB}$, $\overrightarrow{AC}$, $\overrightarrow{DC}$, $\overrightarrow{CB}$, $\overrightarrow{BD}$

b) Es sei A(4 | 0 | 0), B(2 | 4 | 2), C(0 | 2 | 3) und D(4 | −6 | −1). Bestimmen Sie den Umfang des Vierecks und begründen Sie, dass es kein Trapez ist.

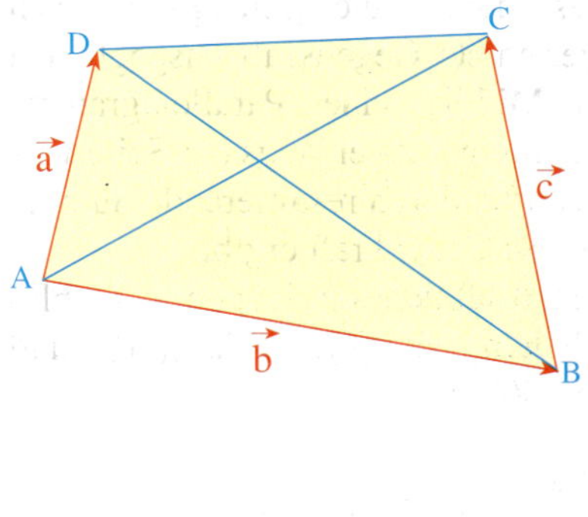

34. Parallelogramme

Ein Dreieck ABC kann durch Hinzunahme eines weiteren Punktes D zu einem Parallelogramm ergänzt werden. Es gibt stets drei Möglichkeiten für die Konstruktion eines solchen Punktes D. Bestimmen Sie diese Möglichkeiten für folgende Dreiecke:

a) A(2 | 4), B(8 | 3), C(4 | 6)
Lösen Sie die Aufgabe im Koordinatensystem zeichnerisch.

b) A(4 | 6 | 3), B(2 | 8 | 5), C(0 | 0 | 4)
Lösen Sie die Aufgabe rechnerisch mithilfe von Spaltenvektoren.

35. Linearkombination von Vektoren, komplanare Vektoren

a) Stellen Sie den Vektor $\vec{x}$ als Linearkombination der Vektoren $\begin{pmatrix}2\\0\\1\end{pmatrix}$, $\begin{pmatrix}1\\1\\1\end{pmatrix}$ und $\begin{pmatrix}0\\1\\-1\end{pmatrix}$ dar.

$\vec{x}=\begin{pmatrix}5\\0\\4\end{pmatrix}$, $\vec{x}=\begin{pmatrix}1\\2\\0\end{pmatrix}$, $\vec{x}=\begin{pmatrix}0\\0\\0\end{pmatrix}$

b) Untersuchen Sie, ob $\vec{x}=\begin{pmatrix}1\\0\\1\end{pmatrix}$ als Linearkombination der Vektoren $\begin{pmatrix}0\\1\\1\end{pmatrix}$, $\begin{pmatrix}2\\3\\3\end{pmatrix}$ und $\begin{pmatrix}1\\1\\1\end{pmatrix}$ darstellbar ist.

c) Sind die Vektoren $\begin{pmatrix}1\\2\\-1\end{pmatrix}$, $\begin{pmatrix}1\\0\\3\end{pmatrix}$, $\begin{pmatrix}3\\2\\5\end{pmatrix}$ bzw. $\begin{pmatrix}1\\2\\-1\end{pmatrix}$, $\begin{pmatrix}1\\0\\1\end{pmatrix}$, $\begin{pmatrix}2\\4\\1\end{pmatrix}$, komplanar?

36. Kräfte am Fesselballon

Ein Gasballon mit einem Gewicht von 5000 N ist wie abgebildet an einem Seil befestigt. Das Gas erzeugt eine Auftriebskraft von 10 000 N. Durch Seitenwind wird der Ballon um 15° aus der Vertikalen gedrängt. Mit welcher Kraft wirkt der Wind auf den Ballon? Wie groß ist die Kraft im Halteseil? Zeichnen Sie zur Lösung der Aufgabe ein Kräftediagramm.

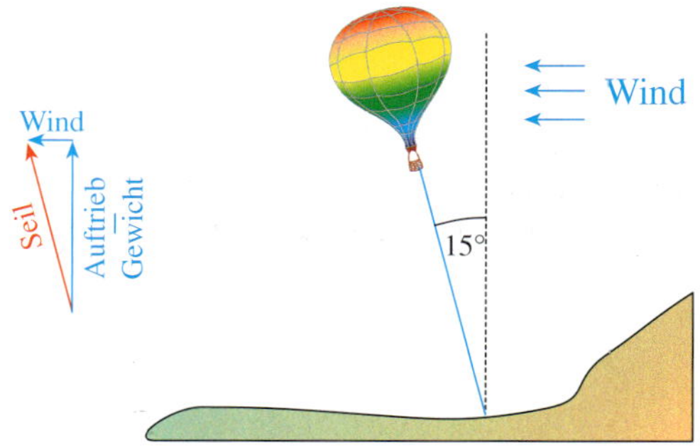

37. Seilkräfte

Abgebildet ist der Erfinder der Vektorrechnung Hermann Günther Grassmann (1809–1877), ein Gymnasiallehrer aus Stettin. Das Bild hat eine Masse von 5 kg. Welche Zugkräfte wirken in den beiden Schnüren, an denen das Bild hängt? 054-1

38. Bootsfahrt

Ein Fluss hat eine Strömungsgeschwindigkeit von 15 km/h. Ein Motorboot hat in stehendem Wasser eine Höchstgeschwindigkeit von 40 km/h. Der Steuermann überquert den Fluss, indem er sein Boot wie abgebildet auf 45° nach Norden stellt.

Durch die Strömung werden Geschwindigkeit und Richtung verändert. Ermitteln Sie zeichnerisch die wahre Geschwindigkeit und die wahre Richtung des Bootes.

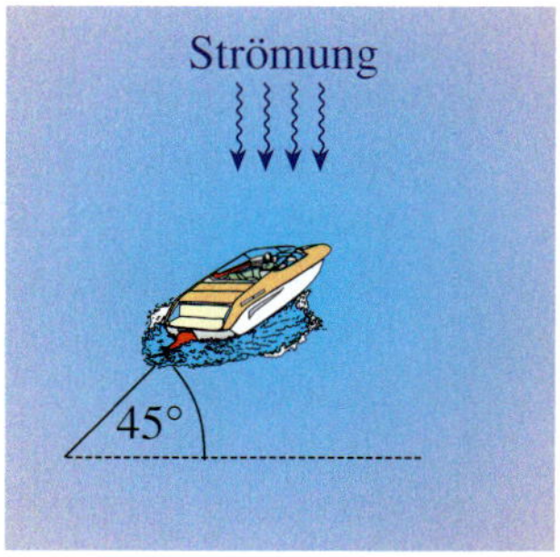

Überblick

Der Abstand von zwei Punkten

Ebene: Abstand von $A(a_1 \mid a_2)$ und $B(b_1 \mid b_2)$: $d(A;B) = \sqrt{(b_1 - a_1)^2 + (b_2 - a_2)^2}$

Raum: Abstand von $A(a_1 \mid a_2 \mid a_3)$ und $B(b_1 \mid b_2 \mid b_3)$: $d(A;B) = \sqrt{(b_1 - a_1)^2 + (b_2 - a_2)^2 + (b_3 - a_3)^2}$

Der Betrag eines Vektors

Der Betrag eines Vektors ist die Länge eines seiner Pfeile.

Ebene: $\vec{a} = \begin{pmatrix} a_1 \\ a_2 \end{pmatrix} \Rightarrow |\vec{a}| = \sqrt{a_1^2 + a_2^2}$

Raum: $\vec{a} = \begin{pmatrix} a_1 \\ a_2 \\ a_3 \end{pmatrix} \Rightarrow |\vec{a}| = \sqrt{a_1^2 + a_2^2 + a_3^2}$

Die Summe zweier Vektoren

Die Summe zweier Vektoren $\vec{a}$ und $\vec{b}$: Man legt die Pfeile wie abgebildet aneinander. Der Summenvektor führt vom Pfeilanfang von $\vec{a}$ zum Pfeilende von $\vec{b}$.

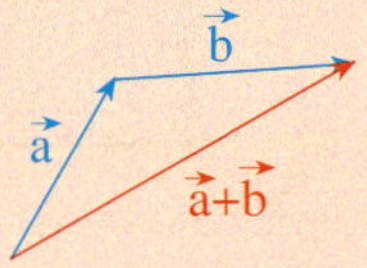

Die Differenz zweier Vektoren

Die Differenz zweier Vektoren $\vec{a}$ und $\vec{b}$: Man legt die Pfeile wie abgebildet aneinander. Der Differenzvektor führt vom Pfeilende von $\vec{b}$ zum Pfeilende von $\vec{a}$.

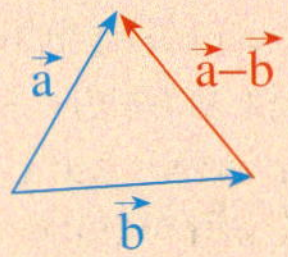

Die Skalarmultiplikation eines Vektors mit einer reellen Zahl

Der Vektor $\vec{a}$ wird mit der Zahl k multipliziert, indem seine Länge mit dem Faktor $|k|$ multipliziert wird. Ist k negativ, so kehrt sich zusätzlich die Pfeilorientierung um.

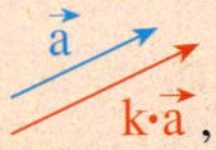

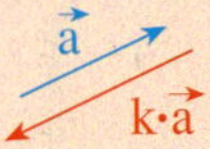

Linearkombination von Vektoren

Eine Summe der Form $r_1 \cdot \vec{a}_1 + r_2 \cdot \vec{a}_2 + \dots + r_n \cdot \vec{a}_n$ $(r_i \in \mathbb{R})$ wird als Linearkombination der Vektoren $\vec{a}_1, \vec{a}_2, \dots, \vec{a}_n$ bezeichnet.

Kollineare Vektoren

$\vec{a}$ und $\vec{b}$ heißen kollinear, wenn einer der beiden Vektoren ein Vielfaches des anderen Vektors ist:

$\vec{a} = r \cdot \vec{b}$ oder $\vec{b} = r \cdot \vec{a}$

Kollineare Vektoren sind parallel.

Komplanare Vektoren

$\vec{a}$, $\vec{b}$ und $\vec{c}$ und heißen komplanar, wenn einer der drei Vektoren als Linearkombination der beiden anderen Vektoren darstellbar ist:

$\vec{a} = r \cdot \vec{b} + s \cdot \vec{c}$ oder $\vec{b} = r \cdot \vec{a} + s \cdot \vec{c}$ oder $\vec{c} = r \cdot \vec{a} + s \cdot \vec{b}$

Komplanare Vektoren liegen in einer Ebene.

Veranschaulichung von Punkten und Vektoren im Raum

Bei der Veranschaulichung von geometrischen Objekten in der Ebene kann man sich mit einem Blatt Papier und geeigneten Zeichengeräten behelfen. Dieses klassische Verfahren ist auch im Zeitalter von Computern mit Geometriesoftware immer noch akzeptabel. Im dreidimensionalen Raum besitzt solche Software gegenüber dem Blatt Papier aber riesige Vorteile. Auf der dem Buch beiliegenden CD findet man verschiedene Werkzeuge, mit denen man eine anschauliche Vorstellung von Punkten und Vektoren im Raum gewinnen kann.

Zum Kapitel II gibt es acht 3-D-Werkzeuge:
- Koordinaten im Raum
- Abstand von Punkten im Raum
- Darstellung von Spaltenvektoren
- Länge von Vektoren
- Summe von Vektoren
- Kommutativität der Vektoraddition
- Subtraktion von Vektoren
- Vielfaches von Vektoren

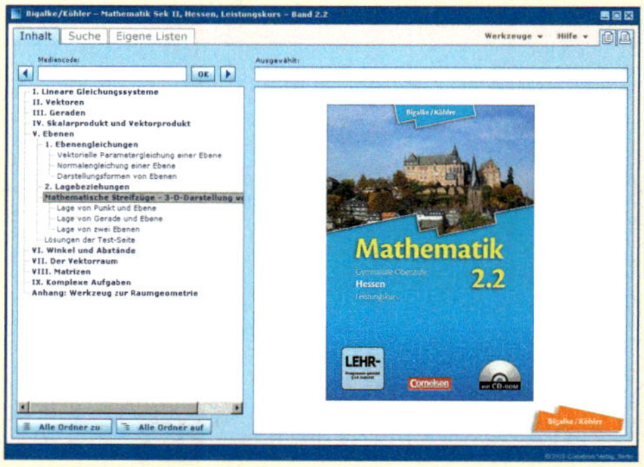

Das folgende Bild zeigt ein Beispiel.

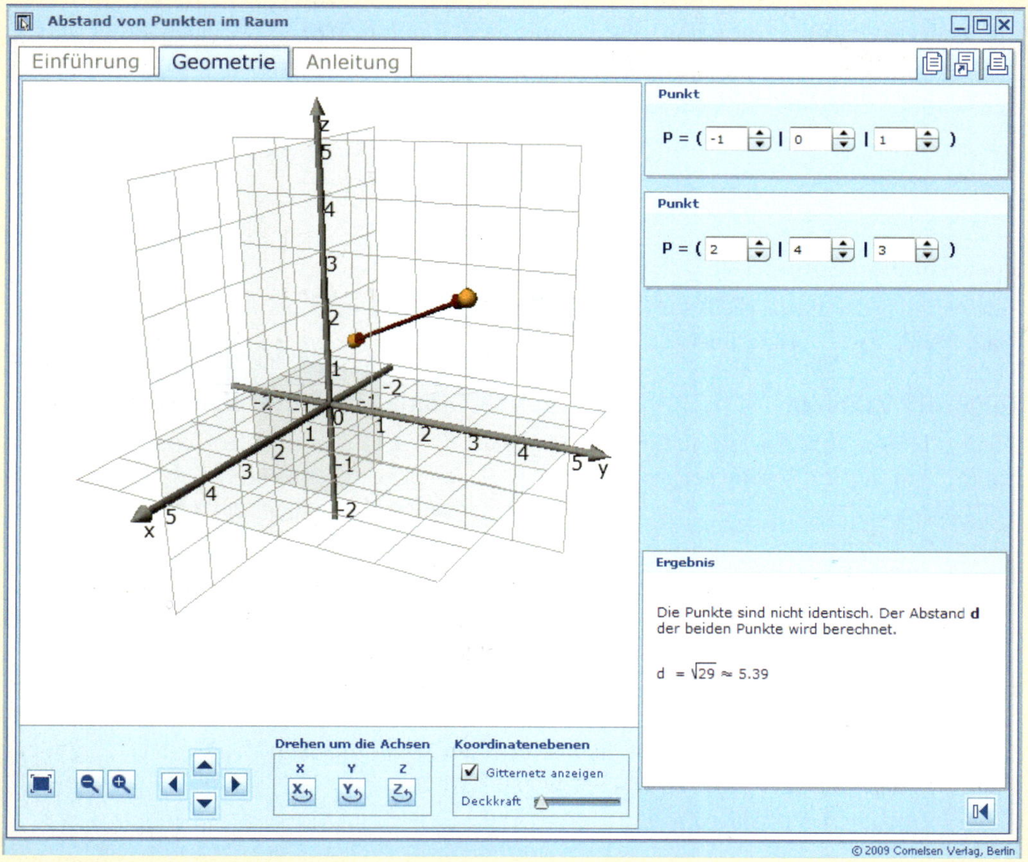

Das Programm gestattet die Eingabe der Koordinaten zweier Punkte, die im dreidimensionalen Koordinatensystem zusammen mit ihrer Verbindungsstrecke dargestellt werden. Der Abstand der beiden Punkte wird ausgegeben. Die Darstellung kann verändert werden. Insbesondere lässt sich das Bild vergrößern und verkleinern, verschieben und drehen. Auch die Darstellung der Koordinatenebenen kann variiert werden.

Als zweites Beispiel zeigt das folgende Bild die Ermittlung des Summenvektors von Vielfachen zweier Vektoren.

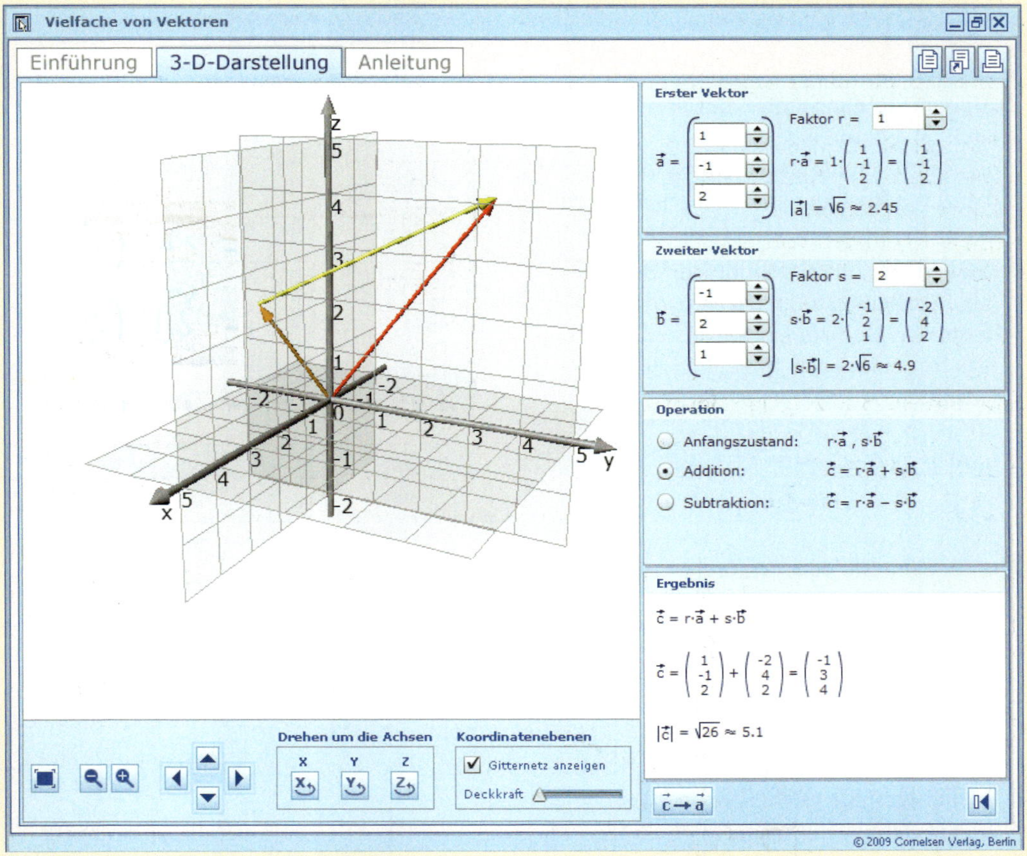

Übungen

a) Machen Sie sich mit den Medienelementen zur 3-D-Darstellung von Punkten und Vektoren vertraut, indem Sie Aufgaben bzw. Teilaufgaben von Seite 32 mit dem Medienelement 057-1 zur Berechnung des Abstands von Punkten bearbeiten.

b) Berechnen Sie die Beträge der Vektoren aus den Übungen 6b) bis 6e) von Seite 36 mit dem Medienelement 057-2.

c) Bearbeiten Sie die Aufgabe 7 von Seite 44 mit dem Medienelement 057-3 zur Ermittlung der Summe bzw. Differenz von Vielfachen von Vektoren.

Test

Vektoren

1. Gegeben ist der Quader ABCDEFGH.
a) Bestimmen Sie die Koordinaten der Punkte B, C, D, E, F, H und M.
b) Bestimmen Sie die Länge der Strecken $\overline{AF}$ und $\overline{DM}$.

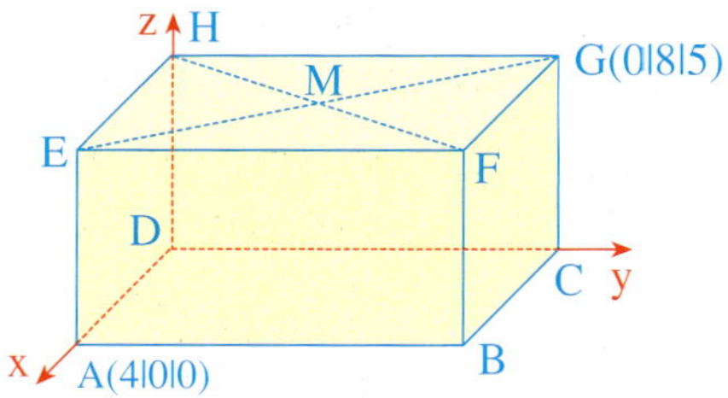

2. Bilden Sie die Summe der drei dargestellten Vektoren
a) durch zeichnerische Konstruktion,
b) durch Rechnung mit Spaltenvektoren.

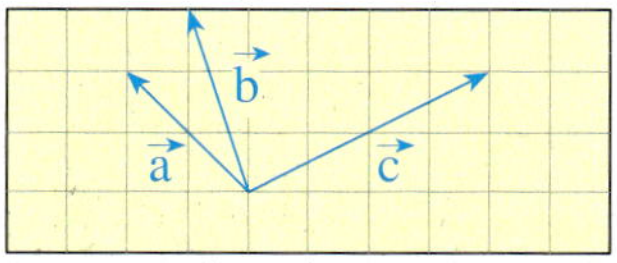

3. Stellen Sie die abgebildeten Vektoren als Spaltenvektoren in Koordinatenform dar. Bestimmen Sie anschließend das Ergebnis der folgenden Rechenausdrücke.
a) $\vec{a} + \vec{b} + \vec{d}$
b) $\frac{1}{2}\vec{a} - 2(\vec{b} - 2\vec{d})$
c) $\vec{a} + 2\vec{b} - 4\vec{c} + \vec{d}$

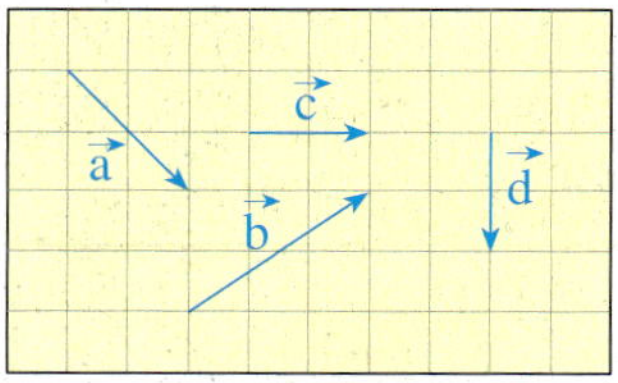

4. a) Stellen Sie den Vektor $\begin{pmatrix} 6 \\ -2 \\ -1 \end{pmatrix}$ als Linearkombination von $\begin{pmatrix} 3 \\ 1 \\ 2 \end{pmatrix}$ und $\begin{pmatrix} 2 \\ 2 \\ 3 \end{pmatrix}$ dar.

b) Untersuchen Sie, ob die Vektoren $\begin{pmatrix} 2 \\ 1 \\ -3 \end{pmatrix}$, $\begin{pmatrix} 1 \\ 2 \\ 4 \end{pmatrix}$ und $\begin{pmatrix} 5 \\ 4 \\ 1 \end{pmatrix}$ komplanar sind.

5. Gegeben ist das Dreieck ABC mit A(6 | 7 | 9), B(4 | 4 | 3) und C(2 | 10 | 6).
a) Zeigen Sie, dass das Dreieck gleichschenklig ist. Ist es sogar gleichseitig?
b) Fertigen Sie ein Schrägbild des Dreiecks an.
c) Gesucht ist ein weiterer Punkt D, so dass das Viereck ABCD ein Parallelogramm ist.

6. Auf der schwarzen Linie liegt eine Eisenkugel, an der vier Zugseile befestigt sind. Anton und Alfons bilden das α-Team, Benno und Bruno das β-Team. Gewonnen hat dasjenige Team, welches die Kugel über die Linie zieht. Die Zugkräfte sind maßstäblich eingezeichnet. Welches Team wird gewinnen?

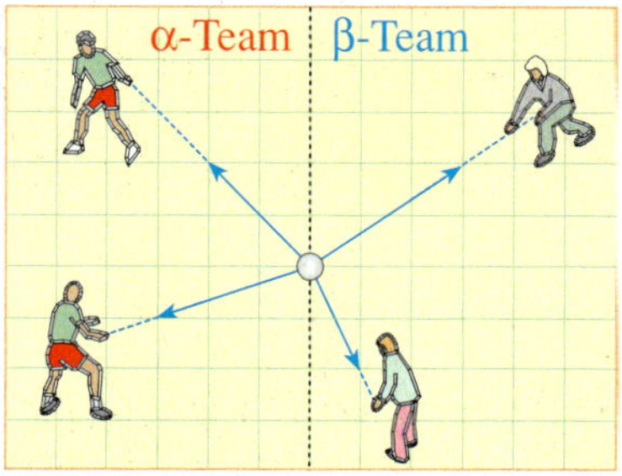

Lösungen unter  058-1

III. Geraden

1. Geraden im Raum

Im dreidimensionalen Anschauungsraum können Geraden besonders einfach mithilfe von Vektoren dargestellt werden. Diese Darstellung ist auch in der zweidimensionalen Zeichenebene möglich, jedoch lassen sich Geraden in der Ebene auch z. B. durch die bekannte lineare Funktionsgleichung erfassen (vgl. Seite 63 f.).

A. Ortsvektoren

Die Lage eines beliebigen Punktes in einem ebenen oder räumlichen Koordinatensystem kann eindeutig durch denjenigen Pfeil $\overrightarrow{OP}$ erfasst werden, der im Ursprung O des Koordinatensystems beginnt und im Punkt P endet.

Der Pfeil $\overrightarrow{OP}$ heißt ***Ortspfeil*** von P und der zugehörige Vektor $\vec{p} = \overrightarrow{OP}$ wird als der ***Ortsvektor*** von P bezeichnet.

Der Punkt $P(p_1 | p_2 | p_3)$ besitzt den Ortsvektor $\vec{p} = \overrightarrow{OP} = \begin{pmatrix} p_1 \\ p_2 \\ p_3 \end{pmatrix}$.

Entsprechendes gilt für Punkte in einem ebenen Koordinatensystem.

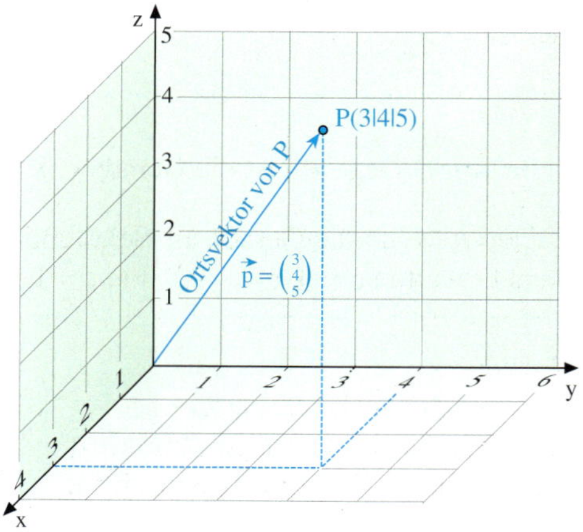

B. Die vektorielle Parametergleichung einer Geraden

Die Lage einer Geraden in der zweidimensionalen Zeichenebene oder im dreidimensionalen Anschauungsraum kann durch die Angabe eines Geradenpunktes A sowie der Richtung der Geraden eindeutig erfasst werden.

Die Lage des Punktes A kann durch seinen Ortsvektor $\vec{a} = \overrightarrow{OA}$ festgelegt werden, den man als ***Stützvektor*** der Geraden bezeichnet.

Die Richtung der Geraden lässt sich durch einen zur Geraden parallelen Vektor $\vec{m}$ erfassen, den man als ***Richtungsvektor*** der Geraden bezeichnet.

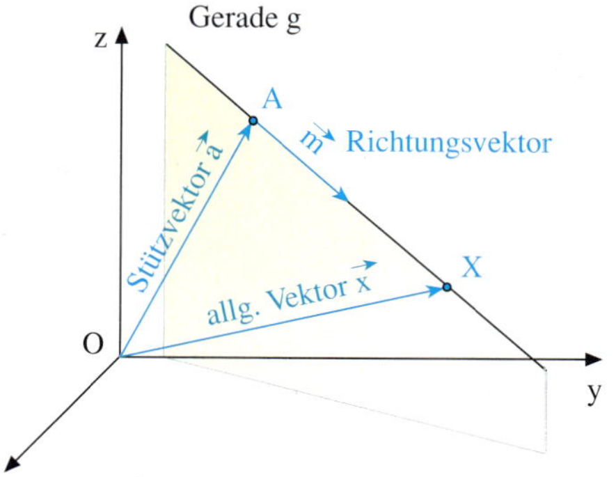

$$\overrightarrow{OX} = \overrightarrow{OA} + \overrightarrow{AX}$$

$$\vec{x} = \vec{a} + r \cdot \vec{m}$$

Jeder beliebige Geradenpunkt X lässt sich mithilfe des Stützvektors $\vec{a}$ und des Richtungsvektors $\vec{m}$ erfassen.

Für den Ortsvektor $\vec{x}$ von X gilt nämlich:

$$\begin{aligned}\vec{x} &= \overrightarrow{OX}\\ &= \overrightarrow{OA} + \overrightarrow{AX}\\ &= \vec{a} + r\cdot\vec{m} \quad (r \in \mathbb{R}),\end{aligned}$$

denn $\overrightarrow{AX}$ ist ein reelles Vielfaches von $\vec{m}$. Jedem Geradenpunkt X entspricht eindeutig ein Parameterwert r.

Die vektorielle Parametergleichung einer Geraden

Eine Gerade mit dem Stützvektor $\vec{a}$ und dem Richtungsvektor $\vec{m} \neq \vec{0}$ hat die Gleichung

$$g\colon \vec{x} = \vec{a} + r\cdot\vec{m} \quad (r \in \mathbb{R}).$$

r heißt ***Geradenparameter***. 061-1

Mithilfe der Parametergleichung einer Geraden kann man zahlreiche Problemstellungen relativ einfach lösen.

Beispiel: Gegeben ist die Gerade g: $\vec{x} = \begin{pmatrix}1\\2\\3\end{pmatrix} + r\begin{pmatrix}2\\3\\-1\end{pmatrix}$.

Zeichnen Sie die Gerade als Schrägbild. Stellen Sie fest, welche Geradenpunkte den Parameterwerten $r = 0$, $r = -0{,}5$ und $r = 1$ entsprechen.

Lösung:
Wir zeichnen den Stützpunkt $A(1|2|3)$ oder den Stützvektor $\vec{a}$ ein. Im Stützpunkt legen wir den Richtungsvektor $\vec{m}$ an.

Für $r = 0$ erhalten wir den Stützpunkt $A(1|2|3)$. Für $r = -0{,}5$ erhalten wir den Geradenpunkt $B(0|0{,}5|3{,}5)$, der „vor“ dem Stützpunkt liegt. Für $r = 1$ erhalten wir den Punkt $C(3|5|2)$, der am Ende des eingezeichneten Richtungspfeils liegt.

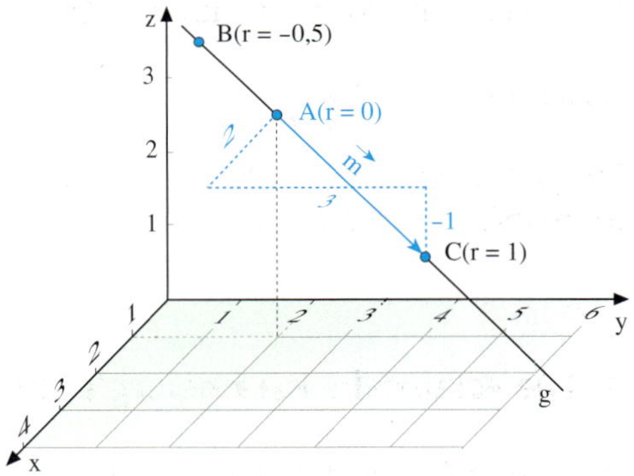

Beispiel: Gegeben ist die Gerade g: $\vec{x} = \begin{pmatrix}1\\2\\3\end{pmatrix} + r\begin{pmatrix}2\\3\\-1\end{pmatrix}$.

a) Welche Werte des Parameters r gehören zu den Geradenpunkten $P(2|3{,}5|2{,}5)$ und $Q(5|8|1)$?
b) Begründen Sie, weshalb der Punkt $R(3|5|1)$ nicht auf der Geraden liegt.

Lösung zu a:
Für $r = 0{,}5$ ergibt sich der Geradenpunkt $P(2|3{,}5|2{,}5)$.
Für $r = 2$ ergibt sich der Geradenpunkt $Q(5|8|1)$.

Lösung zu b:
Die x-Koordinate des Punktes R erfordert $r = 1$, ebenso die y-Koordinate.
Die z-Koordinate erfordert $r = 2$. Beides ist nicht vereinbar. Der Punkt R liegt nicht auf der Geraden g.

Übung 1

Zeichnen Sie die Gerade g: $\vec{x} = \begin{pmatrix} -2 \\ 3 \\ 1 \end{pmatrix} + r \begin{pmatrix} 3 \\ 3 \\ 1 \end{pmatrix}$ im Schrägbild.

Überprüfen Sie, ob die Punkte $P(4|9|3)$, $Q(1|6|4)$ und $R(-5|0|0)$ auf der Geraden g liegen. Beschreiben Sie ggf. ihre Lage auf der Geraden anschaulich.

Übung 2

Zeichnen und beschreiben Sie die Lage der Geraden.

a) $g_1: \vec{x} = \begin{pmatrix} 1 \\ 1 \\ 2 \end{pmatrix} + r \begin{pmatrix} 0 \\ 1 \\ 0 \end{pmatrix}$ b) $g_2: \vec{x} = \begin{pmatrix} 0 \\ 2 \\ 0 \end{pmatrix} + r \begin{pmatrix} 0 \\ 0 \\ 1 \end{pmatrix}$ c) $g_3: \vec{x} = \begin{pmatrix} 0 \\ 0 \end{pmatrix} + r \begin{pmatrix} 1 \\ 1 \end{pmatrix}$ d) $g_4: \vec{x} = \begin{pmatrix} 3 \\ 0 \end{pmatrix} + r \begin{pmatrix} -1 \\ 0 \end{pmatrix}$

C. Die Zweipunktegleichung einer Geraden

In der Praxis ist eine Gerade in den meisten Fällen durch zwei feste Punkte A (mit dem Ortsvektor $\vec{a}$) und B (mit dem Ortsvektor $\vec{b}$) gegeben.

In diesem Fall kann man die vektorielle Geradengleichung besonders leicht aufstellen. Als Stützvektor verwendet man den Ortsvektor eines der beiden Punkte, also z. B. $\vec{a}$. Als Richtungsvektor verwendet man einen Verbindungsvektor der beiden Punkte, also z. B. $\vec{m} = \overrightarrow{AB}$.

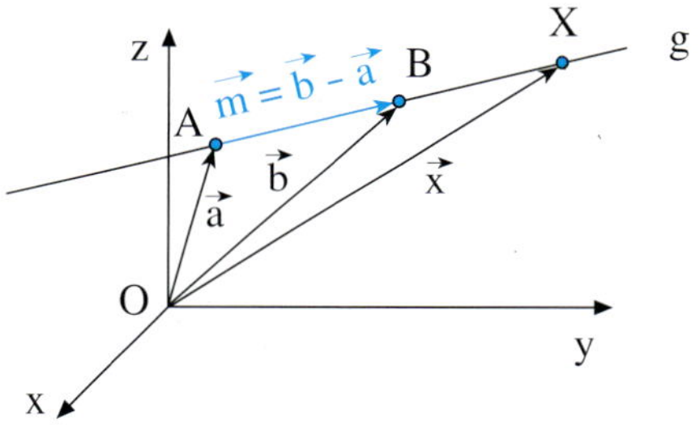

Da $\overrightarrow{AB}$ sich als Differenz $\vec{b} - \vec{a}$ der beiden Ortsvektoren von A und B darstellen lässt, erhält man die nebenstehende vektorielle *Zweipunktegleichung* der Geraden.

Die Zweipunktegleichung

Die Gerade g durch die Punkte A und B mit den Ortsvektoren $\vec{a}$ und $\vec{b}$ hat die Gleichung

$$g: \vec{x} = \vec{a} + r \cdot (\vec{b} - \vec{a}) \ (r \in \mathbb{R}).$$

Beispielsweise hat die Gerade g durch die Punkte $A(1|2|1)$ und $B(3|4|3)$ die Zweipunktegleichung $g: \vec{x} = \begin{pmatrix} 1 \\ 2 \\ 1 \end{pmatrix} + r\left(\begin{pmatrix} 3 \\ 4 \\ 3 \end{pmatrix} - \begin{pmatrix} 1 \\ 2 \\ 1 \end{pmatrix}\right)$, die zur Parametergleichung $g: \vec{x} = \begin{pmatrix} 1 \\ 2 \\ 1 \end{pmatrix} + r \begin{pmatrix} 2 \\ 2 \\ 2 \end{pmatrix}$ vereinfacht werden kann.

Übung 3

Bestimmen Sie die Gleichung der Geraden g durch die Punkte A und B.

a) $A(3|3)$, $B(2|1)$ b) $A(-3|1|0)$, $B(4|0|2)$ c) $A(-3|2|1)$, $B(4|1|7)$

Übung 4

a) Bestimmen Sie die Gleichung der Parallelen zur y-Achse durch den Punkt $P(3|2|0)$.

b) Bestimmen Sie die Gleichung der Ursprungsgerade durch den Punkt $P(a|2a|-a)$.

D. Exkurs: Geraden in der Ebene

Geraden im zweidimensionalen Anschauungsraum können sowohl mit einer vektorfreien Koordinatengleichung als auch mit einer vektoriellen Parametergleichung erfasst werden.

Beispiel: Koordinatengleichung einer Geraden im $\mathbb{R}^2$
Die Gerade g durch die Punkte $A(2|4)$ und $B(4|3)$ soll durch eine vektorfreie Koordinatengleichung der Gestalt $y = mx + n$ bzw. $ax + by = c$ erfasst werden.
Stellen Sie diese Gleichung auf.

Lösung:
Wir setzen die Koordinaten der Punkte $A(2|4)$ und $B(4|3)$ in den Ansatz $y = mx + n$ ein und erhalten folgende Gleichungen:

I: $2m + n = 4$
II: $4m + n = 3$

Durch die Subtraktion I – II eliminieren wir n und erhalten $-2m = 1$, d.h. $m = -\frac{1}{2}$.
Durch Rückeinsetzung in I folgt $n = 5$.
Die Geradengleichung lautet daher:
$y = -\frac{1}{2}x + 5$ bzw. $x + 2y = 10$.

Koordinatengleichung einer Geraden im $\mathbb{R}^2$

Eine Gerade im zweidimensionalen Anschauungsraum kann durch folgende Gleichungen erfasst werden:

Funktionsgleichung:
$y = mx + n$
Koordinatengleichung:
$ax + by = c$

Beispiel: Vektorielle Parametergleichung einer Geraden im $\mathbb{R}^2$
Die Gerade g durch die Punkte $A(2|4)$ und $B(4|3)$ soll durch eine vektorielle Parametergleichung dargestellt werden. Stellen Sie diese auf.

Lösung:
Wir gehen in Analogie zur Gleichung einer Geraden im Raum vor und verwenden den Ansatz für die Zweipunktegleichung:

g: $\vec{x} = \vec{a} + r \cdot (\vec{b} - \vec{a})$

Durch Einsetzen der Punktkoordinaten von A und B erhalten wir

g: $\vec{x} = \binom{2}{4} + r \cdot \left(\binom{4}{3} - \binom{2}{4}\right)$ d.h.

g: $\vec{x} = \binom{2}{4} + r \cdot \binom{2}{-1}$.

Vektorielle Parametergleichung einer Geraden im $\mathbb{R}^2$
g: $\vec{x} = \vec{a} + r \cdot \vec{m}$ $(r \in \mathbb{R})$
g: $\vec{x} = \vec{a} + r \cdot (\vec{b} - \vec{a})$ $(r \in \mathbb{R})$

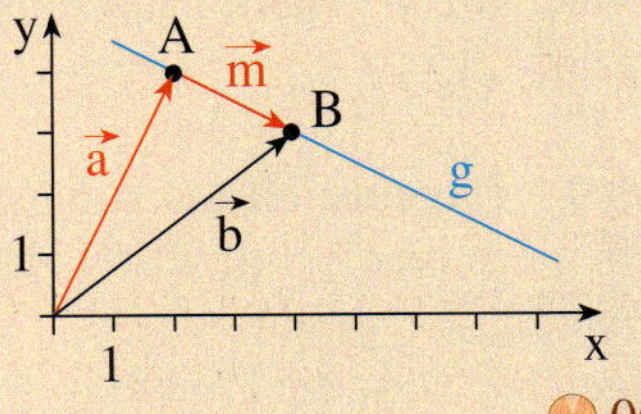

063-1

Übung 5
Bestimmen Sie sowohl eine Koordinatengleichung als auch eine vektorielle Parametergleichung der Geraden g durch die Punkte $A(-1|2)$ und $B(5|5)$.

Die Koordinatengleichung einer Geraden im $\mathbb{R}^2$ kann man in einer speziellen Form darstellen, bei welcher die rechte Seite auf den Wert 1 normiert ist (vgl. rechts).
Die Nennerzahlen der linken Seite geben dann exakt die beiden Achsenabschnitte der Geraden an. Daher spricht man von der *Achsenabschnittsgleichung* der Geraden. Mit ihrer Hilfe kann man eine sehr übersichtliche Skizze der Geraden anfertigen.

Achsenabschnittsgleichung einer Geraden im $\mathbb{R}^2$

Eine Gerade g im $\mathbb{R}^2$, die nicht achsenparallel ist, kann durch die Gleichung

$$\frac{x}{a} + \frac{y}{b} = 1$$

dargestellt werden. Dabei gilt:
a ist der x-Achsenabschnitt von g,
b ist der y-Achsenabschnitt von g.

Beispiel: Achsenabschnittsgleichung einer Geraden im $\mathbb{R}^2$
Stellen Sie die Achsenabschnittsgleichung der Geraden durch die Punkte A(2|2) und B(8|−1) auf und skizzieren Sie die Gerade.

Lösung:
Wir verwenden den Ansatz $y = mx + n$. Er führt wie im ersten Beispiel auf Seite 43 zu der Geradengleichung $y = -\frac{1}{2}x + 3$. Diese formen wir um zur Koordinatenform $x + 2y = 6$ und normieren schließlich zur Achsenabschnittsform $\frac{x}{6} + \frac{y}{3} = 1$. Dieser können wir sofort die Achsenabschnitte $a = 6$ und $b = 3$ entnehmen.

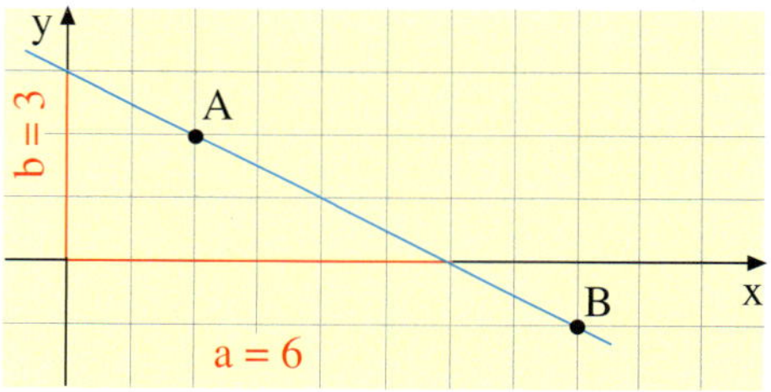

Übung 6 Koordinatengleichung
Bestimmen Sie eine Koordinatengleichung der Geraden g durch die Punkte A und B und skizzieren Sie die Gerade.
a) A(−1|2), B(5|5)
b) A(4|−5), B(−2|5)
c) A(2|3), B(6|3)

Übung 7 Vektorielle Geradengleichung
Bestimmen Sie eine vektorielle Parametergleichung der Geraden g aus Übung 6.

Übung 8 Achsenabschnittsgleichung
Bestimmen Sie die Achsenabschnittsgleichung der Geraden $y = -\frac{2}{5}x + 2$ und fertigen Sie eine Skizze an.

Übung 9 Lagebeziehung von Geraden
a) Stellen Sie eine vektorielle Parametergleichung von g_1 auf.
b) Zeigen Sie, dass die Punkte A(3|2) und B(−6|5) auf der Geraden g_1 liegen.
c) Bestimmen Sie Achsenabschnittsgleichungen von g_1 und g_2 auf.
d) Wo liegt der Schnittpunkt der Geraden?

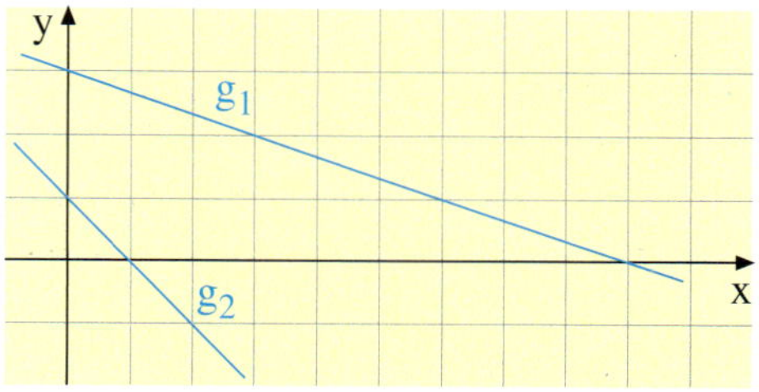

064-1

Übungen

10. Zeichnen Sie die Gerade g durch den Punkt A(2 | 6 | 4) mit dem Richtungsvektor $\vec{m} = \begin{pmatrix} 3 \\ -2 \\ 2 \end{pmatrix}$ in einem räumlichen Koordinatensystem ein.

11. Gesucht ist eine vektorielle Gleichung der Geraden durch die Punkte A und B.

a) A(1 | 2), B(3 | −4) b) A(−3 | 2 | 1), B(3 | 1 | 2) c) A(3 | 3 | −4), B(2 | 1 | 3) d) $A(a_1 | a_2 | a_3)$, $B(b_1 | b_2 | b_3)$

12. Untersuchen Sie, ob der Punkt P auf der Geraden liegt, die durch A und B geht.

a) A(3 | 2), B(−1 | 4), P(1 | 3) b) A(2 | 7), B(5 | 4), P(8 | 3) c) A(1 | 4 | 3), B(3 | 2 | 4), P(7 | −2 | 6) d) A(1 | 1 | 1), B(3 | 4 | 1), P(0 | 0 | 0)

13. Ordnen Sie den abgebildeten Geraden die zugehörigen vektoriellen Gleichungen zu.

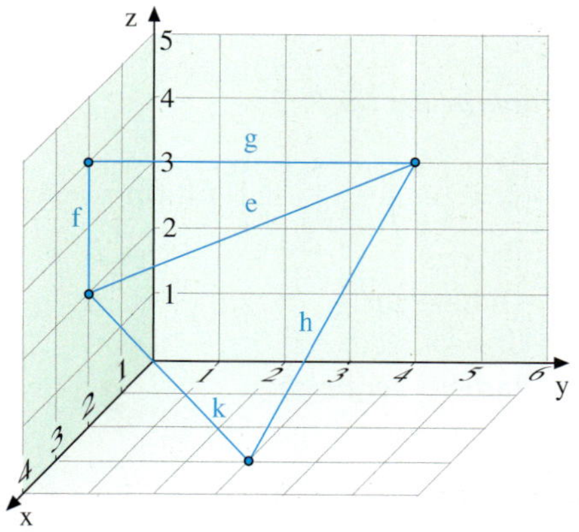

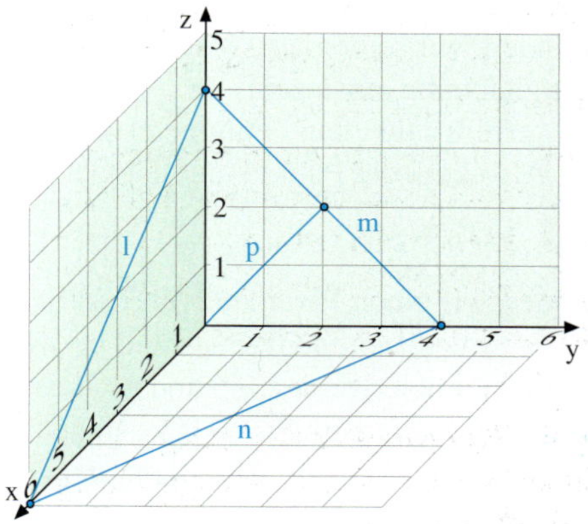

I: $\vec{x} = \begin{pmatrix} 0 \\ 0 \\ 4 \end{pmatrix} + r\begin{pmatrix} 6 \\ 0 \\ -4 \end{pmatrix}$ II: $\vec{x} = \begin{pmatrix} 2 \\ 0 \\ 2 \end{pmatrix} + r\begin{pmatrix} 1 \\ 3 \\ -2 \end{pmatrix}$ III: $\vec{x} = \begin{pmatrix} 6 \\ 0 \\ 0 \end{pmatrix} + r\begin{pmatrix} -6 \\ 4 \\ 0 \end{pmatrix}$

IV: $\vec{x} = \begin{pmatrix} 2 \\ 0 \\ 4 \end{pmatrix} + r\begin{pmatrix} -2 \\ 4 \\ -1 \end{pmatrix}$ V: $\vec{x} = \begin{pmatrix} 0 \\ 0 \\ 0 \end{pmatrix} + r\begin{pmatrix} 0 \\ 1 \\ 1 \end{pmatrix}$ VI: $\vec{x} = \begin{pmatrix} 3 \\ 3 \\ 0 \end{pmatrix} + r\begin{pmatrix} -3 \\ 1 \\ 3 \end{pmatrix}$

VII: $\vec{x} = \begin{pmatrix} 2 \\ 0 \\ 2 \end{pmatrix} + r\begin{pmatrix} 0 \\ 0 \\ 2 \end{pmatrix}$ VIII: $\vec{x} = \begin{pmatrix} 2 \\ 0 \\ 2 \end{pmatrix} + r\begin{pmatrix} -2 \\ 4 \\ 1 \end{pmatrix}$ IX: $\vec{x} = \begin{pmatrix} 0 \\ 4 \\ 0 \end{pmatrix} + r\begin{pmatrix} 0 \\ -4 \\ 4 \end{pmatrix}$

14. a) Gesucht ist die Gleichung einer zur y-Achse parallelen Geraden g, die durch den Punkt A(3 | 2 | 0) geht.

b) Gesucht ist die Gleichung einer Ursprungsgeraden durch den Punkt P(2 | 4 | −2).

c) Gesucht ist die vektorielle Gleichung der Winkelhalbierenden der x-z-Ebene.

2. Lagebeziehungen

A. Gegenseitige Lage Punkt / Gerade und Punkt / Strecke

Mithilfe der Parametergleichung einer Geraden lässt sich einfach überprüfen, ob ein gegebener Punkt auf der Geraden liegt und an welcher Stelle der Geraden er gegebenenfalls liegt.

Beispiel: Gegeben sei die Gerade g durch $A(3|2|3)$ und $B(1|6|5)$. Weisen Sie nach, dass der Punkt $P(2|4|4)$ auf der Geraden g liegt.

Prüfen Sie außerdem, ob der Punkt P auf der Strecke $\overline{AB}$ liegt.

Lösung:
Mit der Zweipunkteform erhalten wir die Parametergleichung von g.

Parametergleichung von g:

$$g: \vec{x} = \begin{pmatrix} 3 \\ 2 \\ 3 \end{pmatrix} + r \begin{pmatrix} -2 \\ 4 \\ 2 \end{pmatrix}, r \in \mathbb{R}$$

Wir führen die Punktprobe für den Punkt P durch, indem wir seinen Ortsvektor in die Geradengleichung einsetzen.
Sie ist erfüllt für den Parameterwert $r = 0{,}5$. Also liegt der Punkt P auf der Geraden g.

Punktprobe für P:

$$\begin{pmatrix} 2 \\ 4 \\ 4 \end{pmatrix} = \begin{pmatrix} 3 \\ 2 \\ 3 \end{pmatrix} + r \begin{pmatrix} -2 \\ 4 \\ 2 \end{pmatrix} \text{ gilt für } r = 0{,}5$$

$\Rightarrow$ P liegt auf g.

Nun führen wir einen Parametervergleich durch. Die Streckenendpunkte A und B besitzen die Parameterwerte $r = 0$ und $r = 1$. Der Parameterwert von P $(r = 0{,}5)$ liegt zwischen diesen Werten. Also liegt der Punkt P auf der Strecke $\overline{AB}$, und zwar genau auf der Mitte der Strecke.

Parametervergleich:

A: $r = 0$
B: $r = 1$
P: $r = 0{,}5$

$\Rightarrow$ P liegt auf $\overline{AB}$.

Rechts sind die Ergebnisse zeichnerisch dargestellt.
Das Bild macht deutlich, dass durch den Geradenparameter auf der Geraden ein *internes Koordinatensystem* festgelegt wird, anhand dessen man sich orientieren kann.
066-1

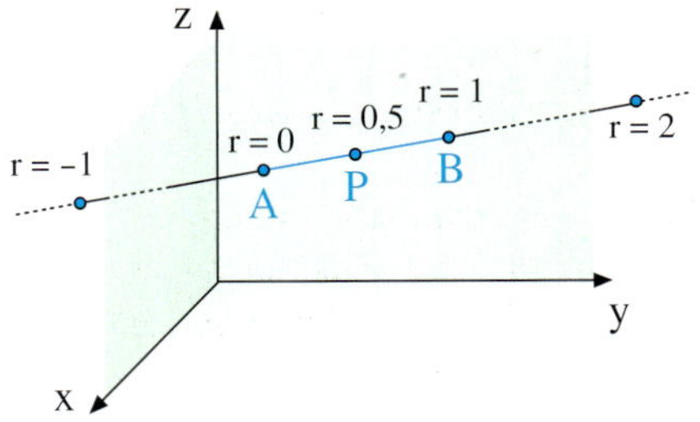

Übung 1

a) Prüfen Sie, ob die Punkte $P(0|0|6)$, $Q(3|3|3)$, $R(3|4|3)$ auf der Geraden g durch $A(2|2|4)$ und $B(4|4|2)$ oder sogar auf der Strecke $\overline{AB}$ liegen.
b) Für welchen Wert von t liegt $P(4+t|5t|t)$ auf der Geraden g durch $A(2|2|4)$ und $B(4|4|2)$?

B. Gegenseitige Lage von zwei Geraden im Raum

Zwischen zwei Geraden im Raum sind drei charakteristische Lagebeziehungen möglich. Sie können parallel sein (im Sonderfall sogar identisch), sie können sich in einem Punkt schneiden oder sie sind windschief. Als ***windschief*** bezeichnet man zwei Geraden, die weder parallel sind noch sich schneiden.

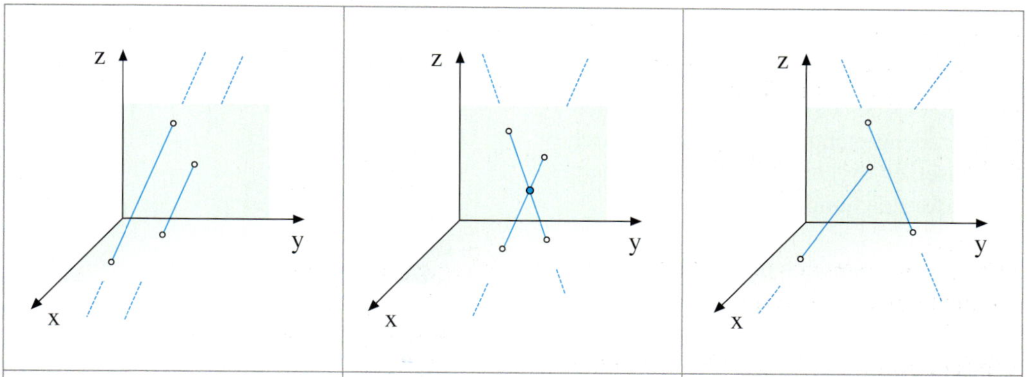

parallel	schneidend	windschief

Zeichnerisch lässt sich die gegenseitige Lage von zwei Geraden manchmal nur schwer einschätzen, aber mithilfe der Geradengleichungen ist die rechnerische Überprüfung möglich.

Beispiel: Weisen Sie für die Geraden g, h und k die folgenden Aussagen nach:

a) g und h sind parallel, aber nicht identisch.

b) g und k schneiden sich in einem Punkt S.

c) h und k sind windschief.

$$g: \vec{x} = \begin{pmatrix}1\\0\\1\end{pmatrix} + r\begin{pmatrix}1\\1\\-2\end{pmatrix}, \quad h: \vec{x} = \begin{pmatrix}2\\0\\0\end{pmatrix} + s\begin{pmatrix}-2\\-2\\4\end{pmatrix}, \quad k: \vec{x} = \begin{pmatrix}1\\0\\0\end{pmatrix} + t\begin{pmatrix}2\\2\\-3\end{pmatrix}$$

Lösung zu a:
Parallele Geraden sind durch kollineare Richtungsvektoren gekennzeichnet.

$$\begin{pmatrix}-2\\-2\\4\end{pmatrix} = -2 \cdot \begin{pmatrix}1\\1\\-2\end{pmatrix} \Rightarrow \textit{g und h sind parallel}$$

↑ Richtungsvektor von h ↑ Richtungsvektor von g

Hier erkennt man schon durch bloßes Hinschauen, dass der Richtungsvektor von h ein Vielfaches des Richtungsvektors von g ist, nämlich das (-2)fache.

g und h sind aber nicht identisch, da der Stützpunkt $P(2|0|0)$ von h die Geradengleichung von g nicht erfüllt und folglich nicht auf g liegt.

$$\begin{pmatrix}2\\0\\0\end{pmatrix} = \begin{pmatrix}1\\0\\1\end{pmatrix} + r\begin{pmatrix}1\\1\\-2\end{pmatrix} \Rightarrow \textit{g und h sind nicht identisch}$$

ist für kein $r \in \mathbb{R}$ erfüllt

067-1

Lösung zu b:

Zunächst überprüfen wir g und k auf Parallelität. Da die beiden Richtungsvektoren ganz offensichtlich nicht kollinear sind, schneiden sich g und k oder sie sind windschief.

$$\begin{pmatrix}2\\2\\-3\end{pmatrix} \neq r\cdot\begin{pmatrix}1\\1\\-2\end{pmatrix} \text{ für alle } r\in\mathbb{R}$$

(links: Richtungsvektor von k; rechts: Richtungsvektor von g)

$\Rightarrow$ *g und k sind nicht parallel*

Nun nehmen wir versuchsweise an, dass g und k sich in einem Punkt S schneiden. Der Ortsvektor $\vec{s}$ des Punktes S muss dann beide Geradengleichungen erfüllen. Durch Gleichsetzen ergibt sich die nebenstehende Vektorgleichung.

Ansatz:

$$\begin{pmatrix}1\\0\\1\end{pmatrix} + r\cdot\begin{pmatrix}1\\1\\-2\end{pmatrix} = \vec{s} = \begin{pmatrix}1\\0\\0\end{pmatrix} + t\cdot\begin{pmatrix}2\\2\\-3\end{pmatrix}$$

Aus der Vektorgleichung ergibt sich ein äquivalentes Gleichungssystem mit drei Gleichungen für die beiden Parameter r und t. Aus II und III folgt t = 1 und r = 2. Durch Rückeinsetzung zeigt sich, dass auch I für diese Parameterwerte erfüllt ist.

Äquivalentes Gleichungssystem

$$\begin{array}{lrl} \text{I} & 1+r &= 1+2t \\ \text{II} & r &= 2t \\ \text{III} & 1-2r &= -3t \end{array}$$

Lösung: $r = 2,\ t = 1$

Die Geraden g und k schneiden sich. Den Ortsvektor $\vec{s}$ des Schnittpunktes S erhalten wir durch Einsetzung von t = 1 in die Gleichung der Geraden k.

Ortsvektor von S $\vec{s} = \begin{pmatrix}1\\0\\0\end{pmatrix} + 1\cdot\begin{pmatrix}2\\2\\-3\end{pmatrix} = \begin{pmatrix}3\\2\\-3\end{pmatrix}$

Schnittpunkt: $S(3\,|\,2\,|\,-3)$

$\Rightarrow$ g und k schneiden sich im Punkt S

Lösung zu c:

h und k sind nicht parallel, da ihre Richtungsvektoren nicht kollinear sind. Auch hier nehmen wir versuchsweise die Existenz eines Schnittpunktes an.

Ansatz:

$$\begin{pmatrix}2\\0\\0\end{pmatrix} + s\cdot\begin{pmatrix}-2\\-2\\4\end{pmatrix} = \vec{s} = \begin{pmatrix}1\\0\\0\end{pmatrix} + t\cdot\begin{pmatrix}2\\2\\-3\end{pmatrix}$$

Allerdings erweist sich nunmehr das Gleichungssystem als unlösbar, denn schon die Gleichungen I und II führen auf einen Widerspruch.

Gleichungssystem

$$\begin{array}{lrl} \text{I} & 2-2s &= 1+2t \\ \text{II} & -2s &= 2t \\ \text{III} & 4s &= -3t \end{array}$$

I – II: $2 = 1$ Widerspruch!

Die Geraden h und k schneiden sich nicht und sind folglich windschief.

$\Rightarrow$ h und k sind windschief.

Übung 2

Untersuchen Sie die gegenseitige Lage der Geraden g durch $A(6\,|\,0\,|\,6)$ und $B(3\,|\,6\,|\,0)$, der Geraden h durch $C(0\,|\,0\,|\,6)$ und $D(6\,|\,6\,|\,0)$ und der Geraden k durch $E(0\,|\,0\,|\,3)$ und $F(3\,|\,3\,|\,0)$. Fertigen Sie ein Schrägbild an.

Mithilfe der Lagebeziehungsuntersuchung für Geraden im Raum können einfache Anwendungsprobleme modellhaft gelöst werden, z. B. Flugbahnprobleme.

Beispiel: Flugbahnen

Der Rettungshubschrauber Alpha startet um 10:00 Uhr vom Stützpunkt Adlerhorst $A(10|6|0)$. Er fliegt geradlinig mit einer Geschwindigkeit von 300 km/h zum Gipfel des Mount Devil $D(4|-3|3)$, wo sich der Unfall ereignet hat. Die Koordinaten sind in Kilometern angegeben. Zeitgleich hebt der Hubschrauber Beta von der Spitze des Tempelbergs $T(7|-8|3)$ ab, um Touristen nach Bochum-Nord $B(4|16|0)$ zurückzubringen. Seine Geschwindigkeit beträgt 350 km/h.

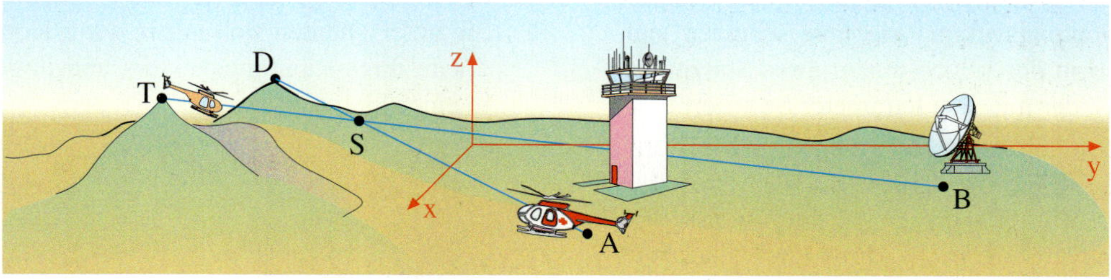

a) Zeigen Sie, dass die beiden Hubschrauber sich auf Kollisionskurs befinden.
b) Untersuchen Sie, ob die Hubschrauber tatsächlich kollidieren.

Lösung zu a:
Wir stellen die Flugbahngleichungen mithilfe der Zweipunkteform auf.
Anschließend untersuchen wir, ob die beiden Bahnen sich schneiden.
Wir erhalten einen Schnittpunkt $S(6|0|2)$. Die Hubschrauber befinden sich also auf Kollisionskurs.

Gleichungen der Flugbahnen:

$$\alpha:\ \vec{x} = \begin{pmatrix} 10 \\ 6 \\ 0 \end{pmatrix} + r\begin{pmatrix} -6 \\ -9 \\ 3 \end{pmatrix}$$

$$\beta:\ \vec{x} = \begin{pmatrix} 7 \\ -8 \\ 3 \end{pmatrix} + s\begin{pmatrix} -3 \\ 24 \\ -3 \end{pmatrix}$$

Lösung zu b:
Wir errechnen zunächst die Länge der Flugstrecken der Hubschrauber bis zum Schnittpunkt, d. h. die Beträge der beiden Vektoren $\overrightarrow{AS}$ und $\overrightarrow{TS}$.
Dividieren wir diese Strecken durch die zugehörigen Hubschraubergeschwindigkeiten, so erhalten wir die Flugzeiten bis zum Schnittpunkt in Stunden, die wir in Minuten umrechnen.
Hubschrauber Alpha ist 0,11 Minuten später am möglichen Kollisionspunkt als Hubschrauber Beta. Dieser ist dann schon ca. 640 m weitergeflogen. Es kommt daher nicht zu einer Kollision.

Schnittpunkt der Flugbahnen:

Für $r = \frac{2}{3}$ und $s = \frac{1}{3}$ ergibt sich der Schnittpunkt $S(6|0|2)$.

Flugstrecken bis zum Schnittpunkt:

$$|\overrightarrow{AS}| = \left|\begin{pmatrix} -4 \\ -6 \\ 2 \end{pmatrix}\right| = \sqrt{56} \approx 7{,}48 \text{ km}$$

$$|\overrightarrow{TS}| = \left|\begin{pmatrix} -1 \\ 8 \\ -1 \end{pmatrix}\right| = \sqrt{66} \approx 8{,}12 \text{ km}$$

Flugzeiten bis zum Schnittpunkt:

$$t_{\text{Alpha}} = \frac{7{,}48}{300}\text{ h} \approx 0{,}025\text{ h} \approx 1{,}50\text{ min}$$

$$t_{\text{Beta}} = \frac{8{,}12}{350}\text{ h} \approx 0{,}023\text{ h} \approx 1{,}39\text{ min}$$

069-1

C. Exkurs: Geradenschar/Geradengleichungen mit Variablen

Enthält eine Geradengleichung innerhalb des Stützvektors oder innerhalb des Richtungsvektors eine Variable, so stellt sie nicht nur eine Gerade dar, sondern eine ganze Schar von Geraden, die allerdings Gemeinsamkeiten haben.

Beispiel: Parallele Geraden

Die Gleichung $g_a\colon \vec{x} = \begin{pmatrix} 2 \\ a \\ 0 \end{pmatrix} + r\begin{pmatrix} -1 \\ 0 \\ 2 \end{pmatrix}$ beschreibt eine Schar paralleler Geraden, denn alle Geraden g_a haben den gleichen Richtungsvektor. Sie unterscheiden sich nur in der y-Koordinate ihres Stützpunktes, der mit dem Parameter a variiert.

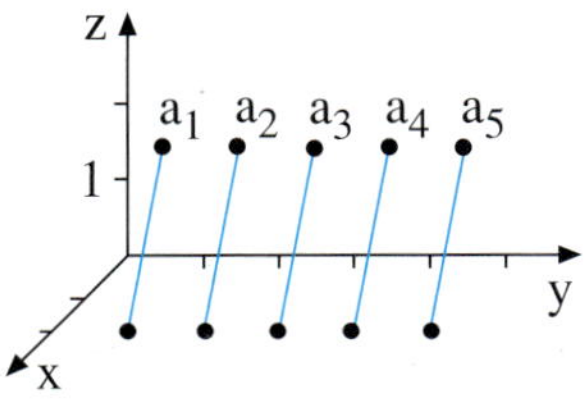

Beispiel: Gemeinsamer Stützpunkt

Die Gleichung $g_a\colon \vec{x} = \begin{pmatrix} 2 \\ 4 \\ 3 \end{pmatrix} + r\begin{pmatrix} -1 \\ 1 \\ 2+a \end{pmatrix}$ beschreibt eine Schar von Geraden, die alle den gleichen Stützpunkt $P(2\,|\,4\,|\,3)$ haben. Sie unterscheiden sich nur in der z-Koordinate ihres Richtungsvektors und liegen in einer Ebene.

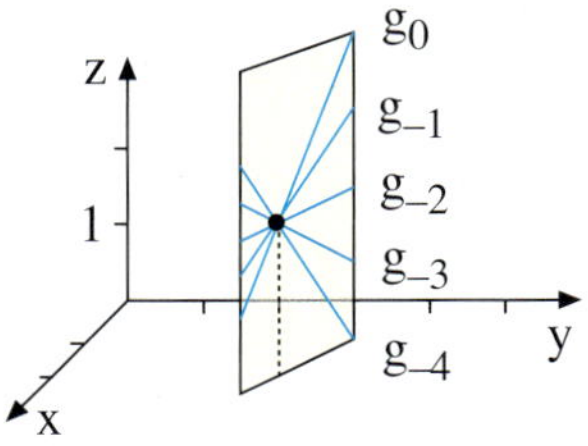

Häufig sind für eine Geradenschar Probleme der folgenden Art zu lösen:
Geht eine Gerade der Schar durch einen gegebenen Punkt?
Schneidet eine Gerade der Schar eine gegebene Gerade oder ist sie hierzu parallel?
Verläuft eine Gerade der Schar horizontal oder vertikal?

Beispiel: Kollisionskurs

Die Flugbahnen einer Formation von Sportflugzeugen können durch die Gerade $g_a\colon \vec{x} = \begin{pmatrix} 9 \\ 2+a \\ 6 \end{pmatrix} + r\begin{pmatrix} -1 \\ 1 \\ 1 \end{pmatrix}$ $(a = 1, 2, \ldots, 8)$ beschrieben werden. Ist eines der Flugzeuge auf direktem Kollisionskurs zum Segelflugzeug mit dem Kurs h: $\vec{x} = \begin{pmatrix} 1 \\ 3 \\ 11 \end{pmatrix} + r\begin{pmatrix} 2 \\ 1 \\ -1 \end{pmatrix}$?

Lösung:
Wir führen eine Schnittuntersuchung durch. Dazu setzen wir die Koordinaten von g_a und h gleich. Wir erhalten ein Gleichungssystem (drei Gleichungen, drei Variablen). Die Lösung lautet: $r = 2$, $s = 3$, $a = 2$. Das bedeutet: Der Flieger auf g_2 droht mit dem Flieger auf h im Punkt $S(4\,|\,6\,|\,7)$ zu kollidieren.

Schnittuntersuchung:

I $\quad 9 \quad - r = 1 + 2s$
II $\quad 2 + a + r = 3 + s$
III $\quad 6 \quad + r = 11 - s$

aus I und III: $r = 2$, $s = 3$
aus II: $a = 2$
$\Rightarrow g_2$ schneidet h in $S(4\,|\,6\,|\,7)$. (7|6|8)

3. Gerade mit Parameter

Gegeben sind die Gearaden und g_a: $\vec{x} = \begin{pmatrix} 1 \\ 3 \\ 2 \end{pmatrix} + r \begin{pmatrix} -a \\ a \\ 2 \end{pmatrix}$ und h: $\vec{x} = \begin{pmatrix} 0 \\ 10 \\ 6 \end{pmatrix} + s \begin{pmatrix} 1 \\ 2 \\ -1 \end{pmatrix}$, $a \in \mathbb{R}$.

a) Für welchen Wert von a liegt der Punkt $P(-1|5|4)$ auf g_a? Liegt $Q(11|-6|4)$ auf g_a?
b) Für welchen Wert von a schneiden sich g_a und h? Wo liegt der Schnittpunkt?
c) Für welchen Wert von a liegt g_a parallel zur z-Achse?
d) Für welchen Wert von a schneidet g_a die x-Achse? Wo liegt der Schnittpunkt?

4. Schar paralleler Geraden

Dargestellt ist die Schar paralleler Geraden.

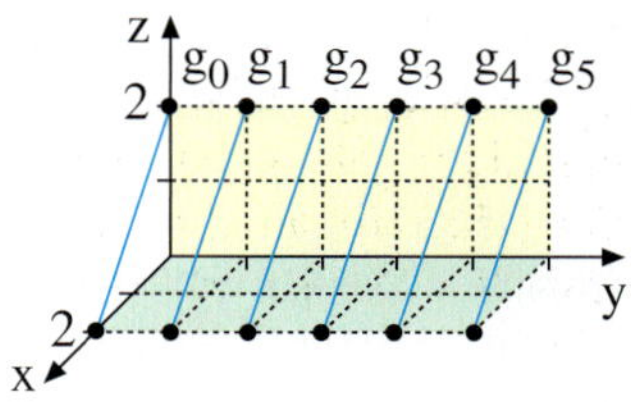

a) Wie lauten die Gleichungen von g_0 und g_1?
b) Wie lautet die allgemeine Gleichung von g_a?
c) Welche Gerade g_a schneidet
h: $\vec{x} = \begin{pmatrix} 0 \\ 6 \\ 4 \end{pmatrix} + r \begin{pmatrix} 1 \\ 6 \\ -3 \end{pmatrix}$?

5. Rettungstunnel

Bei einem Grubenunglück wird versucht, die im Schacht AB und den Hohlräumen H_1 und H_2 verschütteten Bergleute durch sechs vom Turm $T(4|6|0)$ ausgehenden Rettungsbohrungen g_a zu erreichen.

Daten: $A(8|2|-2)$; $B(15|16|-9)$
$H_1(22|6|-14)$; $H_2(12|16|-4)$

g_a: $\vec{x} = \begin{pmatrix} 4 \\ 6 \\ 0 \end{pmatrix} + r \begin{pmatrix} 13-a \\ a-4 \\ a-11 \end{pmatrix}$

$a = 0, 2, 4, 6, 8, 10$

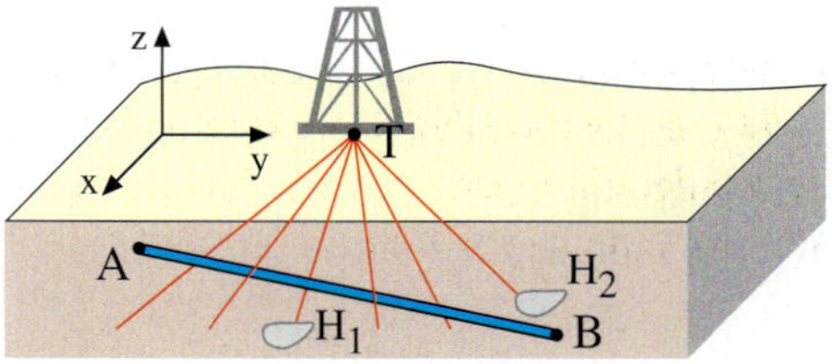

a) Wird der Schacht AB von einer der Bohrungen getroffen? Wenn ja, wo?
b) Werden die Hohlräume H_1 und H_2 gefunden?
c) Führt eine der Bohrungen senkrecht nach unten?

6. Scheinwerfer

Die Pyramide ABCDS hat die Koordinaten $A(20|4|0)$, $B(20|20|0)$, $C(4|20|0)$, $D(4|4|0)$ und $S(12|12|16)$. Ihr Eingang liegt bei $E(11|14|12)$. Eine Treppe führt von $P(13|20|0)$ nach $Q(7|17|6)$. Von der Turmspitze $T(20|40|2)$ werden fünf Scheinwerfer auf die Pyramide gerichtet. Die Lichtstrahlen werden durch g_a: $\vec{x} = \begin{pmatrix} 20 \\ 40 \\ 2 \end{pmatrix} + r \begin{pmatrix} a-12 \\ -2a-20 \\ 4a-2 \end{pmatrix}$ beschrieben, $(a = 0, 1, 2, 3, 4)$.

a) Trifft einer der Lichtstrahlen den Eingang E?
b) Trifft einer der Lichtstrahlen die Treppe?
c) Ist einer der Strahlen parallel zur Seitenkante $\overline{BS}$ der Pyramide?

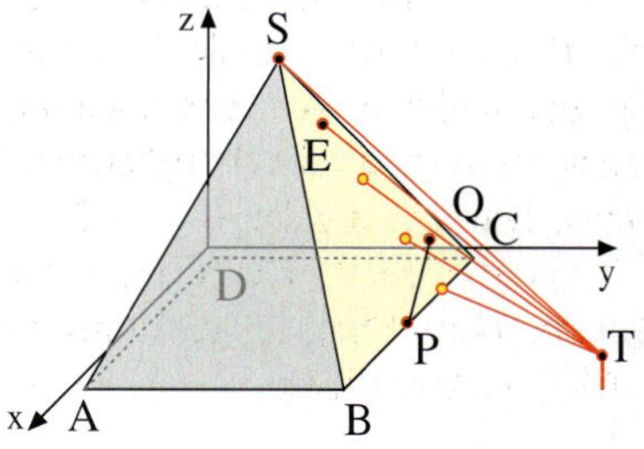

D. Gegenseitige Lage von zwei Geraden in der Ebene

Analog zu der Vorgehensweise in Abschnitt B untersucht man auch die gegenseitige Lage von zwei Geraden in der Ebene. Zwei Geraden in der Ebene können nur parallel sein (im Sonderfall sogar identisch) oder sich schneiden.

Beispiel: Untersuchen Sie die gegenseitige Lage der beiden Geraden g: $\vec{x} = \begin{pmatrix} 2 \\ 0 \end{pmatrix} + r\begin{pmatrix} -1 \\ 5 \end{pmatrix}$ und h: $\vec{x} = \begin{pmatrix} 7 \\ 3 \end{pmatrix} + s\begin{pmatrix} 3 \\ -1 \end{pmatrix}$.

Lösung:

Die Geraden g und h müssen sich in einem Punkt schneiden, da ihre Richtungsvektoren nicht kollinear sind.

1. Überprüfung auf Kollinearität:

$$\begin{pmatrix} -1 \\ 5 \end{pmatrix} \neq r\begin{pmatrix} 3 \\ -1 \end{pmatrix} \text{ für alle } r \in \mathbb{R}$$

Um den Schnittpunkt zu ermitteln, setzen wir die rechten Seiten beider Geradengleichungen gleich und lösen das dabei entstehende lineare Gleichungssystem.

2. Schnittpunktberechnung:

$$\begin{pmatrix} 2 \\ 0 \end{pmatrix} + r\begin{pmatrix} -1 \\ 5 \end{pmatrix} = \begin{pmatrix} 7 \\ 3 \end{pmatrix} + s\begin{pmatrix} 3 \\ -1 \end{pmatrix}$$

Um die Koordinaten des Schnittpunktes zu berechnen, setzt man einen der ermittelten Parameterwerte in die zugehörige Geradengleichung ein.

Wir erhalten den Schnittpunkt $S(1\,|\,5)$.

Gleichungssystem:

$$\begin{array}{ll} \text{I} & 2 - r = 7 + 3s \\ \text{II} & 5r = 3 - s \\ \hline \text{I} + 3\text{II} & 2 + 14r = 16 \Rightarrow r = 1,\ s = -2 \end{array}$$

Übung 7

Untersuchen Sie die gegenseitige Lage der Geraden g und h.

a) g: $\vec{x} = \begin{pmatrix} 1 \\ 5 \end{pmatrix} + r\begin{pmatrix} -1 \\ 2 \end{pmatrix}$, h: $\vec{x} = \begin{pmatrix} 3 \\ -2 \end{pmatrix} + s\begin{pmatrix} 2 \\ -4 \end{pmatrix}$

b) g: $\vec{x} = \begin{pmatrix} 11 \\ 4 \end{pmatrix} + r\begin{pmatrix} -6 \\ 7 \end{pmatrix}$, h: $\vec{x} = \begin{pmatrix} -1 \\ 2 \end{pmatrix} + s\begin{pmatrix} -2 \\ 1 \end{pmatrix}$

c) g geht durch $A(1\,|\,1)$ und $B(7\,|\,3)$, h geht durch $C(4\,|\,2)$ und $D(13\,|\,5)$

d) g: $y = 2x + 4$, h: $y = 3x - 4$

Übung 8

Gegeben ist die Gerade g durch die Punkte $A(2\,|\,-5)$ und $B(-2\,|\,1)$.

a) Bestimmen Sie eine Parametergleichung von g.

b) Prüfen Sie, ob die Punkte $P(1\,|\,-3{,}5)$ und $Q(0\,|\,-3)$ auf der Geraden g liegen.

c) Untersuchen Sie die gegenseitige Lage der Geraden g und h: $\vec{x} = \begin{pmatrix} 4 \\ 0 \end{pmatrix} + s\begin{pmatrix} -2 \\ 1 \end{pmatrix}$.

d) Geben Sie die Gleichung einer Geraden k an, die zu g parallel verläuft und durch den Punkt $R(1\,|\,1)$ geht.

Übungen

9. Prüfen Sie, ob die Punkte P und Q auf der Geraden g durch A und B liegen.

a) A(0|0|5) P(3|6|2)
B(1|2|4) Q(4|8|0)

b) A(6|3|0) P(2|5|4)
B(0|6|6) Q(4|2|4)

10. Das Schrägbild zeigt eine Gerade g durch die Punkte A and B sowie zwei weitere Punkte P und Q, die auf g zu liegen scheinen. Ist dies tatsächlich der Fall? Kommentieren Sie Ihr Resultat sowie das Schrägbild.

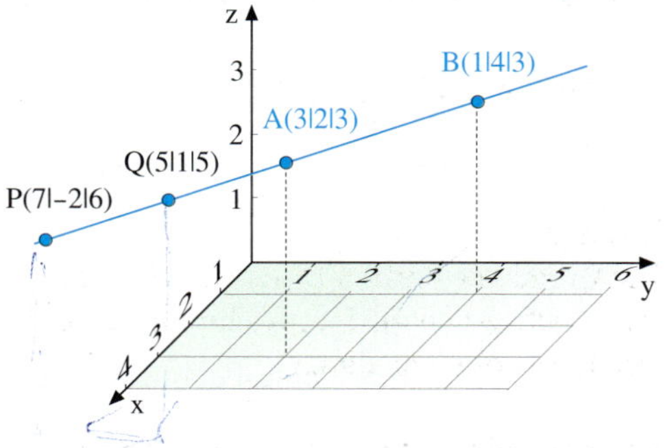

11. Untersuchen Sie, ob der Punkt P auf der Strecke $\overline{AB}$ liegt.

a) A(2|1|4)
B(5|7|1)
P(3|3|3)

b) A(−2|4|5)
B(2|8|9)
P(0|6|7)

c) A(3|0|7)
B(4|1|6)
P(7|4|3)

d) A(2|1|3)
B(6|7|1)
P(4|3|1)

12. Gegeben sei ein Dreieck ABC mit den Eckpunkten A(0|6|6), B(0|6|3) und C(3|3|0) sowie die Punkte P(2|2|2), Q(2|4|1) und R(2|5,5|4,5).
Fertigen Sie ein Schrägbild an und überprüfen Sie, welche der Punkte P, Q und R auf den Seiten des Dreiecks liegen.

13. Gegeben sind die folgenden sechs Geraden.
Welche Geraden sind parallel zueinander, welche sind hiervon sogar identisch?

g: $\vec{x} = \begin{pmatrix} 1 \\ 2 \\ -4 \end{pmatrix} + r\begin{pmatrix} 8 \\ -4 \\ 2 \end{pmatrix}$ h: $\vec{x} = \begin{pmatrix} 1 \\ 2 \\ -4 \end{pmatrix} + r\begin{pmatrix} 2 \\ -1 \\ 1 \end{pmatrix}$ k: $\vec{x} = \begin{pmatrix} 5 \\ 0 \\ -5 \end{pmatrix} + r\begin{pmatrix} 4 \\ -2 \\ 1 \end{pmatrix}$

u: Gerade durch A(1|2|−6) und B(9|−2|−4) v: $\vec{x} = \begin{pmatrix} -3 \\ 4 \\ -5 \end{pmatrix} + r\begin{pmatrix} -2 \\ 1 \\ -0{,}5 \end{pmatrix}$ w: Gerade durch A(6|−1|−1) und B(2|1|−3)

14. Gegeben sind die Gerade g durch A und B sowie die Gerade h durch C und D.
Zeigen Sie, dass die Geraden sich schneiden, und berechnen Sie den Schnittpunkt S.

a) A(3|1|2), B(5|3|4)
C(2|1|1), D(3|3|2)

b) A(1|0|0), B(1|1|1)
C(2|4|5), D(3|6|8)

c) A(4|1|5), B(6|0|6)
C(1|2|3), D(−2|5|3)

15. Zeigen Sie, dass die Geraden g und h windschief sind.

a) g: $\vec{x} = \begin{pmatrix} 1 \\ 0 \\ 1 \end{pmatrix} + r\begin{pmatrix} 1 \\ -1 \\ 0 \end{pmatrix}$
h: $\vec{x} = \begin{pmatrix} 0 \\ 1 \\ 0 \end{pmatrix} + s\begin{pmatrix} 0 \\ 1 \\ 1 \end{pmatrix}$

b) g: $\vec{x} = \begin{pmatrix} 1 \\ 1 \\ -1 \end{pmatrix} + r\begin{pmatrix} 1 \\ 2 \\ 1 \end{pmatrix}$
h: $\vec{x} = \begin{pmatrix} 0 \\ 1 \\ 1 \end{pmatrix} + s\begin{pmatrix} 1 \\ 1 \\ 1 \end{pmatrix}$

c) g: $\vec{x} = \begin{pmatrix} 1 \\ -1 \\ 2 \end{pmatrix} + r\begin{pmatrix} 2 \\ 2 \\ 1 \end{pmatrix}$
h: $\vec{x} = \begin{pmatrix} 3 \\ -3 \\ 0 \end{pmatrix} + s\begin{pmatrix} 0 \\ 3 \\ 1 \end{pmatrix}$

16. Die Geraden g, h und k schneiden sich in den Eckpunkten eines Dreiecks ABC. Bestimmen Sie die Eckpunkte A, B und C.

g: $\vec{x} = \begin{pmatrix} 0 \\ -3 \\ 3 \end{pmatrix} + r\begin{pmatrix} 1 \\ 3 \\ -1 \end{pmatrix}$ h: $\vec{x} = \begin{pmatrix} -1 \\ 6 \\ 10 \end{pmatrix} + s\begin{pmatrix} -1 \\ 3 \\ 4 \end{pmatrix}$ k: $\vec{x} = \begin{pmatrix} 3 \\ 6 \\ 0 \end{pmatrix} + t\begin{pmatrix} 1 \\ 1 \\ -2 \end{pmatrix}$

17. Untersuchen Sie, welche Lagebeziehung zwischen der Geraden g durch A und B und der Geraden h durch C und D besteht. Berechnen Sie gegebenenfalls den Schnittpunkt.

a) $A(-1\,|\,1\,|\,1)$, $B(1\,|\,1\,|\,-1)$, $C(1\,|\,1\,|\,1)$, $D(0\,|\,1\,|\,2)$

b) $A(4\,|\,2\,|\,1)$, $B(0\,|\,4\,|\,3)$, $C(1\,|\,2\,|\,1)$, $D(3\,|\,4\,|\,3)$

c) $A(2\,|\,0\,|\,4)$, $B(4\;2\,|\,3)$, $C(6\,|\,4\,|\,2)$, $D(10\,|\,8\,|\,0)$

d) $A(0\,|\,0\,|\,6)$, $B(3\,|\,3\,|\,0)$, $C(0\,|\,0\,|\,0)$, $D(6\,|\,6\,|\,6)$

e) $A(1\,|\,-2\,|\,4)$, $B(3\,|\,4\,|\,2)$, $C(3\,|\,0\,|\,0)$, $D(1\,|\,2\,|\,4)$

f) $A(1\,|\,-2\,|\,0)$, $B(-1\,|\,2\,|\,8)$, $C(-2\,|\,-2\,|\,5)$, $D(4\,|\,4\,|\,2)$

18. a) Bestimmen Sie eine Parametergleichung der Geraden g durch die Punkte $A(7\,|\,3)$ und $B(18\,|\,-2)$.

b) Bestimmen Sie eine Koordinatengleichung der Geraden h, die durch die Punkte $A(2\,|\,-4)$ und $B(3\,|\,-5)$ geht.

c) Untersuchen Sie die gegenseitige Lage der Geraden g und h.

19. a) Bestimmen Sie eine Koordinatengleichung der Geraden g: $\vec{x} = \begin{pmatrix} 3 \\ 5 \end{pmatrix} + r\begin{pmatrix} 5 \\ -4 \end{pmatrix}$.

b) Geben Sie eine Parametergleichung der Geraden h: $2x + y = 5$ an.

c) Untersuchen Sie, welche gegenseitige Lage die Geraden g und h einnehmen.

d) Für welches $a \in \mathbb{R}$ liegt $P(a\,|\,9)$ auf g?

e) Geben Sie die Gerade k an, die die Gerade h in $S(2\,|\,1)$ senkrecht schneidet.

20. Untersuchen Sie die Lagebeziehung der Geraden g und h.

a) g: $y = -\frac{1}{4}x + \frac{7}{2}$, h: $\vec{x} = \begin{pmatrix} 6 \\ 2 \end{pmatrix} + r\begin{pmatrix} -8 \\ 2 \end{pmatrix}$

b) g: $-4x + 2y = 10$, h: $\vec{x} = \begin{pmatrix} 1 \\ 5 \end{pmatrix} + r\begin{pmatrix} 5 \\ 10 \end{pmatrix}$

21. Überprüfen Sie, ob die eingezeichneten Geraden sich schneiden, und berechnen Sie gegebenenfalls den Schnittpunkt.

a)

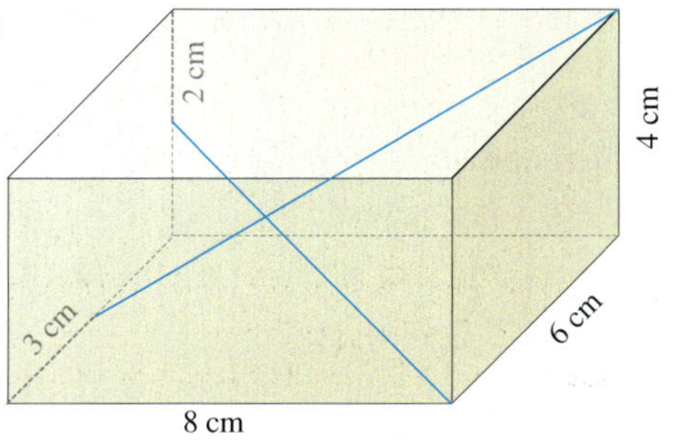

b)

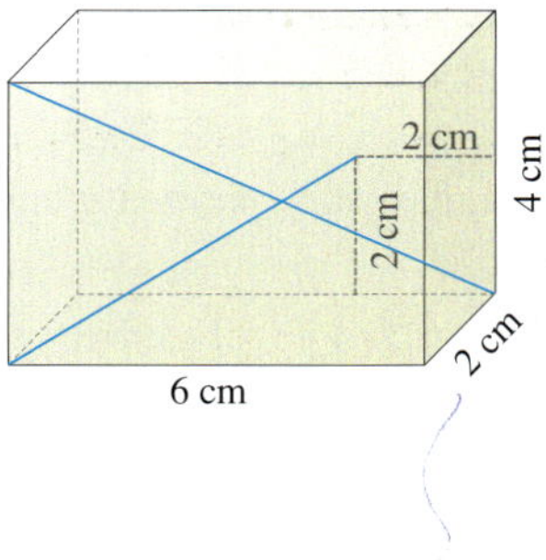

22. Seitenhalbierende im Dreieck
Bekanntlich schneiden sich die Seitenhalbierenden eines Dreiecks in einem Punkt S.

a) Berechnen Sie den Punkt S für das abgebildete Dreieck.

b) Weisen Sie nach, dass alle Seitenhalbierenden des Dreiecks durch diesen Punkt verlaufen.

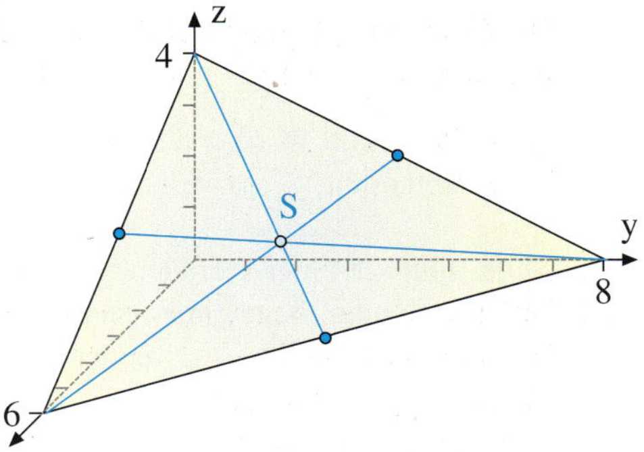

23. Gegeben sei das Dreieck ABC mit $A(4|0|2)$, $B(0|4|1)$ und $C(0|0|6)$. g sei eine zu $\overline{AC}$ parallele Gerade durch B, h sei eine zu $\overline{BC}$ parallele Gerade durch A.
Prüfen Sie, ob g und h sich schneiden, und bestimmen Sie gegebenenfalls den Schnittpunkt. Fertigen Sie ein Schrägbild an.

24. Ebene Vierecke
Ein Raumviereck ABCD kann eben sein oder aus zwei gegeneinander geneigten Dreiecken bestehen. In einem ebenen Viereck schneiden sich die Diagonalen.
Überprüfen Sie, ob die gegebenen Vierecke eben sind. Fertigen Sie jeweils eine Zeichnung an.

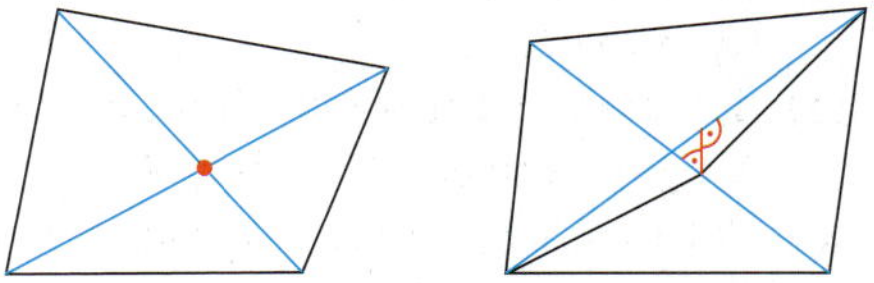

ebenes Viereck   nicht-ebenes Viereck

a) $A(3|1|2)$, $B(6|2|2)$, $C(5|9|4)$, $D(1|4|3)$
b) $A(4|0|0)$, $B(4|3|1)$, $C(0|3|4)$, $D(4|0|3)$
c) $A(5|2|0)$, $B(1|2|6)$, $C(1|6|0)$, $D(6|7|-2)$

25. Gegeben ist eine 6 m hohe quadratische Pyramide, deren Grundflächenseiten 6 m lang sind.
Der Punkt M liegt in der Mitte der Seite SC. Die Strecke $\overline{SA}$ ist dreimal so lang wie die Strecke $\overline{SN}$.
Wo schneiden sich die eingezeichneten Geraden?

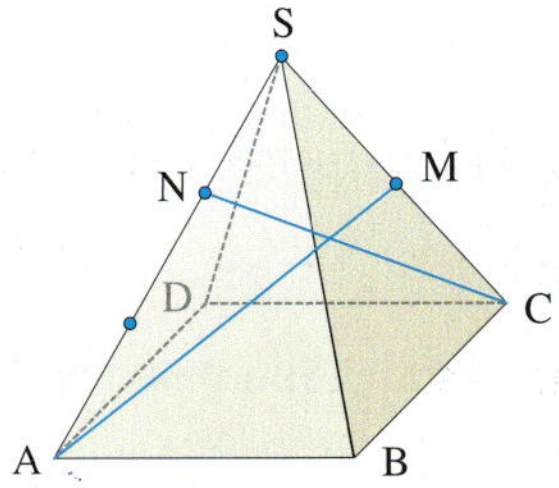

26. In den Geradengleichungen wurden einige Koordinaten gelöscht und durch Variablen ersetzt.
Setzen Sie neue Koordinaten ein, sodass die Geraden folgende Lagen einnehmen:
a) echt parallel
b) identisch
c) schneidend
d) windschief

3. Exkurs: Spurpunkte mit Anwendungen

In diesem Abschnitt werden als exemplarische Anwendungsbeispiele für Geraden Spurpunktprobleme behandelt.

Die Schnittpunkte einer Geraden mit den Koordinatenebenen bezeichnet man als *Spurpunkte* der Geraden.

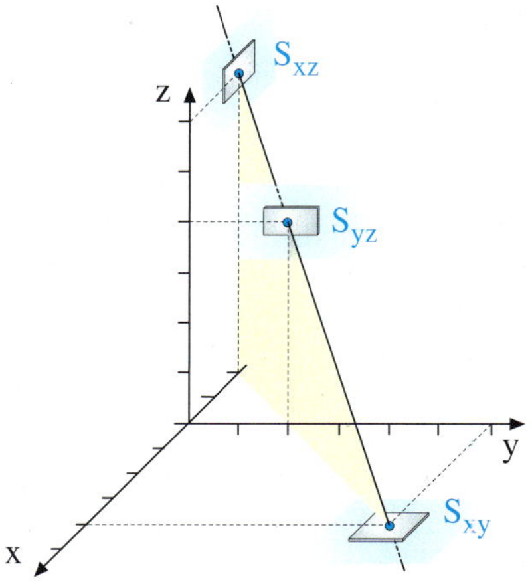

Beispiel: Spurpunkte

Gegeben sei g: $\vec{x} = \begin{pmatrix} 2 \\ 4 \\ 2 \end{pmatrix} + r \begin{pmatrix} 1 \\ 1 \\ -1 \end{pmatrix}$.

Bestimmen Sie die Spurpunkte der Geraden und fertigen Sie eine Skizze an.

Lösung:
Der Schnittpunkt der Geraden mit der x-y-Ebene wird als Spurpunkt S_{xy} bezeichnet. Er hat die z-Koordinate $z = 0$.
Die z-Koordinate des allgemeinen Geradenpunktes beträgt $z = 2 - r$.
Setzen wir diese 0, so erhalten wir $r = 2$, was auf den Spurpunkt $S_{xy}(4|6|0)$ führt.

$z = 0: \quad \Leftrightarrow 2 - r = 0 \quad \Leftrightarrow r = 2$

$$\vec{x} = \begin{pmatrix} 2 \\ 4 \\ 2 \end{pmatrix} + 2 \cdot \begin{pmatrix} 1 \\ 1 \\ -1 \end{pmatrix} = \begin{pmatrix} 4 \\ 6 \\ 0 \end{pmatrix}$$

$S_{xy}(4|6|0)$

Analog errechnen wir die weiteren Spurpunkte, indem wir die x-Koordinate bzw. die y-Koordinate des allgemeinen Geradenpunktes null setzen.
Ergebnisse: $S_{yz}(0|2|4)$, $S_{xz}(-2|0|6)$

Übung 1
Berechnen Sie die Spurpunkte der Geraden g durch A und B. Fertigen Sie eine Skizze an.

a) $A(10|6|-1)$, $B(4|2|1)$
b) $A(-2|4|9)$, $B(4|-2|3)$
c) $A(4|1|1)$, $B(-2|1|7)$
d) $A(2|4|-2)$, $B(-1|-2|4)$

Übung 2
Geben Sie die Gleichung einer Geraden g an, die nur zwei Spurpunkte bzw. nur einen Spurpunkt besitzt.

Übung 3
In welchen Punkten durchdringen die Kanten der skizzierten Pyramide den 2 m hohen Wasserspiegel?

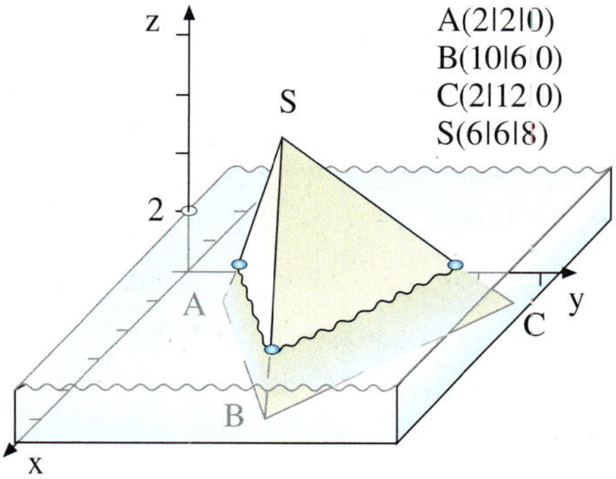

Im Folgenden werden Spurpunktberechnungen zur Lösung von Anwendungsaufgaben zur Lichtreflexion und zum Schattenwurf eingesetzt.

Beispiel: Lichtreflexion

Der Verlauf eines Lichtstrahls soll verfolgt werden. Der Strahl geht vom Punkt A(0 | 6 | 6) aus und läuft in Richtung des Vektors $\begin{pmatrix} 1 \\ -1 \\ -2 \end{pmatrix}$ auf die x-y-Ebene zu, an der er reflektiert wird. Wo trifft der Strahl auf die x-y-Ebene? Wie lautet die Geradengleichung des dort reflektierten Strahles und wo trifft dieser auf die x-z-Ebene?

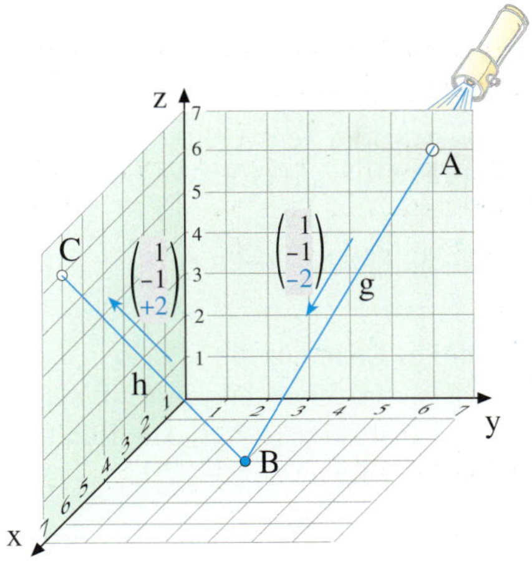

Lösung:
Wir bestimmen zunächst die Geradengleichung des von A ausgehenden Strahls g. Dessen Schnittpunkt B mit der x-y-Ebene erhalten wir durch Nullsetzen der z-Koordinate des allgemeinen Geradenpunktes von g.

Gleichung des Strahls g:

$$g: \vec{x} = \begin{pmatrix} 0 \\ 6 \\ 6 \end{pmatrix} + r \begin{pmatrix} 1 \\ -1 \\ -2 \end{pmatrix}$$

Schnittpunkt mit der x-y-Ebene:

$$z = 0 \Leftrightarrow 6 - 2r = 0 \Leftrightarrow r = 3 \Rightarrow B(3|3|0)$$

Der reflektierte Strahl h geht von diesem Punkt B(3 | 3 | 0) aus. Bei der Reflexion ändert sich nur diejenige Koordinate des Richtungsvektors, die senkrecht auf der Reflexionsebene steht. Diese Koordinate wechselt ihr Vorzeichen, hier also die z-Koordinate. Der Richtungsvektor von h ist daher $\begin{pmatrix} 1 \\ -1 \\ +2 \end{pmatrix}$. Nun können wird die Geradengleichung des reflektierten Strahls h aufstellen und dessen Schnittpunkt mit der x-z-Ebene berechnen. Es ist der Punkt C(6 | 0 | 6). 077-1

Gleichung des reflektierten Strahls h:

$$h: \vec{x} = \begin{pmatrix} 3 \\ 3 \\ 0 \end{pmatrix} + s \begin{pmatrix} 1 \\ -1 \\ +2 \end{pmatrix}$$

Schnittpunkt mit der x-z-Ebene:

$$y = 0 \Leftrightarrow 3 - s = 0 \Leftrightarrow s = 3 \Rightarrow C(6|0|6)$$

Übung 4 Billard

Auch beim Billardspiel kommt es zu Reflexionen der Kugel an der Bande. Auf dem abgebildeten Tisch liegt die Kugel in der Position P(6 | 4). Sie wird geradlinig in Richtung des Vektors $\binom{2}{3}$ gestoßen.
Trifft sie das Loch bei L(14 | 0)?
Lösen Sie die Aufgabe zeichnerisch und rechnerisch.

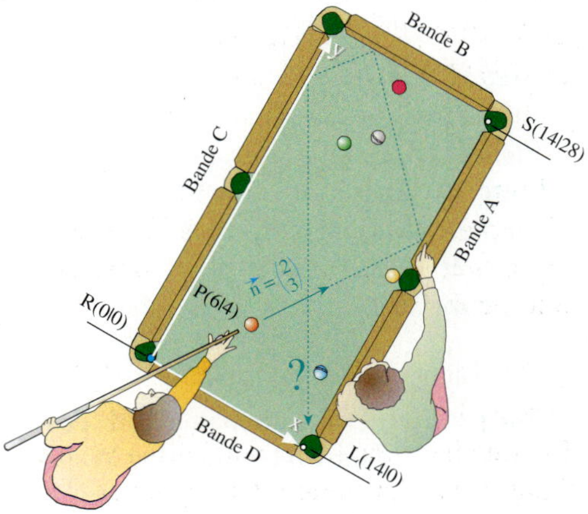

Spurpunktberechnungen können auch zur Konstruktion der Schattenbilder von Gegenständen im Raum auf die Koordinatenebenen verwendet werden.

Beispiel: Schattenwurf

Im 1. Oktanden des Koordinatensystems steht die senkrechte Strecke $\overline{PQ}$ mit $P(4|3|0)$ und $Q(4|3|6)$.

In Richtung des Vektors $\begin{pmatrix} -2 \\ 1 \\ -2 \end{pmatrix}$ fällt paralleles Licht auf die Strecke.

Konstruieren Sie rechnerisch ein Schattenbild der Strecke auf den Randflächen des 1. Oktanden.

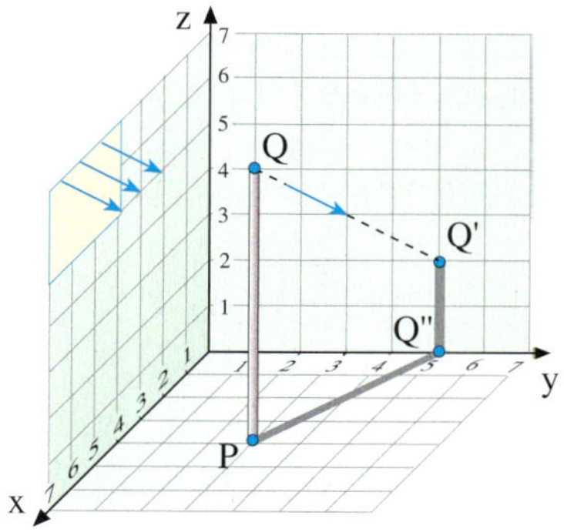

Lösung:

Das Ergebnis ist rechts abgebildet, ein abknickender Schatten. Es wurde durch Verfolgung desjenigen Lichtstrahls g konstruiert, der durch den Punkt Q führt.

Nach dem Aufstellen der Geradengleichung von g errechnen wir den Spurpunkt Q′ von g in der y-z-Ebene, denn wir vermuten, dass der Strahl g diese Ebene zuerst trifft.

Gleichung des Strahls g durch Q:

$$g: \vec{x} = \begin{pmatrix} 4 \\ 3 \\ 6 \end{pmatrix} + r \begin{pmatrix} -2 \\ 1 \\ -2 \end{pmatrix}$$

Durch Nullsetzen der x-Koordinate des allgemeinen Geradenpunktes erhalten wir $r = 2$, d. h. $Q'(0|5|2)$.

Schnittpunkt von g mit der y-z-Ebene:

$$x = 0 \Leftrightarrow 4 - 2r = 0 \Leftrightarrow r = 2 \Rightarrow Q'(0|5|2)$$

Der Fußpunkt des senkrechten Lotes von Q′ auf die y-Achse ist $Q''(0|5|0)$.

Fußpunkt des Lotes von Q′ auf die y-Achse:

$Q''(0|5|0)$

Der Schatten der Strecke $\overline{PQ}$ ist der Streckenzug $PQ''Q'$, wie oben eingezeichnet. Es handelt sich um einen abknickenden Schatten.

Übung 5 Schatten

Im mathematischen Klassenraum steht ein Schrank für die Aufbewahrung von Punkten, Strecken und Flächen. Er hat die Höhe 4 und die Breite 2. Für seine Tiefe reicht bekanntlich 0 aus.

In Richtung des Vektors $\begin{pmatrix} -1 \\ 1 \\ -1 \end{pmatrix}$ fällt paralleles Licht auf den Schrank.

Konstruieren Sie das Schattenbild des Schrankes auf dem Boden und den Wänden rechnerisch und zeichnen Sie es auf.

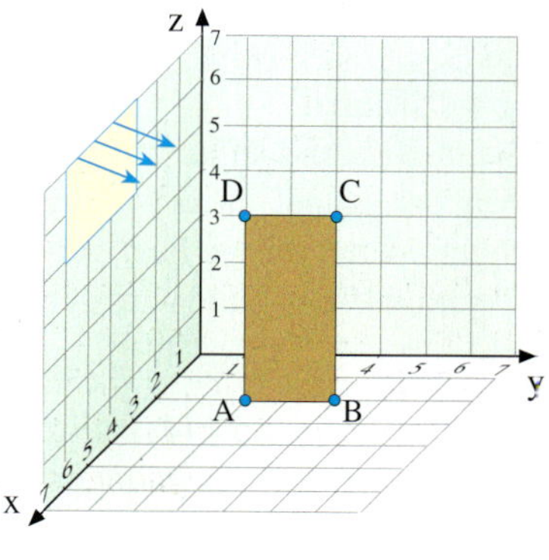

Übungen

6. Gegeben sind die Geraden g durch A(1 | 3 | 6) und B(2 | 4 | 3) sowie h: $\vec{x} = \begin{pmatrix} -1 \\ 4 \\ 6 \end{pmatrix} + s \begin{pmatrix} 2 \\ -2 \\ -2 \end{pmatrix}$.

Bestimmen Sie die Spurpunkte der Geraden und zeichnen Sie ein Schrägbild.

7. Geraden können 1, 2, 3 oder unendlich viele unterschiedliche Spurpunkte besitzen. Erläutern Sie diese Tatsache und überprüfen Sie, welcher Fall bei den folgenden Geraden jeweils eintritt.

a) g: $\vec{x} = \begin{pmatrix} 3 \\ 2 \\ 2 \end{pmatrix} + r \begin{pmatrix} -1 \\ 0 \\ 2 \end{pmatrix}$ b) g: $\vec{x} = \begin{pmatrix} 1 \\ 1 \\ 4 \end{pmatrix} + r \begin{pmatrix} -1 \\ 1 \\ 2 \end{pmatrix}$ c) g: $\vec{x} = \begin{pmatrix} -3 \\ -2 \\ 2 \end{pmatrix} + r \begin{pmatrix} 1 \\ 2 \\ -2 \end{pmatrix}$

d) g: $\vec{x} = \begin{pmatrix} 2 \\ 0 \\ 1 \end{pmatrix} + r \begin{pmatrix} 1 \\ 0 \\ 2 \end{pmatrix}$ e) g: $\vec{x} = \begin{pmatrix} 2 \\ 2 \\ 3 \end{pmatrix} + r \begin{pmatrix} 0 \\ 0 \\ 2 \end{pmatrix}$ f) g: $\vec{x} = r \begin{pmatrix} 2 \\ 2 \\ 3 \end{pmatrix}$

8. In welchem Punkt trifft die vom Punkt P(2 | 4) in Richtung des Vektors $\begin{pmatrix} 3 \\ -1 \end{pmatrix}$ geradlinig gestoßene Billardkugel die Bande C erstmals?

Lösen Sie zeichnerisch und rechnerisch.

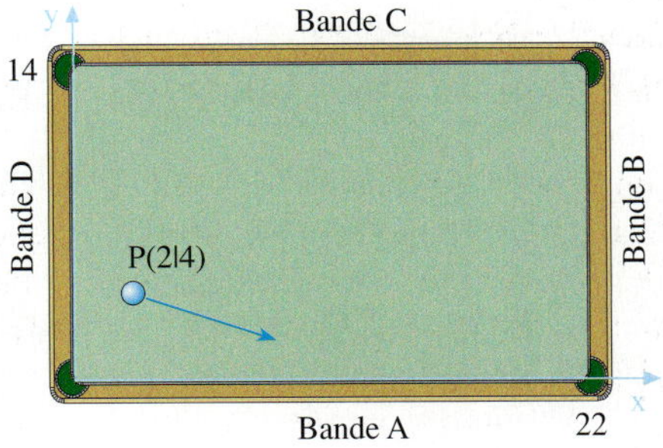

9. In Richtung des Vektors $\begin{pmatrix} -1 \\ -3 \\ 1 \end{pmatrix}$ fällt paralleles Licht.

a) Im 1. Oktanden des Koordinatensystems steht die senkrechte Strecke $\overline{PQ}$ mit P(4 | 6 | 0) und Q(4 | 6 | 3). Konstruieren Sie das Schattenbild der Strecke (zeichnerisch und rechnerisch).

b) Gegeben ist ein Rechteck ABCD mit A(4 | 3 | 0), B(2 | 3 | 0), C(2 | 3 | 3), D(4 | 3 | 3). Konstruieren Sie das Schattenbild des Rechtecks auf dem Boden und den Randflächen des 1. Oktanden (zeichnerisch und rechnerisch).

10. Im Koordinatenraum steht ein schräg nach oben geneigtes Dreieck ABC mit A(3 | 2 | 0), B(3 | 6 | 0), C(2 | 3 | 4). In Richtung des Vektors $\begin{pmatrix} -1 \\ -3 \\ -1 \end{pmatrix}$ fällt paralleles Licht auf dieses Dreieck. Zeichnen Sie das Schattenbild des Dreiecks, wobei Sie sich an der (nicht maßstäblichen) Skizze orientieren. Berechnen Sie dann die Eckpunkte des Dreiecksschattens auf dem Boden und den Wänden des Raums.

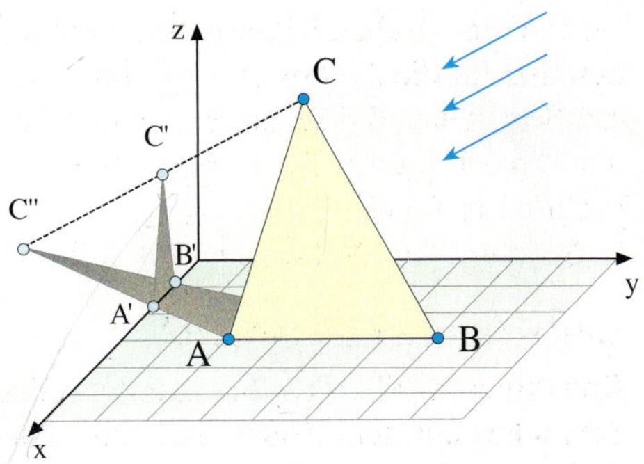

11. Flugbahnen

Flugzeug Alpha fliegt geradlinig durch die Punkte $A(-8|3|2)$ und $B(-4|-1|4)$. Eine Einheit im Koordinatensystem entspricht einem Kilometer. Der Flughafen F befindet sich in der x-y-Ebene.

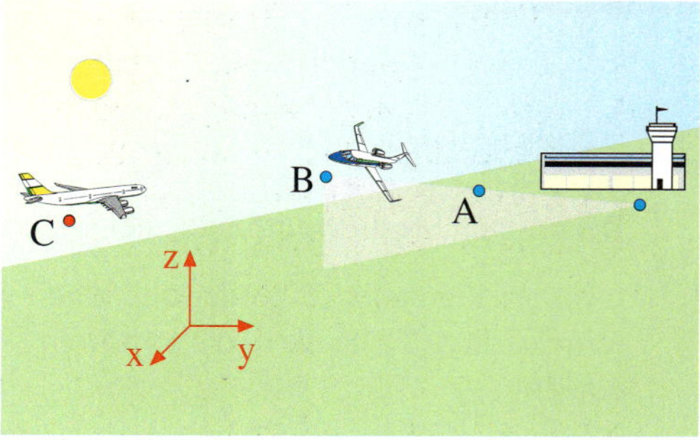

a) In welchem Punkt F ist das Flugzeug gestartet? In welchem Punkt T erreicht es seine Reiseflughöhe von 10 000 m?

b) Flugzeug Beta steuert Punkt $C(10|-10|5)$ aus Richtung $\vec{v} = \begin{pmatrix} -2 \\ 2 \\ -1 \end{pmatrix}$ an. Zeigen Sie, dass die beiden Flugzeuge keinesfalls kollidieren können.

c) In dem Moment, an dem Flugzeug Alpha den Punkt B passiert, erreicht Flugzeug Beta den Punkt C. Wie groß ist die Entfernung der Flugzeuge zu diesem Zeitpunkt?

d) Beim Passieren von Punkt C wird Flugzeug Beta vom Tower aufgefordert, in Richtung $\vec{v}_1 = \begin{pmatrix} -5 \\ 4 \\ -1 \end{pmatrix}$ weiterzufliegen. In 1000 m Höhe soll eine weitere Kursänderung erfolgen, die Flugzeug Beta zum Flughafen F bringt. In welche Richtung muss diese letzte Korrektur das Flugzeug führen?

12. Flugbahn und Fluggeschwindigkeit

Ein Sportflugzeug Gamma passiert um 10 Uhr den Punkt $A(10|1|0{,}8)$ und 2 Minuten später den Punkt $B(15|7|1)$. Eine Einheit im Koordinatensystem entspricht einem Kilometer. Das Flugzeug fliegt mit konstanter Geschwindigkeit.

a) Stellen Sie die Gleichung der Geraden g auf, auf der das Flugzeug Gamma fliegt. Erläutern Sie für Ihre Geradengleichung den Zusammenhang zwischen dem Geradenparameter und dem zugehörigen Zeitintervall.

b) Wo befindet sich das Flugzeug Gamma um 10:10 Uhr? Mit welcher Geschwindigkeit fliegt es? Wann erreicht das Flugzeug die Höhe von 4000 m?

c) Ein zweites Flugzeug Delta passiert um 10 Uhr den Punkt $P(100|130|3{,}7)$ und eine Minute später den Punkt $Q(95|121|3{,}6)$. Prüfen Sie, ob sich die beiden Flugbahnen schneiden und untersuchen Sie, ob tatsächlich die Gefahr einer Kollision besteht.

13. Bergwerksstollen

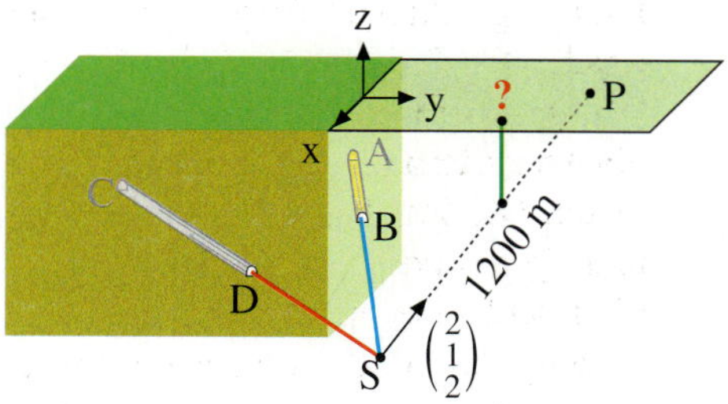

Vom Punkt $A(-7|-3|-8)$ ausgehend soll durch den Punkt $B(-2|0|-9)$ ein geradliniger Stollen namens Kuckucksloch in einen Berg getrieben werden. Ebenso soll ein Stollen namens Morgenstern von Punkt $C(4|-6|-6)$ ausgehend über den Punkt $D(7|-1|-8)$ geradlinig gebaut werden. Eine Einheit entspricht 100 m. Die Erdoberfläche liegt in der x-y-Ebene.

a) Prüfen Sie, ob die Ingenieure richtig gerechnet haben und die Stollen sich wie geplant in einem Punkt S treffen.

b) Im Stollen Kuckucksloch kann die Bohrung um 5 m pro Tag vorangetrieben werden. Wie hoch muss die Bohrleistung im Stollen Morgenstern durch C und D sein, damit beide Stollen am selben Tag den Vereinigungspunkt S erreichen?

c) Von Punkt S aus wird der Stollen Kuckucksloch weiter in Richtung $\begin{pmatrix} 2 \\ 1 \\ 2 \end{pmatrix}$ fortgesetzt. In welchem Punkt P erreicht der Stollen die Erdoberfläche?

d) In 1200 m Entfernung von Punkt P auf der Strecke $\overline{SP}$ soll ein senkrechter Notausstieg gebohrt werden. An welchem Punkt der Erdoberfläche muss die Bohrung beginnen? Wie tief wird die Bohrung sein?

14. Pyramide

Gegeben sei eine quadratische Pyramide, die 100 m breit und 50 m hoch ist.

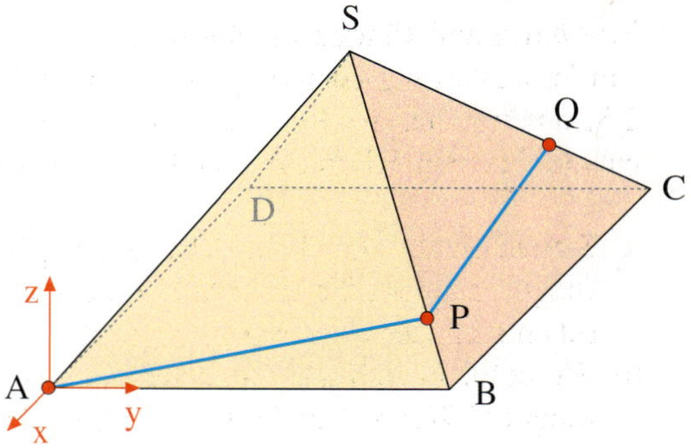

I. Geraden

a) Bestimmen Sie die Gleichungen der Geraden in denen die vier Pyramidenkanten verlaufen.

b) Forscher vermuten, dass das Baumaterial über riesige Rampen, die sich längs der eingezeichneten blauen Strecken an die Pyramide lehnten, transportiert wurde.
Die erste Rampe hat im Punkt P 10 m Höhenunterschied erreicht. Bestimmen Sie P.

c) Die anschließende Rampe soll den gleichen Steigungswinkel besitzen.
Bestimmen Sie die Gleichung der entsprechenden Geraden.
In welchem Punkt Q endet diese Rampe?
In welchem Punkt erreicht die Rampe die Höhe von 15 m?

d) In welchen Punkten durchstoßen die Pyramidenkanten eine Höhe von 20 m?
In welcher Höhe beträgt der horizontale Querschnitt der Pyramide 25 m^2?

II. Geradenschar

Vom Punkt $T(50|-50|100)$ fällt Licht in Richtung $\begin{pmatrix} -1-a \\ 3-a \\ a-2 \end{pmatrix}$.

a) Zeigen Sie, dass vom Punkt T je ein Lichtstrahl auf die Punkte B und S fällt.

b) Zeigen Sie: Jeder Punkt der Kante $\overline{BS}$ wird angestrahlt.

c) Bestimmen Sie den Schattenwurf der Kante $\overline{BS}$ in der x-y-Ebene.

15. Kletterturm

Ein Kletterturm ist in der Form eines Pyramidenstumpfes geplant. Hierbei bilden die Ecken $A(0|0|0)$, $B(4|6|0)$, $C(0|12|0)$ und $D(-8|0|0)$ das Grundflächenviereck, während $E(2|0|12)$, $F(4|3|12)$, $G(2|6|12)$ und $H(-2|0|12)$ das Deckflächenviereck bilden.

a) Zeichnen Sie ein Schrägbild des Pyramidenstumpfes.

b) Zeichnen Sie die Grundfläche in der x-y-Ebene. Tragen Sie hierin auch die Projektion der Oberfläche ein. Klassifizieren Sie nun die vier Kletterflächen nach ihrem Schwierigkeitsgrad.

c) Zeigen Sie, dass es sich tatsächlich um eine Pyrymide handelt. Überprüfen Sie hierzu die Pyramidenspitze S. Treffen sich die vier Kanten in S?

d) Bestimmen Sie zunächst das Volumen der Pyramide und dann das des Stumpfes.

e) Welche Koordinaten hat das Querschnittsviereck in halber Höhe des Stumpfes?

f) Zeigen Sie: Die Geradenschar durch S in Richtung $\begin{pmatrix} -2-2a \\ 3a \\ 12 \end{pmatrix}$ enthält die Geraden durch die Kanten $\overline{BF}$ und $\overline{CG}$.

g) Begründen Sie, dass die Richtungsvektoren der Schar aus f komplanar sind.

16. Pyramidenzelt

Ein Zelt hat die Form einer quadratischen Pyramide mit 8 m Breite und 3 m Höhe. Den Eingang bildet das Trapez EFGH mit $|\overline{EF}| = 4$ m und G bzw. H als Mitten der Strecken $\overline{ES}$ bzw. $\overline{FS}$.

a) Wie groß ist der Eingang EFGH?

b) Ein Meter unter der Zeltspitze S befindet sich eine Lichtquelle. Durch den Eingang fällt Licht nach außen und begrenzt so eine beleuchtete Fläche. Wie groß ist sie?

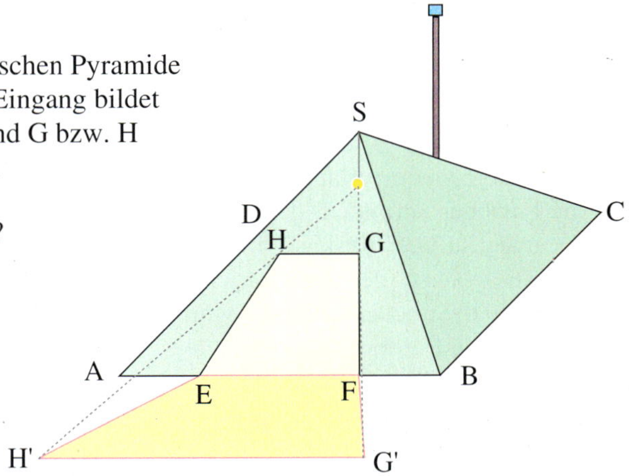

c) In der Mitte der hinteren Zeltkante $\overline{CD}$ ist auf einer senkrechten Stange eine Kamera angebracht. In welcher Höhe muss sie sich befinden, wenn sie die gesamte beleuchtete Fläche überwachen soll?

d) Wie ändert sich die beleuchtete Fläche, wenn die Lichtquelle weiter nach oben bzw. weiter nach unten gebracht wird?
Welche Grenzflächen ergeben sich wenn sich die Lichtquelle in S bzw. in 1,5 m Höhe befindet?

Überblick

Parametergleichung einer Geraden:

$g\colon \vec{x} = \vec{a} + r \cdot \vec{m} \quad (r \in \mathbb{R})$

$\vec{a}$: Stützvektor, $\vec{m}$: Richtungsvektor

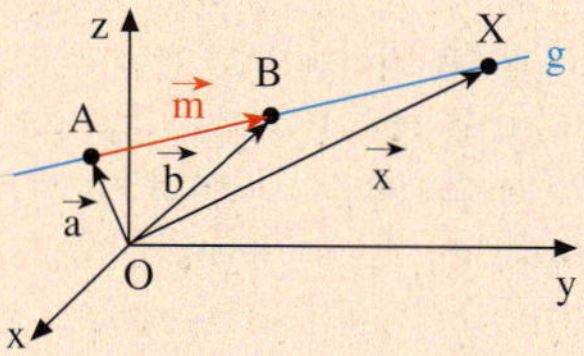

Zweipunktegleichung:

$g\colon \vec{x} = \vec{a} + r \cdot (\vec{b} - \vec{a}) \ (r \in \mathbb{R})$

$\vec{a}$ und $\vec{b}$ sind die Ortsvektoren zweier Geradenpunkte A und B.

Koordinatengleichung der Geraden in der Ebene:

$ax + by = c$ bzw. $y = mx + n \quad (a, b, c, m, n \in \mathbb{R}, b \neq 0)$

Lagebeziehung von zwei Geraden im Raum:

Die Geraden sind entweder parallel (oder sogar identisch) oder sie schneiden sich in genau einem Punkt oder sie sind windschief.

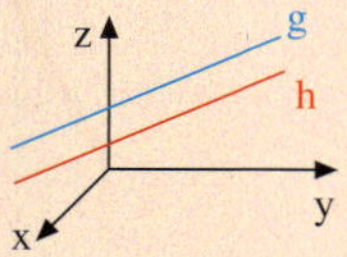

1. Fall: parallel (im Sonderfall: identisch)
Die Richtungsvektoren beider Geraden sind kollinear.
Liegt der Stützpunkt einer Geraden auch auf der anderen Geraden, sind die Geraden sogar identisch.

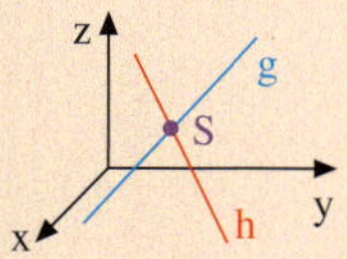

2. Fall: schneidend
Die Richtungsvektoren der Geraden sind nicht kollinear.
Man setzt die rechten Seiten der Parametergleichungen gleich und löst das entstehende eindeutig lösbare LGS.
Die Geraden schneiden sich in genau einem Punkt.

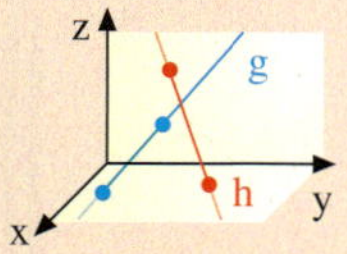

3. Fall: windschief
Die Richtungsvektoren der Geraden sind nicht kollinear.
Man setzt die rechten Seiten der Parametergleichungen gleich.
Das entstehende LGS ist unlösbar.

Lagebeziehung von zwei Geraden in der Ebene:

Die Geraden sind entweder parallel (oder sogar identisch) oder sie schneiden sich in genau einem Punkt. (vgl. Fall 1 und 2)

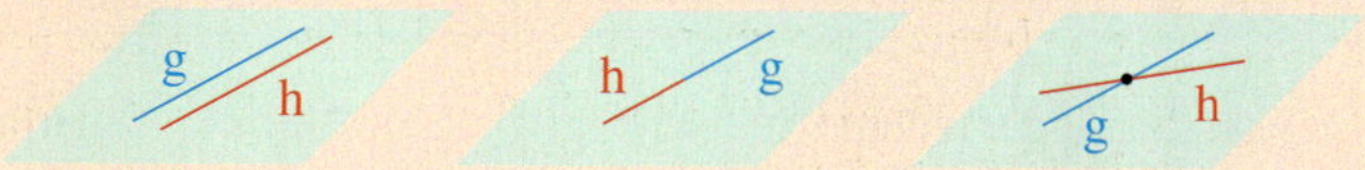

3-D-Darstellung von Geraden

Die Lagebeziehungen von Punkt und Gerade sowie von zwei Geraden wurden im zweiten Abschnitt rechnerisch untersucht. Im zweidimensionalen Raum können diese Fragestellungen auch zeichnerisch untersucht werden, im dreidimensionalen Raum ist dies mit Schwierigkeiten verbunden. Dort leisten aber 3-D-Darstellungen mit Computerprogrammen, die auch auf der Buch-CD angeboten werden, gute Dienste.

Das folgende Bild zeigt die 3-D-Darstellung eines Punktes und einer Geraden mit einem Computerprogramm, das man als Medienelement auf der Buch-CD findet. Im vorliegenden Fall liegt der Punkt nicht auf der Geraden.

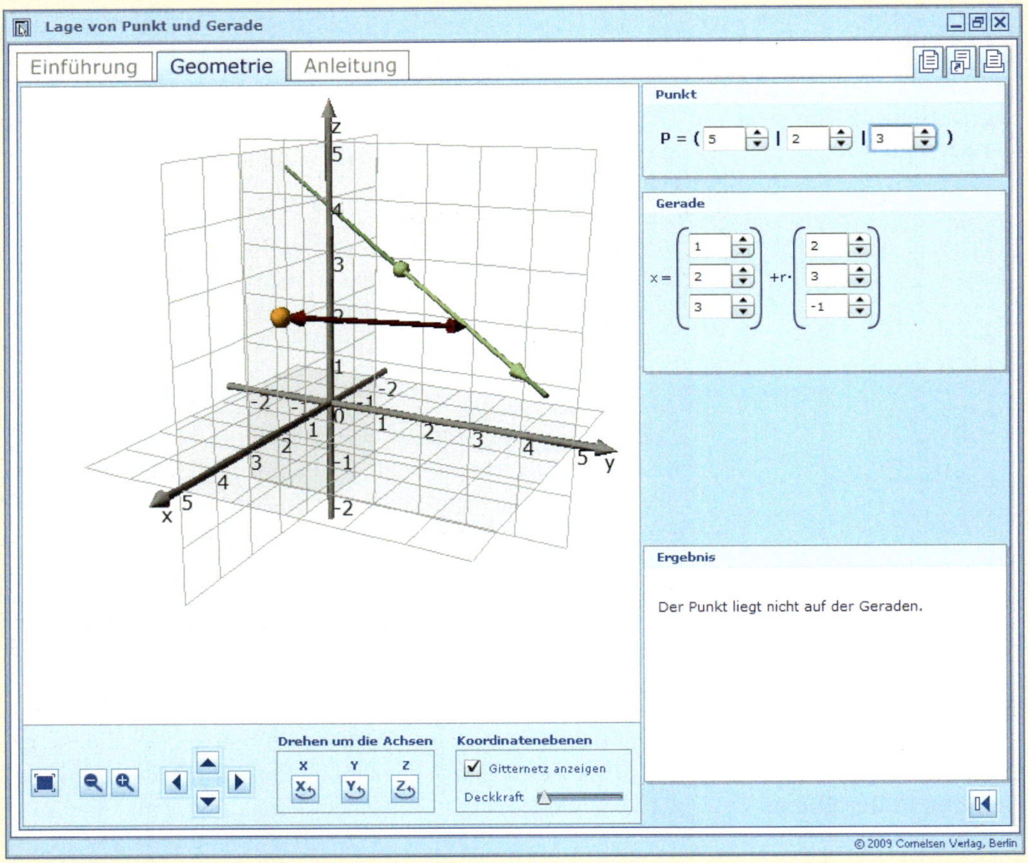

Im Fenster auf der rechten Seite erfolgt die Eingabe bzw. Änderung der Koordinaten des Punktes, darunter wird die Parameterform der Geradengleichung eingegeben. Im linken Fenster wird die Gerade und der Punkt im räumlichen Koordinatensystem dargestellt. Außerdem wird rechts unten die Lagebeziehung der beiden Objekte ausgegeben.

Die Darstellung kann mithilfe der Schaltflächen unterhalb des Koordinatensystems verändert werden: Das Bild kann vergrößert und verkleinert, verschoben und gedreht werden. Auch die Darstellung der Koordinatenebenen lässt sich ändern.

Das folgende Bild zeigt die 3-D-Darstellung zweier sich schneidender Geraden mithilfe eines weiteren Medienelements von der Buch-CD. Die Eingabe beider Gleichungen erfolgt wieder in der vektorieellen Parameterform. Das Programm stellt die beiden Geraden im dreidimensionalen Koordinatensystem dar und gibt ihre Lagebeziehung aus. Im vorliegenden Fall schneiden sich die beiden Geraden.

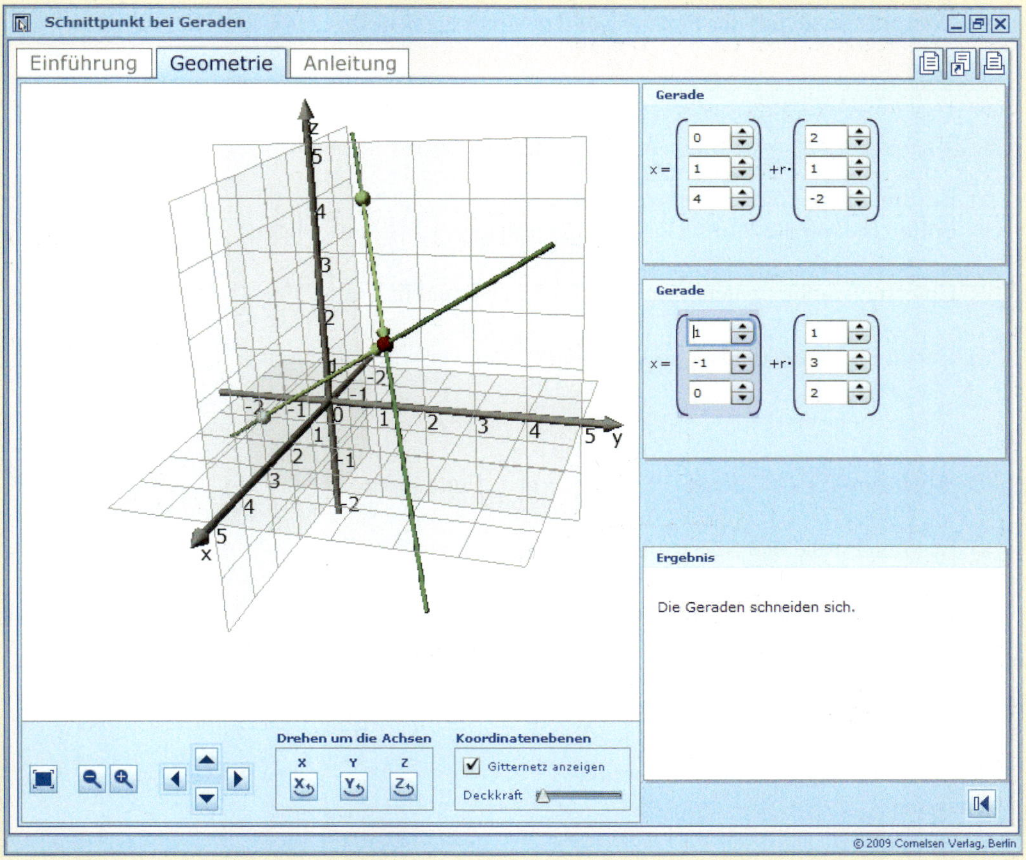

Bei Änderung der Vektoren verändert sich natürlich die Lagebeziehung, d.h., man erhält windschiefe oder parallele oder identische Geraden. Bei einer Drehung um z-Achse wird die Lagebeziehung unmittelbar deutlich.

Übungen

a) Experimentieren Sie mit dem Medienelement 085-1 zur Darstellung einer Geraden im dreidimensionalen Raum.

b) Bearbeiten Sie die Übungen 1a) von Seite 66 und 9 von Seite 73 zur Lagebeziehung Punkt-Gerade mit dem Medienelement 085-2.

c) Bearbeiten Sie ausgewählte Übungen von Seite 73 zur Lagebeziehung zweier Geraden im Raum mit dem Medienelement 085-3.

Test

Geraden

1. Gegeben sind die Punkte P(1 | 4 | 3), A(3 | 0 | 1) und B(0 | 6 | 4).
a) Stellen Sie eine Parametergleichung der Geraden g durch A und B auf.
b) Überprüfen Sie, ob der Punkt P auf der Strecke $\overline{AB}$ liegt.

2. Gegeben ist die Gerade g: $y = \frac{2}{5}x + \frac{3}{5}$.
a) Bestimmen Sie eine Parametergleichung von g.
b) Prüfen Sie, ob die Punkte P(−4 | −2) und Q(−1,5 | 0) auf g liegen.
c) Untersuchen Sie, welche gegenseitige Lage g und h: $\vec{x} = \begin{pmatrix} 6 \\ 3 \end{pmatrix} + s\begin{pmatrix} -10 \\ -4 \end{pmatrix}$ einnehmen.
d) Geben Sie eine Gerade k an, die parallel zu g verläuft und durch A(1 | 3) geht.

3. Gegeben sind die Geraden g: $\vec{x} = \begin{pmatrix} 2 \\ 2 \\ 3 \end{pmatrix} + r\begin{pmatrix} 3 \\ 6 \\ 3 \end{pmatrix}$ und h: $\vec{x} = \begin{pmatrix} 1 \\ 2 \\ 6 \end{pmatrix} + s\begin{pmatrix} -1 \\ -1 \\ 1 \end{pmatrix}$.
a) Bestimmen Sie den Schnittpunkt der Geraden g und h.
b) Bestimmen Sie die Spurpunkte der Geraden g.

4. Wie lauten die Gleichungen der fünf abgebildeten Geraden im Quader, bezogen auf das eingezeichnete Koordinatensystem?

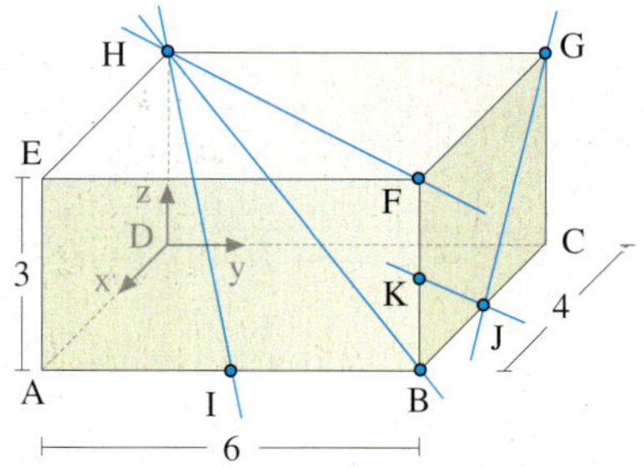

5. Geben Sie Werte für die Variablen a, b, c und d an, sodass die Geraden
g: $\vec{x} = \begin{pmatrix} -5 \\ 7 \\ a \end{pmatrix} + r\begin{pmatrix} b \\ -6 \\ 2 \end{pmatrix}$ und h: $\vec{x} = \begin{pmatrix} 1 \\ c \\ 3 \end{pmatrix} + s\begin{pmatrix} -3 \\ 3 \\ d \end{pmatrix}$
a) identisch sind,
b) sich schneiden.

Lösungen unter 086-1

IV. Skalarprodukt und Vektorprodukt

1. Das Skalarprodukt

A. Definition des Skalarproduktes

Ein Wagen wird gleichmäßig von einem Pferd über einen Sandweg gezogen. Dabei wird eine Kraft in Richtung der Deichsel aufgebracht, die sich durch den Kraftvektor $\vec{F}$ darstellen lässt.
Der zurückgelegte Weg lässt sich ebenfalls vektoriell durch den Wegvektor $\vec{s}$ darstellen. Beide seien im Winkel γ gegeneinander geneigt.

Die hierbei verrichtete Arbeit W errechnet sich als Produkt aus Kraft und Weg, genauer gesagt als Produkt aus Kraft in Wegrichtung F_s und Weglänge s.
F_s lässt sich im rechtwinkligen Dreieck mithilfe des Kosinus darstellen als $|\vec{F}| \cdot \cos\gamma$, und s lässt sich darstellen als Betrag des Vektors $\vec{s}$, d.h. als $|\vec{s}|$. Dies führt auf die Formel $W = |\vec{F}| \cdot |\vec{s}| \cdot \cos\gamma$, deren rechte Seite eine gewisse Art von Produkt der Vektoren $\vec{F}$ und $\vec{s}$ darstellt.

„Arbeit = Kraft · Weg"

„Arbeit = $\frac{\text{Kraft in}}{\text{Wegrichtung}}$ · Weglänge"

$$W = F_s \cdot s$$
$$W = |\vec{F}| \cdot \cos\gamma \cdot |\vec{s}|$$
$$W = |\vec{F}| \cdot |\vec{s}| \cdot \cos\gamma$$

Das Ergebnis dieses Produktes ist die Arbeit W, die kein Vektor, sondern eine reine Zahlengröße ist. In der Physik bezeichnet man eine Zahlengröße auch als Skalar und deshalb nennt man das Produkt $|\vec{F}| \cdot |\vec{s}| \cdot \cos\gamma$ auch ***Skalarprodukt*** der Vektoren $\vec{F}$ und $\vec{s}$. Man verwendet für den Term $|\vec{F}| \cdot |\vec{s}| \cdot \cos\gamma$ die symbolische Schreibweise $\vec{F} \cdot \vec{s}$.

Das Skalarprodukt (Kosinusform)

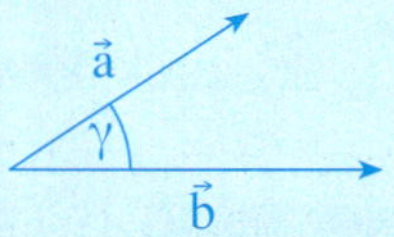

$\vec{a}$ und $\vec{b}$ seien zwei Vektoren und γ der Winkel zwischen diesen Vektoren ($0° \leq \gamma \leq 180°$).
Dann bezeichnet man den Ausdruck

$$\vec{a} \cdot \vec{b} = |\vec{a}| \cdot |\vec{b}| \cdot \cos\gamma$$

als ***Skalarprodukt*** von $\vec{a}$ und $\vec{b}$.

Übung 1

Bestimmen Sie das Skalarprodukt der Vektoren $\vec{a}$ und $\vec{b}$. Messen Sie die benötigten Längen und Winkel aus oder errechnen Sie diese mit dem Satz des Pythagoras und Trigonometrie.

a)

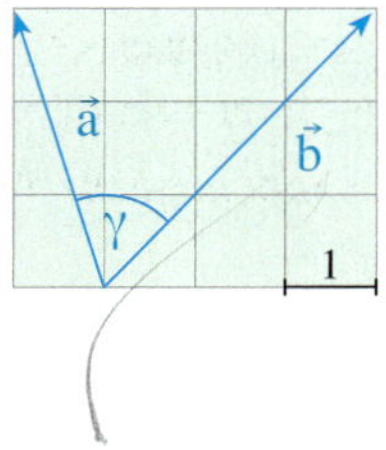

b)

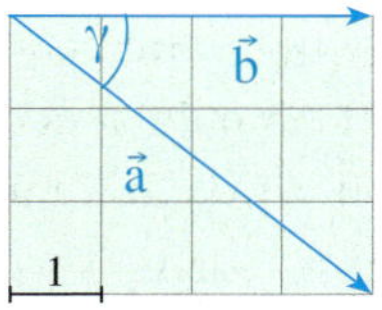

c) $\vec{a} = \begin{pmatrix} -3 \\ 5 \end{pmatrix}$, $\vec{b} = \begin{pmatrix} 5 \\ 6 \end{pmatrix}$

d) $\vec{a} = \begin{pmatrix} 4 \\ 2 \end{pmatrix}$, $\vec{b} = \begin{pmatrix} 4 \\ 6 \end{pmatrix}$

Ziel der folgenden Überlegungen ist die Gewinnung einer vektor- und winkelfreien Darstellung des Skalarproduktes von Spaltenvektoren.

Wir betrachten zwei Vektoren $\vec{a}$ und $\vec{b}$, die ein Dreieck aufspannen, wie abgebildet. In einem allgemeinen Dreieck gilt der Kosinussatz der Trigonometrie, von dem unsere Rechnung ausgeht:

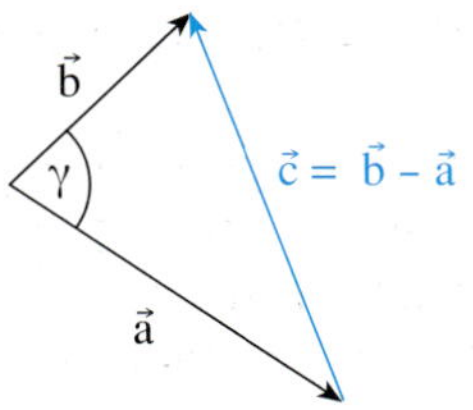

$c^2 = a^2 + b^2 - 2 \cdot a \cdot b \cdot \cos\gamma$	Kosinussatz
$\lvert\vec{c}\rvert^2 = \lvert\vec{a}\rvert^2 + \lvert\vec{b}\rvert^2 - 2 \cdot \lvert\vec{a}\rvert \cdot \lvert\vec{b}\rvert \cdot \cos\gamma$	
$\lvert\vec{c}\rvert^2 = \lvert\vec{a}\rvert^2 + \lvert\vec{b}\rvert^2 - 2 \cdot \vec{a} \cdot \vec{b}$	Def. des Skalarproduktes
$2 \cdot \vec{a} \cdot \vec{b} = \lvert\vec{a}\rvert^2 + \lvert\vec{b}\rvert^2 - \lvert\vec{c}\rvert^2$	Umformung

$$\vec{a} = \begin{pmatrix} a_1 \\ a_2 \end{pmatrix} \qquad |\vec{a}|^2 = a_1^2 + a_2^2$$

$$\vec{b} = \begin{pmatrix} b_1 \\ b_2 \end{pmatrix} \qquad |\vec{b}|^2 = b_1^2 + b_2^2$$

$$\vec{c} = \begin{pmatrix} b_1 - a_1 \\ b_2 - a_2 \end{pmatrix} \qquad |\vec{c}|^2 = (b_1 - a_1)^2 + (b_2 - a_2)^2$$

Durch Einsetzen der rechts aufgeführten Darstellungen für die Beträge der Spaltenvektoren $\vec{a}$, $\vec{b}$ und $\vec{c}$ folgt:

$$2 \cdot \vec{a} \cdot \vec{b} = a_1^2 + a_2^2 + b_1^2 + b_2^2 - (b_1 - a_1)^2 - (b_2 - a_2)^2$$
$$2 \cdot \vec{a} \cdot \vec{b} = 2\,a_1\,b_1 + 2\,a_2\,b_2$$
$$\vec{a} \cdot \vec{b} = a_1\,b_1 + a_2\,b_2$$

Analog ergibt sich für dreidimensionale Spaltenvektoren die Formel

$\vec{a} \cdot \vec{b} = a_1\,b_1 + a_2\,b_2 + a_3\,b_3$.

Das Skalarprodukt von Spaltenvektoren lässt sich also als Produktsumme von Koordinaten darstellen.

Das Skalarprodukt (Koordinatenform)

$$\vec{a} \cdot \vec{b} = \begin{pmatrix} a_1 \\ a_2 \end{pmatrix} \cdot \begin{pmatrix} b_1 \\ b_2 \end{pmatrix} = a_1\,b_1 + a_2\,b_2$$

$$\vec{a} \cdot \vec{b} = \begin{pmatrix} a_1 \\ a_2 \\ a_3 \end{pmatrix} \cdot \begin{pmatrix} b_1 \\ b_2 \\ b_3 \end{pmatrix} = a_1\,b_1 + a_2\,b_2 + a_3\,b_3$$

089-1

Beispiele: $\vec{a} = \begin{pmatrix} 1 \\ 2 \end{pmatrix}, \quad \vec{b} = \begin{pmatrix} 3 \\ 2 \end{pmatrix} \quad \Rightarrow \quad \vec{a} \cdot \vec{b} = \begin{pmatrix} 1 \\ 2 \end{pmatrix} \cdot \begin{pmatrix} 3 \\ 2 \end{pmatrix} = 1 \cdot 3 + 2 \cdot 2 = 7$

$$\vec{a} = \begin{pmatrix} 1 \\ 2 \\ 1 \end{pmatrix}, \quad \vec{b} = \begin{pmatrix} 2 \\ 3 \\ -4 \end{pmatrix} \quad \Rightarrow \quad \vec{a} \cdot \vec{b} = \begin{pmatrix} 1 \\ 2 \\ 1 \end{pmatrix} \cdot \begin{pmatrix} 2 \\ 3 \\ -4 \end{pmatrix} = 1 \cdot 2 + 2 \cdot 3 + 1 \cdot (-4) = 4$$

$$\vec{a} = \begin{pmatrix} 2 \\ -1 \\ 4 \end{pmatrix}, \quad \vec{b} = \begin{pmatrix} 3 \\ -2 \\ -2 \end{pmatrix} \quad \Rightarrow \quad \vec{a} \cdot \vec{b} = \begin{pmatrix} 2 \\ -1 \\ 4 \end{pmatrix} \cdot \begin{pmatrix} 3 \\ -2 \\ -2 \end{pmatrix} = 2 \cdot 3 + (-1) \cdot (-2) + 4 \cdot (-2) = 0$$

Im Folgenden werden wir sehen, dass viele Probleme durch Anwendung des Skalarproduktes vereinfacht gelöst werden können. Oft benötigt man dabei beide Darstellungen des Skalarproduktes, die winkelbezogene Form $\vec{a} \cdot \vec{b} = |\vec{a}| \cdot |\vec{b}| \cdot \cos\gamma$ sowie die koordinatenbezogenen Formen $\vec{a} \cdot \vec{b} = a_1\,b_1 + a_2\,b_2$ bzw. $\vec{a} \cdot \vec{b} = a_1\,b_1 + a_2\,b_2 + a_3\,b_3$.

Übungen

2. Berechnen Sie in den abgebildeten Figuren das Skalarprodukt $\vec{a} \cdot \vec{b}$.

a) Verwenden Sie die Kosinusform des Skalarproduktes. Die benötigten Längen und Winkel können mit dem Geodreieck gemessen werden.

b) Verwenden Sie die Koordinatenform des Skalarproduktes.

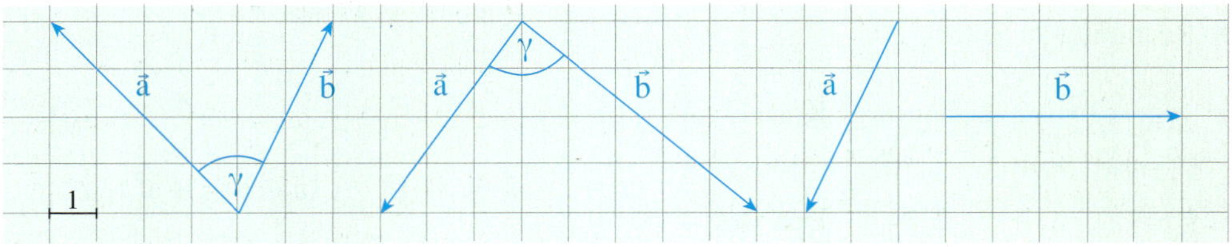

3. Berechnen Sie die angegebenen Skalarprodukte.

a)

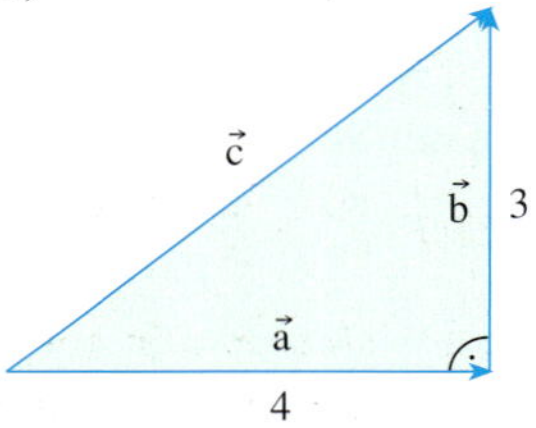

$\vec{a} \cdot \vec{b}$, $\vec{a} \cdot \vec{c}$, $\vec{b} \cdot \vec{c}$

b)

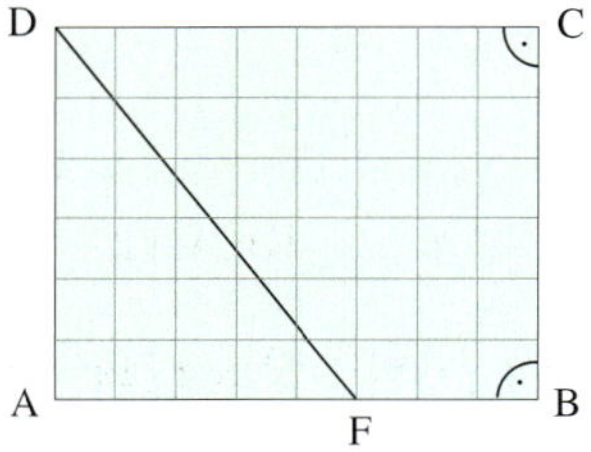

$\overrightarrow{DA} \cdot \overrightarrow{DF}$, $\overrightarrow{FB} \cdot \overrightarrow{FD}$, $\overrightarrow{AF} \cdot \overrightarrow{AD}$, $\overrightarrow{DC} \cdot \overrightarrow{DF}$

c)

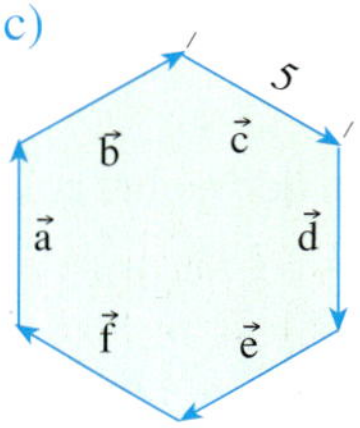

$\vec{a} \cdot \vec{b}$, $\vec{a} \cdot \vec{c}$, $\vec{a} \cdot \vec{d}$, $(\vec{a}+\vec{b}) \cdot \vec{c}$, $(\vec{a}+\vec{b}+\vec{c}) \cdot (\vec{d}+\vec{e}+\vec{f})$

4. Errechnen Sie die folgenden Skalarprodukte.

a) $\begin{pmatrix} 8 \\ -1 \\ 2 \end{pmatrix} \cdot \begin{pmatrix} 0 \\ 4 \\ 1 \end{pmatrix}$ b) $\begin{pmatrix} 2a \\ a \\ 1 \end{pmatrix} \cdot \begin{pmatrix} a \\ -a \\ a \end{pmatrix}$ c) $\begin{pmatrix} a \\ b \\ a \end{pmatrix} \cdot \begin{pmatrix} b \\ -a \\ 0 \end{pmatrix}$ d) $\begin{pmatrix} 4 \\ 2 \\ 1 \end{pmatrix} \cdot \begin{pmatrix} 8 \\ 3a \\ 3 \end{pmatrix} + \begin{pmatrix} 12 \\ -a \\ 2a \end{pmatrix} \cdot \begin{pmatrix} -3 \\ 2 \\ -2 \end{pmatrix}$

5. Wie muss a gewählt werden, wenn die folgenden Gleichungen gelten sollen?

a) $\begin{pmatrix} a \\ 2 \\ 4 \end{pmatrix} \cdot \begin{pmatrix} 2a \\ 1 \\ a \end{pmatrix} = 0$ b) $\begin{pmatrix} 1 \\ 2 \\ 1 \end{pmatrix} \cdot \begin{pmatrix} a \\ 2a \\ a \end{pmatrix} = 1$ c) $\begin{pmatrix} a-1 \\ 1 \\ 2 \end{pmatrix} \cdot \left(\begin{pmatrix} 1 \\ 1 \\ 2 \end{pmatrix} + \begin{pmatrix} 1 \\ 2 \\ a \end{pmatrix} \right) = 6$

6. Die Abbildung zeigt eine quadratische Pyramide mit den Seitenlängen $\overline{AB} = 6$, $\overline{BC} = 6$ sowie der Höhe $h = 3$.

a) Berechnen Sie die Skalarprodukte $\overrightarrow{SB} \cdot \overrightarrow{SC}$, $\overrightarrow{AD} \cdot \overrightarrow{DC}$, $\overrightarrow{AC} \cdot \overrightarrow{BD}$, $\overrightarrow{BA} \cdot \overrightarrow{BS}$.

b) Errechnen Sie das Skalarprodukt $\overrightarrow{SA} \cdot \overrightarrow{SB}$ mit der Koordinatenform. Errechnen Sie die Längen $\overline{SA}$ und $\overline{SB}$. Können Sie nun den Winkel $\alpha = \sphericalangle ASB$ bestimmen?

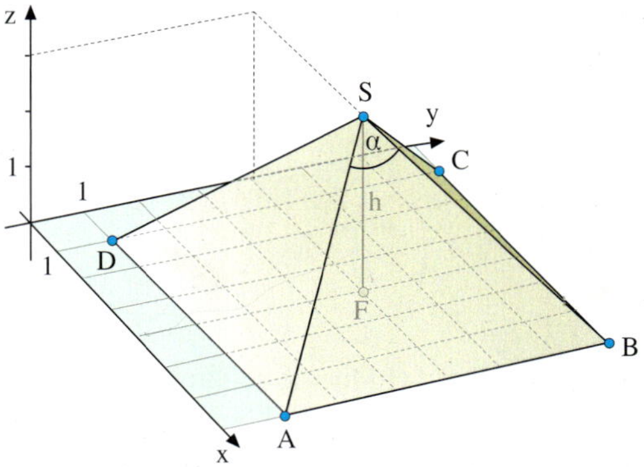

B. Rechenregeln für das Skalarprodukt

Für das Skalarprodukt von Vektoren gelten einige Rechengesetze, die wir nun auflisten und gelegentlich anwenden werden, vor allem bei theoretischen Herleitungen.

Rechenregeln für das Skalarprodukt

$\vec{a}\cdot\vec{b}=\vec{b}\cdot\vec{a}$ Kommutativgesetz

$(r\vec{a})\cdot\vec{b}=r(\vec{a}\cdot\vec{b})$ für $r\in\mathbb{R}$

$(\vec{a}+\vec{b})\cdot\vec{c}=\vec{a}\cdot\vec{c}+\vec{b}\cdot\vec{c}$ Distributivgesetz

$\vec{a}^2=\vec{a}\cdot\vec{a}>0$ für $\vec{a}\neq\vec{0}$

$\vec{a}^2=\vec{a}\cdot\vec{a}=0$ für $\vec{a}=\vec{0}$

Exemplarischer Beweis des Kommutativgesetzes:

1. Methode: Kosinusform des SP

$$\vec{a}\cdot\vec{b}=|\vec{a}|\cdot|\vec{b}|\cdot\cos\gamma=|\vec{b}|\cdot|\vec{a}|\cdot\cos\gamma=\vec{b}\cdot\vec{a}$$

2. Methode: Koordinatenform des SP

$$\vec{a}\cdot\vec{b}=\begin{pmatrix}a_1\\a_2\\a_3\end{pmatrix}\cdot\begin{pmatrix}b_1\\b_2\\b_3\end{pmatrix}=a_1b_1+a_2b_2+a_3b_3$$

$$=b_1a_1+b_2a_2+b_3a_3=\begin{pmatrix}b_1\\b_2\\b_3\end{pmatrix}\cdot\begin{pmatrix}a_1\\a_2\\a_3\end{pmatrix}=\vec{b}\cdot\vec{a}$$

Rechts sind exemplarisch zwei Beweise für das Kommutativgesetz aufgeführt. Analog lassen sich die übrigen Gesetze beweisen.
Darüber hinaus gelten weitere Rechenregeln für das Skalarprodukt, die sich aber alle aus den obigen grundlegenden Rechengesetzen sowie der Definition des Skalarproduktes herleiten lassen, wie z. B. die binomischen Formeln (vgl. Übung 9). Andere „wohlvertraute“ Rechenregeln wie z. B. das Assoziativgesetz gelten für das Skalarprodukt nicht.

Übung 7

Beweisen Sie das Rechengesetz $(r\vec{a})\cdot\vec{b}=r(\vec{a}\cdot\vec{b})$ für $r\in\mathbb{R}$ auf zwei Arten.

Übung 8

Zeigen Sie anhand eines Gegenbeispiels, dass das „Assoziativgesetz“ für das Skalarprodukt nicht gilt. Widerlegen Sie also $\vec{a}\cdot(\vec{b}\cdot\vec{c})=(\vec{a}\cdot\vec{b})\cdot\vec{c}$.

Übung 9

Weisen Sie nur mithilfe der obigen Rechengesetze die Gültigkeit folgender Formeln nach.

a) $(\vec{a}+\vec{b})^2=\vec{a}^2+2\vec{a}\vec{b}+\vec{b}^2$ b) $(\vec{a}+\vec{b})\cdot(\vec{a}-\vec{b})=\vec{a}^2-\vec{b}^2$

Übung 10

Widerlegen Sie folgende „Rechenregeln“, die beim Zahlenrechnen eine große Rolle spielen.

a) $(\vec{a}\cdot\vec{b})^2=\vec{a}^2\cdot\vec{b}^2$ b) $\vec{a}\cdot\vec{b}=0\Rightarrow\vec{a}=\vec{0}$ oder $\vec{b}=\vec{0}$

Übung 11

Zeigen Sie:

a) Sind zwei Vektoren gleich, so sind auch ihre Skalarprodukte mit einem 3. Vektor gleich.
b) Aus Skalarprodukten von Vektoren darf man im Allgemeinen nicht kürzen.
(Aus $\vec{x}\cdot\vec{c}=\vec{y}\cdot\vec{c}$ folgt nicht zwingend $\vec{x}=\vec{y}$.)

2. Winkel- und Flächenberechnungen

A. Der Winkel zwischen zwei Vektoren

Mithilfe des Skalarproduktes zweier Vektoren können sowohl ***Längen*** als auch ***Winkel*** auf vektorieller Basis gemessen werden. Die Grundlage bilden hierbei die beiden folgenden Sätze.

Bildet man das Skalarprodukt eines Vektors mit sich selbst, so erhält man das Quadrat des Betrages des Vektors:

$$\vec{a} \cdot \vec{a} = |\vec{a}| \cdot |\vec{a}| \cdot \cos 0° = |\vec{a}|^2.$$

Der Betrag eines Vektors

Für den Betrag (die Länge) eines Vektors $\vec{a}$ gilt die Formel

$$|\vec{a}|^2 = \vec{a} \cdot \vec{a} \text{ bzw. } |\vec{a}| = \sqrt{\vec{a} \cdot \vec{a}}.$$

Beispielsweise hat der Vektor $\vec{a} = \begin{pmatrix} 2 \\ 6 \\ -3 \end{pmatrix}$ die Länge 7, denn es gilt:

$$|\vec{a}|^2 = \vec{a} \cdot \vec{a} = \begin{pmatrix} 2 \\ 6 \\ -3 \end{pmatrix} \cdot \begin{pmatrix} 2 \\ 6 \\ -3 \end{pmatrix} = 4 + 36 + 9 = 49 \Rightarrow |\vec{a}| = \sqrt{49} = 7.$$

Zwei Vektoren $\vec{a}$ und $\vec{b}$ bilden stets zwei Winkel. Der kleinere der beiden Winkel wird als ***Winkel zwischen den Vektoren*** bezeichnet. Er kann mittels Skalarprodukt berechnet werden. Löst man die Skalarproduktgleichung $\vec{a} \cdot \vec{b} = |\vec{a}| \cdot |\vec{b}| \cdot \cos\gamma$ nach $\cos\gamma$ auf, so erhält man die sogenannte ***Kosinusformel***, die zur Winkelberechnung verwendet wird. 092-1

Die Kosinusformel

$\vec{a}$ und $\vec{b}$ seien vom Nullvektor verschiedene Vektoren und γ sei der Winkel zwischen ihnen. Dann gilt:

$$\cos\gamma = \frac{\vec{a} \cdot \vec{b}}{|\vec{a}| \cdot |\vec{b}|}.$$

Beispiel: Winkel zwischen zwei Vektoren

Errechnen Sie den Winkel zwischen den Spaltenvektoren $\vec{a} = \begin{pmatrix} 4 \\ 5 \\ 3 \end{pmatrix}$ und $\vec{b} = \begin{pmatrix} 7 \\ 5 \\ 1 \end{pmatrix}$.

Lösung:

Wir errechnen zunächst die Beträge von $\vec{a}$ und $\vec{b}$: $|\vec{a}| = \sqrt{\vec{a} \cdot \vec{a}} = \sqrt{50}$, $|\vec{b}| = \sqrt{75}$.

Nun wenden wir die Kosinusformel an:

$$\cos\gamma = \frac{\vec{a} \cdot \vec{b}}{|\vec{a}| \cdot |\vec{b}|} = \frac{56}{\sqrt{50} \cdot \sqrt{75}} \approx 0{,}9145.$$

Mit dem Taschenrechner (arccos-Taste) folgt $\gamma \approx 23{,}87°$.

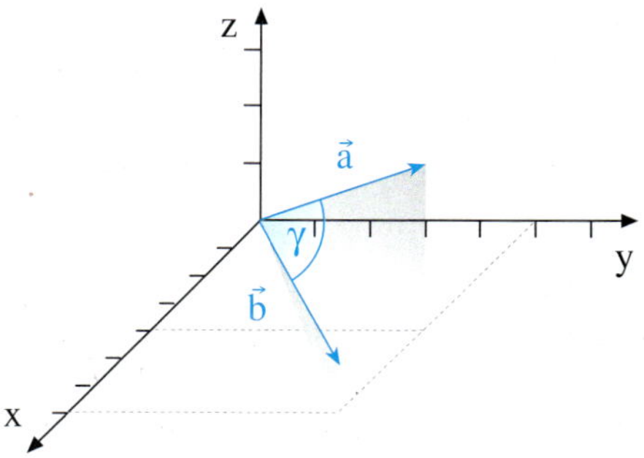

Beispiel: Winkel im Dreieck

Gegeben sei das Dreieck mit den Ecken P(5 | 5 | 1), Q(6 | 1 | 2), R(1 | 0 | 4). Bestimmen Sie die Größe des Innenwinkels γ am Punkt R des Dreiecks.

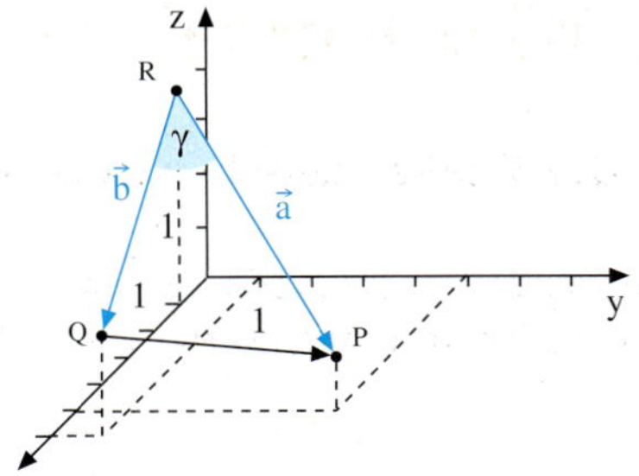

Lösung:
Wir stellen die beiden Dreiecksseiten, die am Winkel γ anliegen, zunächst durch die Vektoren $\vec{a} = \overrightarrow{RP}$ und $\vec{b} = \overrightarrow{RQ}$ dar.

$$\vec{a} = \overrightarrow{RP} = \overrightarrow{OP} - \overrightarrow{OR} = \begin{pmatrix} 5 \\ 5 \\ 1 \end{pmatrix} - \begin{pmatrix} 1 \\ 0 \\ 4 \end{pmatrix} = \begin{pmatrix} 4 \\ 5 \\ -3 \end{pmatrix}$$

γ lässt sich als Winkel zwischen diesen Vektoren $\vec{a}$ und $\vec{b}$ auffassen.
Nun können wir mithilfe der Kosinusformel den Kosinus des Winkels γ bestimmen.
Wir erhalten $\cos\gamma \approx 0{,}8004$.
Hieraus folgt unmittelbar $\gamma \approx 36{,}83°$.

$$\vec{b} = \overrightarrow{RQ} = \overrightarrow{OQ} - \overrightarrow{OR} = \begin{pmatrix} 6 \\ 1 \\ 2 \end{pmatrix} - \begin{pmatrix} 1 \\ 0 \\ 4 \end{pmatrix} = \begin{pmatrix} 5 \\ 1 \\ -2 \end{pmatrix}$$

$$\cos\gamma = \frac{\vec{a} \cdot \vec{b}}{|\vec{a}| \cdot |\vec{b}|} = \frac{20 + 5 + 6}{\sqrt{50} \cdot \sqrt{30}} \approx 0{,}8004$$

$$\gamma \approx 36{,}83°$$

Übung 1

Bestimmen Sie die Größe des Winkels zwischen den Vektoren $\vec{a}$ und $\vec{b}$.

a) $\vec{a} = \begin{pmatrix} 3 \\ 1 \end{pmatrix}, \vec{b} = \begin{pmatrix} 3 \\ -3 \end{pmatrix}$ b) $\vec{a} = \begin{pmatrix} 1 \\ 2 \\ -3 \end{pmatrix}, \vec{b} = \begin{pmatrix} -2 \\ -4 \\ 0 \end{pmatrix}$ c) $\vec{a} = \begin{pmatrix} 4 \\ 3 \\ 4 \end{pmatrix}, \vec{b} = \begin{pmatrix} 2 \\ -4 \\ 1 \end{pmatrix}$

Übung 2

Bestimmen Sie die Größe des Winkels α mithilfe von Spaltenvektoren.

a)

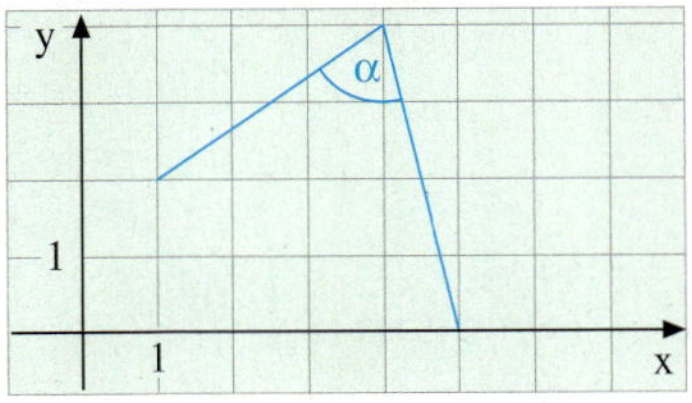

b)

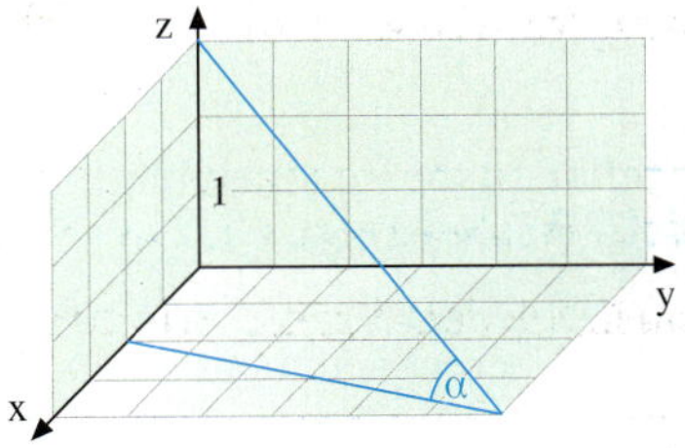

Übung 3

Bestimmen Sie alle Winkel im Dreieck PQR.

a) P(3 | 4), Q(6 | 3), R(3 | 0)
b) P(3 | 4 | 1), Q(6 | 3 | 2), R(3 | 0 | 3)
c) P(6 | 3 | 8), Q(7 | 4 | 3), R(4 | 4 | 2)
d) P(1 | 2 | 2), Q(3 | 4 | 2), R(2 | 3 | $2 + \sqrt{3}$)

Übung 4

Gegeben sind die Vektoren $\vec{a} = \begin{pmatrix} 4 \\ 4 \\ 2 \end{pmatrix}$ und $\vec{b} = \begin{pmatrix} 6 \\ 0 \\ z \end{pmatrix}$. Wie muss die Koordinate z gewählt werden, damit der Winkel zwischen $\vec{a}$ und $\vec{b}$ eine Größe von 45° hat?

B. Orthogonale Vektoren

Zwei Vektoren $\vec{a}$ und $\vec{b}$ ($\vec{a}, \vec{b} \neq \vec{0}$) werden als zueinander ***orthogonale Vektoren*** bezeichnet, wenn sie senkrecht aufeinander stehen. Man verwendet hierfür die symbolische Schreibweise $\vec{a} \perp \vec{b}$.

Mithilfe des Skalarproduktes kann man besonders einfach überprüfen, ob zwei Vektoren orthogonal sind. Das Skalarprodukt der Vektoren ist dann nämlich gleich null, weil für $\gamma = 90°$ gilt:

$\vec{a} \cdot \vec{b} = |\vec{a}| \cdot |\vec{b}| \cdot \cos 90° = |\vec{a}| \cdot |\vec{b}| \cdot 0 = 0.$

Orthogonalitätskriterium

Zwei Vektoren $\vec{a}$ und $\vec{b}$ ($\vec{a}, \vec{b} \neq \vec{0}$) sind genau dann orthogonal (senkrecht), wenn ihr Skalarprodukt null ist.

$$\vec{a} \perp \vec{b} \quad \Leftrightarrow \quad \vec{a} \cdot \vec{b} = 0$$

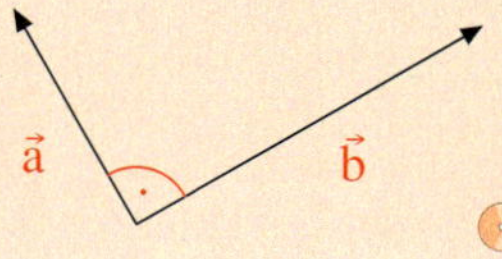

094-1

Beispiel: Orthogonale Vektoren

Prüfen Sie, ob zwei der drei Vektoren orthogonal sind.

$$\vec{a} = \begin{pmatrix} 1 \\ 2 \\ 4 \end{pmatrix}, \vec{b} = \begin{pmatrix} 1 \\ 2 \\ -1 \end{pmatrix}, \vec{c} = \begin{pmatrix} 8 \\ 2 \\ -3 \end{pmatrix}$$

Lösung:

$\vec{a} \cdot \vec{b} = 1 \quad \Rightarrow \quad \vec{a}, \vec{b}$ sind nicht orthogonal.

$\vec{a} \cdot \vec{c} = 0 \quad \Rightarrow \quad \vec{a}, \vec{c}$ sind orthogonal.

$\vec{b} \cdot \vec{c} = 15 \quad \Rightarrow \quad \vec{b}, \vec{c}$ sind nicht orthogonal.

Beispiel: Rechtwinkliges Dreieck

Prüfen Sie, ob das Dreieck mit den Eckpunkten $A(0|0|4)$, $B(2|2|2)$, $C(0|3|1)$ rechtwinklig ist (Schrägbild anfertigen).

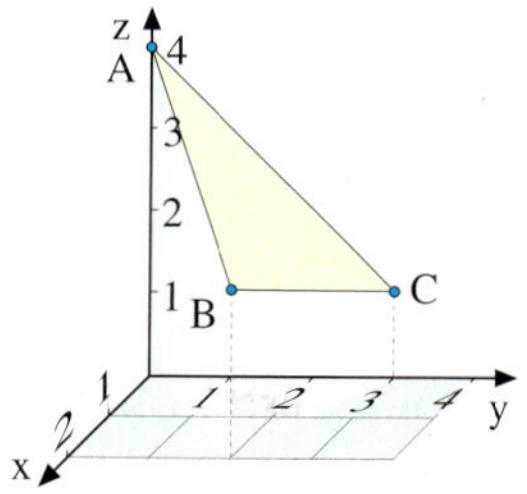

Lösung:

Im Schrägbild ist die Rechtwinkligkeit des Dreiecks nicht erkennbar.

Bilden wir jedoch rechnerisch die Seitenvektoren und berechnen dann deren Skalarprodukte, so stellt sich heraus, dass das Dreieck bei B rechtwinklig ist.

$$\overrightarrow{AB} = \begin{pmatrix} 2 \\ 2 \\ -2 \end{pmatrix}, \overrightarrow{AC} = \begin{pmatrix} 0 \\ 3 \\ -3 \end{pmatrix}, \overrightarrow{BC} = \begin{pmatrix} -2 \\ 1 \\ -1 \end{pmatrix}$$

$$\overrightarrow{AB} \cdot \overrightarrow{AC} = 12, \overrightarrow{BA} \cdot \overrightarrow{BC} = 0, \overrightarrow{CB} \cdot \overrightarrow{CA} = 6$$

Beispiel: Termvereinfachung

Gegeben sind zwei Vektoren $\vec{a}$ und $\vec{b}$ mit den Eigenschaften $|\vec{a}| = 2$, $|\vec{b}| = 1$ und $\vec{a} \perp \vec{b}$. Vereinfachen Sie den Term $(\vec{a} + \vec{b}) \cdot (2\vec{a} - 3\vec{b})$.

Lösung:

$(\vec{a} + \vec{b}) \cdot (2\vec{a} - 3\vec{b}) =$

$= 2\vec{a}^2 - 3\vec{a} \cdot \vec{b} + 2\vec{b} \cdot \vec{a} - 3\vec{b}^2$

$= 2|\vec{a}|^2 - \vec{a} \cdot \vec{b} - 3|\vec{b}|^2$

$= 2 \cdot 4 - 0 - 3 \cdot 1$

$= 5$

Das Skalarprodukt wird häufig zur Bestimmung eines ***Normalenvektors*** verwendet. Das ist ein Vektor, der auf zwei gegebenen Vektoren bzw. auf der von diesen Vektoren aufgespannten Fläche senkrecht steht.

Beispiel: Normalenvektor

Gegeben sind die abgebildeten Spaltenvektoren $\vec{a}$ und $\vec{b}$.
Gesucht ist ein Vektor $\vec{x}$, der sowohl auf $\vec{a}$ als auch auf $\vec{b}$ senkrecht steht.

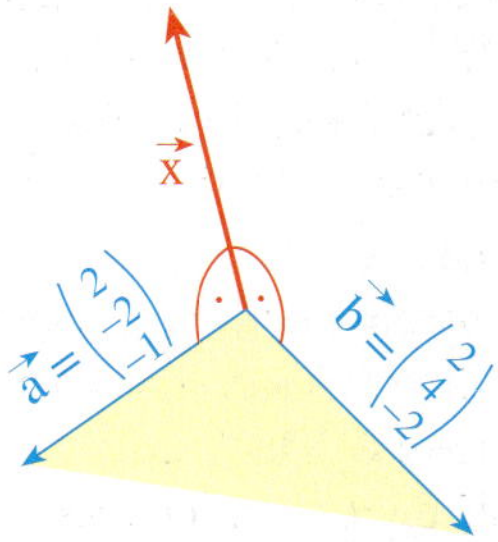

Lösung:
Wir verwenden den Ansatz $\vec{x} = \begin{pmatrix} x \\ y \\ z \end{pmatrix}$.

Da $\vec{a}$ und $\vec{b}$ orthogonal zu $\vec{x}$ sein sollen, müssen die Bedingungen $\vec{a} \cdot \vec{x} = 0$ und $\vec{b} \cdot \vec{x} = 0$ gelten.
Durch Einsetzen von Spaltenvektoren erhalten wir ein lineares Gleichungssystem mit zwei Gleichungen in drei Variablen.
Der Wert einer Variablen kann also frei gewählt werden (hier z. B. $y = 1$).
Die Werte der beiden anderen Variablen werden dann durch sukzessive Rückeinsetzung gewonnen.

Resultat: z. B. $\vec{x} = \begin{pmatrix} 4 \\ 1 \\ 6 \end{pmatrix}$

Orthogonalitätsbedingungen:

$\vec{a} \cdot \vec{x} = 0$: $\begin{pmatrix} 2 \\ -2 \\ -1 \end{pmatrix} \cdot \begin{pmatrix} x \\ y \\ z \end{pmatrix} = 0$

$\vec{b} \cdot \vec{x} = 0$: $\begin{pmatrix} 2 \\ 4 \\ -2 \end{pmatrix} \cdot \begin{pmatrix} x \\ y \\ z \end{pmatrix} = 0$

lineares Gleichungssystem:

I: $2x - 2y - z = 0$
II: $2x + 4y - 2z = 0$

Lösung des Gleichungssystems:

III = II − I: $6y - z = 0$
$y = 1$ (frei gewählt)
$z = 6$ (durch Rückeinsetzung in III)
$x = 4$ (durch Rückeinsetzung in I)

Übung 5 Paare orthogonaler Vektoren

Suchen Sie unter den gegebenen Vektoren alle Paare orthogonaler Vektoren.

$\vec{a} = \begin{pmatrix} 3 \\ 2 \\ 0 \end{pmatrix}$ $\vec{b} = \begin{pmatrix} 0 \\ 4 \\ 2 \end{pmatrix}$ $\vec{c} = \begin{pmatrix} 2 \\ -3 \\ 6 \end{pmatrix}$ $\vec{d} = \begin{pmatrix} 4 \\ 1 \\ 1 \end{pmatrix}$ $\vec{e} = \begin{pmatrix} 1 \\ a \\ 1 \end{pmatrix}$ $\vec{f} = \begin{pmatrix} -a \\ 2a \\ 0 \end{pmatrix}$

Übung 6 Rechtwinklige Dreiecke

Untersuchen Sie, ob das Dreieck ABC rechtwinklig ist.

a) $A(2|2|0)$, $B(1|4|2)$, $C(-1|4|0{,}5)$
b) $A(5|1|2)$, $B(2|4|2)$, $C(-1|1|2)$
c) $A(3|4|-1)$, $B(5|5|1)$, $C(3|7|2)$
d) $A(2|1|0)$, $B(3|3|2)$, $C(a|0|-1)$

Übung 7 Normalenvektor

Gesucht ist jeweils ein Vektor $\vec{x}$, der sowohl zu $\vec{a}$ als auch zu $\vec{b}$ orthogonal ist.

a) $\vec{a} = \begin{pmatrix} 1 \\ 1 \\ -1 \end{pmatrix}, \vec{b} = \begin{pmatrix} 3 \\ 3 \\ 2 \end{pmatrix}$
b) $\vec{a} = \begin{pmatrix} 2 \\ 3 \\ 1 \end{pmatrix}, \vec{b} = \begin{pmatrix} -2 \\ 3 \\ 3 \end{pmatrix}$
c) $\vec{a} = \begin{pmatrix} 4 \\ 5 \\ -3 \end{pmatrix}, \vec{b} = \begin{pmatrix} 2 \\ 5 \\ 1 \end{pmatrix}$

C. Der Flächeninhalt eines Dreiecks

Flächeninhalt eines Dreiecks
Spannen die Vektoren $\vec{a}$ und $\vec{b}$ im Anschauungsraum ein Dreieck auf, so gilt für dessen Flächeninhalt A die Formel:

$$A = \frac{1}{2}\sqrt{\vec{a}^2 \cdot \vec{b}^2 - (\vec{a}\cdot\vec{b})^2}.$$

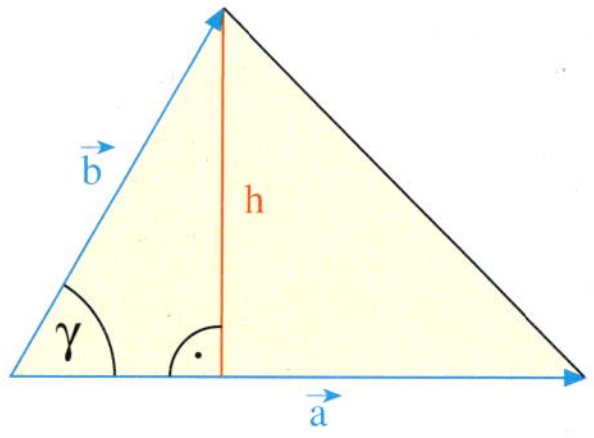

Beweis:
Ausgehend von der Standardformel für den Dreieckinhalt

$$A = \frac{1}{2} g \cdot h = \frac{1}{2} |\vec{a}| \cdot h$$

ergibt sich die obige Formel nach nebenstehender Rechnung.
Dabei kommen die trigonometrische Beziehung $\sin\gamma = \frac{h}{|\vec{b}|}$ und die Kosinusformel $\vec{a}\cdot\vec{b} = |\vec{a}| \cdot |\vec{b}| \cdot \cos\gamma$ zur Anwendung.

Rechnung:

$$\begin{aligned} A &= \tfrac{1}{2} |\vec{a}| \cdot h = \tfrac{1}{2} |\vec{a}| \cdot |\vec{b}| \cdot \sin\gamma \\ &= \tfrac{1}{2}\sqrt{|\vec{a}|^2 \cdot |\vec{b}|^2 \cdot \sin^2\gamma} \\ &= \tfrac{1}{2}\sqrt{|\vec{a}|^2 \cdot |\vec{b}|^2 \cdot (1 - \cos^2\gamma)} \\ &= \tfrac{1}{2}\sqrt{|\vec{a}|^2 \cdot |\vec{b}|^2 - |\vec{a}|^2 \cdot |\vec{b}|^2 \cdot \cos^2\gamma} \\ &= \tfrac{1}{2}\sqrt{\vec{a}^2 \cdot \vec{b}^2 - (\vec{a}\cdot\vec{b})^2} \end{aligned}$$

Beispiel: Bestimmen Sie den Inhalt des Dreiecks mit den Eckpunkten $A(1|2|5)$, $B(4|5|1)$, $C(-2|6|2)$.

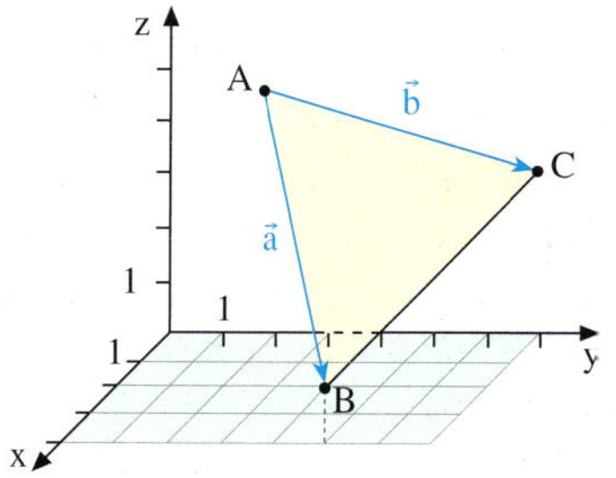

Lösung:
Das Dreieck wird von den beiden Vektoren $\vec{a} = \overrightarrow{AB} = \begin{pmatrix} 3 \\ 3 \\ -4 \end{pmatrix}$ und $\vec{b} = \overrightarrow{AC} = \begin{pmatrix} -3 \\ 4 \\ -3 \end{pmatrix}$ aufgespannt. Der Flächeninhalt des von $\vec{a}$ und $\vec{b}$ aufgespannten Dreiecks wird mit der oben aufgeführten Formel berechnet.
Resultat: $A_{\text{Dreieck}} \approx 15{,}26$.

$$\begin{aligned} A_{\text{Dreieck}} &= \tfrac{1}{2} \cdot \sqrt{\vec{a}^2 \cdot \vec{b}^2 - (\vec{a}\cdot\vec{b})^2} \\ &= \tfrac{1}{2} \cdot \sqrt{34 \cdot 34 - 15^2} \approx 15{,}26 \end{aligned}$$

Übung 8
Bestimmen Sie den Oberflächeninhalt der dreiseitigen Pyramide
a) mit den Eckpunkten $A(3|3|0)$, $B(1|1|4)$, $C(6|0|2)$, $D(4|4|3)$ und
b) aus nebenstehendem Bild.

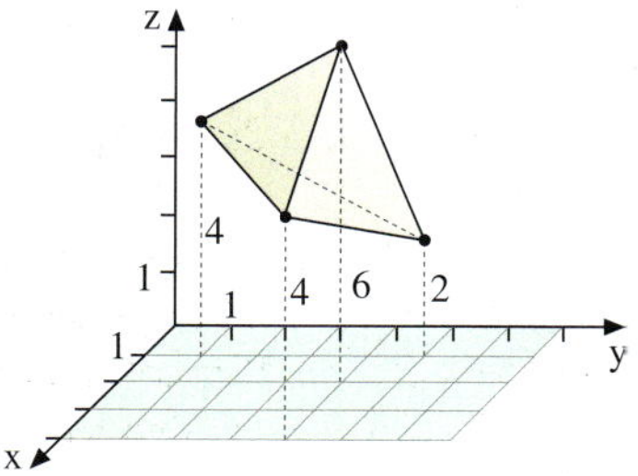

Übung 9
Wie muss z gewählt werden, damit das Dreieck ABC den Inhalt 15 besitzt?
$A(1|1|2)$, $B(1|-2|z)$, $C(7|-2|6)$

Übungen

10. Gegeben ist das Dreieck ABC mit $A(6|1|2)$, $B(5|5|1)$ und $C(1|0|4)$.
a) Fertigen Sie ein Schrägbild des Dreiecks an und berechnen Sie seine Innenwinkel.
b) Welchen Flächeninhalt hat das Dreieck ABC?

11. Bestimmen Sie mithilfe des Skalarproduktes die Innenwinkel ε und ϕ im abgebildeten Parallelogramm. Berechnen Sie den Flächeninhalt des Parallelogramms konventionell und mittels Skalarprodukt (Hinweis: doppeltes Dreieck).

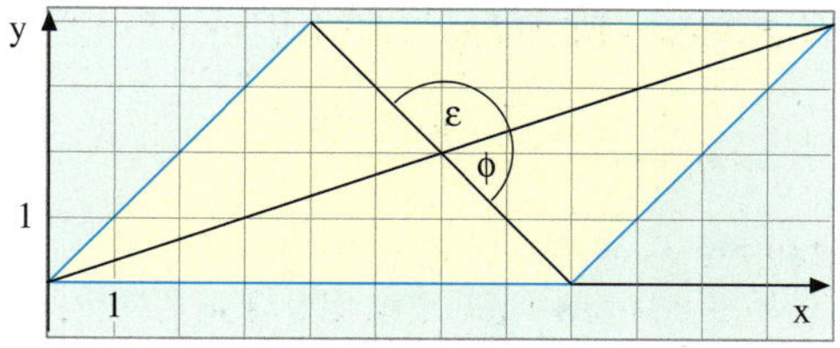

12. Bestimmen Sie einen Punkt C so. dass $\overrightarrow{AB}$ und $\overrightarrow{AC}$ orthogonal zueinander sind.
a) $A(2|-1|1)$, $B(0|2|-3)$ b) $A(-5|3|4)$, $B(7|-3|6)$ c) $A(7|-4|1)$, $B(9|-1|13)$

13. Bestimmen Sie die Koordinaten eines Punktes C so, dass das Dreieck ABC mit $A(1|1)$ und $B(4|5)$ rechtwinklig und gleichschenklig ist.

14. Winkel im Quader
Ein Quader hat die Grundflächenmaße 4×3. Wie muss seine Höhe gewählt werden, wenn seine Raumdiagonalen sich senkrecht schneiden sollen?

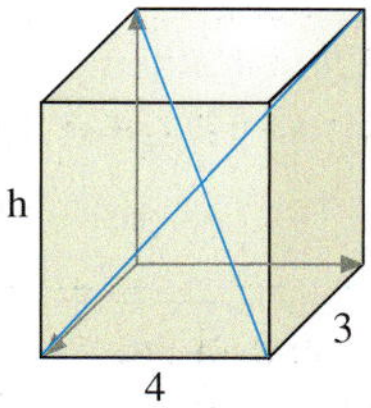

15. Doppelpyramide
Ein Edelstein hat die Form einer quadratischen Doppelpyramide mit den in der Zeichnung angegebenen Maßen (Abstände gegenüberliegender Ecken).
a) Welche Innenwinkel hat ein Seitendreieck der Pyramide?
b) Wie groß sind die Winkel $\sphericalangle ASC$ bzw. $\sphericalangle SBT$?
c) Wie groß ist die Oberfläche des Körpers?

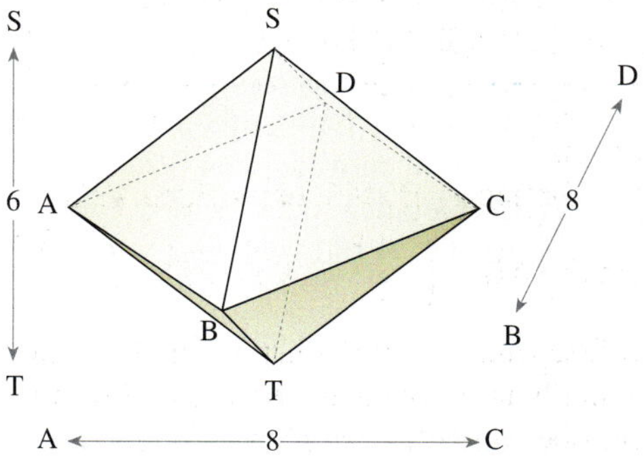

16. Pyramidenstumpf
Betrachtet wird ein regelmäßiger quadratischer Pyramidenstumpf (Abb.).
a) Bestimmen Sie alle Eckpunktkoordinaten.
b) Errechnen Sie den Winkel $\sphericalangle ABF$.
c) Schneiden sich die Diagonalen $\overline{BH}$ und $\overline{DF}$? In welchem Winkel stehen sie zueinander bzw. schneiden sie sich?
d) Welchen Oberflächeninhalt hat der Pyramidenstumpf?

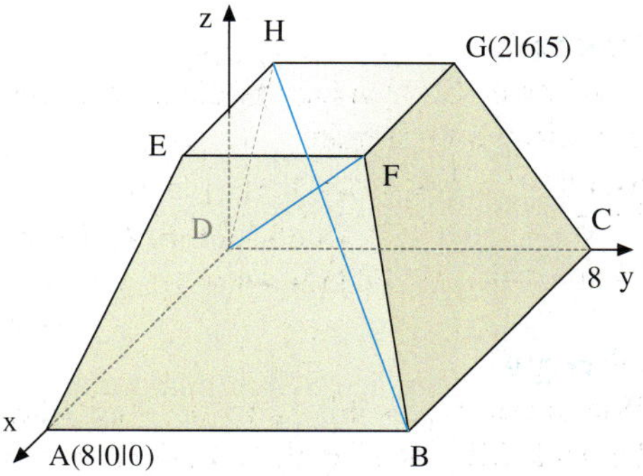

3. Der Winkel zwischen Geraden

Schneiden sich zwei Geraden in der Ebene oder im Raum in einem Punkt S, so bilden sie dort zwei Paare von Scheitelwinkeln. Einer der beiden Winkel überschreitet 90° nicht. Diesen Winkel bezeichnet man als ***Schnittwinkel der Geraden***. Man kann ihn mithilfe der Kosinusformel (s. S. 92) berechnen.

Schnittwinkel von Geraden

g und h seien zwei Geraden mit den Richtungsvektoren $\vec{m}_1$ und $\vec{m}_2$. Dann gilt für ihren Schnittwinkel γ:

$$\cos\gamma = \frac{|\vec{m}_1 \cdot \vec{m}_2|}{|\vec{m}_1| \cdot |\vec{m}_2|}.$$

098-1

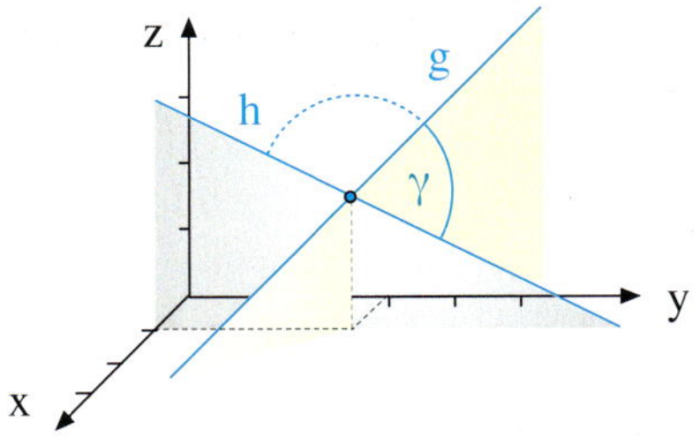

Beispiel: Die Geraden g: $\vec{x} = \begin{pmatrix} -2 \\ 7 \\ 6 \end{pmatrix} + r\begin{pmatrix} -3 \\ 4 \\ 4 \end{pmatrix}$ und h: $\vec{x} = \begin{pmatrix} 1 \\ -4 \\ 5 \end{pmatrix} + s\begin{pmatrix} 0 \\ -7 \\ 3 \end{pmatrix}$ schneiden sich im Punkt S(1 | 3 | 2). Bestimmen Sie den Schnittwinkel γ der Geraden.

Lösung:
Wir orientieren uns am obigen Bild. Denken wir uns die Richtungsvektoren der beiden Geraden im Schnittpunkt S angesetzt, so schließen sie entweder den Schnittwinkel γ der Geraden oder dessen Ergänzungswinkel $\gamma' = 180° - \gamma$ ein.

Es reicht also zunächst aus, den Winkel δ zwischen den Richtungsvektoren $\vec{m}_1$ und $\vec{m}_2$ zu berechnen. Wir erhalten für den Winkel $\delta \approx 109{,}15°$. Dies bedeutet, dass wir γ' bestimmt haben. γ hat daher die Größe 70,85°.

1. Winkel zwischen $\vec{m}_1$ und $\vec{m}_2$:

$$\vec{m}_1 = \begin{pmatrix} -3 \\ 4 \\ 4 \end{pmatrix}, \vec{m}_2 = \begin{pmatrix} 0 \\ -7 \\ 3 \end{pmatrix}$$

$$\cos\delta = \frac{\vec{m}_1 \cdot \vec{m}_2}{|\vec{m}_1| \cdot |\vec{m}_2|} = \frac{-16}{\sqrt{41} \cdot \sqrt{58}} \approx -0{,}3281$$

$$\delta \approx 109{,}15°$$

2. Schnittwinkel von g und h:

$$\gamma \approx 180° - 109{,}15° = 70{,}85°$$

Noch einfacher ist es, die Kosinusformel leicht zu verändern durch Betragsbildung im Zähler, wie oben im roten Kasten geschehen. Dann erhält man sofort den Schnittwinkel γ. (Begründen Sie dies!)

Übung 1

Bestimmen Sie den Schnittpunkt und den Schnittwinkel der Geraden g und h.

a) g: $\vec{x} = \begin{pmatrix} 0 \\ 2 \\ 1 \end{pmatrix} + r \cdot \begin{pmatrix} 1 \\ 1 \\ 2 \end{pmatrix}$, h: $\vec{x} = \begin{pmatrix} 0 \\ 1 \\ -4 \end{pmatrix} + s \cdot \begin{pmatrix} 2 \\ 1 \\ -1 \end{pmatrix}$

b) g: $\vec{x} = \begin{pmatrix} 1 \\ -2 \end{pmatrix} + r \cdot \begin{pmatrix} 1 \\ 2 \end{pmatrix}$, h: $\vec{x} = \begin{pmatrix} 0 \\ 4 \end{pmatrix} + s \cdot \begin{pmatrix} -1 \\ 2 \end{pmatrix}$

Stehen zwei Geraden orthogonal zueinander, so lässt sich dieses sofort anhand der Orthogonalität der Richtungsvektoren feststellen. Es gilt folgende ***Orthogonalitätsbedingung***:

Orthogonalitätsbedingung
Zwei Geraden, die sich schneiden, stehen senkrecht aufeinander, wenn ihre Richtungsvektoren orthogonal sind (d. h., wenn das Skalarprodukt der Richtungsvektoren null ergibt.)

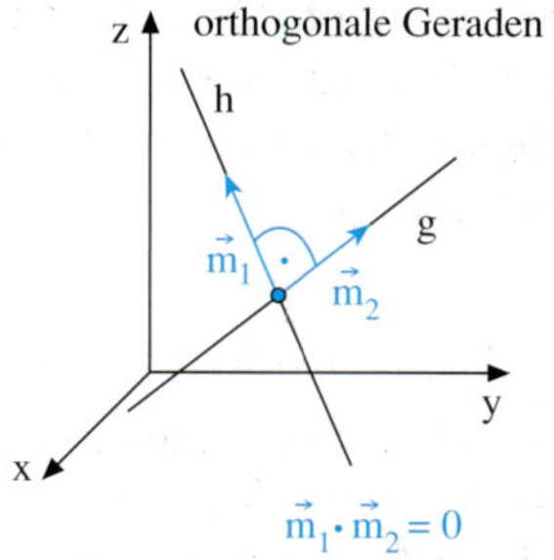

Übung 2
Überprüfen Sie, ob g und h senkrecht stehen oder ob sie für einen Wert von a senkrecht stehen können.

a) $g: \vec{x} = \begin{pmatrix} 2 \\ 3 \end{pmatrix} + r\begin{pmatrix} 1 \\ 1 \end{pmatrix}$, $h: \vec{x} = \begin{pmatrix} 2 \\ 9 \end{pmatrix} + s\begin{pmatrix} 2 \\ 1 \end{pmatrix}$

b) $g: \vec{x} = \begin{pmatrix} 1 \\ 1 \\ 2 \end{pmatrix} + r\begin{pmatrix} 3 \\ -2 \\ 1 \end{pmatrix}$, $h: \vec{x} = \begin{pmatrix} 4 \\ -1 \\ 2 \end{pmatrix} + s\begin{pmatrix} 2 \\ 1 \\ -4 \end{pmatrix}$

c) $g: \vec{x} = \begin{pmatrix} 3 \\ 3 \end{pmatrix} + r\begin{pmatrix} 3 \\ -1 \end{pmatrix}$, $h: \vec{x} = \begin{pmatrix} 4 \\ 6 \end{pmatrix} + s\begin{pmatrix} -1 \\ a \end{pmatrix}$

d) $g: \vec{x} = \begin{pmatrix} 3 \\ 0 \\ 1 \end{pmatrix} + r\begin{pmatrix} 2 \\ 1 \\ -4 \end{pmatrix}$, $h: \vec{x} = \begin{pmatrix} 1 \\ 2 \\ -3 \end{pmatrix} + s\begin{pmatrix} a \\ 2 \\ -1 \end{pmatrix}$

Übung 3
Bestimmen Sie den Schnittpunkt und den Schnittwinkel der Geraden g und h.

a) $g: \vec{x} = \begin{pmatrix} 1 \\ 2 \end{pmatrix} + r\begin{pmatrix} 3 \\ 1 \end{pmatrix}$, $h: \vec{x} = \begin{pmatrix} 4 \\ 1 \end{pmatrix} + s\begin{pmatrix} 1 \\ 1 \end{pmatrix}$

b) $g: \vec{x} = \begin{pmatrix} 3 \\ 1 \\ 4 \end{pmatrix} + r\begin{pmatrix} 2 \\ 2 \\ -2 \end{pmatrix}$, $h: \vec{x} = \begin{pmatrix} 2 \\ 3 \\ -1 \end{pmatrix} + s\begin{pmatrix} 1 \\ 2 \\ -3 \end{pmatrix}$

c) g durch A(2 | 1) und B(3 | 2),
h durch C(2 | 7) und D(4 | 5)

d) g durch A(3 | 2 | 5) und B(5 | 6 | 3),
h durch C(4 | 3 | 7) und D(−2 | −6 | 4)

Übung 4
Unter welchen Winkeln schneidet die Ursprungsgerade $g: \vec{x} = r\begin{pmatrix} 1 \\ 2 \\ 4 \end{pmatrix}$ die Koordinatenachsen?

Übung 5
Bestimmen Sie t so, dass die Gerade durch P(6 | 4 | t) die x-Achse bei x = 3 unter 60° schneidet.

Übung 6
Gegeben ist ein Dreieck ABC mit A(1 | 2), B(9 | 0) und C(5 | 6).
a) Stellen Sie Parametergleichungen der Mittelsenkrechten g_{AB} und g_{AC} auf.
b) Berechnen Sie den Schnittpunkt der Mittelsenkrechten g_{AB} und g_{AC}.
c) Stellen Sie das Dreieck ABC sowie die Mittelsenkrechten g_{AB} und g_{AC} zeichnerisch dar.

4. Anwendungen des Skalarproduktes

A. Elementargeometrische Beweise

Das Skalarprodukt wird häufig für Winkelberechnungen verwendet. Aber es kann auch zum Nachweis elementargeometrischer Eigenschaften und Sätze eingesetzt werden, die mit Orthogonalität zu tun haben, was im Folgenden angesprochen wird.

Beispiel: Beweis des Höhensatzes
Gegeben sei ein rechtwinkliges Dreieck ABC mit der Höhe h und den Hypotenusenabschnitten p und q.
Beweisen Sie: $h^2 = p \cdot q$.

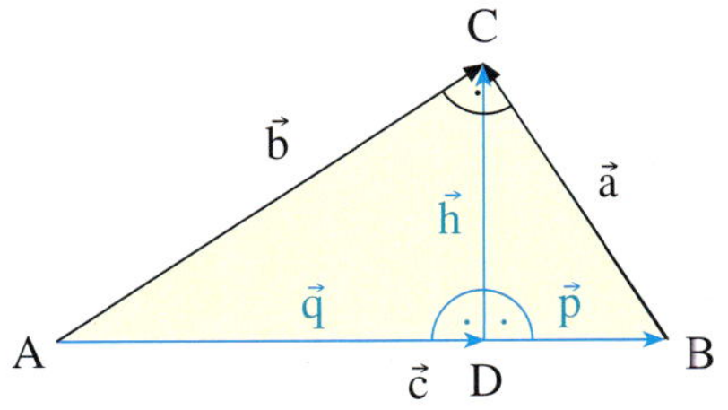

Lösung:
Wir belegen zunächst die Seiten, Höhe und die Hypotenusenabschnitte mit Vektoren, wie abgebildet. Dann nehmen wir alle Voraussetzungen in eine Sammlung auf zum Zweck des späteren Gebrauchs. Schließlich weisen wir durch eine Kettenrechnung $h^2 = p \cdot q$ nach.

Beweis:

h^2	$= \lvert\vec{h}\rvert^2 = \vec{h}\cdot\vec{h}$	Rechengesetz
	$= (\vec{b}-\vec{q})\cdot\vec{h}$	nach (3)
	$= \vec{b}\cdot\vec{h} - \vec{q}\cdot\vec{h}$	Rechengesetz
	$= \vec{b}\cdot\vec{h}$	nach (8)
	$= \vec{b}\cdot(\vec{a}+\vec{p})$	nach (4)
	$= \vec{b}\cdot\vec{a} + \vec{b}\cdot\vec{p}$	Rechengesetz
	$= \vec{b}\cdot\vec{p}$	nach (5)
	$= (\vec{q}+\vec{h})\cdot\vec{p}$	nach (3)
	$= \vec{q}\cdot\vec{p} + \vec{h}\cdot\vec{p}$	Rechengesetz
	$= \vec{q}\cdot\vec{p}$	nach (7)
	$= \lvert\vec{q}\rvert\cdot\lvert\vec{p}\rvert\cdot\cos 0^\circ$	Definition des SP
	$= \lvert\vec{q}\rvert\cdot\lvert\vec{p}\rvert$	da $\cos 0^\circ = 1$ ist
	$= p\cdot q$	

Vektorbelegungen:

$\vec{a} = \overrightarrow{BC}$, $\vec{b} = \overrightarrow{AC}$, $\vec{c} = \overrightarrow{AB}$, $\vec{h} = \overrightarrow{DC}$,
$\vec{q} = \overrightarrow{AD}$, $\vec{p} = \overrightarrow{DB}$

Sammlung der Voraussetzungen:

(1) $\vec{c} = \vec{q} + \vec{p}$
(2) $\vec{c} = \vec{b} - \vec{a}$
(3) $\vec{h} = \vec{b} - \vec{q}$
(4) $\vec{h} = \vec{a} + \vec{p}$
(5) $\vec{a} \perp \vec{b}$, d.h. $\vec{a}\cdot\vec{b} = 0$
(6) $\vec{h} \perp \vec{c}$, d.h. $\vec{h}\cdot\vec{c} = 0$
(7) $\vec{h} \perp \vec{p}$, d.h. $\vec{h}\cdot\vec{p} = 0$
(8) $\vec{h} \perp \vec{q}$, d.h. $\vec{h}\cdot\vec{q} = 0$

Übung 1 Kathetensatz
Im rechtwinkligen Dreieck gelten die Beziehungen $a^2 = p \cdot c$ und $b^2 = q \cdot c$. Beweisen Sie diese mithilfe des Skalarproduktes. Gehen Sie ähnlich vor wie im obigen Beispiel.

Übung 2 Alternativer Beweis des Höhensatzes
Erläutern Sie den folgenden Kurzbeweis des Höhensatzes schrittweise (siehe Zeichnung oben):
$0 = \vec{a}\cdot\vec{b} = (\vec{h}-\vec{p})\cdot(\vec{q}+\vec{h}) = \vec{h}\cdot\vec{q} + \vec{h}\cdot\vec{h} - \vec{p}\cdot\vec{q} - \vec{p}\cdot\vec{h} = \vec{h}\cdot\vec{h} - \vec{p}\cdot\vec{q} = h^2 - p\cdot q$.

Übung 3 Satz des Thales

Der Satz des Thales besagt: Liegt ein Punkt C auf dem Kreis mit dem Durchmesser $\overline{AB}$, so hat das Dreieck ABC bei C einen rechten Winkel.
Beweisen Sie diese Aussage. Verwenden Sie die abgebildete Beweisfigur. Berechnen Sie dazu $\vec{a} \cdot \vec{b}$.

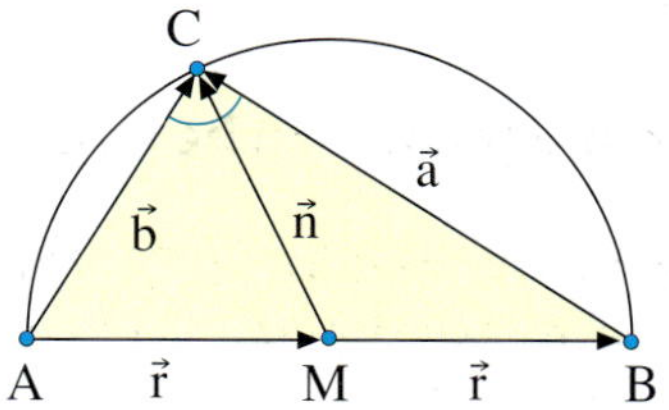

Beispiel: Mittelsenkrechte im Dreieck

Beweisen Sie, dass sich die drei Mittelsenkrechten eines Dreiecks in einem Punkt schneiden.

Lösung:
Wir verwenden die Bezeichnungen, wie abgebildet. M sei der Schnittpunkt der Mittelsenkrechten der Seiten a und c.
Zu zeigen ist, dass der Vektor $\vec{z} = \overrightarrow{M_bM}$ zum Vektor $\vec{b}$ orthogonal ist. Zunächst sammeln wir wieder alle Voraussetzungen.

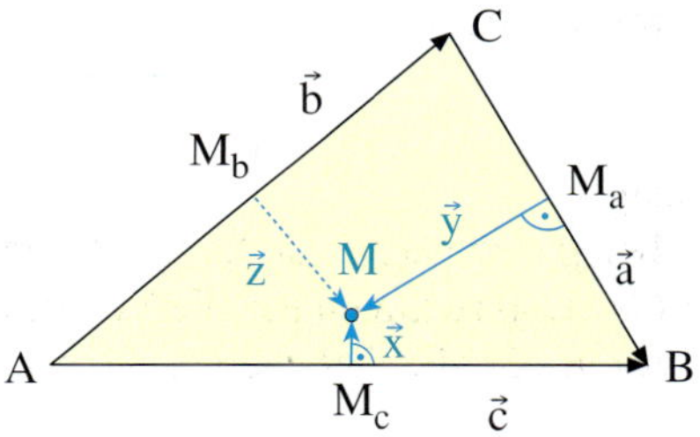

Beweis:

$\vec{z} \cdot \vec{b} = (0{,}5 \cdot \vec{b} + 0{,}5 \cdot \vec{a} + \vec{y}) \cdot \vec{b}$ nach (7)
$= (0{,}5 \cdot (\vec{b} + \vec{a}) + \vec{y}) \cdot \vec{b}$ RG
$= (0{,}5 \cdot \vec{c} + \vec{y}) \cdot \vec{b}$ nach (6)
$= (0{,}5 \cdot \vec{c} + \vec{y}) \cdot (\vec{c} - \vec{a})$ nach (6)
$= 0{,}5 \cdot \vec{c}^2 - 0{,}5 \cdot \vec{c} \cdot \vec{a} + \vec{y} \cdot \vec{c} - \vec{y} \cdot \vec{a}$ RG
$= \vec{c} \cdot (0{,}5 \cdot \vec{c} - 0{,}5 \cdot \vec{a} + \vec{y}) - \vec{y} \cdot \vec{a}$ RG
$= \vec{c} \cdot \vec{x} - \vec{y} \cdot \vec{a}$ nach (8)
$= 0 - 0$ nach (1), (2)
$= 0$

Voraussetzungen:

(1) $\vec{x} \perp \vec{c}$, d. h. $\vec{x} \cdot \vec{c} = 0$
(2) $\vec{y} \perp \vec{a}$, d. h. $\vec{y} \cdot \vec{a} = 0$
(3) $0{,}5 \cdot \vec{a} = \overrightarrow{CM_a} = \overrightarrow{M_aB}$
(4) $0{,}5 \cdot \vec{b} = \overrightarrow{AM_b} = \overrightarrow{M_bC}$
(5) $0{,}5 \cdot \vec{c} = \overrightarrow{AM_c} = \overrightarrow{M_cB}$
(6) $\vec{a} + \vec{b} = \vec{c}$, $\vec{b} = \vec{c} - \vec{a}$

Darstellung von $\vec{z}$ und $\vec{x}$:

(7) $\vec{z} = \overrightarrow{M_bC} + \overrightarrow{CM_a} + \overrightarrow{M_aM}$
$= 0{,}5 \cdot \vec{b} + 0{,}5 \cdot \vec{a} + \vec{y}$
(8) $\vec{x} = \overrightarrow{M_cB} + \overrightarrow{BM_a} + \overrightarrow{M_aM}$
$= 0{,}5 \cdot \vec{c} - 0{,}5 \cdot \vec{a} + \vec{y}$

Übung 4 Höhen im Dreieck

Beweisen Sie, dass sich die Höhen in einem Dreieck in einem Punkt schneiden.

Hinweis: In nebenstehender Skizze sei H der Schnittpunkt der Höhen h_a und h_b.
Zeigen Sie: $\vec{z} = \overrightarrow{CH}$ ist orthogonal zu $\vec{c}$.

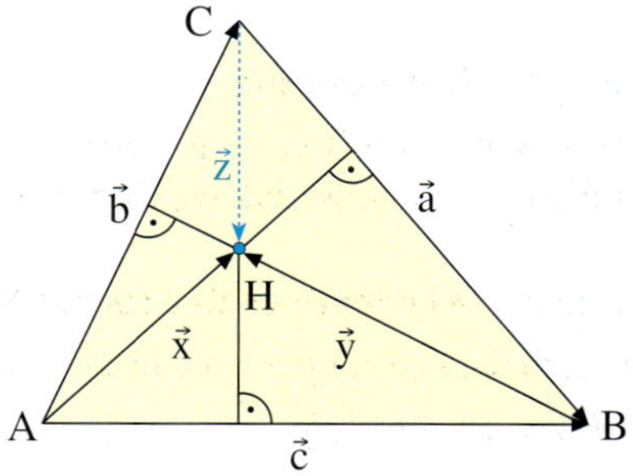

Übungen

5. Diagonalen einer Raute
Zeigen Sie mithilfe des Skalarproduktes, dass die Diagonalen einer Raute senkrecht aufeinander stehen.

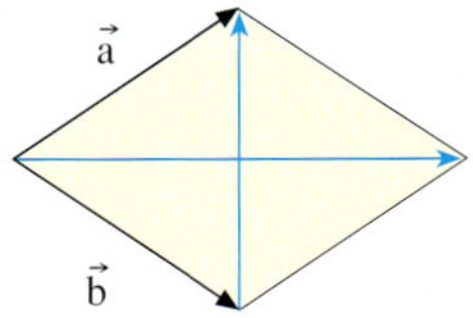

6. Beweisen Sie die Umkehrung der Aussage aus Übung 5:
Stehen in einem Parallelogramm die Diagonalen senkrecht aufeinander, ist es eine Raute.

7. Beweisen Sie:
Ein Rechteck ist genau dann ein Quadrat, wenn seine Diagonalen senkrecht aufeinander stehen.

8. Satz des Pythagoras
Beweisen Sie:
a) In einem rechtwinkligen Dreieck mit der Hypotenuse c und den Katheten a und b gilt: $a^2 + b^2 = c^2$.
b) Gilt in einem Dreieck mit den Seiten a, b und c die Gleichung $a^2 + b^2 = c^2$, so ist das Dreieck rechtwinklig.

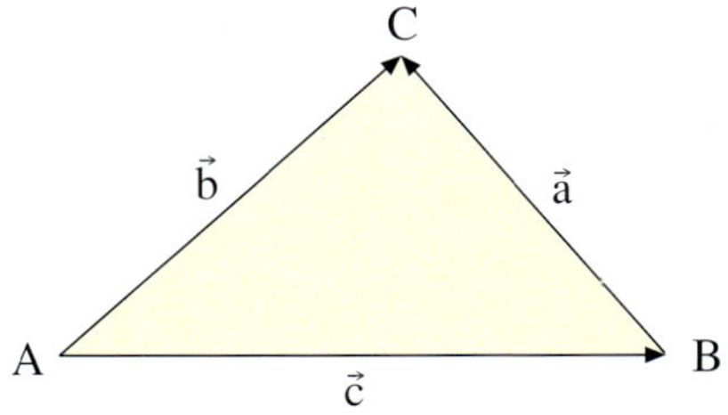

9. Senkrechte Strecken im Quader
Zeigen Sie, dass in einem Quader mit quadratischer Grundfläche die Grundflächendiagonale e und die Raumdiagonale f senkrecht zueinander stehen.

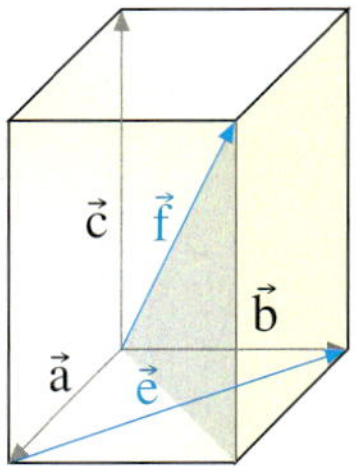

10. Quadrate im Parallelogramm
Beweisen Sie: In einem Parallelogramm ist die Summe der Diagonalenquadrate ebenso groß wie die Summe der Seitenquadrate (siehe Abbildung).

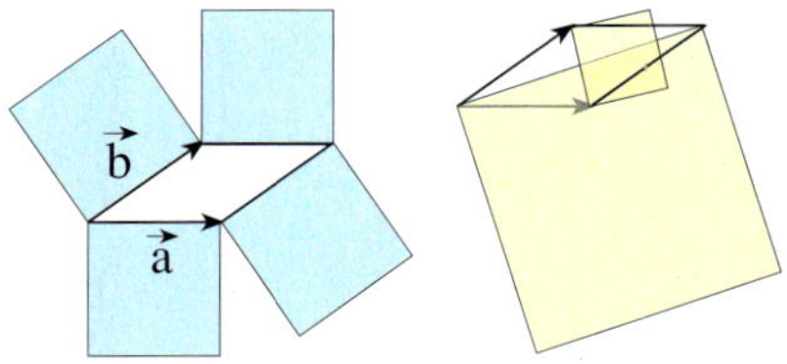

11. Sinussatz
Beweisen Sie mithilfe der Vektorrechnung den Sinussatz:
In einem beliebigen Dreieck gilt:

$$\frac{\sin\alpha}{\sin\beta} = \frac{a}{b}$$

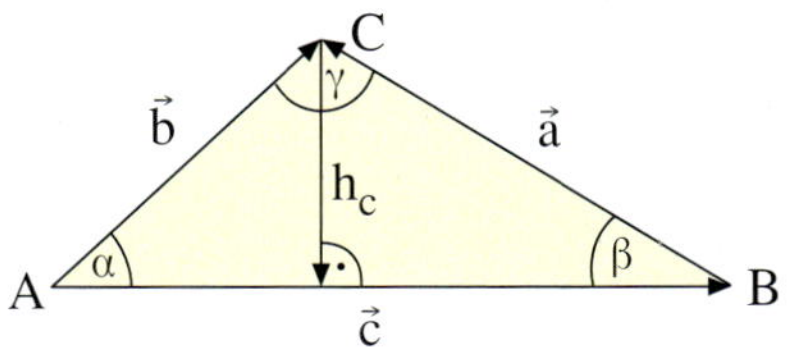

B. Die physikalische Arbeit

Abschließend wenden wir das Skalarprodukt zur Berechnung der physikalischen Arbeit an entsprechend den Ausführungen zu dessen Einführung auf Seite 88.

Beispiel: Ein Wagen wird auf ebener Strecke 250 Meter weit gezogen, wobei die Deichsel in einem Winkel von 30° gegen die Horizontale geneigt ist.
In Richtung der Deichsel wird mit einer Kraft von 150 N gezogen.
Welche Arbeit wird dabei verrichtet?

Lösung:
Arbeit = Kraft · Weg

$$W = \vec{F} \cdot \vec{s} = |\vec{F}| \cdot |\vec{s}| \cdot \cos 30° = 150\text{ N} \cdot 250\text{ m} \cdot \frac{\sqrt{3}}{2} \approx 32\,476\text{ Nm}$$

Beispiel: Ein UFO bewegt sich unter dem Einfluss seiner drei Antriebsdüsen und des Windes vom Punkt $A(10\,|\,10\,|\,20)$ zum Punkt $B(800\,|\,200\,|\,500)$.
Welche Arbeit wird dabei von den Düsen verrichtet, wenn diese Kräfte $\vec{F}_1 = \begin{pmatrix} 100 \\ 100 \\ 2000 \end{pmatrix}$, $\vec{F}_2 = \begin{pmatrix} 200 \\ 300 \\ 2000 \end{pmatrix}$, $\vec{F}_3 = \begin{pmatrix} 100 \\ 200 \\ 2000 \end{pmatrix}$ bewirken?

Lösung:
Wir bestimmen zunächst durch Addition von $\vec{F}_1$, $\vec{F}_2$ und $\vec{F}_3$ die resultierende Gesamtkraft $\vec{F}$ sowie durch Subtraktion der Ortsvektoren von B und A den Wegvektor $\vec{s}$: $\vec{F} = \begin{pmatrix} 400 \\ 600 \\ 6000 \end{pmatrix}$, $\vec{s} = \begin{pmatrix} 790 \\ 190 \\ 480 \end{pmatrix}$.

Nun bilden wir das Skalarprodukt und erhalten als Resultat: $W = \vec{F} \cdot \vec{s} = 3\,310\,000$ Nm.

Übung 12

Ein Segelboot wird so gesteuert, dass der Wind mit einem Winkel von 40° zur Fahrtrichtung einfällt.
Der Wind übt auf das Segel eine Kraft von 2500 N aus.
Wie groß ist die vom Wind nach einer Fahrtstrecke von 10 km am Boot verrichtete Arbeit?

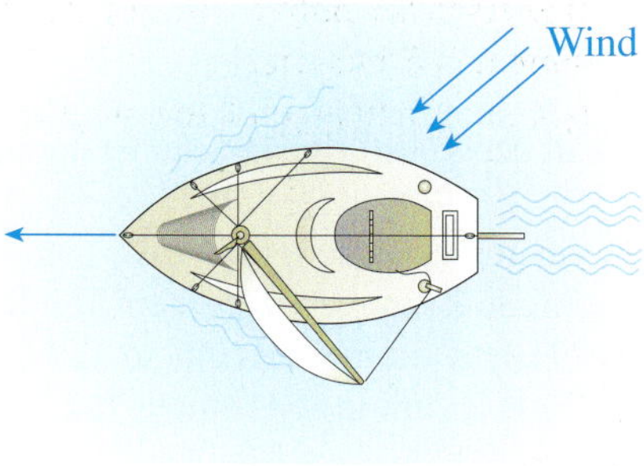

Das Skalarprodukt in der Wirtschaft

Das Skalarprodukt wurde in diesem Buch aus einer physikalischen Anwendung als Produkt aus den Beträgen zweier Vektoren und dem Kosinus des eingeschlossenen Winkels entwickelt. Es konnte gezeigt werden (vgl. Seite 89), dass dieses Produkt gleich der Summe der Produkte der Koordinaten der beiden Vektoren ist. Solche Produktsummen spielen auch in der Wirtschaftsmathematik eine Rolle.

Bereits das einfache Beispiel eines Einkaufszettels führt auf ein Skalarprodukt. Sollen beispielsweise zwei Flaschen Apfelsaft zu 1,99 €, drei Stück Butter zu 1,19 € und eine Tüte Chips zu 2,40 € gekauft werden, so ergibt sich der Gesamtpreis in € durch die Rechnung

$$2 \cdot 1{,}99 + 3 \cdot 1{,}19 + 1 \cdot 2{,}40 = 9{,}95.$$

Dies ist das Skalarprodukt zweier Spaltenvektoren:

$$\begin{pmatrix} 2 \\ 3 \\ 1 \end{pmatrix} \cdot \begin{pmatrix} 1{,}99 \\ 1{,}19 \\ 2{,}40 \end{pmatrix} = 9{,}95.$$

Im Folgenden wird anhand eines etwas komplexeren ökonomischen Problems eine Anwendung des Skalarprodukts in der Wirtschaft aufgezeigt.

Teilebedarfsrechnung

In einem zweistufigen Produktionsprozess werden in der ersten Stufe aus den Rohstoffen R_1 und R_2 die Zwischenprodukte Z_1, Z_2 und Z_3 erzeugt. In der zweiten Produktionsstufe werden die Zwischenprodukte zu den Endprodukten E_1 und E_2 weiterverarbeitet. Der nebenstehende Graph beschreibt die Materialverflechtung. Er gibt an, welcher Materialbedarf für ein Zwischenprodukt oder für ein Endprodukt anfällt.

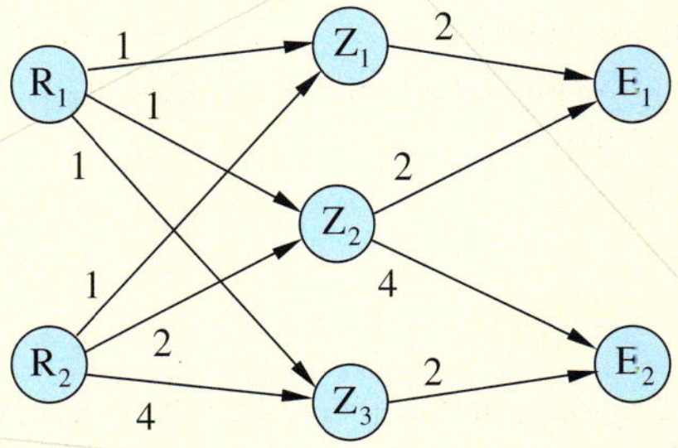

Es soll der Rohstoffbedarf der Endprodukte berechnet werden.

Für ein Teil E_1 benötigt man:
Zwei Teile Z_1 mit jeweils einem Teil R_1,
zwei Teile Z_2 mit jeweils einem Teil R_1,
null Teile Z_3 mit jeweils einem Teil R_1.

Bedarf an R_1 für ein Teil E_1:

$$1 \cdot 2 + 1 \cdot 2 + 1 \cdot 0 = \begin{pmatrix} 1 \\ 1 \\ 1 \end{pmatrix} \cdot \begin{pmatrix} 2 \\ 2 \\ 0 \end{pmatrix} = 4$$

Der Bedarf an R_1 für ein Teil E_1 ist also gerade das Skalarprodukt aus dem Vektor $\begin{pmatrix}1\\1\\1\end{pmatrix}$ des Bedarfs an dem Rohstoffs R_1 für die Zwischenprodukte Z_1, Z_2, Z_3 und dem Vektor $\begin{pmatrix}2\\2\\0\end{pmatrix}$ des Bedarfs des Endprodukts E_1 an den Zwischenprodukten Z_1, Z_2 und Z_3.

Entsprechend ergibt sich

- der Bedarf an R_2 für ein Teil E_1: $1 \cdot 2 + 2 \cdot 2 + 4 \cdot 0 = \begin{pmatrix}1\\2\\4\end{pmatrix} \cdot \begin{pmatrix}2\\2\\0\end{pmatrix} = 6$,
- der Bedarf an R_1 für ein Teil E_2: $1 \cdot 0 + 1 \cdot 4 + 1 \cdot 2 = \begin{pmatrix}1\\1\\1\end{pmatrix} \cdot \begin{pmatrix}0\\4\\2\end{pmatrix} = 6$,
- der Bedarf an R_2 für ein Teil E_2: $1 \cdot 0 + 2 \cdot 4 + 4 \cdot 2 = \begin{pmatrix}1\\2\\4\end{pmatrix} \cdot \begin{pmatrix}0\\4\\2\end{pmatrix} = 16$.

Die rechts dargestellte Tabelle gibt den Rohstoffbedarf der Endprodukte wieder.

Jedes Element dieser Tabelle ergibt sich als Skalarprodukt von Vektoren, deren Koordinaten man direkt vom Graphen der Materialverflechtung ablesen kann.

	E_1	E_2
R_1	$\begin{pmatrix}1\\1\\1\end{pmatrix} \cdot \begin{pmatrix}2\\2\\0\end{pmatrix} = 4$	$\begin{pmatrix}1\\1\\1\end{pmatrix} \cdot \begin{pmatrix}0\\4\\2\end{pmatrix} = 6$
R_2	$\begin{pmatrix}1\\2\\4\end{pmatrix} \cdot \begin{pmatrix}2\\2\\0\end{pmatrix} = 6$	$\begin{pmatrix}1\\2\\4\end{pmatrix} \cdot \begin{pmatrix}0\\4\\2\end{pmatrix} = 16$

Ausblick: Das Schema $\begin{pmatrix}4 & 6\\6 & 16\end{pmatrix}$, das den Zusammenhang zwischen den Rohstoffen und den Endprodukten beschreibt, nennt man Rohstoffmatrix. Auch den Zusammenhang zwischen den Rohstoffen und den Zwischenprodukten kann man durch ein rechteckiges Zahlenschemata – eine sogenannte ***Matrix*** – beschreiben, ebenso den Zusammenhang zwischen den Zwischenprodukten und den Endprodukten. Durch eine spezielle Verknüpfung der Matrizen – die Matrizenmultiplikation – kann direkt die obige Rohstoffmatrix erzeugt werden. Man kann sich denken, dass bei dieser Verknüpfung die Bildung von Skalarprodukten eine besondere Rolle spielt.

Übung

Der abgebildete Graph beschreibt einen zweistufigen Produktionsprozess zur Herstellung eines Regenbogenfisches (E_1) und eines Stachelfisches (E_2). Die Rohstoffe sind Chemikalien, die Zwischenprodukte daraus hergestellte Kunststoffe. Welcher Rohstoffbedarf besteht für die Produktion jeweils eines der beiden Fische?

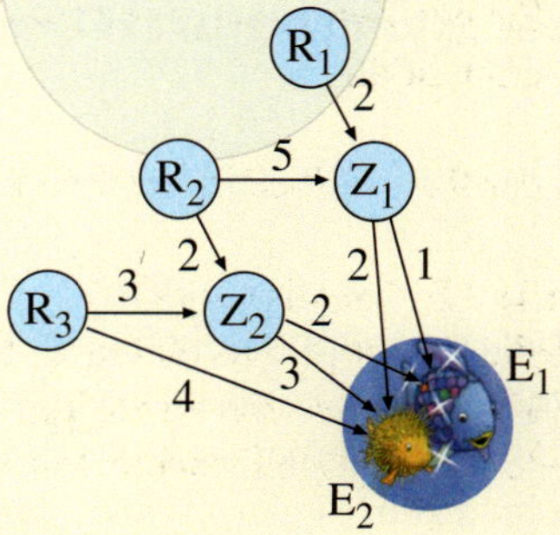

5. Das Vektorprodukt

A. Die Definition des Vektorprodukts

Im vorigen Abschnitt haben wir auf Seite 95 zu zwei gegebenen, linear unabhängigen Vektoren einen orthogonalen Vektor durch Lösen des zugehörigen Gleichungssystems ermittelt. Solche orthogonale Vektoren sind in der Geometrie und Technik häufig gesucht und werden im folgenden Kapitel benötigt. Daher entwickeln wir im Folgenden eine Formel, mit der man zu zwei gegebenen Vektoren des Raums schnell einen orthogonalen Vektor bestimmen kann.

Gesucht ist ein Vektor $\vec{x}$, der zu zwei gegebenen Vektoren $\vec{a}$ und $\vec{b}$ des Raums orthogonal ist. Daher müssen die Skalarprodukte $\vec{a} \cdot \vec{x}$ und $\vec{b} \cdot \vec{x}$ null ergeben. Das zugehörige Gleichungssystem, das sich durch Einsetzen der Spaltenvektoren ergibt, hat unendlich viele Lösungen.

$$\text{I} \quad \vec{a} \cdot \vec{x} = \begin{pmatrix} a_1 \\ a_2 \\ a_3 \end{pmatrix} \cdot \begin{pmatrix} x_1 \\ x_2 \\ x_3 \end{pmatrix} = 0$$

$$\text{II} \quad \vec{b} \cdot \vec{x} = \begin{pmatrix} b_1 \\ b_2 \\ b_3 \end{pmatrix} \cdot \begin{pmatrix} x_1 \\ x_2 \\ x_3 \end{pmatrix} = 0$$

Der Vektor $\vec{x} = \begin{pmatrix} a_2b_3 - a_3b_2 \\ a_3b_1 - a_1b_3 \\ a_1b_2 - a_2b_1 \end{pmatrix}$ ist eine Lösung, wie sich leicht beweisen lässt:

$$\text{I} \quad a_1x_1 + a_2x_2 + a_3x_3 = 0$$
$$\text{II} \quad b_1x_1 + b_2x_2 + b_3x_3 = 0$$

$$\begin{aligned} \text{I} \quad & a_1(a_2b_3 - a_3b_2) + a_2(a_3b_1 - a_1b_3) + a_3(a_1b_2 - a_2b_1) = \\ & a_1a_2b_3 - a_1a_3b_2 + a_2a_3b_1 - a_1a_2b_3 + a_1a_3b_2 - a_2a_3b_1 = 0 \\ \text{II} \quad & b_1(a_2b_3 - a_3b_2) + b_2(a_3b_1 - a_1b_3) + b_3(a_1b_2 - a_2b_1) = \\ & a_2b_1b_3 - a_3b_1b_2 + a_3b_1b_2 - a_1b_2b_3 + a_1b_2b_3 - a_2b_1b_3 = 0 \end{aligned}$$

Der obige Lösungsvektor $\vec{x}$ ist aus Koordinatenprodukten der Vektoren $\vec{a}$ und $\vec{b}$ aufgebaut. Er wird als ***Vektorprodukt*** der Vektoren $\vec{a}$ und $\vec{b}$ bezeichnet und symbolisch als $\vec{a} \times \vec{b}$ dargestellt.

Definition des Vektorprodukts

Für zwei Vektoren $\vec{a} = \begin{pmatrix} a_1 \\ a_2 \\ a_3 \end{pmatrix}$ und $\vec{b} = \begin{pmatrix} b_1 \\ b_2 \\ b_3 \end{pmatrix}$ des Raums heißt $\vec{a} \times \vec{b} = \begin{pmatrix} a_2b_3 - a_3b_2 \\ a_3b_1 - a_1b_3 \\ a_1b_2 - a_2b_1 \end{pmatrix}$

(gelesen: „a kreuz b“) das ***Vektorprodukt*** von $\vec{a}$ und $\vec{b}$.

106-1

Während das Skalarprodukt für alle Vektoren gilt, also für Spaltenvektoren mit 2 Koordinaten, 3 Koordinaten, 4 Koordinaten usw., ist das Vektorprodukt nur für Vektoren im dreidimensionalen Raum definiert. Ferner stellt das Vektorprodukt zweier Vektoren wieder einen Vektor dar im Unterschied zum Skalarprodukt, dessen Ergebnis eine reelle Zahl ist.

Beispiel: Gegeben sind $\vec{a} = \begin{pmatrix} 3 \\ 2 \\ -1 \end{pmatrix}$ und $\vec{b} = \begin{pmatrix} 1 \\ 1 \\ 2 \end{pmatrix}$. Berechnen Sie $\vec{a} \times \vec{b}$.

Lösung: $\begin{pmatrix} 3 \\ 2 \\ -1 \end{pmatrix} \times \begin{pmatrix} 1 \\ 1 \\ 2 \end{pmatrix} = \begin{pmatrix} a_1 \\ a_2 \\ a_3 \end{pmatrix} \times \begin{pmatrix} b_1 \\ b_2 \\ b_3 \end{pmatrix} = \begin{pmatrix} a_2b_3 - a_3b_2 \\ a_3b_1 - a_1b_3 \\ a_1b_2 - a_2b_1 \end{pmatrix} = \begin{pmatrix} 2\cdot 2 - (-1)\cdot 1 \\ (-1)\cdot 1 - 3\cdot 2 \\ 3\cdot 1 - 2\cdot 1 \end{pmatrix} = \begin{pmatrix} 5 \\ -7 \\ 1 \end{pmatrix}$

Das nebenstehende Schema dient als Merkregel für das Vektorprodukt. Man erhält die 1. Koordinate des Vektorprodukts, indem man die 1. Koordinaten der gegebenen Vektoren streicht, die übrigen Koordinaten über Kreuz multipliziert und die Differenz der Produkte bildet. Analog erhält man die 2. und 3. Koordinate. Bei der Kreuzmultiplikation für die 2. Koordinate muss allerdings zusätzlich das Vorzeichen umgekehrt werden.

Merkregel:

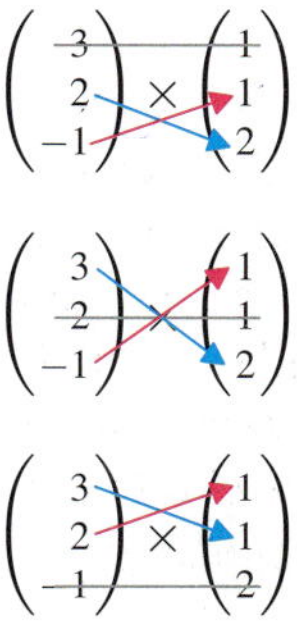

1. Koordinate $2\cdot 2-(-1)\cdot 1=5$

2. Koordinate $-(3\cdot 2-(-1)\cdot 1)=-7$

3. Koordinate $3\cdot 1-2\cdot 1=1$

Übung 1

Berechnen Sie für die Vektoren $\vec{a}$ und $\vec{b}$ das Vektorprodukt $\vec{a} \times \vec{b}$ ohne und mit CAS.

a) $\vec{a} = \begin{pmatrix} 2 \\ 1 \\ 5 \end{pmatrix}, \vec{b} = \begin{pmatrix} 3 \\ 4 \\ 2 \end{pmatrix}$ b) $\vec{a} = \begin{pmatrix} -1 \\ 3 \\ 7 \end{pmatrix}, \vec{b} = \begin{pmatrix} 2 \\ 0 \\ 1 \end{pmatrix}$ c) $\vec{a} = \begin{pmatrix} 1 \\ 8 \\ 0 \end{pmatrix}, \vec{b} = \begin{pmatrix} -2 \\ -1 \\ 1 \end{pmatrix}$ d) $\vec{a} = \begin{pmatrix} 2 \\ 1 \\ 3 \end{pmatrix}, \vec{b} = \begin{pmatrix} 4 \\ 2 \\ 6 \end{pmatrix}$

Der Vektor $\vec{a} \times \vec{b}$ ist, wie oben bereits bewiesen, orthogonal zu $\vec{a}$ und zu $\vec{b}$.
Die Vektoren $\vec{a}$, $\vec{b}$ und $\vec{a} \times \vec{b}$ bilden ein sog. „Rechtssystem" wie auch die Koordinatenachsen im räumlichen kartesischen Koordinatensystem. Die abgebildete „Rechte-Hand-Regel" veranschaulicht diesen Begriff. Diese Eigenschaft ist in physikalischen Zusammenhängen wichtig.

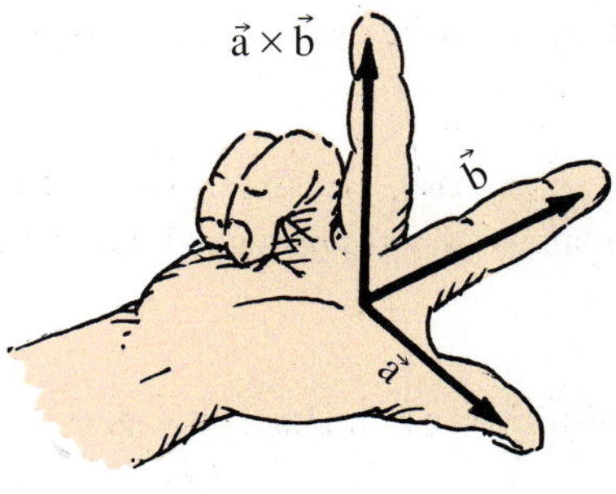

Eigenschaften des Vektorprodukts:
Für linear unabhängige Vektoren $\vec{a}$ und $\vec{b}$ im Raum gilt:
(1) $\vec{a} \times \vec{b}$ ist orthogonal zu $\vec{a}$ und zu $\vec{b}$.
(2) Die Vektoren $\vec{a}$, $\vec{b}$ und $\vec{a} \times \vec{b}$ bilden ein „Rechtssystem".

Übung 2

Gegeben sind die Vektoren $\vec{a} = \begin{pmatrix} 1 \\ 1 \\ -3 \end{pmatrix}, \vec{b} = \begin{pmatrix} 5 \\ -2 \\ 3 \end{pmatrix}$ und $\vec{c} = \begin{pmatrix} -2 \\ 3 \\ 0 \end{pmatrix}$.

Bilden Sie a) $\vec{a} \times \vec{b}$, b) $\vec{a} \times \vec{c}$, c) $\vec{b} \times \vec{c}$, d) $\vec{c} \times \vec{a}$, e) $\vec{a} \times (\vec{b} \times \vec{c})$.

B. Rechengesetze für das Vektorprodukt

Auch für das Vektorprodukt gelten einige Rechengesetze, von denen wir die wichtigsten auflisten und exemplarisch beweisen.

Rechengesetze für das Vektorprodukt

(1)	$\vec{a} \times \vec{b} = -(\vec{b} \times \vec{a})$	Anti-Kommutativgesetz
(2)	$(r \cdot \vec{a}) \times \vec{b} = r \cdot (\vec{a} \times \vec{b})$ für $r \in \mathbb{R}$	Assoziativgesetz
(3)	$\vec{a} \times (\vec{b} + \vec{c}) = (\vec{a} \times \vec{b}) + (\vec{a} \times \vec{c})$	Distributivgesetz

Exemplarischer Beweis zu (1):

$$-(\vec{b} \times \vec{a}) = -\begin{pmatrix} b_2a_3 - b_3a_2 \\ b_3a_1 - b_1a_3 \\ b_1a_2 - b_2a_1 \end{pmatrix} = \begin{pmatrix} -b_2a_3 + b_3a_2 \\ -b_3a_1 + b_1a_3 \\ -b_1a_2 + b_2a_1 \end{pmatrix} = \begin{pmatrix} a_2b_3 - a_3b_2 \\ a_3b_1 - a_1b_3 \\ a_1b_2 - a_2b_1 \end{pmatrix} = \vec{a} \times \vec{b}$$

Übung 3
Beweisen Sie die Aussagen (2) und (3) im obigen Kasten.

Übung 4
Beweisen Sie: Für jeden Vektor $\vec{a}$ des Raumes gilt: $\vec{a} \times \vec{a} = \vec{0}$.

Übung 5
Beweisen Sie folgende Eigenschaft des Vektorprodukts:
Sind die Vektoren $\vec{a}$ und $\vec{b}$ linear abhängig, dann gilt: $\vec{a} \times \vec{b} = \vec{0}$.

Übung 6
Gilt für das Vektorprodukt das Assoziativgesetz $(\vec{a} \times \vec{b}) \times \vec{c} = \vec{a} \times (\vec{b} \times \vec{c})$?

Übung 7
Wahr oder falsch? Überprüfen Sie die Richtigkeit folgender Gleichungen für beliebige Vektoren des Raumes!

a) $\vec{a} \times \vec{b} - \vec{b} \times \vec{a} = \vec{0}$

b) $(\vec{a} + \vec{b}) \times (\vec{a} + \vec{b}) = \vec{a} \times \vec{a} + \vec{b} \times \vec{b}$

Knobelaufgabe

Zwei Gläser sind mit gleichem Volumen gefüllt, ein Glas mit Rotwein, das andere mit Weißwein. Aus dem Rotweinglas wird ein Löffel Rotwein entommen und in das Weißweinglas gegeben. Anschließend wird, ohne sorgfältig umzurühren, aus dem Weißweinglas dieselbe Portion entnommen und in das Rotweinglas zurückgegeben. Befindet sich nun anteilig mehr Rotwein im Weißweinglas oder mehr Weißwein im Rotweinglas? Hätte eine sorgfältige Mischung zu einem anderen Ergebnis geführt?

C. Exkurs: Anwendungen des Vektorprodukts

109-1

Auch mithilfe des Vektorprodukts lässt sich der Flächeninhalt eines Parallelogramms im dreidimensionalen Raum berechnen.

Flächeninhalt eines Parallelogramms

Für den Flächeninhalt des von den Vektoren $\vec{a}$ und $\vec{b}$ im Raum aufgespannten Parallelogramms gilt:

$$A = |\vec{a} \times \vec{b}| = |\vec{a}| \cdot |\vec{b}| \cdot \sin\gamma.$$

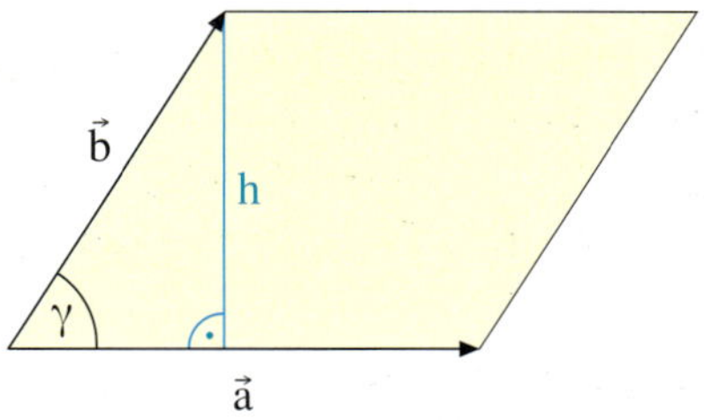

Flächeninhalt des Parallelogramms:
$A = |\vec{a}| \cdot h = |\vec{a}| \cdot |\vec{b}| \cdot \sin\gamma,\ 0° \leq \gamma \leq 180°$

Beweis:
Wir gehen von der Flächeninhaltsformel für Parallelogramme $A = g \cdot h = |\vec{a}| \cdot h$ aus und setzen für die Höhe $h = |\vec{b}| \cdot \sin\gamma$ ein, wobei γ der von den Vektoren $\vec{a}$ und $\vec{b}$ eingeschlossene Winkel ist. Dann erhalten wir sofort den zweiten Term.
Es bleibt zu zeigen: $|\vec{a} \times \vec{b}| = |\vec{a}| \cdot |\vec{b}| \cdot \sin\gamma$.
Hierzu betrachten wir zunächst $|\vec{a} \times \vec{b}|^2 = (\vec{a} \times \vec{b})^2$.

$$\begin{aligned}
(\vec{a} \times \vec{b})^2 &= \begin{pmatrix} a_2b_3 - a_3b_2 \\ a_3b_1 - a_1b_3 \\ a_1b_2 - a_2b_1 \end{pmatrix}^2 = (a_2b_3 - a_3b_2)^2 + (a_3b_1 - a_1b_3)^2 + (a_1b_2 - a_2b_1)^2 \\
&= a_2^2b_3^2 - 2\,a_2b_3a_3b_2 + a_3^2b_2^2 + a_3^2b_1^2 - 2\,a_3b_1a_1b_3 + a_1^2b_3^2 + a_1^2b_2^2 - 2\,a_1b_2a_2b_1 + a_2^2b_1^2 \\
&= a_2^2b_3^2 + a_3^2b_2^2 + a_3^2b_1^2 + a_1^2b_3^2 + a_1^2b_2^2 + a_2^2b_1^2 - 2\,a_2a_3b_2b_3 - 2\,a_1a_3b_1b_3 - 2\,a_1a_2b_1b_2 \\
&\quad + a_1^2b_1^2 + a_2^2b_2^2 + a_3^2b_3^2 - a_1^2b_1^2 - a_2^2b_2^2 - a_3^2b_3^2 \\
&= (a_1^2 + a_2^2 + a_3^2) \cdot (b_1^2 + b_2^2 + b_3^2) - (a_1b_1 + a_2b_2 + a_3b_3)^2 \\
&= |\vec{a}|^2 \cdot |\vec{b}|^2 - (\vec{a} \cdot \vec{b})^2 \\
&= |\vec{a}|^2 \cdot |\vec{b}|^2 - |\vec{a}|^2 \cdot |\vec{b}|^2 \cdot \cos^2\gamma \\
&= |\vec{a}|^2 \cdot |b|^2 \cdot (1 - \cos^2\gamma) \\
&= |\vec{a}|^2 \cdot |\vec{b}|^2 \cdot \sin^2\gamma
\end{aligned}$$

Da $\sin\gamma \geq 0$ für $0° \leq \gamma \leq 180°$ ist, folgt nun durch Wurzelziehen $|\vec{a} \times \vec{b}| = |\vec{a}| \cdot |\vec{b}| \cdot \sin\gamma$.

Übung 8

Berechnen Sie mithilfe des Vektorprodukts den Flächeninhalt
a) des Parallelogramms ABCD mit $A(3; 0; 4)$, $B(4; 6; 0)$, $C(0; 7; 1)$, $D(-1; 1; 5)$,
b) des Dreiecks ABC mit $A(5; 0; 0)$, $B(0; 4; 0)$, $C(0; 0; 6)$.

Mithilfe der eben bewiesenen Flächeninhaltsformel für Parallelogramme lässt sich eine einfache Formel zur Volumenberechnung eines Spats bzw. einer dreiseitigen Pyramide herleiten.

Volumen eines Spats

Der von den Vektoren $\vec{a}$, $\vec{b}$, $\vec{c}$ aufgespannte Spat hat das Volumen

$$V = |(\vec{a} \times \vec{b}) \cdot \vec{c}|.$$

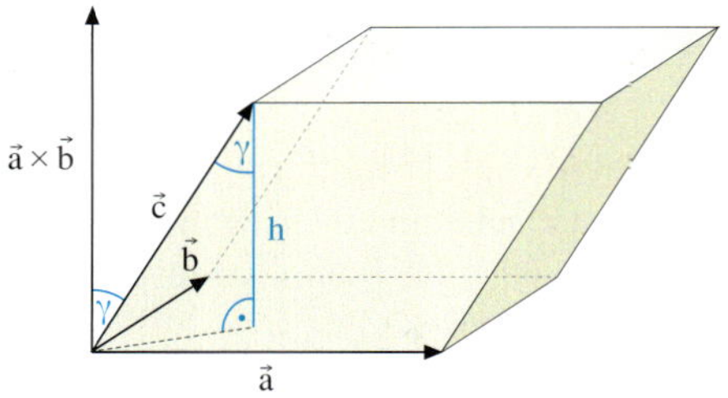

Beweis:

Wir gehen von der Volumenformel $V = G \cdot h$ für Prismen aus. Die Grundfläche kann mit dem Vektorprodukt als $|\vec{a} \times \vec{b}|$ dargestellt werden, da es sich um eine Parallelogrammfläche handelt. Für die Höhe des Spats h gilt $h = |\vec{c}| \cdot \cos\gamma$, wobei γ der Winkel zwischen $\vec{c}$ und h ist. Da der Vektor $\vec{a} \times \vec{b}$ senkrecht zu $\vec{a}$ und zu $\vec{b}$ steht, verläuft er parallel zur Spathöhe h.

$V = G \cdot h$	Volumen eines Prismas
$= \lvert\vec{a} \times \vec{b}\rvert \cdot h,$	da $G = \lvert\vec{a} \times \vec{b}\rvert$
$= \lvert\vec{a} \times \vec{b}\rvert \cdot \lvert\vec{c}\rvert \cdot \cos\gamma,$	da $h = \lvert\vec{c}\rvert \cdot \cos\gamma$
$= \lvert(\vec{a} \times \vec{b}) \cdot \vec{c}\rvert$	Definition des SP

Wir nehmen an, dass $\vec{a}$, $\vec{b}$, $\vec{c}$ rechtssystemartig zueinander liegen (s. Abb.). Dann ist der Winkel zwischen den Vektoren $\vec{a} \times \vec{b}$ und $\vec{c}$ ebenfalls γ. Der Term $|\vec{a} \times \vec{b}| \cdot |\vec{c}| \cdot \cos\gamma$ stellt daher das Skalarprodukt von $\vec{a} \times \vec{b}$ und $\vec{c}$ dar.

Liegen $\vec{a}$, $\vec{b}$, $\vec{c}$ linkssystemartig zueinander, so ergibt sich die Rechnung $V = |\vec{a} \times \vec{b}| \cdot h = |\vec{a} \times \vec{b}| \cdot |\vec{c}| \cdot \cos\gamma = |\vec{a} \times \vec{b}| \cdot |\vec{c}| \cdot (-\cos\gamma') = -(\vec{a} \times \vec{b}) \cdot \vec{c}$, wobei $\gamma' = 180° - \gamma$ der Winkel zwischen $\vec{a} \times \vec{b}$ und $\vec{c}$ ist. Insgesamt gilt also $V = |(\vec{a} \times \vec{b}) \cdot \vec{c}|$.

Bemerkung: Der Term $(\vec{a} \times \vec{b}) \cdot \vec{c}$ wird auch als ***Spatprodukt*** *bezeichnet.* 110-1

Volumen einer dreiseitigen Pyramide

Eine von den Vektoren $\vec{a}$, $\vec{b}$, $\vec{c}$ aufgespannte dreiseitige Pyramide hat das Volumen

$$V = \tfrac{1}{6}|(\vec{a} \times \vec{b}) \cdot \vec{c}|.$$

Beweis:

Die Pyramide hat bekanntlich ein Drittel des Volumens eines Prismas mit derselben Grundfläche und Höhe. Ein Prisma mit dreieckiger Grundfläche ist die Hälfte eines Spats. Daher ist das Pyramidenvolumen ein Sechstel des Spatvolumens.

Übung 9

Berechnen Sie das Volumen des von den Vektoren $\vec{a} = \begin{pmatrix} 8 \\ 0 \\ 0 \end{pmatrix}$, $\vec{b} = \begin{pmatrix} 2 \\ 2 \\ 1 \end{pmatrix}$, $\vec{c} = \begin{pmatrix} 1 \\ 1 \\ 3 \end{pmatrix}$ aufgespannten Spats.

Übung 10

Berechnen Sie das Volumen der dreiseitigen Pyramide mit den Eckpunkten $A(4; 4; 3)$, $B(1; 5; 2)$, $C(1; 1; 4)$, $D(1; 4; 6)$. Fertigen Sie ein Schrägbild an.

Übungen

11. Berechnen Sie für die Vektoren $\vec{a}$ und $\vec{b}$ das Vektorprodukt $\vec{a} \times \vec{b}$.

a) $\vec{a} = \begin{pmatrix} 0 \\ 3 \\ -5 \end{pmatrix}, \vec{b} = \begin{pmatrix} 2 \\ 1 \\ -1 \end{pmatrix}$ b) $\vec{a} = \begin{pmatrix} -3 \\ 1 \\ 2 \end{pmatrix}, \vec{b} = \begin{pmatrix} 2 \\ -2 \\ 4 \end{pmatrix}$ c) $\vec{a} = \begin{pmatrix} 4 \\ -1 \\ 2 \end{pmatrix}, \vec{b} = \begin{pmatrix} -2 \\ 1 \\ -2 \end{pmatrix}$

12. Gegeben sind die Vektoren $\vec{a} = \begin{pmatrix} -6 \\ 1 \\ -1 \end{pmatrix}, \vec{b} = \begin{pmatrix} 3 \\ -2 \\ 1 \end{pmatrix}, \vec{c} = \begin{pmatrix} 0 \\ 4 \\ 1 \end{pmatrix}$.

a) Bilden Sie $\vec{a} \times \vec{b}$, $\vec{b} \times \vec{a}$, $\vec{c} \times \vec{a}$, $(\vec{a} \times \vec{b}) \times \vec{c}$, $(\vec{a} \times \vec{b}) \cdot \vec{c}$.
b) Weisen Sie für die gegebenen Vektoren nach, dass $\vec{a} \times \vec{b}$ senkrecht zu $\vec{a}$ und zu $\vec{b}$ ist.
c) Beschreiben Sie die Gemeinsamkeiten und die Unterschiede der Vektoren $\vec{a} \times \vec{b}$ und $\vec{b} \times \vec{a}$ geometrisch-anschaulich.

13. Beweisen Sie:
Für die Vektoren $\vec{a}$ und $\vec{b}$ des Raums gilt: $(r \cdot \vec{a}) \times (s \cdot \vec{b}) = r \cdot s \cdot (\vec{a} \times \vec{b})$, $r, s \in \mathbb{R}$.

14. Beweisen Sie:
Für alle Vektoren $\vec{a}$, $\vec{b}$ und $\vec{c}$ des Raums gilt: $(\vec{a} \times \vec{b}) \cdot \vec{c} = (\vec{b} \times \vec{c}) \cdot \vec{a} = (\vec{c} \times \vec{a}) \cdot \vec{b}$.

15. Berechnen Sie den Flächeninhalt des Dreiecks ABC.
a) $A(3; 0; 2)$, $B(1; 4; -1)$, $C(1; 3; 2)$ b) $A(4; 1; 0)$, $B(2; 4; 3)$, $C(1; 1; 5)$

16. Gegeben sind die Punkte $A(-1; -3; 6)$, $B(5; -1; 8)$, $C(3; 5; -2)$ und $D(-3; 3; -4)$.
a) Zeigen Sie, dass ABCD ein Parallelogramm bilden.
b) Berechnen Sie den Flächeninhalt des Parallelogramms ABCD.

17. Berechnen Sie das Volumen des Spats ABCDEFGH mit $A(4; 1; -1)$, $B(4; 8; -1)$, $C(1; 8; -1)$ und $E(3; 2; 3)$. Fertigen Sie ein Schrägbild des Spats an.

18. Berechnen Sie das Volumen einer dreiseitigen Pryramide mit den Eckpunkten
a) $A(5; 0; 0)$, $B(0; 4; 0)$, $C(0; 0; 0)$, $D(2; 2; 6)$
b) $A(4; 0; 1)$, $B(1; 4; -1)$, $C(-1; 1; 0)$, $D(1; 1; 5)$

19. Berechnen Sie mithilfe des Spatprodukts das Volumen einer Pyramide mit *viereckiger* Grundfläche ABCD und der Spitze S. Die Eckpunkte lauten: $A(4; 3; 1)$, $B(1; 7; 1)$, $C(-3; 2; 0)$, $D(0; 0; 0)$, $S(0; 3; 4)$. Fertigen Sie ein Schrägbild der Pyramide an.

20. a) Zeigen Sie: $\vec{a}, \vec{b}, \vec{c}$ sind linear unabhängig, wenn $(\vec{a} \times \vec{b}) \cdot \vec{c} \neq 0$ ist.
b) Zeigen Sie: Wenn $\vec{a}, \vec{b}, \vec{c}$ linear unabhängig sind, dann gilt: $(\vec{a} \times \vec{b}) \cdot \vec{c} \neq 0$.
c) Weisen Sie mithilfe des Spatprodukts die lineare Unabhängigkeit der Vektoren
$\vec{a} = \begin{pmatrix} 1 \\ 2 \\ 4 \end{pmatrix}, \vec{b} = \begin{pmatrix} -2 \\ 3 \\ 1 \end{pmatrix}, \vec{c} = \begin{pmatrix} 2 \\ 0 \\ -3 \end{pmatrix}$ nach.

D. Zusammengesetzte Aufgaben

1. In einem kartesischen Koordinatensystem sind die Punkte A(5; 1), B(2; 4) und C(−1; 1) gegeben.
a) Zeigen Sie, dass das Dreieck ABC rechtwinklig und gleichschenklig ist.
b) Berechnen Sie den Flächeninhalt des Dreiecks ABC.
c) Bestimmen Sie den Ortsvektor eines Punktes D so, dass ABCD ein Quadrat ist.
d) Bestimmen Sie die Koordinaten des Mittelpunktes des Quadrats ABCD.

2. In einem kartesischen Koordinatensystem sind die Punkte A(2; 2; 3), B(−2; 0; −3) und C(−4; 2; 6) gegeben.
a) Zeigen Sie, dass die Vektoren $\overrightarrow{AB}$ und $\overrightarrow{AC}$ nicht kollinear sind.
b) Bestimmen Sie den Ortsvektor eines Punktes D so, dass ABCD ein Parallelogramm ist.
c) Berechnen Sie die Innenwinkel des Dreiecks ABC.

3. In einem kartesischen Koordinatensystem sind die Punkte A(1; 1; 1), B(4; 5; 9) und $C_t(1; t; 5)$ gegeben.
a) Zeigen Sie, dass die Vektoren $\overrightarrow{AB}$ und $\overrightarrow{AC_t}$ für kein reelles t kollinear sind. Für welchen Wert für t sind die Vektoren $\overrightarrow{AC_t}$ und $\overrightarrow{BC_t}$ kollinear?
b) Für welchen Wert für t sind die Vektoren $\overrightarrow{AB}$ und $\overrightarrow{AC_t}$ orthogonal?
c) Berechnen Sie für $t = 2$ den Flächeninhalt des Dreiecks ABC_2.

4. In einem kartesischen Koordinatensystem sind die Punkte A(3; 0; 0), B(0; 3; 0), C(−3; 0; 0), D(0; −3; 0), E(0; 0; 3) und F(0; 0; −3) gegeben. Sie bilden die Eckpunkte eines Oktaeders.
a) Zeigen Sie, dass ABCD ein Quadrat ist.
b) Zeichnen Sie ein Schrägbild des Oktaeders.
c) Berechnen Sie Volumen und Oberfläche des Oktaeders.

5. In einem kartesischen Koordinatensystem sind die Punkte A(−2; −2; −2), $B_t(-2; -1; 3t)$ und $C_t(-2t-2; 5; -1)$ gegeben.
a) Zeigen Sie, dass die Ortsvektoren $\overrightarrow{OA}$, $\overrightarrow{OB_t}$, $\overrightarrow{OC_t}$ nur für $t = 1$ paarweise orthogonal sind.
b) Die Punkte O, A, B_t, C_t sind Eckpunkte einer Pyramide. Zeichnen Sie für $t = 1$ ein Schrägbild der Pyramide und berechnen Sie unter Verwendung von Aufgabenteil a das Volumen dieser Pyramide.
c) Berechnen Sie die Innenwinkel des Dreiecks AB_1C_1 (für $t = 1$).
d) Zeigen Sie, dass die Seitenmittelpunkte des räumlichen Vierecks OAB_tC_t (in der angegebenen Reihenfolge) ein Parallelogramm bilden.

6. Die Vektoren $\vec{a} = \begin{pmatrix} 6 \\ 0 \\ 0 \end{pmatrix}$, $\vec{b} = \begin{pmatrix} 2 \\ 4 \\ 0 \end{pmatrix}$, $\vec{c} = \begin{pmatrix} 1 \\ 1 \\ 3 \end{pmatrix}$ spannen einen Spat ABCDEFGH auf.
a) Zeichnen Sie ein Schrägbild des Spats.
b) M sei der Mittelpunkt der Strecke $\overline{EH}$, L sei der Mittelpunkt der Strecke $\overline{BC}$ und K sei der Mittelpunkt der Raumdiagonalen $\overline{AG}$. Bestimmen Sie die Ortsvektoren von M, L und K.
c) In welchem Verhältnis teilt K die Strecke $\overline{ML}$?

Überblick

Skalarprodukt:

Kosinusformel: $\vec{a} \cdot \vec{b} = |\vec{a}| \cdot |\vec{b}| \cdot \cos\gamma \quad (0° \leq \gamma \leq 180°)$

Koordinatenform: $\vec{a} \cdot \vec{b} = \begin{pmatrix} a_1 \\ a_2 \end{pmatrix} \cdot \begin{pmatrix} b_1 \\ b_2 \end{pmatrix} = a_1 b_1 + a_2 b_2$

$$\vec{a} \cdot \vec{b} = \begin{pmatrix} a_1 \\ a_2 \\ a_3 \end{pmatrix} \cdot \begin{pmatrix} b_1 \\ b_2 \\ b_3 \end{pmatrix} = a_1 b_1 + a_2 b_2 + a_3 b_3$$

Rechenregeln für das Skalarprodukt:

$\vec{a} \cdot \vec{b} = \vec{b} \cdot \vec{a}$ Kommutativgesetz

$(r\vec{a}) \cdot \vec{b} = r(\vec{a} \cdot \vec{b})$ für $r \in \mathbb{R}$

$(\vec{a} + \vec{b}) \cdot \vec{c} = \vec{a} \cdot \vec{c} + \vec{b} \cdot \vec{c}$ Distributivgesetz

$\vec{a}^2 = \vec{a} \cdot \vec{a} > 0$ für $\vec{a} \neq \vec{0}$

$\vec{a}^2 = \vec{a} \cdot \vec{a} = 0$ für $\vec{a} = \vec{0}$

Der Betrag eines Vektors: Für den Betrag (die Länge) eines Vektors $\vec{a}$ gilt die Formel

$|\vec{a}|^2 = \vec{a} \cdot \vec{a}$ bzw. $|\vec{a}| = \sqrt{\vec{a} \cdot \vec{a}}$.

Orthogonale Vektoren: $\vec{a} \perp \vec{b} \quad \Leftrightarrow \quad \vec{a} \cdot \vec{b} = 0$

Vektorprodukt:

$$\vec{a} \times \vec{b} = \begin{pmatrix} a_2 b_3 - a_3 b_2 \\ a_3 b_1 - a_1 b_3 \\ a_1 b_2 - a_2 b_1 \end{pmatrix}$$

Rechengesetze für das Vektorprodukt:

(1) $\vec{a} \times \vec{b} = -(\vec{b} \times \vec{a})$ Anti-Kommutativgesetz

(2) $(r \cdot \vec{a}) \times \vec{b} = r \cdot (\vec{a} \times \vec{b})$ für $r \in \mathbb{R}$ Assoziativgesetz

(3) $\vec{a} \times (\vec{b} + \vec{c}) = (\vec{a} \times \vec{b}) + (\vec{a} \times \vec{c})$ Distributivgesetz

Flächeninhalt eines Parallelogramms: $A = \sqrt{\vec{a}^2 \cdot \vec{b}^2 - (\vec{a} \cdot \vec{b})^2}$ oder $A = |\vec{a} \times \vec{b}| = |\vec{a}| \cdot |\vec{b}| \cdot \sin\gamma$

Volumen eines Spats: $V = |(\vec{a} \times \vec{b}) \cdot \vec{c}|$

Volumen einer dreiseitigen Pyramide: $V = \frac{1}{6}|(\vec{a} \times \vec{b}) \cdot \vec{c}|$

Test

Skalarprodukt und Vektorprodukt

1. Berechnen Sie das Skalarprodukt von $\vec{a}$ und $\vec{b}$.

a) 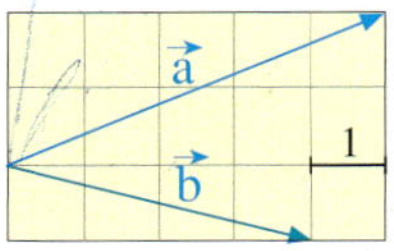

b) $\vec{a} = \begin{pmatrix} 1 \\ 2 \\ -2 \end{pmatrix}; \vec{b} = \begin{pmatrix} 3 \\ 3 \\ 4 \end{pmatrix}$

c) $\vec{a} = \begin{pmatrix} 1 \\ a \\ 2 \end{pmatrix}; \vec{b} = \begin{pmatrix} 2a \\ -3 \\ a \end{pmatrix}$

2. Wie groß ist der Winkel zwischen den Vektoren $\vec{a} = \begin{pmatrix} 3 \\ 2 \\ 4 \end{pmatrix}$ und $\vec{b} = \begin{pmatrix} 1 \\ 4 \\ 3 \end{pmatrix}$?

3. Gegeben sind die Geraden g: $\vec{x} = \begin{pmatrix} 2 \\ 0 \\ 4 \end{pmatrix} + r\begin{pmatrix} -1 \\ 2 \\ -1 \end{pmatrix}$ und h: $\vec{x} = \begin{pmatrix} 2 \\ 1 \\ 1 \end{pmatrix} + s\begin{pmatrix} 1 \\ -1 \\ -2 \end{pmatrix}$.

a) Berechnen Sie den Schnittpunkt und den Schnittwinkel von g und h.
b) Fertigen Sie eine Skizze an.

4. Vom abgebildeten Quader (Länge 8, Breite 4, Höhe 4) wurde ein Eckteil abgetrennt.

a) Gesucht sind die Innenwinkel und der Flächeninhalt der Schnittfläche ABC.
b) Welches Volumen hat das abgetrennte Eckstück?

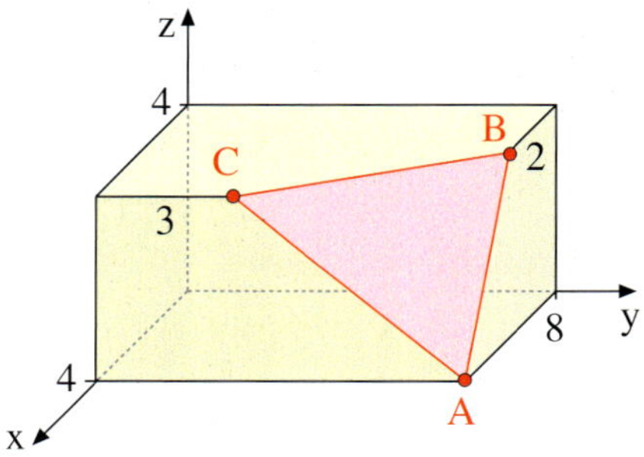

5. Bestimmen Sie einen Vektor $\vec{n}$, der zu den Vektoren $\vec{a} = \begin{pmatrix} 4 \\ 6 \\ 2 \end{pmatrix}$, $\vec{b} = \begin{pmatrix} 1 \\ 4 \\ 2 \end{pmatrix}$ orthogonal ist.

6. Prüfen Sie, ob das Dreieck ABC mit $A(3\,|\,0\,|\,0)$, $B(5\,|\,4\,|\,1)$ und $C(0\,|\,6\,|\,3)$ rechtwinklig ist.

7. a) Welchen Winkel bildet die Ursprungsgerade g: $\vec{x} = r\begin{pmatrix} 3 \\ 4 \\ 3 \end{pmatrix}$ mit der x-Achse, mit der y-Achse und mit der z-Achse?

b) Wie groß muss $t > 0$ gewählt werden, damit die Ursprungsgerade g: $\vec{x} = r\begin{pmatrix} 3 \\ 4 \\ t \end{pmatrix}$ mit der z-Achse einen Winkel von 45° bildet?

8. Gegeben ist eine dreiseitige Pyramide mit den Eckpunkten $A(2\,|\,2\,|\,3)$, $B(4\,|\,8\,|\,0)$, $C(-1\,|\,6\,|\,1)$ und $D(2\,|\,5\,|\,6)$.

a) Zeichnen Sie ein Schrägbild der Pyramide.
b) Berechnen Sie die Oberfläche der Pyramide.
c) Berechnen Sie das Volumen der Pyramide.

Lösungen unter 114-1

V. Ebenen

1. Ebenengleichungen

A. Die vektorielle Parametergleichung einer Ebene

Ähnlich wie Geraden lassen sich auch Ebenen im Raum durch Vektoren rechnerisch erfassen und bearbeiten. Eine Ebene wird durch einen Punkt und zwei nicht parallele Vektoren eindeutig festgelegt.

Ist A ein bekannter Punkt der Ebene, ein sogenannter ***Stützpunkt***, und sind $\vec{u}$ und $\vec{v}$ zwei nicht parallele, in der Ebene verlaufende Vektoren, sogenannte ***Richtungsvektoren***, so lässt sich der Ortsvektor $\vec{x} = \overrightarrow{OX}$ eines beliebigen Ebenenpunktes als Summe aus dem Stützvektor $\vec{a} = \overrightarrow{OA}$ und einer Linearkombination der beiden Richtungsvektoren darstellen:

$$\vec{x} = \vec{a} + r \cdot \vec{u} + s \cdot \vec{v}.$$

In der Abbildung wird dies für die durch den Rechteckausschnitt angedeutete Ebene veranschaulicht.

Man bezeichnet diese Gleichung als ***Punktrichtungsgleichung*** der Ebene (1 Punkt, 2 Richtungsvektoren) oder als ***vektorielle Parametergleichung*** der Ebene und verwendet eine zu vektoriellen Geradengleichungen analoge Schreibweise.

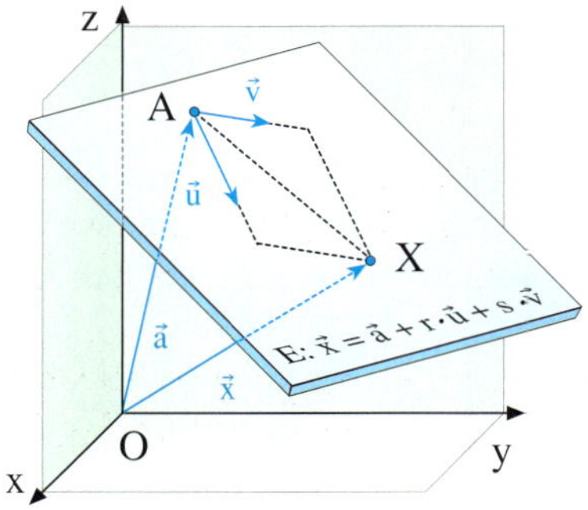

$$\overrightarrow{OX} = \overrightarrow{OA} + \overrightarrow{AX}$$
$$\vec{x} = \vec{a} + r \cdot \vec{u} + s \cdot \vec{v}$$

Vektorielle Parametergleichung einer Ebene

E:	$\mathbf{\vec{x} = \vec{a} + r \cdot \vec{u} + s \cdot \vec{v}}$ **(r, s ∈ ℝ)**
$\vec{x}$:	allgemeiner Ebenenvektor
$\vec{a}$:	Stützvektor
$\vec{u}$, $\vec{v}$:	Richtungsvektoren
r, s:	Ebenenparameter 116-1

Beispiel: Für die rechts ausschnittsweise dargestellte Ebene E können wir den Punkt A(3|6|1) als Stützpunkt und $\vec{u} = \begin{pmatrix} 0 \\ -4 \\ 0 \end{pmatrix}$ sowie $\vec{v} = \begin{pmatrix} -3 \\ 0 \\ 5 \end{pmatrix}$ als Richtungsvektoren wählen. Eine Parametergleichung der Ebene lautet dann:

$$E: \vec{x} = \begin{pmatrix} 3 \\ 6 \\ 1 \end{pmatrix} + r \cdot \begin{pmatrix} 0 \\ -4 \\ 0 \end{pmatrix} + s \cdot \begin{pmatrix} -3 \\ 0 \\ 5 \end{pmatrix}.$$

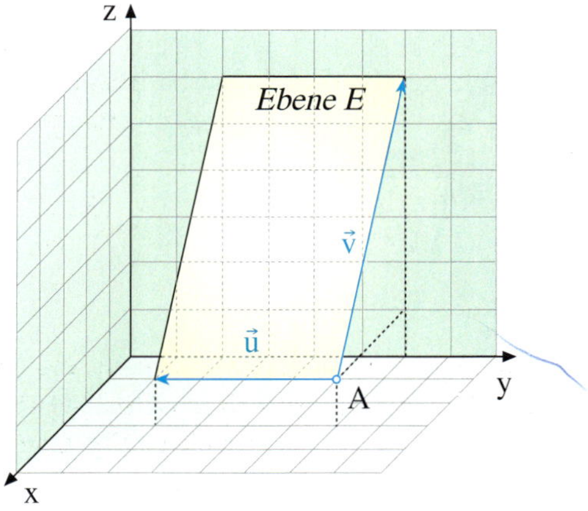

B. Die Dreipunktegleichung einer Ebene

Besonders einfach lässt sich eine Ebenengleichung aufstellen, wenn die Ebene durch drei Punkte gegeben ist, die natürlich nicht auf einer Geraden liegen dürfen.

Beispiel: Zeichnen Sie einen Ausschnitt derjenigen Ebene E, welche die drei Punkte $A(2|0|3)$, $B(3|4|0)$ und $C(0|3|3)$ enthält. Stellen Sie außerdem eine vektorielle Parametergleichung dieser Ebene auf.

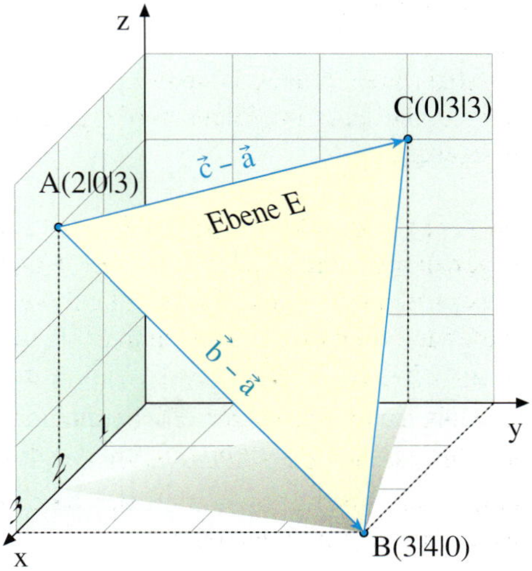

Lösung:
Der dreieckige Ebenenausschnitt ist rechts als Schrägbild dargestellt. Als Stützvektor verwenden wir den Ebenenpunkt $A(2|0|3)$.
Als Richtungsvektoren verwenden wir die Differenzvektoren $\vec{b}-\vec{a}$ und $\vec{c}-\vec{a}$. Damit ergibt sich die Gleichung

E: $\vec{x}=\vec{a}+r\cdot(\vec{b}-\vec{a})+s\cdot(\vec{c}-\vec{a})$,

die man als ***Dreipunktegleichung*** der Ebene bezeichnet.

In unserem Beispiel ergibt sich hiermit als zugehörige Parametergleichung:

$$E:\ \vec{x}=\begin{pmatrix}2\\0\\3\end{pmatrix}+r\cdot\begin{pmatrix}3-2\\4-0\\0-3\end{pmatrix}+s\cdot\begin{pmatrix}0-2\\3-0\\3-3\end{pmatrix},$$

$$E:\ \vec{x}=\begin{pmatrix}2\\0\\3\end{pmatrix}+r\cdot\begin{pmatrix}1\\4\\-3\end{pmatrix}+s\cdot\begin{pmatrix}-2\\3\\0\end{pmatrix}$$

Dreipunktegleichung der Ebene

A, B, C seien drei nicht auf einer Geraden liegende Punkte mit den Ortsvektoren $\vec{a}$, $\vec{b}$ und $\vec{c}$.
Dann hat die A, B und C enthaltende Ebene die Gleichung:

E: $\vec{x}=\vec{a}+r\cdot(\vec{b}-\vec{a})+s\cdot(\vec{c}-\vec{a})$.

Übung 1

Wie lautet die Gleichung der Ebene E, welche die Punkte A, B und C enthält? Fertigen Sie ein Schrägbild der Ebene an.

a) $A(3|0|0)$, $B(0|4|0)$, $C(0|0|2)$

b) $A(2|0|1)$, $B(3|2|0)$, $C(0|3|2)$

c) $A(4|2|1)$, $B(3|5|1)$, $C(0|0|4)$

Übung 2

Eine Pyramide hat als Grundfläche ein Dreieck ABC mit den Eckpunkten $A(1|1|0)$, $B(6|6|1)$ und $C(3|6|1)$. Ihre Spitze ist $S(2|4|4)$.
Zeichnen Sie ein Schrägbild der Pyramide und stellen Sie die Gleichungen der Ebenen E_1, E_2, E_3 auf, welche jeweils eine der drei Seitenflächen der Pyramide enthalten.

Übungen

3. Gesucht ist eine vektorielle Parametergleichung der abgebildeten Ebene.

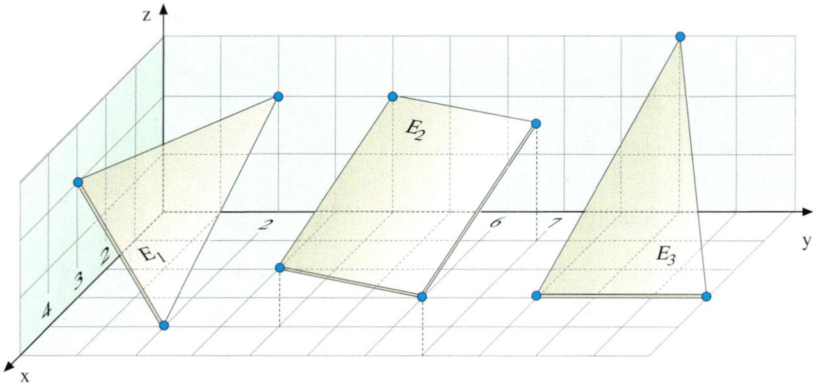

4. Geben Sie eine vektorielle Parametergleichung folgender Ebenen im Raum an.

a) E_1 ist die x-y-Ebene, E_2 die y-z-Ebene und E_3 die x-z-Ebene.

b) E_4 enthält den Punkt $P(2|3|0)$ und verläuft parallel zur x-z-Ebene.

c) E_5 enthält den Punkt $P(-1|0|-1)$ und verläuft parallel zur x-y-Ebene.

d) E_6 enthält die Ursprungsgerade durch $B(3|1|0)$ und steht senkrecht auf der x-y-Ebene.

e) E_7 enthält die Winkelhalbierende des 1. Quadranten der y-z-Ebene und steht senkrecht zur y-z-Ebene.

f) E_8 enthält die Gerade g: $\vec{x} = \begin{pmatrix} 1 \\ -1 \\ 1 \end{pmatrix} + r \cdot \begin{pmatrix} 3 \\ 2 \\ 1 \end{pmatrix}$ sowie die Gerade h durch die Punkte $A(3|2|2)$ und $B(4|1|2)$.

5. Wie lautet eine Parametergleichung einer Ebene E, die die Punkte A, B und C enthält?

a) $A(1|0|1)$, $B(2|-1|2)$, $C(1|1|1)$

b) $A(1|0|0)$, $B(0|1|0)$, $C(0|0|1)$

c) $A(0|0|0)$, $B(3|2|1)$, $C(1|2|1)$

d) $A(2|-1|4)$, $B(6|5|12)$, $C(8|8|16)$

6. Gegeben ist ein Würfel mit der Kantenlänge 5 in einem kartesischen Koordinatensystem.

a) Jede Seitenfläche des Würfels liegt in einer Ebene. Geben Sie für jede dieser Ebenen eine Parametergleichung an.

b) Die Ecken D, B, G, E bilden ein Tetraeder, dessen Seitendreiecke Ebenen aufspannen. Geben Sie für jede dieser Ebenen eine Parametergleichung an.

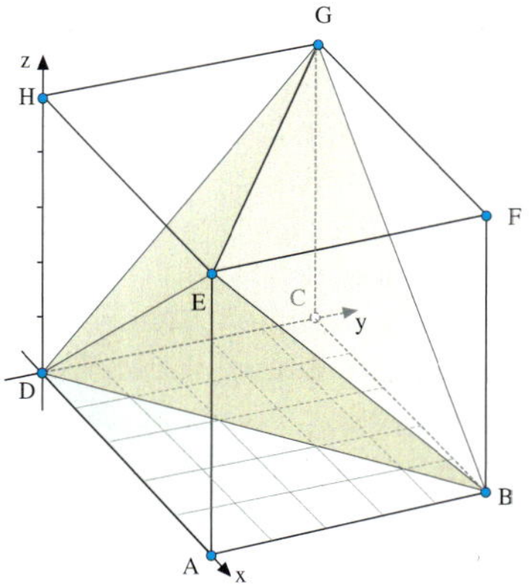

7. Durch die Punkte A, B und C sei eine Ebene mit E: $\vec{x} = \vec{a} + r(\vec{b} - \vec{a}) + s(\vec{c} - \vec{a})$ gegeben. Beschreiben Sie mithilfe einer Skizze die Lage der Punkte der Ebene E, für die

a) $0 \leq r \leq 1$ und $0 \leq s \leq 1$, b) $r + s = 1, r \geq 0, s \geq 0$ c) $r - s = 0$ gilt.

C. Die Normalengleichung einer Ebene

Eine besonders einfache und zugleich vorteilhafte Möglichkeit zur Darstellung von Ebenen im Anschauungsraum lässt sich unter Verwendung des Skalarproduktes gewinnen.

Die Lage einer Ebene E im Raum ist durch die Angabe eines Ebenenpunktes A und eines zur Ebene senkrechten Vektors $\vec{n} \neq \vec{0}$, den man als ***Normalenvektor der Ebene*** bezeichnet, eindeutig festgelegt.

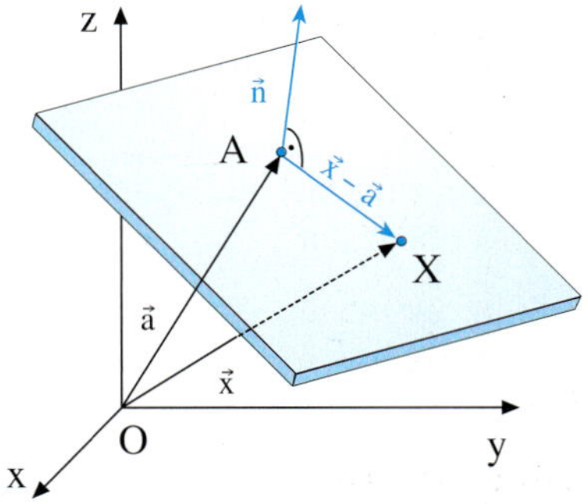

Unter diesen Voraussetzungen liegt ein Punkt X (Ortsvektor: $\vec{x}$) genau dann in der Ebene E, wenn der Vektor $\overrightarrow{AX}$ senkrecht auf dem Normalenvektor $\vec{n}$ steht, d.h., wenn die Gleichung $\overrightarrow{AX} \cdot \vec{n} = 0$ bzw. $(\vec{x} - \vec{a}) \cdot \vec{n} = 0$ gilt.

Man bezeichnet diese Art der parameterfreien Darstellung einer Ebene E unter Verwendung eines Stützvektors $\vec{a}$ und eines Normalenvektors $\vec{n}$ als ***Normalenform*** der Ebenengleichung oder kürzer als ***Normalengleichung*** der Ebene.*

Normalengleichung der Ebene E

$$\mathbf{E: (\vec{x} - \vec{a}) \cdot \vec{n} = 0}$$

↑ Stützvektor ↑ Normalenvektor

119-1

Jede Ebene E kann auf beliebig viele Arten in Normalenform dargestellt werden, da der Ortsvektor eines jeden Ebenenpunktes als Stützvektor dienen kann und da außerdem ein Normalenvektor nur bezüglich seiner Richtung, nicht jedoch bezüglich seines Betrages eindeutig festgelegt ist.

$$E: \left[\vec{x} - \begin{pmatrix} 1 \\ 3 \\ 2 \end{pmatrix}\right] \cdot \begin{pmatrix} 1 \\ 2 \\ 1 \end{pmatrix} = 0$$ *Normalenform*

Abschließend sei noch bemerkt, dass die Normalengleichung einer Ebene E durch Ausmultiplikation der Klammer in eine äquivalente Darstellung umgeformt werden kann, wie dies nebenstehend exemplarisch dargestellt ist. Man spricht dann von einer ***vereinfachten Normalengleichung***.

$$E: \vec{x} \cdot \begin{pmatrix} 1 \\ 2 \\ 1 \end{pmatrix} - \begin{pmatrix} 1 \\ 3 \\ 2 \end{pmatrix} \cdot \begin{pmatrix} 1 \\ 2 \\ 1 \end{pmatrix} = 0$$

$$E: \vec{x} \cdot \begin{pmatrix} 1 \\ 2 \\ 1 \end{pmatrix} = 9$$ *vereinfachte Normalenform*

* Beide Begriffe werden im Folgenden synonym verwendet.

Wir wenden uns nun der Frage zu, wie man die Normalengleichung einer Ebene bestimmt. Wir gehen davon aus, dass wir entweder drei Punkte der Ebene kennen oder – was nahezu gleichbedeutend ist – dass ihre Parametergleichung gegeben ist.

Beispiel: Parametergleichung (drei Punkte) → Normalengleichung

Gesucht ist eine Normalengleichung der Ebene E durch die Punkte $A(3|2|4)$, $B(5|1|6)$ und $C(1|4|3)$.

Lösung:
Wir stellen zunächst die Parametergleichung der Ebene auf.

Parametergleichung von E:

$$E: \vec{x} = \begin{pmatrix} 3 \\ 2 \\ 4 \end{pmatrix} + r \begin{pmatrix} 2 \\ -1 \\ 2 \end{pmatrix} + s \begin{pmatrix} -2 \\ 2 \\ -1 \end{pmatrix}$$

Stützvektor, Richtungsvektor, Richtungsvektor

Den Stützvektor für die Normalengleichung können wir aus der Parametergleichung direkt übernehmen.

Die beiden Richtungsvektoren ermöglichen uns die Bestimmung eines Normalenvektors $\vec{n}$. Dieser muss zu beiden Richtungsvektoren senkrecht stehen.

Bestimmung eines Normalenvektors $\vec{n}$:

$$\vec{n} = \begin{pmatrix} x \\ y \\ z \end{pmatrix}, \quad \vec{n} \perp \begin{pmatrix} 2 \\ -1 \\ 2 \end{pmatrix}, \quad \vec{n} \perp \begin{pmatrix} -2 \\ 2 \\ -1 \end{pmatrix},$$

$$\text{also } \begin{pmatrix} x \\ y \\ z \end{pmatrix} \cdot \begin{pmatrix} 2 \\ -1 \\ 2 \end{pmatrix} = 0, \begin{pmatrix} x \\ y \\ z \end{pmatrix} \cdot \begin{pmatrix} -2 \\ 2 \\ -1 \end{pmatrix} = 0.$$

Dies führt auf ein Gleichungssystem mit zwei Gleichungen für die drei Unbekannten x, y und z.

$$\begin{array}{ll} \text{I:} & 2x - y + 2z = 0 \\ \text{II:} & -2x + 2y - z = 0 \\ \hline \text{III} = \text{I} + \text{II:} & y + z = 0 \end{array}$$

Eine Variable kann frei gewählt werden, da das System unterbestimmt ist. Wir wählen $z = c$. Die allgemeine Lösung des Systems lautet dann: $x = -1{,}5c$, $y = -c$ und $z = c$.
Da wir nur eine Lösung benötigen, können wir c frei festlegen.
Für $c = 2$ erhalten wir $\vec{n} = \begin{pmatrix} -3 \\ -2 \\ 2 \end{pmatrix}$.

z wird frei gewählt: $z = c$
Aus III folgt dann: $y = -c$
Aus I folgt dann: $x = -1{,}5c$

Setzen wir $c = 2$, so folgt $\vec{n} = \begin{pmatrix} -3 \\ -2 \\ 2 \end{pmatrix}$.

Nun können wir eine Normalengleichung der Ebene aufstellen.

Normalengleichung von E:

$$E: \left[\vec{x} - \begin{pmatrix} 3 \\ 2 \\ 4 \end{pmatrix}\right] \cdot \begin{pmatrix} -3 \\ -2 \\ 2 \end{pmatrix} = 0$$

Stützvektor, Normalenvektor

Resultat: $E: \left[\vec{x} - \begin{pmatrix} 3 \\ 2 \\ 4 \end{pmatrix}\right] \cdot \begin{pmatrix} -3 \\ -2 \\ 2 \end{pmatrix} = 0$

Übung 8

Stellen Sie eine Normalengleichung der Ebene E auf.

a) E geht durch die Punkte $A(1|1|-3)$, $B(0|2|2)$ und $C(2|1|-5)$.

b) E hat die Parameterdarstellung $E: \vec{x} = \begin{pmatrix} 1 \\ 1 \\ 1 \end{pmatrix} + r \begin{pmatrix} -1 \\ 1 \\ 2 \end{pmatrix} + s \begin{pmatrix} 2 \\ 2 \\ 0 \end{pmatrix}$.

Wir behandeln nun die umgekehrte Fragestellung. Aus der Normalengleichung soll eine Parametergleichung gewonnen werden.

Beispiel: Normalengleichung → Parametergleichung

Gesucht ist eine Parametergleichung der Ebene E: $\left[\vec{x}-\begin{pmatrix}1\\2\\5\end{pmatrix}\right]\cdot\begin{pmatrix}2\\3\\5\end{pmatrix}=0$.

Lösung:
Den Stützvektor für die Parametergleichung können wir auch hier direkt aus der Normalengleichung übernehmen.

Der Normalenvektor gestattet uns in einfacher Weise – wie rechts dargestellt – die Bestimmung von zwei nicht kollinearen Richtungsvektoren $\vec{u}$ und $\vec{v}$.

Wir setzen eine der drei gesuchten Richtungskoordinaten gleich 0 und bestimmen die beiden anderen – wie rechts farbig dargestellt – aus zwei Koordinaten des Normalenvektors.

Bestimmung der Richtungsvektoren:

$$\underset{\vec{n}}{\begin{pmatrix}2\\3\\5\end{pmatrix}}\cdot\underset{\vec{u}}{\begin{pmatrix}\;\\\;\\\;\end{pmatrix}}=0,\quad \underset{\vec{n}}{\begin{pmatrix}2\\3\\5\end{pmatrix}}\cdot\underset{\vec{v}}{\begin{pmatrix}\;\\\;\\\;\end{pmatrix}}=0$$

$$\begin{pmatrix}2\\3\\5\end{pmatrix}\cdot\begin{pmatrix}3\\-2\\0\end{pmatrix}=0,\quad \begin{pmatrix}2\\3\\5\end{pmatrix}\cdot\begin{pmatrix}0\\5\\-3\end{pmatrix}=0$$

Parametergleichung:

$$E\colon \vec{x}=\begin{pmatrix}1\\2\\5\end{pmatrix}+r\begin{pmatrix}3\\-2\\0\end{pmatrix}+s\begin{pmatrix}0\\5\\-3\end{pmatrix}$$

Stützvektor, Richtungsvektor, Richtungsvektor

Übung 9
Jeweils zwei der folgenden Gleichungen stellen die gleiche Ebene dar. Stellen Sie die zueinander gehörende Paare fest.

$E_1\colon\ \vec{x}=\begin{pmatrix}0\\0\\3\end{pmatrix}+r\begin{pmatrix}1\\0\\-2\end{pmatrix}+s\begin{pmatrix}-1\\2\\6\end{pmatrix}$

$E_2\colon\ \vec{x}=\begin{pmatrix}1\\1\\3\end{pmatrix}+r\begin{pmatrix}1\\1\\5\end{pmatrix}+s\begin{pmatrix}-2\\-1\\-6\end{pmatrix}$

$E_3\colon\ \vec{x}=\begin{pmatrix}4\\1\\1\end{pmatrix}+r\begin{pmatrix}-1\\-1\\1\end{pmatrix}+s\begin{pmatrix}7\\7\\-1\end{pmatrix}$

$E_4\colon\ \left[\vec{x}-\begin{pmatrix}5\\2\\0\end{pmatrix}\right]\cdot\begin{pmatrix}1\\-1\\0\end{pmatrix}=0$

$E_5\colon\ \left[\vec{x}-\begin{pmatrix}1\\1\\3\end{pmatrix}\right]\cdot\begin{pmatrix}2\\-2\\1\end{pmatrix}=0$

$E_6\colon\ \left[\vec{x}-\begin{pmatrix}2\\2\\8\end{pmatrix}\right]\cdot\begin{pmatrix}1\\4\\-1\end{pmatrix}=0$

Oft treten Ebenen in Körpern auf, z. B. als Seitenflächen. Dann stellt sich das Problem, aus der Zeichnung eine Parametergleichung oder eine Normalengleichung zu gewinnen (Übung 10).

Übung 10
Stellen Sie die Ebene durch eine geeignete Gleichung dar.

a)
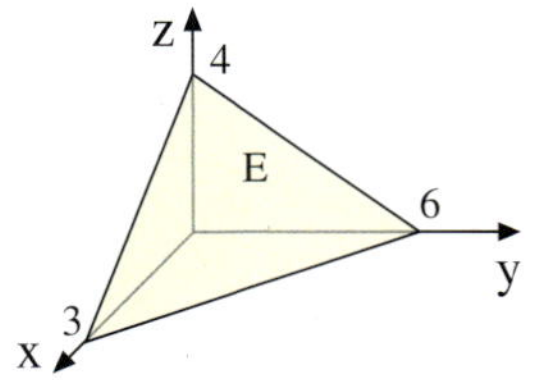

b)
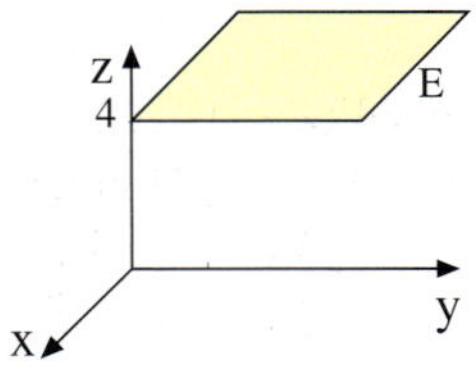

c)
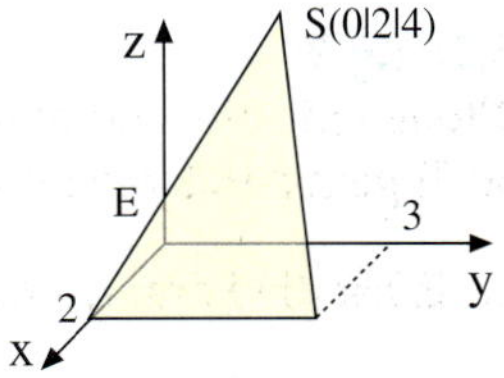

D. Die Koordinatengleichung einer Ebene

$ax + by + cz = d$

Eine Ebene im dreidimensionalen Anschauungsraum lässt sich stets durch eine lineare Gleichung der Form $\mathbf{a\,x + b\,y + c\,z = d}$ darstellen, die man als ***Koordinatengleichung*** bezeichnet. Diese Darstellung hat einige Vorteile, was wir im Verlauf des Kurses sehen werden.
Die Koordinatengleichung ist eng verwandt mit der Normalengleichung. Daher zeigen wir zunächst, wie man diese Gleichungen rechnerisch ineinander überführt.

Beispiel: Normalengleichung → Koordinatengleichung

Bestimmen Sie eine Koordinatengleichung der Ebene E: $\left[\vec{x} - \begin{pmatrix}1\\3\\2\end{pmatrix}\right] \cdot \begin{pmatrix}2\\3\\4\end{pmatrix} = 0.$

Lösung:
Wir überführen die Normalengleichung zunächst in ihre vereinfachte Form:

$$\left[\vec{x} - \begin{pmatrix}1\\3\\2\end{pmatrix}\right] \cdot \begin{pmatrix}2\\3\\4\end{pmatrix} = 0 \Rightarrow \vec{x} \cdot \begin{pmatrix}2\\3\\4\end{pmatrix} - \begin{pmatrix}1\\3\\2\end{pmatrix} \cdot \begin{pmatrix}2\\3\\4\end{pmatrix} = 0 \Rightarrow \vec{x} \cdot \begin{pmatrix}2\\3\\4\end{pmatrix} - 19 = 0 \Rightarrow \vec{x} \cdot \begin{pmatrix}2\\3\\4\end{pmatrix} = 19$$

Nun ersetzen wir den Vektor $\vec{x}$ durch seine Spaltenkoordinatenform und multiplizieren aus:

$$\vec{x} \cdot \begin{pmatrix}2\\3\\4\end{pmatrix} = 19 \Rightarrow \begin{pmatrix}x\\y\\z\end{pmatrix} \cdot \begin{pmatrix}2\\3\\4\end{pmatrix} = 19 \Rightarrow 2x + 3y + 4z = 19$$

Wir halten folgende wichtige Beobachtung fest:

Die Koeffizienten der linken Seite der Koordinatengleichung einer Ebene sind die Koordinaten eines Normalenvektors.	E: $ax + by + cz = d \Rightarrow \vec{n} = \begin{pmatrix}a\\b\\c\end{pmatrix}$ ist ein Normalenvektor von E.

Beispiel: Koordinatengleichung → Normalengleichung
Gesucht ist eine Normalengleichung der Ebene E: $2x + 3y - z = 6$.

Lösung:
Besonders leicht ist eine vereinfachte Normalengleichung zu bestimmen. Dazu stellen wir einfach die linke Seite der Koordinatengleichung als Skalarprodukt dar.

$$\text{E: } 2x + 3y - z = 6 \Rightarrow \text{E: } \begin{pmatrix}x\\y\\z\end{pmatrix} \cdot \begin{pmatrix}2\\3\\-1\end{pmatrix} = 6 \Rightarrow \text{E: } \vec{x} \cdot \begin{pmatrix}2\\3\\-1\end{pmatrix} = 6$$

Eine weitere Möglichkeit: Wir entnehmen der Koordinatengleichung durch Einsetzen geeigneter Koordinaten einen Stützpunkt, z. B. $A(3|0|0)$, sowie durch Ablesen der Koeffizienten der linken Seite einen Normalenvektor.

Dann lautet eine Normalengleichung von E: $\left[\vec{x} - \begin{pmatrix}3\\0\\0\end{pmatrix}\right] \cdot \begin{pmatrix}2\\3\\-1\end{pmatrix} = 0.$

Ein erster Vorteil der Koordinatenform besteht darin, dass sich die ***Achsenabschnittspunkte*** der Ebene aus der Koordinatenform einfacher bestimmen lassen, was wiederum die zeichnerische Darstellung der Ebene erheblich erleichtert.

Beispiel: Achsenabschnitte und Schrägbild

Gegeben sei die Ebene E mit der Koordinatengleichung E: $3x + 6y + 4z = 12$.
Bestimmen Sie diejenigen Punkte, in welchen die Koordinatenachsen die Ebene durchstoßen, und zeichnen Sie mithilfe dieser Punkte ein Schrägbild der Ebene.

Lösung:
Der Achsenabschnittspunkt auf der x-Achse hat die Gestalt $A(x\,|\,0\,|\,0)$.
Setzen wir in der Koordinatengleichung $y = 0$ und $z = 0$, so erhalten wir $3x = 12$, d. h. $x = 4$. Also ist $A(4\,|\,0\,|\,0)$ der gesuchte Achsenabschnittspunkt auf der x-Achse.

Analog erhalten wir die beiden weiteren Achsenabschnittspunkte $B(0\,|\,2\,|\,0)$ und $C(0\,|\,0\,|\,3)$.

Tragen wir diese drei Punkte in ein Koordinatensystem ein, so können wir einen dreieckigen Ebenenausschnitt darstellen.

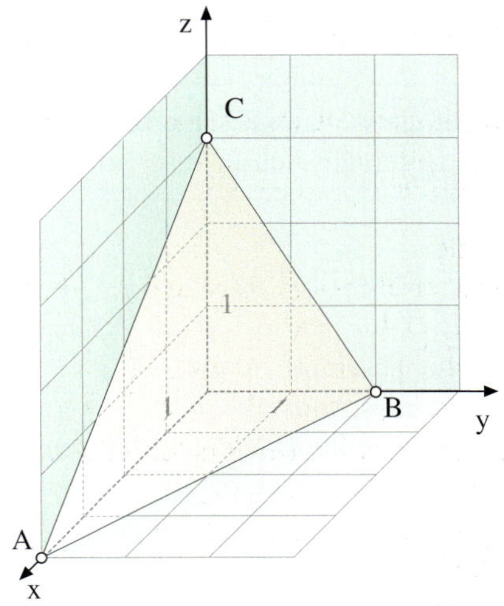

Übung 11

a) Bestimmen Sie die Achsenabschnitte der Ebene E: $4x + 6y + 6z = 24$ und zeichnen Sie ein Schrägbild der Ebene.
b) Zeichnen Sie ein Schrägbild der Ebene E: $2x + 5y + 4z = 10$.
c) Welche Achsenabschnitte besitzt die Ebene E: $2x + 4z = 8$?
Beschreiben Sie die Lage dieser Ebene im Koordinatensystem.

Bemerkung: Fehlen in der Koordinatengleichung einer Ebene eine oder mehrere Variable, so nimmt die Ebene im Koordinatensystem eine besondere Lage ein.

Beispiel: Die Ebene $E_1: 2x + 3y = 6$ hat die Achsenabschnitte $x = 3$ $(y = 0,\ z = 0)$ und $y = 2$ $(x = 0,\ z = 0)$.
Sie hat keinen z-Achsenabschnitt, denn sie ist parallel zur z-Achse.

Beispiel: Die Ebene E_2: $2y = 6$ hat den y-Achsenabschnitt $y = 3$.
Sie hat keinen x-Achsenabschnitt und keinen z-Achsenabschnitt; sie ist nämlich parallel zur x-Achse und zur z-Achse, also zur x-z-Ebene.

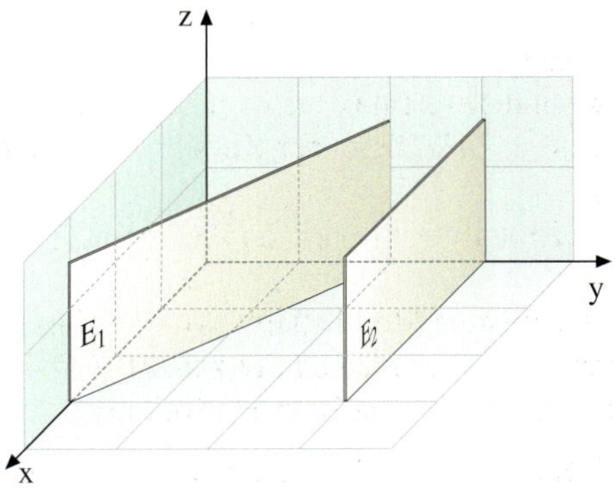

Man kann die Koordinatengleichung einer Ebene in der Regel so umformen, dass die Achsenabschnitte der Ebene direkt abgelesen werden können.

Die Achsenabschnittsgleichung

Die rechts dargestellte Koordinatengleichung wird als Achsenabschnittsgleichung bezeichnet.
A ist der x-Achsenabschnitt,
B der y-Achsenabschnitt und
C der z-Achsenabschnitt von E.

$$E: \frac{x}{A} + \frac{y}{B} + \frac{z}{C} = 1$$

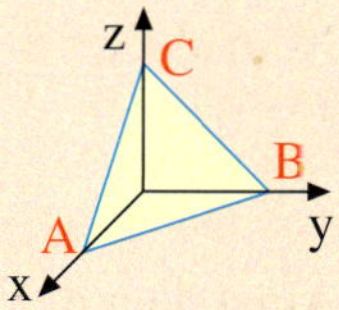

Beispiel: Achsenabschnitte

Wie lauten die Achsenabschnitte der Ebene E: $3x + 2y = 12$?

Lösung:
E: $3x + 2y = 12 \quad |: 12$
E: $\frac{x}{4} + \frac{y}{6} = 1$
x-Achsenabschnitt: $A = 4$
y-Achsenabschnitt: $B = 6$
z-Achsenabschnitt: Nicht vorhanden, da E parallel zur z-Achse

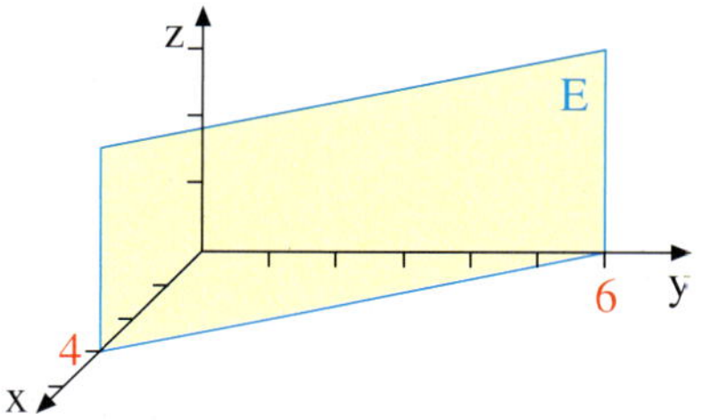

Übung 12

Bestimmen Sie eine Koordinatengleichung der abgebildeten Ebene E.

a)
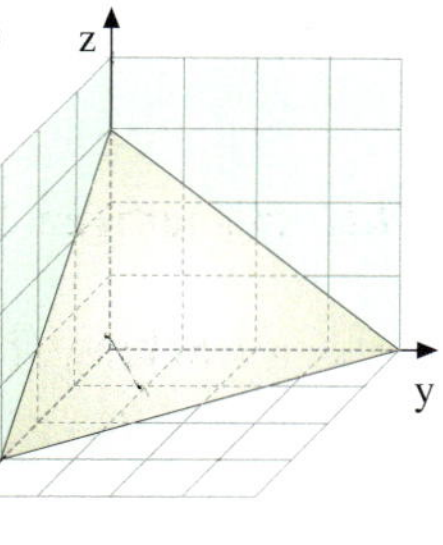

b)
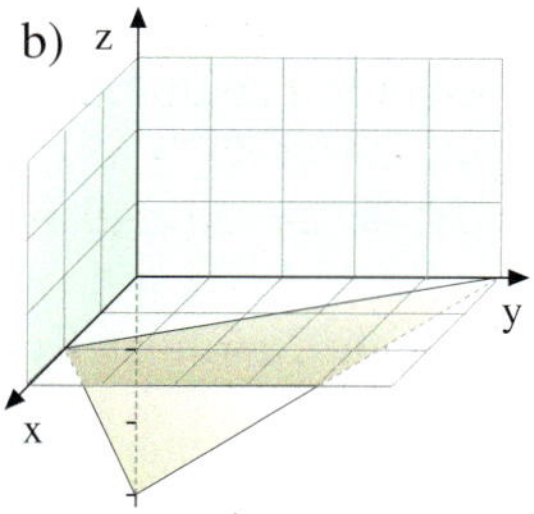

c)
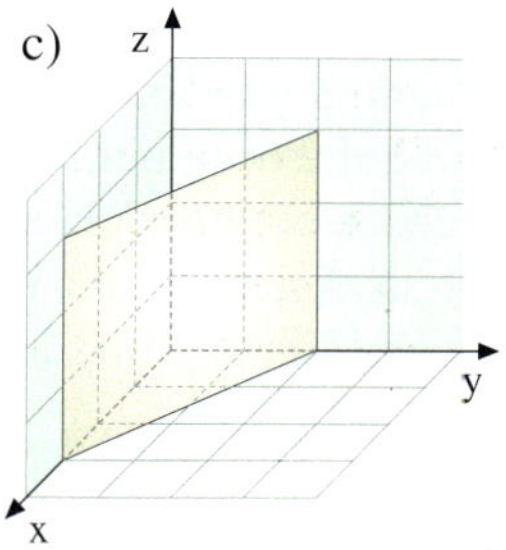

d)
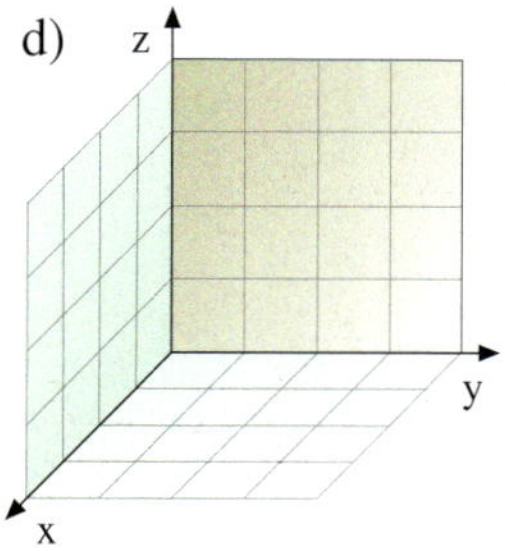

e)
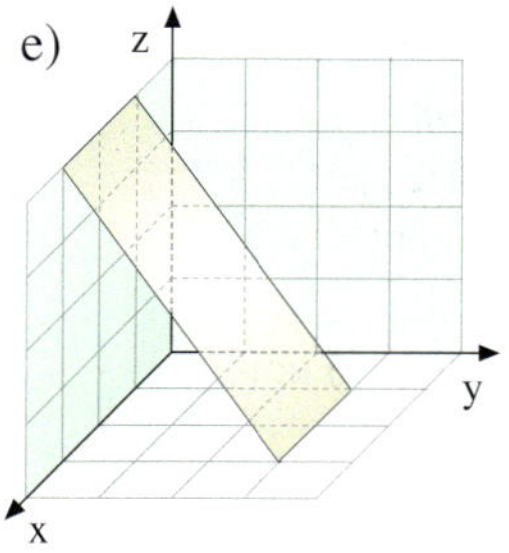

f)
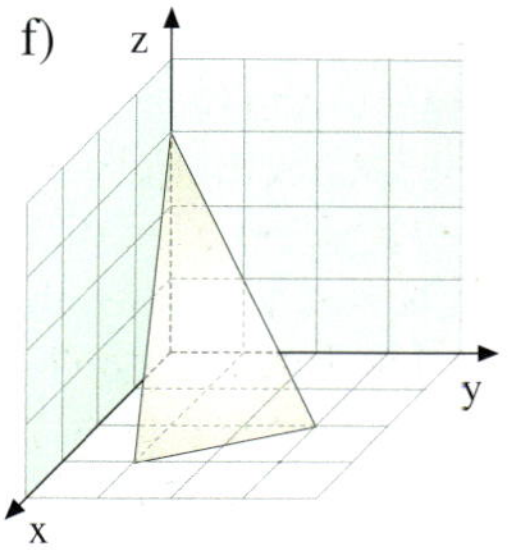

Übung 13

Bestimmen Sie die Achsenabschnitte der Ebene E und zeichnen Sie ein Schrägbild der Ebene.

a) E: $2x + 4y + z = 4$ b) E: $-3x + 4y + 8z = 12$ c) E: $-2x + y - 2z = 4$
d) E: $2y + 3z = 6$ e) E: $4x = 8$ f) E: $z = 2$

124-1

Übungen

14. Ebenengleichungen

Stellen Sie eine Gleichung der Ebene durch die Punkte A, B und C in Parameterform, in Normalenform und in Koordinatenform auf.

a) $A(1|2|-2), B(0|5|0), C(5|0|-2)$ b) $A(2|1|1), B(4|2|2), C(3|3|4)$

15. Aufstellen der Normalengleichung

Bestimmen Sie eine Normalengleichung der Ebene E.

a) E: $-4x+5y+3z=12$ b) E: $x+2z=4$

c) E: $\vec{x}=\begin{pmatrix}1\\0\\0\end{pmatrix}+r\begin{pmatrix}2\\2\\-2\end{pmatrix}+s\begin{pmatrix}4\\1\\-10\end{pmatrix}$ d) E: $\vec{x}=\begin{pmatrix}5\\2\\3\end{pmatrix}+r\begin{pmatrix}2\\3\\-2\end{pmatrix}+s\begin{pmatrix}1\\-1\\1\end{pmatrix}$

16. Aufstellen der Normalengleichung

Stellen Sie eine Normalengleichung der beschriebenen Ebene E auf.

a) E geht durch $A(0|2|0), B(2|1|2), C(1|0|2)$.
b) E hat die Koordinatengleichung E: $2x+y-3z=5$.
c) E ist die x-y-Ebene.
d) E ist die x-z-Ebene.
e) E enthält die z-Achse, den Punkt $P(1|1|0)$ und steht senkrecht auf der x-y-Ebene.

17. Achsenabschnitt einer Ebene

a) Bestimmen Sie die Achsenabschnittspunkte der Ebene E: $3x+6y-3z=12$ und skizzieren Sie einen Ebenenausschnitt im Koordinatensystem.
b) Welche Achsenabschnitte hat die Ebene E: $2x+5y=10$?
Beschreiben Sie die Lage der Ebene im Koordinatensystem verbal und fertigen Sie anschließend ein Schrägbild an.
c) Beschreiben Sie die Lage der Ebene E: $2z=8$ im Koordinatensystem (mit Schrägbild).

18. Aufstellen der Koordinatengleichung

Gesucht ist eine Koordinatengleichung der beschriebenen oder dargestellten Ebenen.

a) Es handelt sich um die x-y-Ebene.
b) Die Ebene hat die Achsenabschnitte $x=4, y=2, z=6$.
c) Die Ebene enthält den Punkt $P(2|1|3)$ und ist zur y-z-Ebene parallel.
d) Die Ebene geht durch den Punkt $P(4|4|0)$ und ist parallel zur z-Achse. Ihr y-Achsenabschnitt beträgt $y=12$.
e) Die Ebene enthält die Punkte $A(2|-1|5)$, $B(-1|-3|9)$ und ist parallel zur z-Achse.

f)

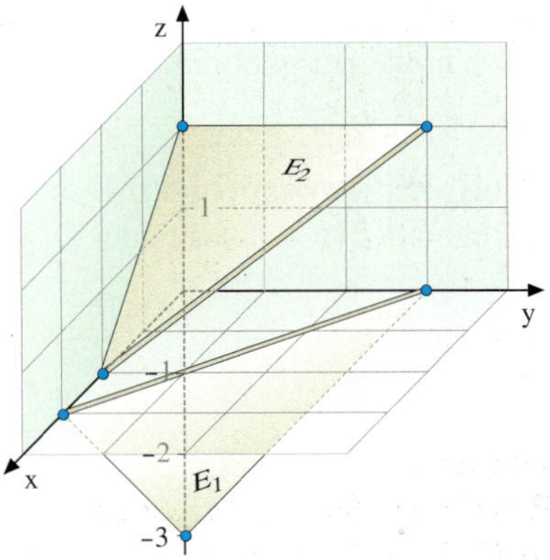

2. Lagebeziehungen

A. Die Lage von Punkt und Ebene

Die Lagebeziehung eines Punktes P zu einer Ebene E wird wie die Lagebeziehung von Punkt und Gerade durch Einsetzen des Ortsvektors $\vec{p}$ des Punktes in die Ebenengleichung geklärt.

Beispiel: Punktprobe mit der Parameterform

Liegen $P(2|-2|-1)$ oder $Q(2|1|1)$ in der Ebene E: $\vec{x} = \begin{pmatrix} 1 \\ 0 \\ -1 \end{pmatrix} + r \cdot \begin{pmatrix} 2 \\ -1 \\ 1 \end{pmatrix} + s \cdot \begin{pmatrix} 1 \\ 1 \\ 1 \end{pmatrix}$?

Lösung:
Der Ortsvektor des Punktes wird in die Ebenengleichung eingesetzt:

$$\begin{pmatrix} 2 \\ -2 \\ -1 \end{pmatrix} = \begin{pmatrix} 1 \\ 0 \\ -1 \end{pmatrix} + r \cdot \begin{pmatrix} 2 \\ -1 \\ 1 \end{pmatrix} + s \cdot \begin{pmatrix} 1 \\ 1 \\ 1 \end{pmatrix} \qquad \Bigg| \qquad \begin{pmatrix} 2 \\ 1 \\ 1 \end{pmatrix} = \begin{pmatrix} 1 \\ 0 \\ -1 \end{pmatrix} + r \cdot \begin{pmatrix} 2 \\ -1 \\ 1 \end{pmatrix} + s \cdot \begin{pmatrix} 1 \\ 1 \\ 1 \end{pmatrix}$$

Durch Aufspalten der Vektorgleichung in drei Koordinaten erhalten wir ein Gleichungssystem:

I	$2r + s = 1$	I	$2r + s = 1$
II	$-r + s = -2$	II	$-r + s = 1$
III	$r + s = 0$	III	$r + s = 2$

Das Gleichungssystem mit 3 Gleichungen in 2 Variablen wird auf Lösbarkeit untersucht.

I + 2 · II: $3s = -3 \Rightarrow s = -1$
in I: $2r - 1 = 1 \Rightarrow r = 1$
Probe in III:
$1 + (-1) = 0$ wahr $\Rightarrow$ lösbar
Folgerung: $P(2|-2|-1)$ liegt in E.

I + 2 · II: $3s = 3 \Rightarrow s = 1$
in I: $2r + 1 = 1 \Rightarrow r = 0$
Probe in III:
$0 + 1 = 2$ falsch $\Rightarrow$ unlösbar
Folgerung: $Q(2|1|1)$ liegt nicht in E.

Noch einfacher geht die Punktprobe mit der Koordinatenform oder mit der Normalenform.

Beispiel: Punktprobe mit der Koordinatenform

Liegen $P(2|-2|-1)$ oder $Q(2|1|1)$ in E: $2x + y - 3z = 5$?

Lösung:
Der Punkt $P(2|-2|-1)$ liegt in E, da Einsetzen von $x = 2$, $y = -2$ und $z = -1$ in die Koordinatengleichung auf eine wahre Aussage führt:
$2 \cdot 2 + (-2) - 3 \cdot (-1) = 5$, d. h. $5 = 5$.

Der Punkt $Q(2|1|1)$ liegt nicht in E, da Einsetzen der Koordinaten $x = 2$, $y = 1$ und $z = 1$ auf eine falsche Aussage führt, nämlich auf:
$2 \cdot 2 + 1 - 3 \cdot 1 = 5$, d. h. $2 = 5$.

Beispiel: Punktprobe mit der Normalenform

Gegeben sei die Ebene E: $\left[\vec{x} - \begin{pmatrix} 1 \\ 3 \\ 2 \end{pmatrix}\right] \cdot \begin{pmatrix} 1 \\ 2 \\ 1 \end{pmatrix} = 0.$

a) Prüfen Sie, ob die Punkte $A(1|4|0)$ und $B(2|2|1)$ in der Ebene E liegen.
b) Für welchen Wert des Parameters t liegt der Punkt $C(2|1|t)$ in der Ebene E?

Lösung zu a):
Wir setzen den Ortsvektor des Punktes A anstelle von $\vec{x}$ auf der linken Seite der Normalengleichung ein. Die linke Seite nimmt den Wert 0 an, wie die nebenstehende Rechnung zeigt. A liegt also in E.

$$\left[\begin{pmatrix} 1 \\ 4 \\ 0 \end{pmatrix} - \begin{pmatrix} 1 \\ 3 \\ 2 \end{pmatrix}\right] \cdot \begin{pmatrix} 1 \\ 2 \\ 1 \end{pmatrix} = \begin{pmatrix} 0 \\ 1 \\ -2 \end{pmatrix} \cdot \begin{pmatrix} 1 \\ 2 \\ 1 \end{pmatrix} = 0$$

$$\Rightarrow A \in E$$

Setzen wir dagegen den Ortsvektor von B ein, so nimmt die linke Seite den Wert $-2 \neq 0$ an. B liegt nicht in E.

$$\left[\begin{pmatrix} 2 \\ 2 \\ 1 \end{pmatrix} - \begin{pmatrix} 1 \\ 3 \\ 2 \end{pmatrix}\right] \cdot \begin{pmatrix} 1 \\ 2 \\ 1 \end{pmatrix} = \begin{pmatrix} 1 \\ -1 \\ -1 \end{pmatrix} \cdot \begin{pmatrix} 1 \\ 2 \\ 1 \end{pmatrix} = -2$$

$$\Rightarrow B \notin E$$

Lösung zu b):
Setzen wir den Ortsvektor von C in die linke Seite der Normalengleichung ein, so nimmt diese den Wert $t - 5$ an.
Für $t = 5$ wird dieser Term gleich 0, liegt also der Punkt C in dieser Ebene E.

$$\left[\begin{pmatrix} 2 \\ 1 \\ t \end{pmatrix} - \begin{pmatrix} 1 \\ 3 \\ 2 \end{pmatrix}\right] \cdot \begin{pmatrix} 1 \\ 2 \\ 1 \end{pmatrix} = \begin{pmatrix} 1 \\ -2 \\ t-2 \end{pmatrix} \cdot \begin{pmatrix} 1 \\ 2 \\ 1 \end{pmatrix} = t-5$$

$$C \in E \quad \Leftrightarrow \quad t-5=0 \quad \Leftrightarrow \quad t=5$$

127-1

Übung 1 Punktproben
Untersuchen Sie, ob die Punkte in der gegebenen Ebene liegen.

a) E_1: $\vec{x} = \begin{pmatrix} 1 \\ 3 \\ -2 \end{pmatrix} + r \cdot \begin{pmatrix} -1 \\ 2 \\ 4 \end{pmatrix} + s \cdot \begin{pmatrix} 1 \\ -3 \\ -1 \end{pmatrix}$; $P(-2|10|7)$, $Q(1|1|1)$

b) E_2: $2x - y + z = 4$; $P(2|1|1)$, $Q(1|0|1)$

Übung 2
Gegeben ist die Ebene E: $x - y + 2z = 5$.
a) Prüfen Sie, ob die Punkte $A(4|3|2)$ und $B(1|0|1)$ in E liegen.
b) Wie muss a gewählt werden, damit der Punkt $P(3a|a+1|2)$ in E liegt?
c) Kann der Punkt $P(a|2a+3|3-2a)$ in der Ebene E liegen?

Übung 3
Gegeben ist die Ebene E: $\left[\vec{x} - \begin{pmatrix} 2 \\ 1 \\ 1 \end{pmatrix}\right] \cdot \begin{pmatrix} 1 \\ -1 \\ 2 \end{pmatrix} = 0.$

a) Prüfen Sie, ob die Punkte $A(3|2|1)$, $B(1|4|2)$ und $C(-1|2|3)$ in E liegen.
b) Für welchen Wert des Parameters a liegen die Punkte $D(a|a+3|3)$ bzw. $F(a|2a|3)$ in E?
c) Geben Sie eine Koordinatengleichung von E an.
d) Geben Sie eine Parametergleichung von E an.

Man kann mit der Punktprobe auch anspruchsvollere Aufgabenstellungen lösen, z. B. die Frage, ob ein Punkt in einem Teilbereich einer Ebene liegt. Dies geht mit der Parametergleichung.

Beispiel: Lage von Punkt und Dreieck
Die Punkte $A(4|4|1)$, $B(1|4|1)$ und $C(0|0|5)$ bilden ein Dreieck im Raum.
Untersuchen Sie, ob der Punkt $P(1|2|3)$ im Dreieck ABC liegt oder nicht.

Lösung:
Wir stellen zunächst eine Gleichung der Ebene E auf, in der das Dreieck ABC liegt. Nun prüfen wir mit der Punktprobe, ob der Punkt P in der Ebene E liegt, denn das ist notwendige Voraussetzung dafür, dass der Punkt im Dreieck ABC liegt.
Der Punkt liegt in der Ebene, da das Gleichungssystem lösbar ist mit den Parameterwerten $r = \frac{1}{3}$ und $s = \frac{1}{2}$.

Diese Zahlen zeigen auch, dass der Punkt P tatsächlich im Dreieck ABC liegt.

Gleichung der Trägerebene E:

$E: \vec{x} = \overrightarrow{OA} + r \cdot \overrightarrow{AB} + s \cdot \overrightarrow{AC}$

$E: \vec{x} = \begin{pmatrix} 4 \\ 4 \\ 1 \end{pmatrix} + r \cdot \begin{pmatrix} -3 \\ 0 \\ 0 \end{pmatrix} + s \cdot \begin{pmatrix} -4 \\ -4 \\ 4 \end{pmatrix}$

Punktprobe:

$$\begin{aligned} 1 &= 4 - 3r - 4s \\ 2 &= 4 \quad\quad - 4s \\ 3 &= 1 \quad\quad + 4s \end{aligned}$$

Lösung:

$s = \frac{1}{2}, \quad r = \frac{1}{3}$

Interpretation:

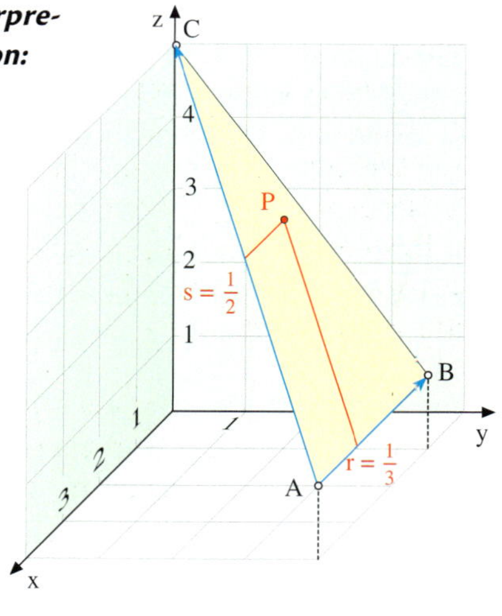

Lage Punkt / Dreieck
Ein Punkt P der Ebene
$E: \vec{x} = \overrightarrow{OA} + r \cdot \overrightarrow{AB} + s \cdot \overrightarrow{AC}$
liegt genau dann in dem durch die Vektoren $\overrightarrow{AB}$ und $\overrightarrow{AC}$ aufgespannten Dreieck, wenn die folgenden Bedingungen erfüllt sind:

(1) $0 \leq r \leq 1$,
(2) $0 \leq s \leq 1$,
(3) $0 \leq r + s \leq 1$.

Die Zeichnung verdeutlicht diese Interpretation der Parameterwerte.

Übung 4 Lage Punkt / Dreieck
Gegeben sind die Punkte $A(6|3|1)$, $B(6|9|1)$, $C(0|3|3)$.
Prüfen Sie, ob die Punkte $P(3|5|2)$, $Q(3|7|2)$, $R(4|5|1)$ im Dreieck ABC liegen.

Übung 5 Lage Punkt / Parallelogramm
Ein Punkt P der Ebene $E: \vec{x} = \overrightarrow{OA} + r \cdot \overrightarrow{AB} + s \cdot \overrightarrow{AC}$ liegt genau dann in dem durch die Vektoren $\overrightarrow{AB}$ und $\overrightarrow{AC}$ aufgespannten Parallelogramm, wenn für seine Parameterwerte gilt: $0 \leq r \leq 1$ und $0 \leq s \leq 1$.
Gegeben sind die Punkte $A(4|1|0)$, $B(2|3|2)$, $C(-1|3|4)$, $D(1|1|2)$.
a) Zeigen Sie, dass ABCD ein Parallelogramm ist.
b) Prüfen Sie, ob die Punkte $P(2|1{,}5|1{,}5)$ und $Q(-2|4|5)$ im Parallelogramm ABCD liegen.

B. Die Lage von Gerade und Ebene

Es gibt drei unterschiedliche gegenseitige Lagebeziehungen zwischen einer Geraden und einer Ebene:

(A) g und E schneiden sich im Punkt S,
(B) g verläuft echt parallel zu E,
(C) g liegt ganz in E.

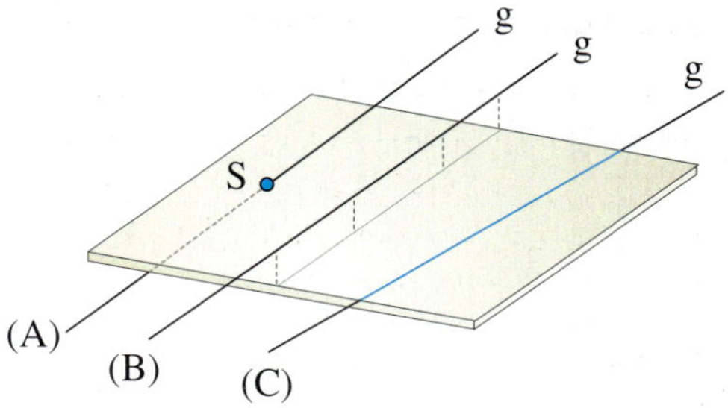

Die Überprüfung, welche Lagebeziehung im konkreten Fall vorliegt, gelingt am einfachsten, wenn man eine Parametergleichung der Geraden und eine Koordinatengleichung der Ebene verwendet.

Beispiel: Gerade und Ebene schneiden sich

Gegeben sind die Gerade g: $\vec{x} = \begin{pmatrix} 2 \\ 4 \\ 2 \end{pmatrix} + r \cdot \begin{pmatrix} 0 \\ 2 \\ 1 \end{pmatrix}$ und die Ebene E: $x + 2y + 3z = 9$.

Zeigen Sie, dass g und E sich schneiden. Bestimmen Sie den Schnittpunkt S. Stellen Sie anschließend Ihre Ergebnisse in einem Schrägbild dar.

Lösung:
Der allgemeine Geradenvektor hat die Koordinaten $x = 2$, $y = 4 + 2r$, $z = 2 + r$.
Durch Einsetzen dieser Terme in die Koordinatengleichung der Ebene erhalten wir eine Bestimmungsgleichung für den Geradenparameter r, deren Auflösung den Wert $r = -1$ liefert.

1. Lageuntersuchung:

$$\begin{aligned} x + 2y + 3z &= 9 \\ 2 + 2(4+2r) + 3(2+r) &= 9 \\ 7r + 16 &= 9 \\ 7r &= -7 \\ r &= -1 \end{aligned}$$

$\Rightarrow$ g schneidet E für $r = -1$.

Durch Rückeinsetzung von $r = -1$ in die Parametergleichung der Geraden g erhalten wir den Ortsvektor des Schnittpunktes $S(2|2|1)$.

2. Schnittpunktberechnung:

$$\vec{x} = \begin{pmatrix} 2 \\ 4 \\ 2 \end{pmatrix} + (-1) \cdot \begin{pmatrix} 0 \\ 2 \\ 1 \end{pmatrix} = \begin{pmatrix} 2 \\ 2 \\ 1 \end{pmatrix}$$

$\Rightarrow$ Schnittpunkt $S(2|2|1)$

Um die Ergebnisse graphisch darzustellen, errechnen wir zunächst die drei Achsenabschnitte der Ebene aus der Koordinatengleichung von E. Wir erhalten dann $x = 9$, $y = 4{,}5$ und $z = 3$.

Die Gerade g legen wir durch zwei ihrer Punkte fest. Hierfür bieten sich der Stützpunkt $A(2|4|2)$ (Parameterwert $r = 0$) und der Schnittpunkt $S(2|2|1)$ (Parameterwert $r = -1$) an.

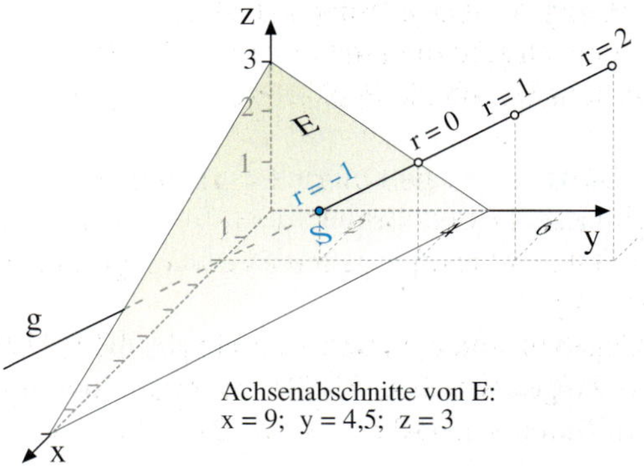

Achsenabschnitte von E:
x = 9; y = 4,5; z = 3

Beispiel: Gerade parallel zur Ebene / Gerade in der Ebene

Gegeben sind die Geraden g_1: $\vec{x} = \begin{pmatrix} 2 \\ 3 \\ 1 \end{pmatrix} + r \cdot \begin{pmatrix} 1 \\ 1 \\ -1 \end{pmatrix}$, g_2: $\vec{x} = \begin{pmatrix} 2 \\ 2 \\ 1 \end{pmatrix} + r \cdot \begin{pmatrix} 1 \\ 1 \\ -1 \end{pmatrix}$ sowie die Ebene E: $x + 2y + 3z = 9$. Untersuchen Sie die gegenseitige Lage von g_1 und g_2 zu E.

Lösung:

1. Lage von g_1 zu E:

Koordinaten von g_1:

$x = 2 + r$
$y = 3 + r$
$z = 1 - r$

Einsetzen in die Gleichung von E:

$$\begin{aligned} x + 2y + 3z &= 9 \\ (2+r) + 2(3+r) + 3(1-r) &= 9 \\ 11 &= 9 \end{aligned}$$

2. Interpretation:

Es gibt keinen Geradenpunkt, der die Punktprobe mit der Ebenengleichung erfüllt. g und E sind ***echt parallel***.

1. Lage von g_2 zu E:

Koordinaten von g_2:

$x = 2 + r$
$y = 2 + r$
$z = 1 - r$

Einsetzen in die Gleichung von E:

$$\begin{aligned} x + 2y + 3z &= 9 \\ (2+r) + 2(2+r) + 3(1-r) &= 9 \\ 9 &= 9 \end{aligned}$$

2. Interpretation:

Jeder Geradenpunkt erfüllt die Punktprobe mit der Ebenengleichung.
g liegt ***ganz in E***.

130-1

Man kann zur Untersuchung der Lagebeziehung einer Geraden und einer Ebene auch eine Normalengleichung der Ebene statt der Koordinatengleichung verwenden. Wir zeigen dies exemplarisch.

Beispiel: Lagebeziehung Gerade / Ebene (Ebene in Normalenform)

Welche gegenseitige Lage besitzen g: $\vec{x} = \begin{pmatrix} 1 \\ 2 \\ 2 \end{pmatrix} + r \begin{pmatrix} 2 \\ -1 \\ 1 \end{pmatrix}$ und E: $\left[\vec{x} - \begin{pmatrix} 2 \\ 3 \\ -2 \end{pmatrix}\right] \cdot \begin{pmatrix} 1 \\ -2 \\ 1 \end{pmatrix} = 0$?

Lösung:

g ist nicht parallel zu E, da der Richtungsvektor von g und der Normalenvektor von E ein von null verschiedenes Skalarprodukt besitzen.

Den Schnittpunkt von g und E bestimmen wir durch Einsetzen des allgemeinen Ortsvektors der Geraden g (rot markiert) in die Normalengleichung von E. Durch Ausrechnen des Skalarproduktes erhalten wir eine Bestimmungsgleichung für den Geradenparameter r, welche die Lösung $r = -1$ hat.

Einsetzen dieses Parameterwertes in die Geradengleichung liefert den Schnittpunkt von g und E: $S(-1\,|\,3\,|\,1)$.

1. Untersuchung auf Parallelität:

$$\begin{pmatrix} 2 \\ -1 \\ 1 \end{pmatrix} \cdot \begin{pmatrix} 1 \\ -2 \\ 1 \end{pmatrix} = 5 \neq 0 \quad \Rightarrow \quad g \nparallel E$$

2. Berechnung des Schnittpunktes:

$$\left[\begin{pmatrix} 1 \\ 2 \\ 2 \end{pmatrix} + r \cdot \begin{pmatrix} 2 \\ -1 \\ 1 \end{pmatrix} - \begin{pmatrix} 2 \\ 3 \\ -2 \end{pmatrix}\right] \cdot \begin{pmatrix} 1 \\ -2 \\ 1 \end{pmatrix} = 0$$

$$\Rightarrow \begin{pmatrix} 2r-1 \\ -r-1 \\ r+4 \end{pmatrix} \cdot \begin{pmatrix} 1 \\ -2 \\ 1 \end{pmatrix} = 0 \Rightarrow 5r + 5 = 0,\ r = -1$$

$$\vec{x} = \begin{pmatrix} 1 \\ 2 \\ 2 \end{pmatrix} + (-1) \cdot \begin{pmatrix} 2 \\ -1 \\ 1 \end{pmatrix} = \begin{pmatrix} -1 \\ 3 \\ 1 \end{pmatrix},\ S(-1\,|\,3\,|\,1)$$

Übung 6 Lagebeziehung Gerade/Ebene

Die Gerade g durch die Punkte A und B schneidet die Ebene E.
Bestimmen Sie den Schnittpunkt S. Zeichnen Sie ein Schrägbild.

a) $A(5|4|3)$, $B(7|7|5)$, E: $2x+3y+3z=12$

b) $A(0|0|0)$, $B(4|6|4)$, E: $6x+4y=24$

c) $A(2|0|2)$, $B(6|4|0)$, E: $\vec{x}=\begin{pmatrix}12\\0\\0\end{pmatrix}+r\cdot\begin{pmatrix}-12\\0\\3\end{pmatrix}+s\cdot\begin{pmatrix}-12\\6\\0\end{pmatrix}$

Übung 7 Lagebeziehung Gerade/Ebene (Ebene in KF)

Untersuchen Sie die gegenseitige Lage der Geraden g und der Ebene E.

a) g: $\vec{x}=\begin{pmatrix}-1\\0\\0\end{pmatrix}+r\cdot\begin{pmatrix}2\\6\\2\end{pmatrix}$, E: $2x+y+z=4$

b) g: $\vec{x}=\begin{pmatrix}0\\3\\2\end{pmatrix}+r\cdot\begin{pmatrix}1\\-2\\2\end{pmatrix}$, E: $4x+4y+2z=8$

c) g: $\vec{x}=\begin{pmatrix}1\\2\\0\end{pmatrix}+r\cdot\begin{pmatrix}2\\1\\-2\end{pmatrix}$, E: $2x+2y+3z=6$

Übung 8 Lagebeziehung Gerade/Ebene (Ebene in NF)

Welche gegenseitige Lage besitzen g und E_1 bzw. g und E_2?

$$g: \vec{x}=\begin{pmatrix}1\\2\\2\end{pmatrix}+r\begin{pmatrix}2\\-1\\1\end{pmatrix},\quad E_1: \left[\vec{x}-\begin{pmatrix}2\\2\\3\end{pmatrix}\right]\cdot\begin{pmatrix}-1\\-1\\1\end{pmatrix}=0,\quad E_2: \left[\vec{x}-\begin{pmatrix}2\\-3\\2\end{pmatrix}\right]\cdot\begin{pmatrix}2\\2\\-2\end{pmatrix}=0$$

Übung 9 Lagebeziehungen im Würfel

Ein Würfel mit der Kantenlänge 6 liegt wie abgebildet im Koordinatensystem.

a) Wie lauten die Koordinaten der Punkte A bis H?

b) Bestimmen Sie eine Parametergleichung der Ebene E_1 durch die Punkte B, G und E.

c) Wo schneidet die Gerade g durch F und D das Dreieck EBG?

d) Schneidet die Gerade h durch C und H die Ebene E_1?

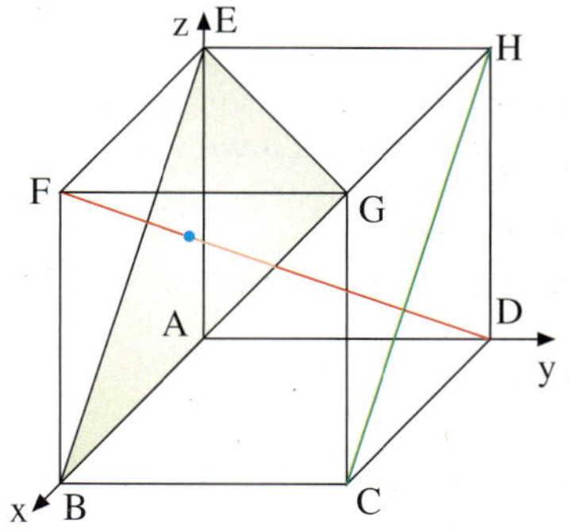

Übung 10 Laserbohrung

Ein Edelstahlblock hat die Form eines quadratischen Pyramidenstumpfes. Die Seitenlänge der Grundfläche beträgt 8 cm, diejenige der Deckfläche beträgt 4 cm, die Höhe beträgt 8 cm.

Mit einem Laserstrahl, der auf der Strecke $\overline{PQ}$ mit $P(-3{,}5|9{,}5|6)$ und $Q(-6|16|8)$ erzeugt wird, durchbohrt man das Werkstück. Der Koordinatenursprung liegt im Mittelpunkt der Grundfläche.

a) Wo liegen Ein- und Austrittspunkt?

b) Wie lang ist der Bohrkanal?

c) Wo wird der Block getroffen, wenn der Laser längs der Strecke $\overline{PQ}$ mit $P(1|9|5)$ und $Q(-1|15|6)$ erzeugt wird?

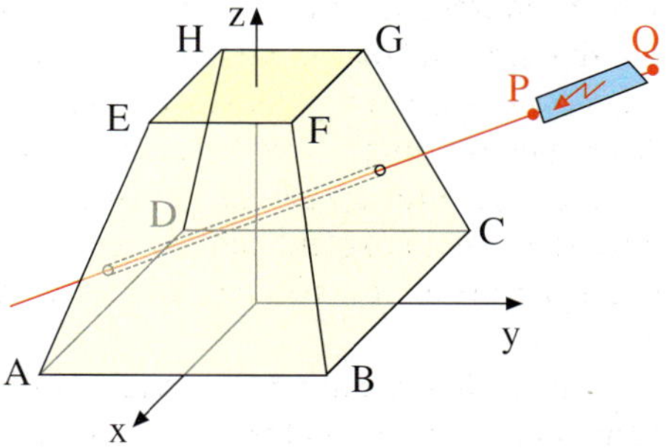

C. Exkurs: Parallelität, Orthogonalität und Spiegelung

Vorteile bringt die Verwendung einer Normalenform der Ebene, wenn man Parallelität und Orthogonalität untersucht.

Anhand von Richtungsvektoren und von Normalenvektoren lassen sich die besonderen Lagen der Parallelität und der Orthogonalität von Geraden und Ebenen leicht feststellen. Wir stellen zunächst in einer Übersicht die wichtigsten Kriterien zusammen.

Parallele Geraden:
Die Richtungsvektoren sind kollinear.
Die Überprüfung erfolgt durch *Hinsehen.*

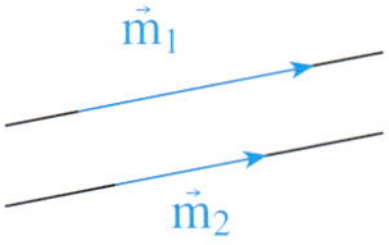

$\vec{m}_2 = r \cdot \vec{m}_1$

Orthogonale Geraden:
Die Richtungsvektoren sind orthogonal.
Die Überprüfung erfolgt mittels *Skalarprodukt.*

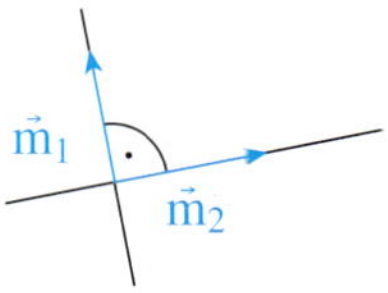

$\vec{m}_1 \cdot \vec{m}_2 = 0$

Parallelität Gerade/Ebene:
Der Richtungsvektor der Geraden und der Normalenvektor der Ebene sind orthogonal.

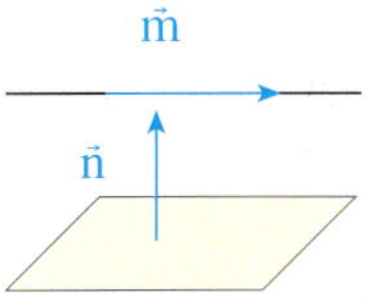

$\vec{n} \cdot \vec{m} = 0$

Orthogonalität Gerade/Ebene:
Der Richtungsvektor der Geraden und der Normalenvektor der Ebene sind kollinear.

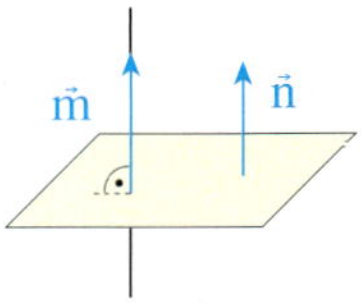

$\vec{m} = r \cdot \vec{n}$

Ähnlich zur Geradenspiegelung in der Ebene lässt sich im Raum eine ***Spiegelung an einer Ebene*** definieren. Spiegelt man einen Punkt A an einer Ebene E, so gilt für den Spiegelpunkt A′, dass die Gerade durch A und A′ orthogonal zur Ebene E ist und dass der Schnittpunkt F dieser Geraden mit der Ebene E die Verbindungsstrecke $\overline{AA'}$ halbiert.

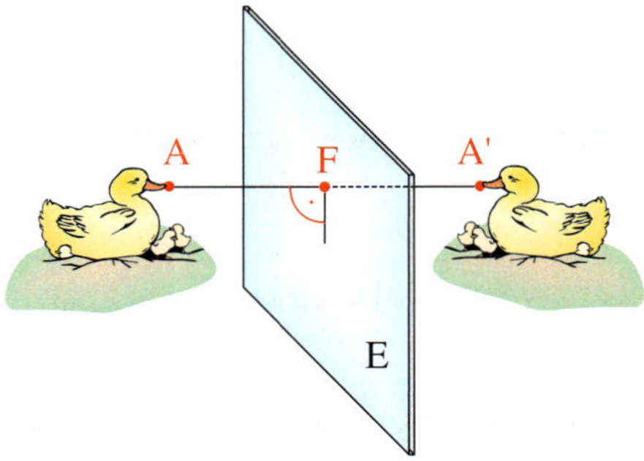

Beispiel: Gerade/Ebene (Lotgerade)

Gegeben sind die Ebene E: $\left[\vec{x} - \begin{pmatrix}1\\1\\2\end{pmatrix}\right] \cdot \begin{pmatrix}1\\2\\3\end{pmatrix} = 0$ sowie der Punkt A(5 | 4 | 8).

a) Bestimmen Sie eine zu E orthogonale Gerade g, die den Punkt A enthält.
b) In welchem Punkt F schneidet g die Ebene E?
c) Der Punkt A wird an der Ebene E gespiegelt. Wie lauten die Koordinaten des Spiegelpunktes A′?

Lösung

zu a): Als Stützpunkt der Geraden verwenden wir den Punkt A(5|4|8). Als Richtungsvektor $\vec{m}$ benötigen wir einen zum Normalenvektor $\vec{n}$ der Ebene kollinearen Vektor. Am einfachsten ist es, den Normalenvektor selbst als Richtungsvektor zu wählen, was auf die rechts dargestellte Geradengleichung führt. Die Gerade g wird als ***Lotgerade*** oder als ***Lot*** vom Punkt A auf die Ebene bezeichnet.

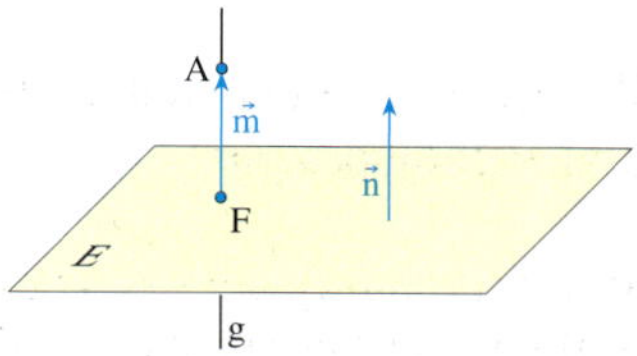

Geradengleichung der Lotgeraden:

$$g: \vec{x} = \begin{pmatrix} 5 \\ 4 \\ 8 \end{pmatrix} + r \begin{pmatrix} 1 \\ 2 \\ 3 \end{pmatrix}$$

zu b): Zur Schnittpunktberechnung setzen wir die rechte Seite der Geradengleichung für $\vec{x}$ in die Ebenengleichung ein. Durch Zusammenfassung von Vektoren und Ausmultiplizieren des Skalarproduktes erhält man $r = -2$ als Parameterwert des Schnittpunktes F.
Der Punkt F(3|0|2) heißt ***Lotfußpunkt*** des Lotes von A auf die Ebene E.

Schnittpunkt von g und E (Lotfußpunkt):

$$\left[\begin{pmatrix} 5 \\ 4 \\ 8 \end{pmatrix} + r \begin{pmatrix} 1 \\ 2 \\ 3 \end{pmatrix} - \begin{pmatrix} 1 \\ 1 \\ 2 \end{pmatrix} \right] \cdot \begin{pmatrix} 1 \\ 2 \\ 3 \end{pmatrix} = 0$$

$$\begin{pmatrix} 4+r \\ 3+2r \\ 6+3r \end{pmatrix} \cdot \begin{pmatrix} 1 \\ 2 \\ 3 \end{pmatrix} = 0$$

$$28 + 14r = 0$$

$$r = -2 \Rightarrow F(3|0|2)$$

zu c): Da der Spiegelpunkt A′ auf der Lotgeraden g liegt und F die Strecke $\overline{AA'}$ halbiert, gilt für den Ortsvektor von A′ die rechts dargestellte Gleichung. Einsetzen der bereits errechneten Koordinaten liefert A′(1|−4|−4).

Koordinaten des Spiegelpunktes A′:

$$\overrightarrow{OA'} = \overrightarrow{OA} + 2 \cdot \overrightarrow{AF}$$

$$= \begin{pmatrix} 5 \\ 4 \\ 8 \end{pmatrix} + 2 \cdot \left[\begin{pmatrix} 3 \\ 0 \\ 2 \end{pmatrix} - \begin{pmatrix} 5 \\ 4 \\ 8 \end{pmatrix} \right] = \begin{pmatrix} 1 \\ -4 \\ -4 \end{pmatrix}$$

Übung 11 **Orthogonale Geraden**

Gegeben ist E: $\vec{x} = \begin{pmatrix} 2 \\ 2 \\ 0 \end{pmatrix} + r \begin{pmatrix} -1 \\ -1 \\ 1 \end{pmatrix} + s \begin{pmatrix} -2 \\ 2 \\ 1 \end{pmatrix}$. Gesucht ist eine Gleichung der Geraden g, welche E im Stützpunkt der Ebene senkrecht schneidet.

Übung 12 **Spiegelung eines Punktes**

Gegeben sind die E: $\left[\vec{x} - \begin{pmatrix} 2 \\ 2 \\ 1 \end{pmatrix} \right] \cdot \begin{pmatrix} 4 \\ -1 \\ -1 \end{pmatrix} = 0$ sowie der Punkt A(5|−5|1).

a) Bestimmen Sie eine zu E orthogonale Gerade g, die den Punkt A enthält.
b) Bestimmen Sie den Schnittpunkt F der Geraden g mit der Ebene E.
c) A wird an der Ebene E gespiegelt. Wie lauten die Koordinaten des Spiegelpunkes A′?

Übung 13 **Bestimmung der Spiegelebene**

Der Punkt A(1|5|4) wurde durch Spiegelung an einer Ebene E auf den Punkt A′(3|2|1) abgebildet. Bestimmen Sie eine Gleichung der Ebene E.

Übungen

14. Lage von Punkt und Ebene

Prüfen Sie, ob die Punkte P und Q auf der Ebene E liegen.

a) E: $\vec{x} = \begin{pmatrix} 1 \\ 1 \\ 2 \end{pmatrix} + r\begin{pmatrix} 1 \\ 1 \\ -1 \end{pmatrix} + s\begin{pmatrix} 2 \\ -1 \\ 1 \end{pmatrix}$; $P(1\,|\,4\,|\,-1)$, $Q(8\,|\,-1\,|\,4)$

b) E: $-4x + 2y + 2z = 8$; $P(2\,|\,1\,|\,5)$, $Q(-1\,|\,1\,|\,1)$

c) E: Ebene parallel zur z-Achse durch die Punkte $A(3\,|\,3\,|\,0)$ und $B(0\,|\,6\,|\,2)$; $P(4\,|\,2\,|\,4)$, $Q(0\,|\,7\,|\,3)$

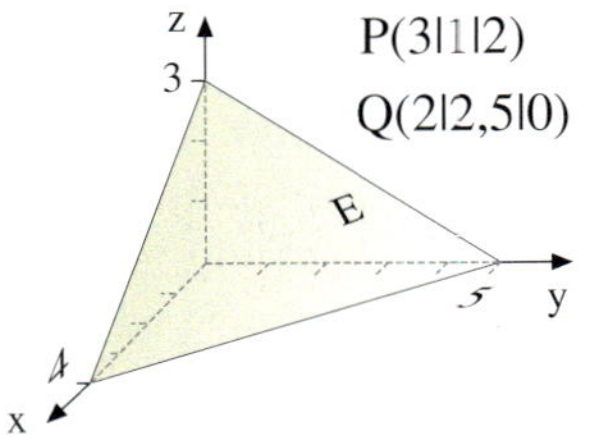

15. Lage von Punkt und Ebene, Dreieck

Gegeben sind die Punkte $A(1\,|\,1\,|\,-1)$, $B(3\,|\,5\,|\,1)$, $C(5\,|\,5\,|\,7)$ und $D(-1\,|\,0\,|\,6)$.

a) Stellen Sie eine Gleichung der Ebene E durch die Punkte A, B und C auf.

b) Zeigen Sie, dass der Punkt D in der Ebene E liegt.

c) Untersuchen Sie, ob der Punkt $F(5\,|\,6\,|\,6)$ im Dreieck ABC liegt.

16. Lage von Gerade und Ebene

Untersuchen Sie die gegenseitige Lage von g und E.

a) g: $\vec{x} = \begin{pmatrix} 10 \\ 4 \\ 8 \end{pmatrix} + r\begin{pmatrix} 3 \\ 2 \\ -1 \end{pmatrix}$
E: $5x - 2y + z = 10$

b) g: $\vec{x} = \begin{pmatrix} -1 \\ 2 \\ -6 \end{pmatrix} + r\begin{pmatrix} 2 \\ 2 \\ 3 \end{pmatrix}$
E: $A(1\,|\,0\,|\,1)$, $B(3\,|\,1\,|\,1)$, $C(3\,|\,-1\,|\,3)$

c) g enthält $P(1\,|\,1\,|\,1)$ und $Q(5\,|\,3\,|\,-1)$, E geht durch $A(3\,|\,3\,|\,3)$, $B(3\,|\,0\,|\,-6)$, $C(0\,|\,-3\,|\,-6)$.

d) g ist parallel zur z-Achse und enthält $P(3\,|\,4\,|\,0)$, E hat die Achsenabschnitte $x = 3$, $y = 3$, $z = 9$.

e) g: $\vec{x} = \begin{pmatrix} 4 \\ 1 \\ 1 \end{pmatrix} + r\begin{pmatrix} 2 \\ 1 \\ -2 \end{pmatrix}$
E: $2x - 2y + z = 8$

f) g: $\vec{x} = \begin{pmatrix} 0 \\ -1 \\ 8 \end{pmatrix} + r\begin{pmatrix} 1 \\ 2 \\ -2 \end{pmatrix}$
E: $3x + 2z = 12$

g) g: $\vec{x} = \begin{pmatrix} -2 \\ 0 \\ 6 \end{pmatrix} + r\begin{pmatrix} -1 \\ 1 \\ 3 \end{pmatrix}$
E: $3x - 3y + 2z = 6$

h) g: $\vec{x} = \begin{pmatrix} 10 \\ 5 \\ 14 \end{pmatrix} + r\begin{pmatrix} 2 \\ 1 \\ 3 \end{pmatrix}$
E: $y = 2$

i) g: $\vec{x} = \begin{pmatrix} 1 \\ 3 \\ 1 \end{pmatrix} + r\begin{pmatrix} 2 \\ 2 \\ -1 \end{pmatrix}$
E: $x + 2z = -3$

j) g: $\vec{x} = r\begin{pmatrix} 1 \\ -1 \\ 0 \end{pmatrix}$
E: $5x - 3y - 4z = 4$

17. Projektion im Raum

Vier Sterne α, β, γ, δ begrenzen einen pyramidenförmigen Raumsektor. Sie haben die Koordinaten $\alpha(4\,|\,4\,|\,8)$, $\beta(0\,|\,20\,|\,0)$, $\gamma(-16\,|\,16\,|\,4)$ und $\delta(-8\,|\,12\,|\,12)$.

a) Liegen die Sterne $P(-4\,|\,16\,|\,6)$, $Q(-3\,|\,12\,|\,8)$, $R(-8\,|\,12\,|\,6)$ im Dreieck $\alpha\beta\gamma$?

b) Ein Komet fliegt nahezu geradlinig durch die Punkte $A(10\,|\,3\,|\,1)$ und $B(4\,|\,7\,|\,3)$. Wo dringt er in den Raumsektor ein? Wo verlässt er ihn?

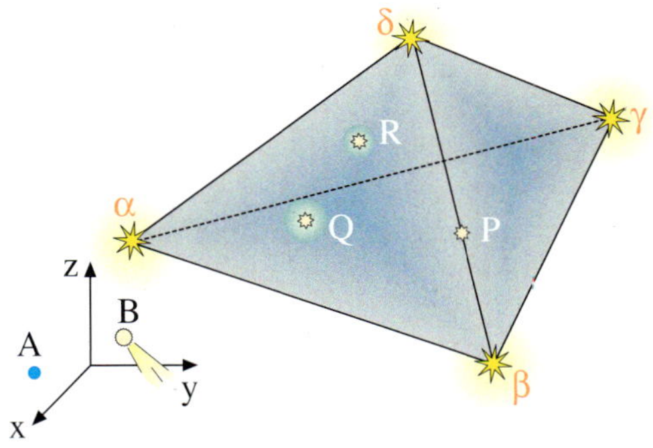

18. Gerade und Parallelogramm

Prüfen Sie, ob die Gerade g das Parallelogramm ABCD schneidet.

a) g: $\vec{x} = \begin{pmatrix} 2 \\ 0 \\ 5 \end{pmatrix} + r \begin{pmatrix} 1 \\ 8 \\ -1 \end{pmatrix}$
A(0|0|0), B(6|0|0), C(6|4|2), D(0|4|2)

b) g: $\vec{x} = \begin{pmatrix} 1 \\ 1 \\ -1 \end{pmatrix} + r \begin{pmatrix} 2 \\ 1 \\ 1 \end{pmatrix}$
A(3|3|3), B(8|5|2), C(6|3|0), D(1|1|1)

19. Lagebeziehungen im Würfel

Gegeben ist der Würfel ABCDEFGH mit der Seitenlänge 6. M sei der Mittelpunkt des Vierecks BCGF.

a) In welchem Punkt S schneidet die Gerade g durch A und M das Dreieck BCE?
b) In welchem Punkt T trifft die Parallele p zur Kante $\overline{AB}$ durch M das Dreieck BCE?
c) Schneidet die Gerade h durch M und D das Dreieck?
d) In welchem Verhältnis teilt S die Strecke $\overline{MA}$?

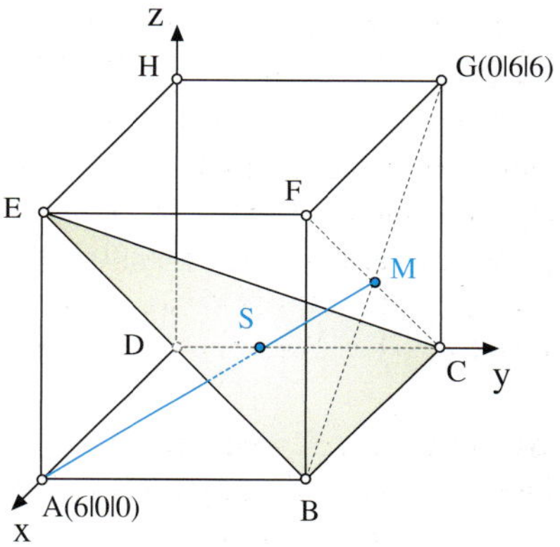

20. Lage von Pyramide und Gerade

Gegeben ist die Pyramide mit den Ecken A(12|−3|−3), B(9|9|0), C(9|0|9) und der Spitze S(15|3|3).

a) Bestimmen Sie die Kantenlängen.
b) Zeigen Sie, dass sich die Kanten in der Spitze senkrecht treffen.
c) Untersuchen Sie die Lage der Geraden g durch P(8|7|7) und Q(4|14|11) zur Pyramide. Welche Länge schneidet die Pyramide aus der Geraden g heraus?

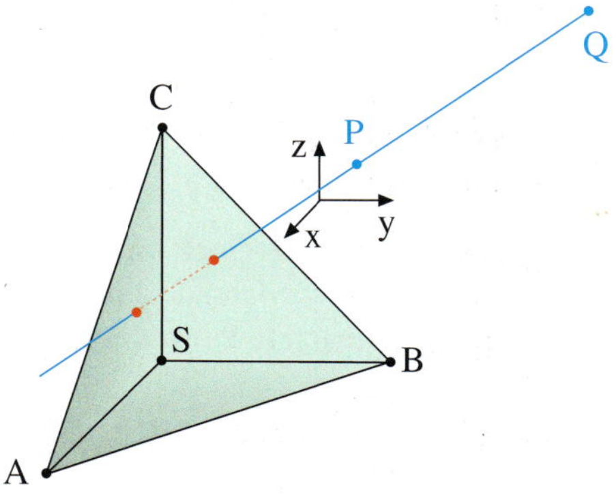

21. Punkte und Geraden im Spat

Gegeben ist das Polyeder ABCDEFGH mit den Ecken A(0|0|0), B(2|4|6), C(5|7|12), D(3|3|6), E(4|4|4), F(6|8|10), G(9|11|16), H(7|7|10).

a) Zeigen Sie, dass das Polyeder ABCDEFGH ein Spat[1] ist.
b) Liegen die Punkte P(6|7|10) und Q(4|3|6) im Spat?
c) Bestimmen Sie den Schnittpunkt der Geraden durch A und G mit der Ebene durch B, F und H.

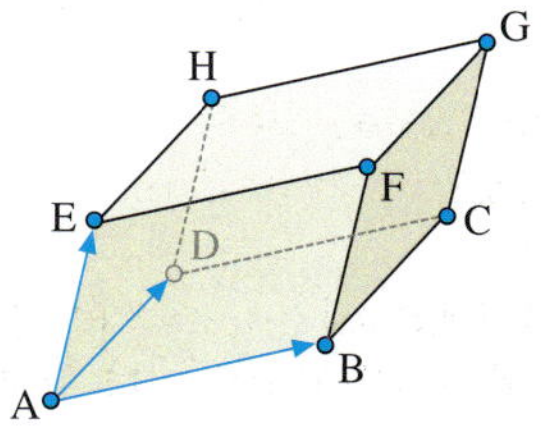

[1] Ein Spat ist ein von drei Vektoren aufgespanntes Polyeder. Alle Seiten sind zu den drei aufspannenden Vektoren parallel.

22. Orthogonalität/Parallelität von Gerade und Ebene

Untersuchen Sie die Gerade g und Ebene E auf Orthogonalität bzw. Parallelität.

a) g: $\vec{x} = \begin{pmatrix} 2 \\ 0 \\ 0 \end{pmatrix} + r \begin{pmatrix} 1 \\ -2 \\ 3 \end{pmatrix}$ b) g: $\vec{x} = \begin{pmatrix} 5 \\ 1 \\ 6 \end{pmatrix} + r \begin{pmatrix} -2 \\ 1 \\ 3 \end{pmatrix}$ c) g: $\vec{x} = \begin{pmatrix} -4 \\ -5 \\ 3 \end{pmatrix} + r \begin{pmatrix} 5 \\ 6 \\ -2 \end{pmatrix}$

E: $\left[\vec{x} - \begin{pmatrix} 0 \\ 4 \\ 0 \end{pmatrix}\right] \cdot \begin{pmatrix} -3 \\ 6 \\ 5 \end{pmatrix} = 0$ E: $4x - 2y - 6z = -18$ E: $4x - 3y + z = 5$

23. Orthogonale Gerade und Spiegelpunkt

Bestimmen Sie eine Gleichung einer Geraden g, die zur Ebene E orthogonal ist und den Punkt A enthält. Berechnen Sie sodann den Schnittpunkt F von g und E (Lotfußpunkt). A wird an der Ebene E gespiegelt. Bestimmen Sie die Koordinaten des Spiegelpunktes A′.

a) E: $\vec{x} \cdot \begin{pmatrix} 3 \\ 1 \\ 4 \end{pmatrix} = 0$ b) E: $\left[\vec{x} - \begin{pmatrix} 1 \\ 1 \\ 3 \end{pmatrix}\right] \cdot \begin{pmatrix} 2 \\ -1 \\ 1 \end{pmatrix} = 0$ c) E: $\vec{x} = \begin{pmatrix} 0 \\ 2 \\ 0 \end{pmatrix} + r \begin{pmatrix} 3 \\ -1 \\ 0 \end{pmatrix} + s \begin{pmatrix} 1 \\ 0 \\ 1 \end{pmatrix}$

A(3 | 2 | −6) A(4 | 0 | 8) A(3 | 7 | −4)

24. Bestimmung einer Spiegelebene

Der Punkt A wurde durch Spiegelung an einer Ebene auf den Punkt A′ abgebildet. Bestimmen Sie eine Gleichung der Ebene E.

a) A(1 | 0 | 3), A′(5 | 8 | 1) b) A(2 | 1 | −4), A′(3 | 3 | 0) c) A(2 | 5 | 6), A′(0 | 3 | 1)

25. Rechtwinkliges Dreieck und orthogonale Gerade

Gegeben sind eine Gerade g und zwei nicht auf g liegende Punkte A und B. Gesucht ist:

I. ein Geradenpunkt C derart, dass das Dreieck ABC bei C rechtwinklig ist,

II. eine Gerade h, welche auf dem Dreieck ABC senkrecht steht und C enthält.

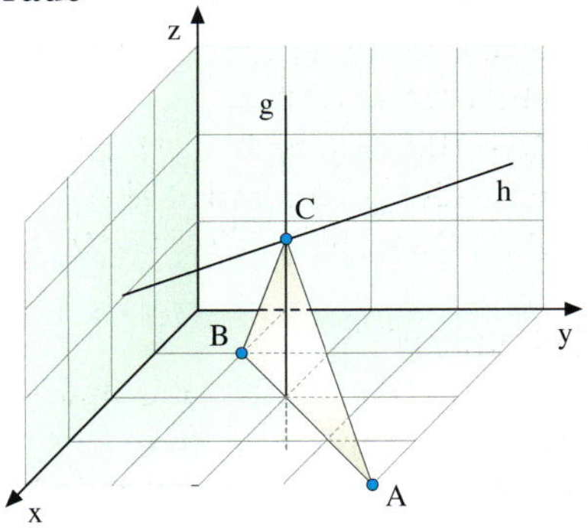

a) g: $\vec{x} = \begin{pmatrix} 2 \\ 2 \\ 0 \end{pmatrix} + r \begin{pmatrix} 0 \\ 0 \\ 2 \end{pmatrix}$; A(4 | 4 | 0), B(1 | 1 | 0) b) g: $\vec{x} = \begin{pmatrix} 0 \\ 2 \\ 0 \end{pmatrix} + r \begin{pmatrix} 1 \\ 1 \\ 1 \end{pmatrix}$; A(1 | 2 | 1), B(−1 | 3 | 7)

26. Spiegelung einer Geraden

Gegeben sind die Gerade g: $\vec{x} = \begin{pmatrix} 2 \\ 0 \\ 1 \end{pmatrix} + r \begin{pmatrix} 1 \\ -2 \\ -1 \end{pmatrix}$ und die Ebene E: $\left[\vec{x} - \begin{pmatrix} 1 \\ -2 \\ 1 \end{pmatrix}\right] \cdot \begin{pmatrix} 3 \\ 2 \\ -1 \end{pmatrix} = 0.$

a) Zeigen Sie, dass g echt parallel zu E verläuft.

b) Die Gerade g wird an der Ebene E gespiegelt. Bestimmen Sie eine Gleichung der gespiegelten Geraden g′.

27. Flugbahn (Lage von Gerade und Pyramide)

Ein Flugzeug steuert auf die Cheops-Pyramide zu. Auf dem Radarschirm im Kontrollpunkt ist die Flugbahn durch die abgebildeten Punkte $F_1(56\,|-44\,|\,15)$ und $F_2(48\,|-36\,|\,14)$ erkennbar. Die Eckpunkte der Cheops-Pyramide sind ebenfalls auf dem Radarbild zu sehen. Kollidiert das Flugzeug bei gleichbleibendem Kurs mit der Cheops-Pyramide? (Maßstab: 1 Einheit $\widehat{=}$ 10 m)

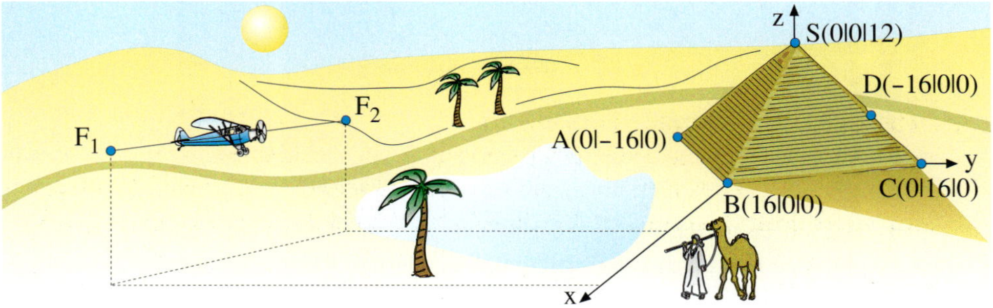

28. Sichtlinie (Lage von Gerade und Pyramide)

Ist die Bergspitze S von der Insel I bzw. vom Boot H aus zu sehen oder behindert die Pyramide die Sicht?

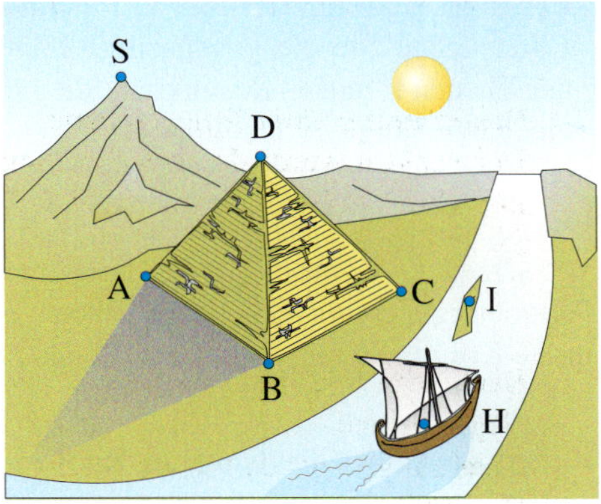

a) Fertigen Sie zunächst einen Grundriss an (Aufsicht auf die x-y-Ebene).

b) Entscheiden Sie anhand des Grundrisses, welche Pyramidenflächen die Sichtlinien unterbrechen könnten.

c) Berechnen Sie, ob die Sichtlinien durch diese Fläche tatsächlich unterbrochen werden.

$A(100\,|-100\,|\,20)$, $B(20\,|\,140\,|\,20)$,
$C(-60\,|-20\,|-20)$, $D(0\,|\,0\,|\,80)$
$S(-70\,|-210\,|\,100)$, $H(210\,|-10\,|\,0)$, $I(130\,|\,230\,|\,0)$

29. Schattenwurf

Gegeben ist das rechts abgebildete Haus (Maße in m).
Eine Antenne auf dem Haus hat die Eckpunkte $A(-2\,|\,2\,|\,5)$ und $B(-2\,|\,2\,|\,6)$. Fällt paralleles Licht in Richtung des Vektors $\vec{v} = \begin{pmatrix} 2 \\ 8 \\ -3 \end{pmatrix}$ auf die Antenne, so wirft diese einen Schatten auf die Dachfläche EFGH. Berechnen Sie den Schattenpunkt der Antennenspitze auf der Dachfläche EFGH sowie die Länge des Antennenschattens auf dem Dach.

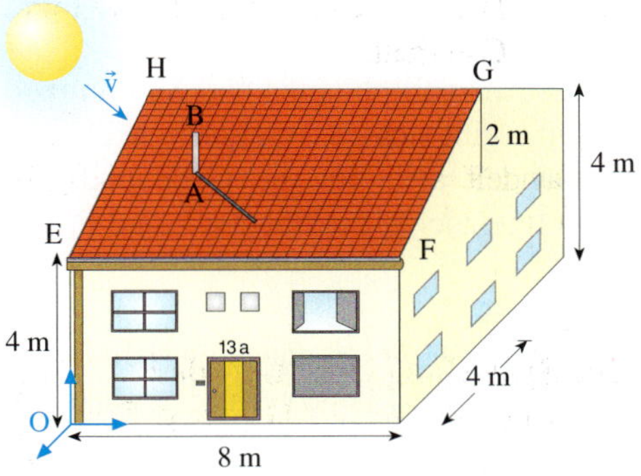

D. Die Lage von zwei Ebenen

Zwei Ebenen E und F können folgende Lagen zueinander einnehmen: Sie können sich in einer Geraden g schneiden, echt parallel zueinander verlaufen oder identisch sein.

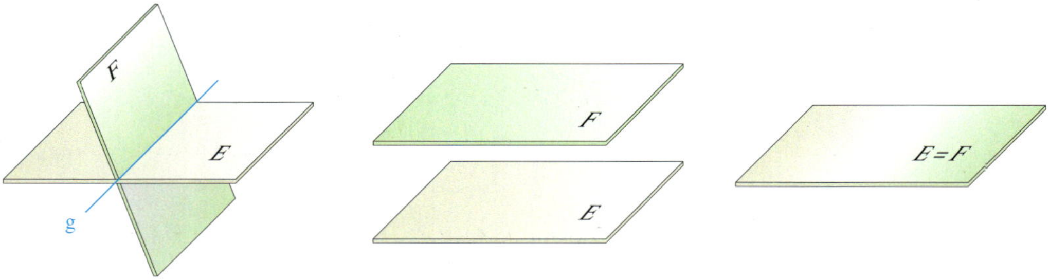

Besonders einfach lässt sich die gegenseitige Lage von Ebenen untersuchen, wenn eine der Ebenengleichungen in Koordinatenform und die andere in Parameterform vorliegt.

Beispiel: Koordinatenform / Parameterform

Untersuchen Sie die gegenseitige Lage der Ebenen E und F. Bestimmen Sie ggf. eine Gleichung der Schnittgeraden.

$E: 4x + 3y + 6z = 36$

$F: \vec{x} = \begin{pmatrix} 0 \\ 0 \\ 3 \end{pmatrix} + r\begin{pmatrix} 3 \\ 2 \\ -1 \end{pmatrix} + s\begin{pmatrix} 3 \\ 0 \\ -1 \end{pmatrix}$

Lösung:

Wir setzen die Koordinaten der durch ihre Parametergleichung gegebenen Ebene F in die Koordinatengleichung der Ebene E ein.

Koordinaten von F:

$x = 3r + 3s$
$y = 2r$
$z = 3 - r - s$

Wir erhalten eine Gleichung mit den Parametern r und s. Diese Gleichung lösen wir nach einem Parameter auf, z. B. nach s.

Einsetzen in die Koordinatengleichung:

$4 \cdot (3r + 3s) + 3 \cdot 2r + 6 \cdot (3 - r - s) = 36$
$12r + 12s + 6r + 18 - 6r - 6s = 36$
$6s = 18 - 12r$
$s = 3 - 2r$

Das Ergebnis $s = 3 - 2r$ setzen wir in die Parameterform von F ein, die dann nur noch den Parameter r enthält.
Durch Ausmultiplizieren und Zusammenfassen ergibt sich eine Geradengleichung. Es handelt sich um die Gleichung der Schnittgeraden g der Ebenen E und F.

Bestimmung der Schnittgeraden g:

$g: \vec{x} = \begin{pmatrix} 0 \\ 0 \\ 3 \end{pmatrix} + r\begin{pmatrix} 3 \\ 2 \\ -1 \end{pmatrix} + (3 - 2r)\begin{pmatrix} 3 \\ 0 \\ -1 \end{pmatrix}$
$= \begin{pmatrix} 9 \\ 0 \\ 0 \end{pmatrix} + r\begin{pmatrix} -3 \\ 2 \\ 1 \end{pmatrix}$

Übung 30

Die Ebenen E und F schneiden sich. Bestimmen Sie eine Gleichung der Schnittgeraden g. Stellen Sie eine der Ebenen erforderlichenfalls in Parameterform dar. Zeichnen Sie ein Schrägbild.

a) $E: \vec{x} = \begin{pmatrix} 2 \\ 0 \\ 0 \end{pmatrix} + r\begin{pmatrix} -1 \\ 0 \\ 3 \end{pmatrix} + s \cdot \begin{pmatrix} -1 \\ 4 \\ 0 \end{pmatrix}$
$F: 2x + y + 2z = 8$

b) E durch $A(0|0|0)$, $B(1|2|2)$, $C(-1|0|6)$
$F: x + y + z = 5$

c) $E: x + 2y + z = 4$
$F: x + y + z = 2$

Echt parallele oder identische Ebenen erkennt man mit dem Berechnungsverfahren aus dem vorhergehenden Beispiel ebenfalls leicht.

Beispiel: Parallele und identische Ebenen

Untersuchen Sie die gegenseitige Lage der Ebene E: $2x + 2y + z = 6$ mit den Ebenen

$$F: \vec{x} = \begin{pmatrix} 1 \\ 1 \\ 8 \end{pmatrix} + r\begin{pmatrix} -3 \\ 1 \\ 4 \end{pmatrix} + s \cdot \begin{pmatrix} 1 \\ 1 \\ -4 \end{pmatrix} \quad \text{bzw.} \quad G: \vec{x} = \begin{pmatrix} 2 \\ 4 \\ -6 \end{pmatrix} + r\begin{pmatrix} -3 \\ 2 \\ 2 \end{pmatrix} + s \cdot \begin{pmatrix} -1 \\ -2 \\ 6 \end{pmatrix}.$$

Lösung:

Wir nehmen zunächst an, dass sich die Ebenen schneiden, und versuchen, die Schnittgerade zu bestimmen.

Lage von E und F:

Wir setzen wieder die Koordinaten von F in die Gleichung von E ein:

$$2(1 - 3r + s) + 2(1 + r + s) + (8 + 4r - 4s) = 6$$
$$2 - 6r + 2s + 2 + 2r + 2s + 8 + 4r - 4s = 6$$
$$12 = 6 \quad \textit{Widerspruch}$$

Nach entsprechender Vereinfachung durch Klammerauflösung und Zusammenfassung ergibt sich ein Widerspruch. Kein Punkt von F erfüllt die Gleichung von E.

Die Ebenen E und F sind echt **parallel**.

Lage von E und G:

Wir setzen auch hier die Koordinaten von G in die Gleichung von E ein:

$$2(2 - 3r - s) + 2(4 + 2r - 2s) + (-6 + 2r + 6s) = 6$$
$$4 - 6r - 2s + 8 + 4r - 4s - 6 + 2r + 6s = 6$$
$$6 = 6 \quad \textit{wahre Aussage}$$

Auch hier fallen alle Parameter nach Vereinfachung heraus, und übrig bleibt eine wahre Aussage. Alle Punkte von G erfüllen die Gleichung von F.

Die Ebenen E und G sind daher **identisch**.

139-1

Übung 31

Untersuchen Sie die gegenseitige Lage der Ebenen E: $3x + 6y + 4z = 36$ und F.

a) F: $\vec{x} = \begin{pmatrix} 2 \\ 0 \\ 3 \end{pmatrix} + r\begin{pmatrix} 0 \\ 2 \\ -3 \end{pmatrix} + s \cdot \begin{pmatrix} -2 \\ 3 \\ -3 \end{pmatrix}$

b) F: $\vec{x} = \begin{pmatrix} 8 \\ 0 \\ 3 \end{pmatrix} + r\begin{pmatrix} -2 \\ 3 \\ -3 \end{pmatrix} + s \cdot \begin{pmatrix} 8 \\ -2 \\ -3 \end{pmatrix}$

c) F geht durch $A(4|4|0)$, $B(0|4|3)$ und $C(0|0|0)$.

d) F: $6x + 12y + 8z = 36$

e) F hat die Achsenabschnitte $x = 6$, $y = 12$ und $z = 9$.

Übung 32

Welche der Ebenen F, G und H sind echt parallel bzw. identisch zur Ebene E?

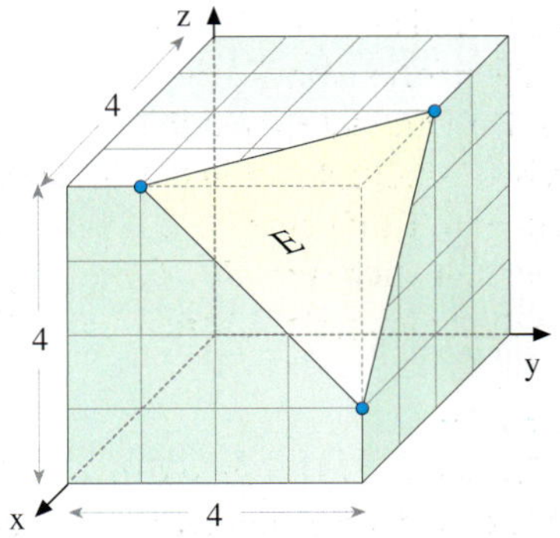

F: $2x - 6y + 5z = 0$

G: $-1{,}5x - y - z = -11$

H: $3x + 2y + 2z = 6$

Für eine Untersuchung zweier Ebenen auf Parallelität und Orthogonalität eignen sich besonders Koordinaten- bzw. Normalengleichungen.

Parallele Ebenen:

(1) Die Normalenvektoren sind kollinear.

(2) Der Normalenvektor einer Ebene ist orthogonal zu beiden Richtungsvektoren der anderen Ebene.

Orthogonale Ebenen:

Die Normalenvektoren sind orthogonal.

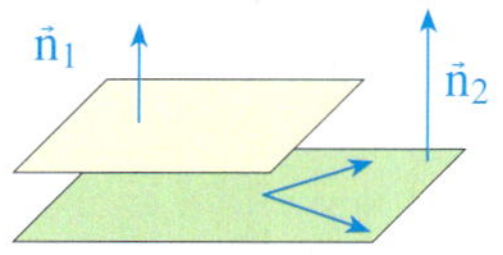

$\vec{n}_2 = r \cdot \vec{n}_1$

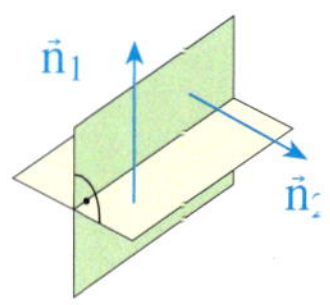

$\vec{n}_1 \cdot \vec{n}_2 = 0$

Die Untersuchung der gegenseitigen Lage von zwei Ebenen gestaltet sich relativ einfach, wenn eine Ebenengleichung in Koordinatenform und eine in Parameterform vorliegt.

Beispiel: Koordinatengleichung / Parametergleichung

Gegeben seien die Ebenen E_1: $2x + y + 3z = 6$ und E_2: $\vec{x} = \begin{pmatrix} 1 \\ 2 \\ 1 \end{pmatrix} + r\begin{pmatrix} 1 \\ -1 \\ 0 \end{pmatrix} + s\begin{pmatrix} 0 \\ -2 \\ 1 \end{pmatrix}$.

Untersuchen Sie, welche Lage E_1 und E_2 relativ zueinander einnehmen.

Lösung:

Zwei Ebenen sind offenbar genau dann parallel, wenn der Normalenvektor einer der Ebenen orthogonal ist zu beiden Richtungsvektoren der zweiten Ebene.

1. Untersuchung auf Parallelität:

$$\begin{pmatrix} 2 \\ 1 \\ 3 \end{pmatrix} \cdot \begin{pmatrix} 1 \\ -1 \\ 0 \end{pmatrix} = 1 \neq 0 \quad \Rightarrow \quad E_1 \nparallel E_2$$

Da dies in unserem Beispiel, wie die Überprüfung mithilfe des Skalarproduktes ergibt, nicht der Fall ist, schneiden sich E_1 und E_2.

2. Bestimmung der Schnittgeraden:

$$\begin{aligned} 2x \quad + \quad y \quad + \quad 3z &= 6 \\ 2(1+r) + (2-r-2s) + 3(1+s) &= 6 \\ 7 + r + s &= 6 \\ s &= -1 - r \end{aligned}$$

Zur Bestimmung der Gleichung der Schnittgeraden setzen wir die allgemeinen Koordinaten $x = 1 + r$, $y = 2 - r - 2s$ und $z = 1 + s$ von E_2 in die Ebenengleichung von E_1 ein.
Die entstandene Gleichung lösen wir nach s auf und erhalten $s = -1 - r$.

Setzen wir diesen Zusammenhang nun in die Gleichung von E_2 ein, so ergibt sich die Gleichung der Schnittgeraden g von E_1 und E_2.

$$\begin{aligned} g\colon \vec{x} &= \begin{pmatrix} 1 \\ 2 \\ 1 \end{pmatrix} + r \cdot \begin{pmatrix} 1 \\ -1 \\ 0 \end{pmatrix} + (-1-r) \cdot \begin{pmatrix} 0 \\ -2 \\ 1 \end{pmatrix} \\ &= \begin{pmatrix} 1 \\ 2 \\ 1 \end{pmatrix} + r \cdot \begin{pmatrix} 1 \\ -1 \\ 0 \end{pmatrix} + \begin{pmatrix} 0 \\ 2 \\ -1 \end{pmatrix} + r \cdot \begin{pmatrix} 0 \\ 2 \\ -1 \end{pmatrix} \end{aligned}$$

$$g\colon \vec{x} = \begin{pmatrix} 1 \\ 4 \\ 0 \end{pmatrix} + r \cdot \begin{pmatrix} 1 \\ 1 \\ -1 \end{pmatrix}$$

Übung 33

Untersuchen Sie die gegenseitige Lage von E und E_1 bzw. von E und E_2.

$$E\colon x + 3y + 2z = 6,\quad E_1\colon \vec{x} = \begin{pmatrix} 2 \\ 2 \\ -2 \end{pmatrix} + r\begin{pmatrix} 4 \\ -2 \\ 1 \end{pmatrix} + s\begin{pmatrix} 0 \\ 2 \\ -3 \end{pmatrix},\quad E_2\colon \vec{x} \cdot \begin{pmatrix} 2 \\ 6 \\ 4 \end{pmatrix} = 12$$

Übung 34

Bestimmen Sie eine Gleichung der Schnittgeraden g von $E_1\colon \left[\vec{x} - \begin{pmatrix} 2 \\ 1 \\ 1 \end{pmatrix}\right] \cdot \begin{pmatrix} 1 \\ -1 \\ -1 \end{pmatrix} = 0$ und $E_2\colon 2x - y - 3z = -1$.

Beispiel: Orthogonale Ebenen

Gegeben ist die Ebene $E_1\colon 2x - y - z = -1$. Gesucht ist eine Ebene E_2, die den Punkt $A(3\,|\,1\,|\,2)$ enthält und orthogonal zur Ebene E_1 ist. Bestimmen Sie die Schnittgerade g der beiden Ebenen.

Lösung:
Als Stützpunkt der Ebene E_2 verwenden wir den gegebenen Ebenenpunkt $A(3\,|\,1\,|\,2)$.
Der Normalenvektor $\vec{n}_2$ von E_2 ist orthogonal zum Normalenvektor $\vec{n}_1$ von E_1.

Wegen $\vec{n}_1 = \begin{pmatrix} 2 \\ -1 \\ -1 \end{pmatrix}$ können wir $\vec{n}_2 = \begin{pmatrix} 0 \\ 1 \\ -1 \end{pmatrix}$ wählen. Dann gilt $\vec{n}_1 \cdot \vec{n}_2 = 0$.

Nun können wir die rechts dargestellte Koordinatengleichung von E_2 aufstellen.

Zur Schnittgeradenbestimmung wandeln wir die Koordinatengleichung von E_2 in eine äquivalente Parametergleichung um.

Die allgemeinen Koordinaten der Parametergleichung von E_2 setzen wir in die Koordinatengleichung von E_1 ein. Durch Auflösen der entstandenen Gleichung erhalten wir die Beziehung $s = r - 2$. Setzen wir diese in die Parametergleichung von E_2 ein, so ergibt sich die Gleichung von g.

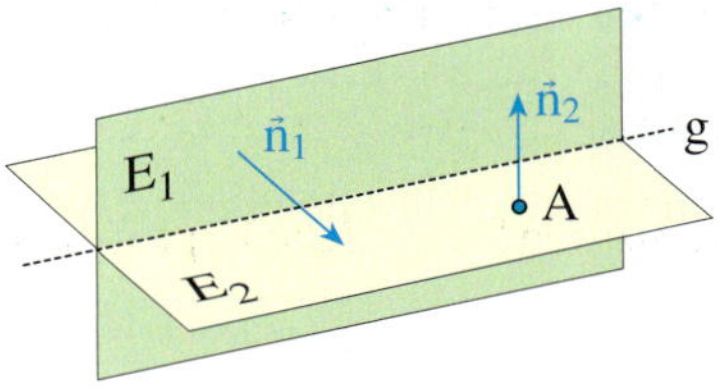

Koordinatengleichung von E_2:

$E_2\colon y - z = -1$

Parametergleichung von E_2:

$$E_2\colon \vec{x} = \begin{pmatrix} 3 \\ 1 \\ 2 \end{pmatrix} + r\begin{pmatrix} 0 \\ 1 \\ 1 \end{pmatrix} + s\begin{pmatrix} 2 \\ 1 \\ 1 \end{pmatrix}$$

Schnittgeradenbestimmung:

$$\begin{aligned} 2x - y - z &= -1 \\ 2(3+2s) - (1+r+s) - (2+r+s) &= -1 \\ 3 + 2s - 2r &= -1 \\ s &= r - 2 \end{aligned}$$

$$g\colon\ \vec{x} = \begin{pmatrix} -1 \\ -1 \\ 0 \end{pmatrix} + r\begin{pmatrix} 2 \\ 2 \\ 2 \end{pmatrix}$$

Übung 35

Gegeben ist die Ebene $E_1\colon 2x + y - 2z = -2$ sowie der Punkt $A(-2\,|\,1\,|\,2)$. Gesucht ist eine Ebene E_2, die A enthält und orthogonal zu E_1 ist. Bestimmen Sie die Gleichung der Schnittgeraden g von E_1 und E_2.

E. Spurgeraden von Ebenen

Schneidet eine Ebene E im dreidimensionalen Anschauungsraum eine der Koordinatenebenen, so bezeichnet man die Schnittgerade als ***Spurgerade*** von E.

Die in der Abbildung dargestellte Ebene hat drei Spurgeraden: g_{xy}, g_{xz}, g_{yz}.

Die Indizierung gibt jeweils an, in welcher Koordinatenebene die Spurgerade liegt.

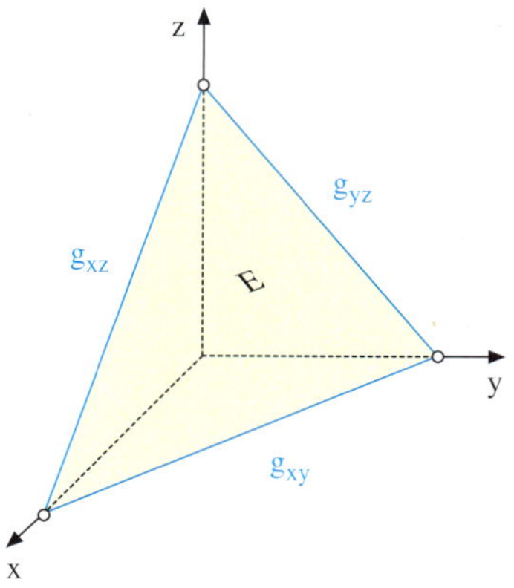

Beispiel: Gegeben ist die Ebene E durch A(5 | − 4 | 3), B(10 | 8 | − 9) und C(− 5 | 12 | − 3).
Bestimmen Sie die Gleichung der Spurgeraden g_{xy}.

Lösung:
Wir bestimmen zunächst die Gleichung der Ebene E.

Die Spurgerade g_{xy} besteht aus denjenigen Punkten von E, deren z-Komponente gleich Null ist. Daher setzen wir in der Ebenengleichung z = 0.

Dies führt auf die Bedingung $s = \frac{1}{2} - 2r$.

Setzen wir diesen Zusammenhang in die Gleichung von E ein, so erhalten wir die einparametrige Geradengleichung der Spurgeraden g_{xy}.

1. Gleichung der Ebene E:

$$E: \begin{pmatrix} x \\ y \\ z \end{pmatrix} = \begin{pmatrix} 5 \\ -4 \\ 3 \end{pmatrix} + r \cdot \begin{pmatrix} 5 \\ 12 \\ -12 \end{pmatrix} + s \cdot \begin{pmatrix} -10 \\ 16 \\ -6 \end{pmatrix}$$

2. Ansatz für g_{xy}: z = 0

$$0 = 3 - 12r - 6s$$
$$s = \frac{1}{2} - 2r$$

3. Einsetzen in die Gleichung von E:

$$g_{xy}: \vec{x} = \begin{pmatrix} 5 \\ -4 \\ 3 \end{pmatrix} + r \begin{pmatrix} 5 \\ 12 \\ -12 \end{pmatrix} + \left(\frac{1}{2} - 2r\right) \begin{pmatrix} -10 \\ 16 \\ -6 \end{pmatrix}$$

$$g_{xy}: \vec{x} = \begin{pmatrix} 5 \\ -4 \\ 3 \end{pmatrix} + r \begin{pmatrix} 5 \\ 12 \\ -12 \end{pmatrix} + \begin{pmatrix} -5 \\ 8 \\ -3 \end{pmatrix} - r \begin{pmatrix} 20 \\ -32 \\ 12 \end{pmatrix}$$

$$g_{xy}: \vec{x} = \begin{pmatrix} 0 \\ 4 \\ 0 \end{pmatrix} + r \begin{pmatrix} 25 \\ -20 \\ 0 \end{pmatrix}$$

142-1

Übung 36

a) Bestimmen Sie die Spurgeraden g_{xz} und g_{yz} der Ebene E aus dem obigen Beispiel.

b) Bestimmen Sie alle Spurgeraden von E_1 und E_2.

$$E_1: \vec{x} = \begin{pmatrix} 1 \\ 2 \\ 1 \end{pmatrix} + r \cdot \begin{pmatrix} 2 \\ -1 \\ 1 \end{pmatrix} + s \cdot \begin{pmatrix} 1 \\ 1 \\ -2 \end{pmatrix}, \quad E_2: 2x - y + 3z = 0$$

c) Eine Ebene E besitze die Spurgeraden $g_{xy}: \vec{x} = \begin{pmatrix} 1 \\ 1 \\ 0 \end{pmatrix} + r \cdot \begin{pmatrix} 1 \\ 0 \\ 0 \end{pmatrix}$ und $g_{yz}: \vec{x} = \begin{pmatrix} 0 \\ 1 \\ -1 \end{pmatrix} + s \cdot \begin{pmatrix} 0 \\ 0 \\ 3 \end{pmatrix}$.

Wie lautet die Gleichung von E? Zeigen Sie, dass E keine Spurgerade g_{xz} besitzt.

Übungen

37. Bestimmen Sie die Schnittgerade g der Ebenen E_1 und E_2.

a) $E_1\colon \vec{x} = \begin{pmatrix}1\\2\\0\end{pmatrix} + r\begin{pmatrix}1\\2\\-3\end{pmatrix} + s\begin{pmatrix}0\\-4\\3\end{pmatrix}$
$E_2\colon -6x + 4y + 3z = -12$

b) $E_1\colon \vec{x} = \begin{pmatrix}0\\1\\2\end{pmatrix} + r\begin{pmatrix}-1\\1\\2\end{pmatrix} + s\begin{pmatrix}1\\2\\-2\end{pmatrix}$
$E_2\colon 3x + y + z = 3$

c) $E_1\colon \vec{x} = \begin{pmatrix}3\\3\\0\end{pmatrix} + r\begin{pmatrix}1\\-3\\1\end{pmatrix} + s\begin{pmatrix}-3\\-1\\3\end{pmatrix}$
$E_2\colon x + 2y = 4$

d) $E_1\colon \vec{x} = \begin{pmatrix}3\\0\\0\end{pmatrix} + r\begin{pmatrix}-3\\0\\3\end{pmatrix} + s\begin{pmatrix}-3\\6\\0\end{pmatrix}$
$E_2\colon 2y + z = 6$

38. Gesucht ist die Schnittgerade g von E_1 und E_2.

a) $E_1\colon 2x + 6y + 3z = 12$
$E_2\colon 2x + 2y + 2z = 8$

b) $E_1\colon x + 2y + 4z = 8$
$E_2\colon 3x - 2y = 0$

c) $E_1\colon \vec{x} = \begin{pmatrix}1\\2\\2\end{pmatrix} + r\begin{pmatrix}1\\-1\\0\end{pmatrix} + s\begin{pmatrix}1\\0\\-1\end{pmatrix}$
$E_2\colon \vec{x} = \begin{pmatrix}3\\4\\-3\end{pmatrix} + u\begin{pmatrix}0\\-1\\0\end{pmatrix} + v\begin{pmatrix}-2\\-3\\3\end{pmatrix}$

d) $E_1\colon \vec{x} = \begin{pmatrix}4\\0\\0\end{pmatrix} + r\begin{pmatrix}0\\4\\0\end{pmatrix} + s\begin{pmatrix}-4\\0\\3\end{pmatrix}$
$E_2\colon \vec{x} = \begin{pmatrix}0\\0\\0\end{pmatrix} + u\begin{pmatrix}4\\4\\0\end{pmatrix} + v\begin{pmatrix}0\\0\\3\end{pmatrix}$

39. Auf dem abgebildeten Würfel sind zwei Ebenenausschnitte dargestellt. Zeigen Sie, dass die zugehörigen Ebenen sich schneiden. Geben Sie eine Gleichung der Schnittgeraden g an.

a)

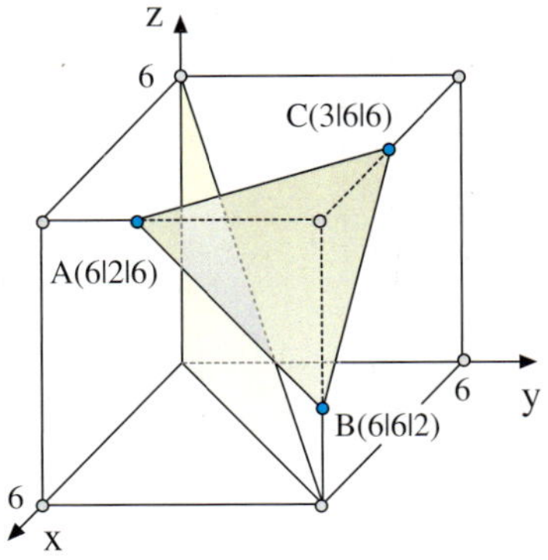

b)

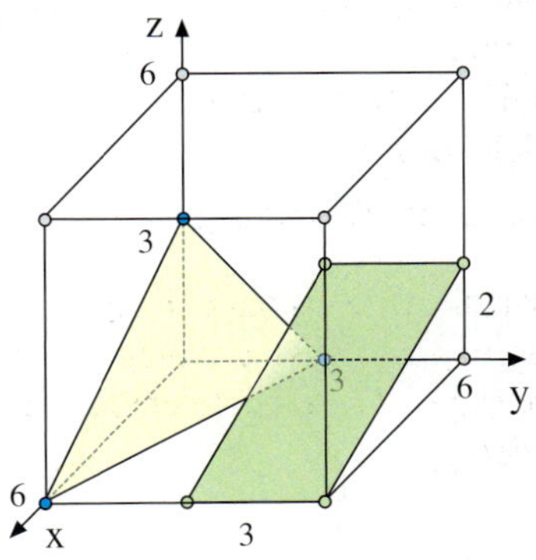

40. E_1 enthält die Geraden $g_1\colon \vec{x} = \begin{pmatrix}2\\0\\3\end{pmatrix} + r\begin{pmatrix}1\\-1\\3\end{pmatrix}$ und $g_2\colon \vec{x} = \begin{pmatrix}0\\2\\3\end{pmatrix} + s\begin{pmatrix}-1\\1\\3\end{pmatrix}$, die sich schneiden.
E_2 geht durch die Punkte $A(2|2|0)$, $B(0|4|6)$ und $C(-3|7|0)$.
E_3 hat die Achsenabschnitte $x = 4$, $y = 4$ und $z = 6$.

a) Untersuchen Sie die gegenseitige Lage von E_1 und E_2 bzw. von E_1 und E_3.
b) Zeichnen Sie ein Schrägbild der drei Ebenen sowie der Schnittgeraden.

41. Untersuchen Sie, welche gegenseitige Lage die Ebenen E_1 und E_2 einnehmen.

a) $E_1\colon 2x+y+z=6 \quad E_2\colon \vec{x}=\begin{pmatrix}-2\\-2\\3\end{pmatrix}+r\begin{pmatrix}1\\1\\0\end{pmatrix}+s\begin{pmatrix}2\\0\\-3\end{pmatrix}$

b) $E_1\colon x-y+z=2 \quad E_2\colon \vec{x}=\begin{pmatrix}7\\1\\-4\end{pmatrix}+r\begin{pmatrix}1\\1\\0\end{pmatrix}+s\begin{pmatrix}1\\0\\-1\end{pmatrix}$

c) $E_1\colon 2x-5y-5z=8 \quad E_2\colon \vec{x}=\begin{pmatrix}0\\-1\\-1\end{pmatrix}+r\begin{pmatrix}5\\1\\1\end{pmatrix}+s\begin{pmatrix}5\\2\\0\end{pmatrix}$

d) $E_1\colon 4y+z=4$
$E_2\colon 3y+2z=6$

e) $E_1\colon x+2y+3z=12$
$E_2\colon 2x+4y+6z=16$

f) $E_1\colon x-y-2z=-2$
$E_2\colon 2x-2y-4z=-4$

42. Bestimmen Sie die Gleichungen der Spurgeraden der Ebene E.

a) $E\colon \vec{x}=\begin{pmatrix}3\\0\\2\end{pmatrix}+r\cdot\begin{pmatrix}3\\4\\2\end{pmatrix}+s\cdot\begin{pmatrix}-3\\0\\1\end{pmatrix}$

b) $E\colon \vec{x}=\begin{pmatrix}4\\3\\2\end{pmatrix}+r\cdot\begin{pmatrix}2\\-1\\1\end{pmatrix}+s\cdot\begin{pmatrix}1\\2\\2\end{pmatrix}$

c) $E\colon -3x+5y-z=15$

d) $E\colon 3y-2z=12$

43. Eine Ebene E besitzt die Spurgeraden $g_1\colon \vec{x}=\begin{pmatrix}1\\1\\0\end{pmatrix}+r\cdot\begin{pmatrix}2\\1\\0\end{pmatrix}$ und $g_2\colon \vec{x}=\begin{pmatrix}2\\0\\1\end{pmatrix}+s\cdot\begin{pmatrix}3\\0\\1\end{pmatrix}$.

Bestimmen Sie eine Koordinatengleichung von E sowie die Gleichung der dritten Spurgeraden.

44. Die Abbildung zeigt Ausschnitte aus zwei Ebenen E_1 und E_2.
Bestimmen Sie die Gleichung der Schnittgeraden g.
Übertragen Sie die Abbildung in Ihr Heft und zeichnen Sie diejenige Teilstrecke der Schnittgeraden g in das Schrägbild ein, die auf dem abgebildeten Ausschnitt von E_1 liegt.

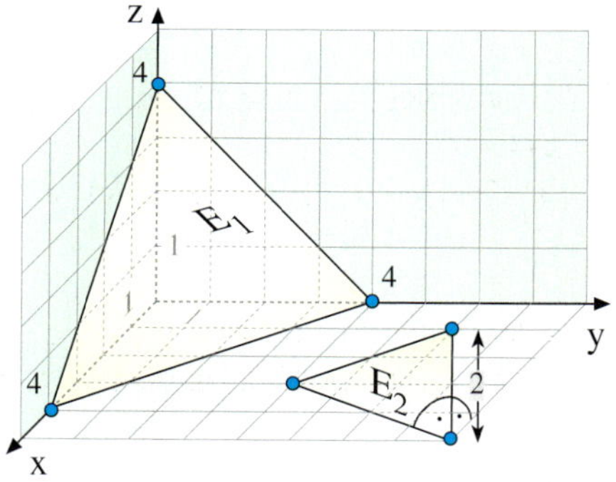

45. a) Welche gegenseitige Lagen können drei Ebenen zueinander einnehmen? Skizzieren Sie mindestens vier prinzipiell verschiedene Fälle.

b) Die drei Ebenen E_1, E_2, E_3 schneiden sich in einer Geraden g bzw. in einem Punkt S. Bestimmen Sie g bzw. S.

(1) $E_1\colon \vec{x}=\begin{pmatrix}3\\3\\1\end{pmatrix}+r\begin{pmatrix}-3\\-1\\1\end{pmatrix}+s\begin{pmatrix}3\\0\\-1\end{pmatrix},\quad E_2\colon \vec{x}=\begin{pmatrix}6\\0\\0\end{pmatrix}+u\begin{pmatrix}0\\6\\1\end{pmatrix}+v\begin{pmatrix}6\\0\\-1\end{pmatrix},\quad E_3\colon y-3z=0$

(2) $E_1\colon x+y+z=4,\quad E_2\colon 3x+y+3z=6,\quad E_3\colon \vec{x}=\begin{pmatrix}0\\0\\0\end{pmatrix}+r\begin{pmatrix}3\\1\\0\end{pmatrix}+s\begin{pmatrix}0\\1\\1\end{pmatrix}$

46. Ein keilförmiges Kohleflöz hat nach oben und unten ebene Begrenzungsflächen E und E′ zu den angrenzenden Gesteinsschichten. Bei drei Probebohrungen werden jeweils der Eintrittspunkt und der Austrittspunkt festgestellt: $A(-20|30|-200)$, $A'(-20|30|-236)$, $B(120|180|-80)$, $B'(120|180|-120)$, $C(80|120|-120)$, $C'(80|120|-160)$.

a) Wie lauten die Gleichungen der Begrenzungsebenen E und E′?

b) Wie lautet die Gleichung der Geraden g, in der das Kohleflöz endet?

c) Vom Punkt $T(-200|200|0)$ wird ein Tunnel in Richtung des Vektors $\begin{pmatrix} 2 \\ -2 \\ -1 \end{pmatrix}$ vorangetrieben. Wo trifft er die Kohleschicht, wo verlässt er sie wieder, wie weit ist es vom Tunneleingang bis zur Kohleschicht?

d) Trifft eine senkrechte Bohrung, die im Punkt $T(-100|450|0)$ beginnt, die Kohleschicht?

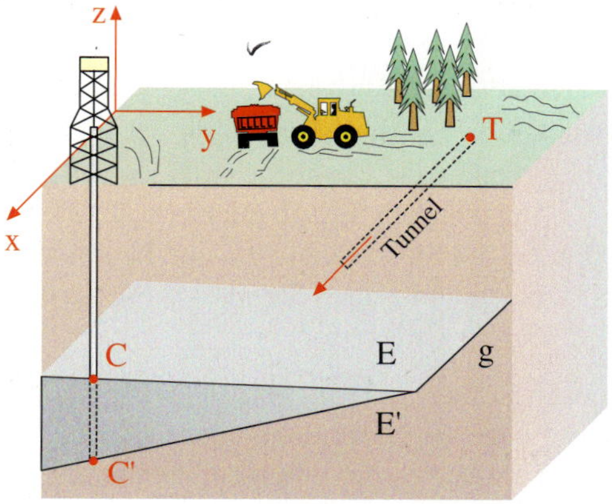

47. Finden Sie heraus, ob unter den Ebenen E_1, E_2 und E_3 Orthogonalitäten auftreten.

a) E_1: $\left[\vec{x} - \begin{pmatrix} 1 \\ 0 \\ 0 \end{pmatrix}\right] \cdot \begin{pmatrix} 1 \\ 4 \\ 2 \end{pmatrix} = 0$ E_2: $\left[\vec{x} - \begin{pmatrix} 0 \\ 1 \\ 0 \end{pmatrix}\right] \cdot \begin{pmatrix} 4 \\ -1 \\ 0 \end{pmatrix} = 0$ E_3: $\left[\vec{x} - \begin{pmatrix} 0 \\ 0 \\ 1 \end{pmatrix}\right] \cdot \begin{pmatrix} 8 \\ -3 \\ 2 \end{pmatrix} = 0$

b) E_1: $\left[\vec{x} - \begin{pmatrix} 0 \\ 1 \\ 2 \end{pmatrix}\right] \cdot \begin{pmatrix} -1 \\ 2 \\ -2 \end{pmatrix} = 0$ E_2: $\vec{x} = \begin{pmatrix} 1 \\ 1 \\ 2 \end{pmatrix} + r\begin{pmatrix} 3 \\ 1 \\ 2 \end{pmatrix} + s\begin{pmatrix} 3 \\ 3 \\ 3 \end{pmatrix}$ E_3: $2x + 2y - 4z = 0$

48. Bestimmen Sie eine Normalengleichung der zu E parallelen Ebene F, die den Punkt A enthält.

a) E: $2x - 3y + 2z = 12$, $A(1|2|4)$ b) E: $\vec{x} = \begin{pmatrix} 1 \\ 2 \\ 0 \end{pmatrix} + r\begin{pmatrix} 0 \\ 2 \\ 3 \end{pmatrix} + s\begin{pmatrix} -3 \\ 4 \\ 6 \end{pmatrix}$, $A(-2|6|-2)$

49. Die Ebene E ist orthogonal zur x-y-Ebene und zur x-z-Ebene und enthält $A(1|2|3)$. Stellen Sie eine Koordinatengleichung von E auf.

50. Eine Ebene E ist orthogonal zur Ebene F: $2x - 4z = 6$. Die Gleichung g: $\vec{x} = \begin{pmatrix} 1 \\ 2 \\ -1 \end{pmatrix} + r\begin{pmatrix} -2 \\ -2 \\ 1 \end{pmatrix}$ stellt die Schnittgerade von E und F dar. Stellen Sie eine Normalengleichung von E auf.

51. Gesucht ist derjenige Parameterwert a, für den die Ebenen E_1 und E_a orthogonal sind.

a) E_1: $2x - y + z = 6$
E_a: $ax + 4y - 2z = 4$

b) E_1: $\vec{x} = \begin{pmatrix} 1 \\ 0 \\ 2 \end{pmatrix} + r\begin{pmatrix} 1 \\ 2 \\ 3 \end{pmatrix} + s\begin{pmatrix} 3 \\ 1 \\ -1 \end{pmatrix}$
E_a: $x - ay + z = 3$

c) E_1: $\left[\vec{x} - \begin{pmatrix} 3 \\ 1 \\ 2 \end{pmatrix}\right] \cdot \begin{pmatrix} 1 \\ 1 \\ -1 \end{pmatrix} = 0$
E_a: $ax + 2ay - 6z = 0$

F. Ebenenscharen

Abschließend untersuchen wir ***Ebenenscharen***. Hierbei kommt in der Ebenengleichung außer den Ebenenparametern noch mindestens eine weitere Variable vor. Zu jedem Variablenwert gehört dann eine Ebene der Schar. Im Folgenden betrachten wir nur einfache Ebenenscharen mit linearen Variablen.

Beispiel: Ebenenbüschel

Gegeben ist die Ebenenschar E_a: $x + (1 - a)y + (a - 3)z = 3$, $a \in \mathbb{R}$.

a) Untersuchen Sie, ob die Ebene F: $2x - 6y + 2z = 6$ zur Ebenenschar E_a gehört.

b) Zeigen Sie, dass sich E_0 und E_1 schneiden. Bestimmen Sie die Gleichung der Schnittgeraden und zeigen Sie, dass diese Schnittgerade in allen Ebenen der Schar E_a liegt.

Lösung zu a):

Die Ebene F gehört zur Ebenenschar E_a, wenn die beiden Koordinatengleichungen für einen speziellen Wert von a äquivalent sind. Das ist der Fall, wenn die Gleichung von F ein Vielfaches der Gleichung von E_a ist oder umgekehrt. Dies führt auf den nebenstehenden Ansatz.

Ansatz: $F = b \cdot E_a \quad (a, b \in \mathbb{R})$

F: $bx + b(1 - a)y + b(a - 3)z = 3b$

F: $2x - 6y + 2z = 6$

Durch Koeffizientenvergleich der beiden Darstellungen von F erhalten wir ein Gleichungssystem, das die Lösungen $a = 4$ und $b = 2$ besitzt. Folglich gehört F zur Ebenenschar E_a und ist mit der Ebene E_4 identisch.

Koeffizientenvergleich:

I $b = 2 \quad \Rightarrow b = 2$

II $b(1 - a) = -6 \quad \Rightarrow a = 4$

III $b(a - 3) = 2 \quad \Rightarrow a = 4$

IV $3b = 6 \quad \Rightarrow b = 2$

Lösung zu b):

Wir untersuchen die Lagebeziehung der Ebenen E_0 und E_1 wie im Abschnitt D und formen E_0 zunächst um. Durch Einsetzen erkennen wir, dass sich die Ebenen E_0 und E_1 in einer Geraden g schneiden, deren Gleichung rechts angegeben ist.

E_0: $x + y - 3z = 3 \quad (a = 0)$ bzw.

E_0: $\vec{x} = \begin{pmatrix} 3 \\ 0 \\ 0 \end{pmatrix} + t\begin{pmatrix} -3 \\ 3 \\ 0 \end{pmatrix} + s\begin{pmatrix} -3 \\ 0 \\ 1 \end{pmatrix}$

E_1: $x - 2z = 3 \quad (a = 1)$

I–II: $3 - 3t - 3s + 2s = 3$ bzw. $-3t = s$

Schnittgerade: g: $\vec{x} = \begin{pmatrix} 3 \\ 0 \\ 0 \end{pmatrix} + r\begin{pmatrix} 2 \\ 1 \\ 1 \end{pmatrix}$

Nun muss noch nachgewiesen werden, dass diese Schnittgerade g in allen Ebenen der Schar E_a (also unabhängig von a) enthalten ist. Hierzu setzen wir die Koordinaten von g in die Ebenengleichung von E_a ein. Nach nebenstehender Rechnung erhalten wir eine wahre Aussage, unabhängig von a. Also liegt die Gerade g für alle reellen Werte von a in E_a.

Nachweis, dass g in E_a liegt:

Koordinaten von g: $x = 3 + 2r$

$y = r$

$z = r$

Einsetzen in die Gleichung von E_a:

$3 + 2r + (1 - a)r + (a - 3)r = 3$

$3 + 2r + r - ar + ar - 3r = 3$

$3 = 3$

Da die Ebenen der Schar aus dem vorigen Beispiel eine gemeinsame Schnittgerade g haben, die man ihre ***Trägergerade*** nennt, handelt es sich um ein sog. ***Ebenenbüschel***.

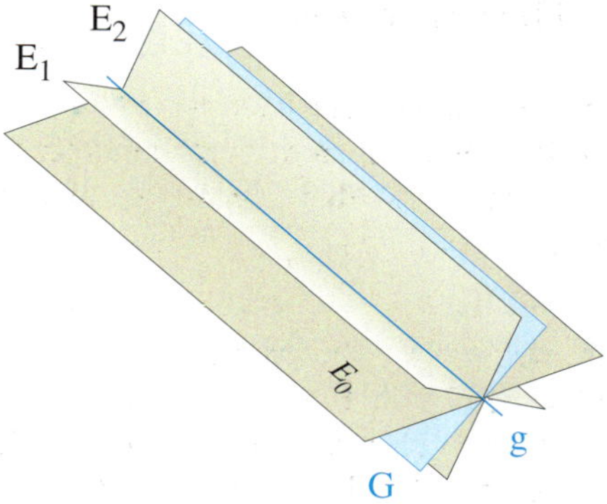

Alle g enthaltenden Ebenen gehören zum Büschel mit einer Ausnahme:
Lösen wir die Klammern in der gegebenen Ebenenschargleichung auf und klammern a aus, erhalten wir die äquivalente Gleichung $E: x + y - 3z - 3 + a(-y + z) = 0$.

Diese Gleichung enthält die linke Seite der Ebenengleichung E_0: $x + y - 3z - 3 = 0$. Der Term $-y + z$ kann ebenfalls als linker Teil einer Gleichung der Ebene $G: -y + z = 0$ gedeutet werden. Die Ebene G enthält ebenfalls die Trägergerade g, gehört aber nicht zur Ebenenschar E_a, wie sich leicht nachweisen lässt.

Beispiel: Gegeben ist das Ebenenbüschel E_a: $x + (1-a)y + (a-3)z = 3$, $a \in \mathbb{R}$.
a) Zeigen Sie, dass die Ebene $G: -y + z = 0$ nicht zur Ebenenschar E_a gehört.
b) Zeigen Sie, dass die Ebene $G: -y + z = 0$ die Trägergerade $g: \vec{x} = \begin{pmatrix} 3 \\ 0 \\ 0 \end{pmatrix} + r \begin{pmatrix} 2 \\ 1 \\ 1 \end{pmatrix}$ enthält.

Lösung zu a):
Wir verwenden wie im vorigen Beispiel den nebenstehenden Ansatz. Das zugehörige Gleichungssystem führt aber auf einen Widerspruch und ist daher unlösbar. Folglich gehört die Ebene G nicht zur Ebenenschar E_a.

Ansatz: $G = b \cdot E_a \quad (a, b \in \mathbb{R})$
$G: bx + b(1-a)y + b(a-3)z = 3b$
$G: \quad -y + \quad z = 0$

Koeffizientenvergleich:
I $b = 0 \Rightarrow b = 0$ in II und III
II $b(1-a) = -1 \Rightarrow 0 = -1$ *Widerspr.*
III $b(a-3) = 1 \Rightarrow 0 = 1$ *Widerspr.*
IV $3b = 0 \Rightarrow b = 0$

Lösung zu b):
Setzen wir die Koordinaten von g in die Ebenengleichung von G ein, erhalten wir eine wahre Aussage.

Koordinaten von g: $x = 3 + 2r$, $y = r$, $z = r$
Einsetzen in die Gleichung von G:
$-r + r = 0$ bzw. $0 = 0 \Rightarrow$ g liegt in G.

Übung 52

Zeigen Sie, dass die folgenden Ebenenscharen E_a $(a \in \mathbb{R})$ Ebenenbüschel bilden, d. h., dass alle Ebenen der Schar sich in einer Geraden schneiden. Bestimmen Sie auch eine Gleichung dieser gemeinsamen Trägergeraden. Geben Sie jeweils eine Ebene an, die ebenfalls die Trägergerade enthält, aber nicht nur Ebenenschar gehört.

a) E_a: $2ax + (4-a)y - 2z = 6$
b) E_a: $x + ay + (5-2a)z = 0$
c) E_a: $2ax + 2y + (2-a)z = 5a + 2$
d) E_a: $(3-2a)y + (a-2)z = a - 1$

Beispiel: Schar paralleler Ebenen

Gegeben ist die Ebenenschar E_a: $(1-2a)x+(2a-1)y+(1-2a)z=1$, $a \in \mathbb{R}$.

a) Untersuchen Sie die Lagebeziehung der Ebenen E_0 und E_1 zueinander.

b) Zeigen Sie, dass alle Ebenen der Schar parallel zueinander verlaufen.

Lösung zu a):
Der nebenstehende Ansatz führt auf ein unlösbares Gleichungssystem. Die Ebenen E_0 und E_1 sind also parallel zueinander.

E_0: $x-y+z=1$
E_1: $-x+y-z=1$
I + II $\quad 0=2$ Widerspr. $\Rightarrow E_0 \parallel E_1$

Lösung zu b):
Analog untersuchen wir jetzt die Lagebeziehung zweier beliebiger verschiedener Ebenen E_a und E_b der gegebenen Schar (mit $a \neq b$). Auch hier führt das zugehörige Gleichungssystem auf einen Widerspruch, da wir von verschiedenen Ebenen der Schar ausgegangen sind. Somit liegen alle Scharebenen parallel zueinander.

E_a: $(1-2a)x+(2a-1)y+(1-2a)z=1$
E_b: $(1-2b)x+(2b-1)y+(1-2b)z=1$
$(a \neq b)$

Lösen des Gleichungssystems:
$\text{III} = \text{I} \cdot (1-2b) - \text{II} \cdot (1-2a)$:
$0=1-2b-(1-2a)$
$0=-2b+2a \Rightarrow a=b$
Widerspruch zur Voraussetzung $a \neq b$
$\Rightarrow E_a \parallel E_b$

Alle zu E_0 parallelen Ebenen gehören zu dieser Schar (aus dem vorigen Beispiel) mit einer Ausnahme:
Lösen wir wie oben auch hier die Klammern in der gegebenen Ebenenschargleichung auf und klammern dann a aus, erhalten wir die Gleichung
E_a: $x-y+z-1+a(-2x+2y-2z)=0$.

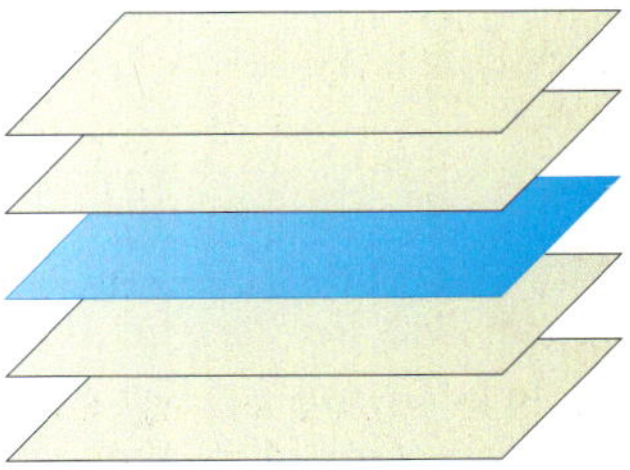

Die Ebenen E_0: $x-y+z=1$ und G: $-2x+2y-2z=0$ verlaufen offensichtlich ebenfalls echt parallel zueinander, da die linke Seite der Gleichung von G zwar das (-2)fache der linken Seite der Gleichung von E_0 ist, dies aber nicht für die rechten Gleichungsseiten gilt, sodass sich ein Widerspruch ergibt. Daher muss G auch zu allen anderen Ebenen der Schar E_a parallel sein. Auch in diesem Fall gehört G aber nicht zur Ebenenschar E_a, wie man leicht zeigen kann, weil sich ein Widerspruch ergibt, wenn man G als Vielfaches von E_a ansetzt. Diese Überlegungen gelten jedoch nur für Ebenenscharen, die lediglich eine lineare Variable a enthalten.

Übung 53

Zeigen Sie, dass alle Ebenen der Schar E_a: $(2-a)x+(a-2)y+(4-2a)z=1$ $(a \in \mathbb{R})$ parallel verlaufen. Geben Sie eine Gleichung einer Ebene an, die zu allen Ebenen der Schar parallel verläuft, aber nicht zur Ebenenschar E_a gehört.

Übung 54

Geben Sie eine Gleichung derjenigen Ebenenschar an, welche genau die Ebenen enthält, die echt parallel zur Ebene F: $2x-3y+4z=6$ verlaufen.

Übungen

55. Gegeben ist die Ebenenschar E_a: $x + ay - (2a - 1)z = 4$ $(a \in \mathbb{R})$.

a) Gehört die Ebene F: $-2x + 2y - 6z = -8$ zur Ebenenschar E_a?

b) Geben Sie eine Gleichung einer Ebene an, die nicht zur Schar E_a gehört.

c) Welche Ebene der Schar enthält den Punkt $P(-2|1|1)$?

d) Welche Ebene der Schar E_a ist parallel zur z-Achse?

e) Begründen Sie, dass die Ebenenschar E_a keine Ursprungsgerade enthält.

f) Zeigen Sie, dass alle Ebenen der Schar E_a eine gemeinsame Gerade besitzen, und geben Sie deren Gleichung an.

g) Zeigen Sie, dass die Ebene G: $y - 2z = 0$ die Trägergerade aus f) enthält, aber nicht zur Ebenenschar E_a gehört.

56. Gegeben ist die Ebenenschar E_a: $(a+2)x + (2-a)z = a + 1$ $(a \in \mathbb{R})$.

a) Welche Ursprungsebene ist in der Schar E_a enthalten?

b) Welche Ebene der Schar E_a schneidet die z-Achse bei $z = 5$?

c) Welche Ebene der Schar E_a enthält die Gerade g: $\vec{x} = \begin{pmatrix} -1 \\ 2 \\ 2 \end{pmatrix} + r\begin{pmatrix} 0 \\ 1 \\ 0 \end{pmatrix}$?

d) Untersuchen Sie die Lage der Ebenen der Schar E_a zueinander.

e) Gehört die Ebene F: $x - z - 1 = 0$ zur Ebenenschar E_a?

57. Geben Sie eine Gleichung einer Ebenenschar an, deren Ebenen sich alle in der Trägergeraden g: $\vec{x} = \begin{pmatrix} 1 \\ -1 \\ 4 \end{pmatrix} + r\begin{pmatrix} 2 \\ -2 \\ 1 \end{pmatrix}$ schneiden.

58. Geben Sie eine Gleichung derjenigen Ebenenschar an, die alle Ebenen enthält, die echt parallel zur x-Achse und zur Geraden g: $\vec{x} = \begin{pmatrix} 1 \\ -2 \\ 4 \end{pmatrix} + r\begin{pmatrix} 2 \\ -1 \\ 2 \end{pmatrix}$ verlaufen.

59. Gegeben sind die Ebenenschar $E_{a,b}$: $x + (1-2a)y + bz = 2$ $(a, b \in \mathbb{R})$.

a) Bestimmen Sie die Lagebeziehung von $E_{0,1}$ und $E_{1,0}$.

b) Zeigen Sie, dass alle Ebenen $E_{a,b}$ einen gemeinsamen Punkt besitzen, und geben Sie diesen an.

c) Gehört die Ebene F: $2x + 4y - 3z = 4$ zur Ebenenschar $E_{a,b}$?

d) Für welche Werte von a und b liegt die Ebene $E_{a,b}$ parallel zur z-Achse?

e) Für welche Werte von a und b liegt die Gerade g: $\vec{x} = \begin{pmatrix} 1 \\ 0 \\ 1 \end{pmatrix} + r\begin{pmatrix} 1 \\ 2 \\ -1 \end{pmatrix}$ in der Ebene $E_{a,b}$?

60. Gegeben sind die Ebenenschar $E_{a,b}$: $2x + ay + 6z = 8 + 2a + 6b$ $(a, b \in \mathbb{R})$ sowie die Ebene F: $x + 2y + 3z = 9$.

a) Gehört die Ebene F zur Ebenenschar $E_{a,b}$?

b) Für welche Werte von a und b schneiden sich die Ebenen $E_{a,b}$ und F?

c) Für welche Werte von a und b sind die Ebenen $E_{a,b}$ und F echt parallel?

d) Welche Bedingungen müssen für a und b gelten, damit g: $\vec{x} = \begin{pmatrix} 1 \\ 4 \\ 0 \end{pmatrix} + r\begin{pmatrix} 6 \\ 0 \\ -2 \end{pmatrix}$ die Schnittgerade von $E_{a,b}$ und F ist?

G. Zusammengesetzte Aufgaben

Die Übungen dienten bisher überwiegend der Festigung einzelner Techniken der Vektorgeometrie. Die Lösung der folgenden zusammengesetzten Aufgaben dagegen erfordert stets die Verwendung mehrerer Verfahren. Die Aufgabenstruktur ähnelt Prüfungsaufgaben.

1. Gegeben sind die Gerade g: $\vec{x} = \begin{pmatrix} 14 \\ -1 \\ -1 \end{pmatrix} + r \begin{pmatrix} -8 \\ 2 \\ 1 \end{pmatrix}$ und die Ebene E durch die Punkte $A(-2|5|2)$, $B(2|3|0)$ und $C(2|-1|2)$.

a) Stellen Sie eine Parametergleichung und eine Koordinatengleichung der Ebene E auf.

b) Prüfen Sie, ob der Punkt $P(-2|3|1)$ auf der Geraden g oder auf der Ebene E liegt.

c) Untersuchen Sie die gegenseitige Lage von g und E. Bestimmen Sie ggf. den Schnittpunkt S.

d) Bestimmen Sie die Schnittpunkte Q und R der Geraden g mit der x-y-Ebene bzw. der y-z-Ebene.

e) In welchen Punkten schneiden die Koordinatenachsen die Ebene E?

f) Zeichnen Sie anhand der Ergebnisse aus c), d) und e) ein Schrägbild von g und E.

2. Gegeben seien die Punkte $A(0|0|0)$, $B(8|0|0)$, $C(8|8|0)$, $D(0|8|0)$ und $S(4|4|8)$, die Eckpunkte einer quadratischen Pyramide mit der Grundfläche ABCD und der Spitze S sind.

a) Zeichnen Sie in einem kartesischen Koordinatensystem ein Schrägbild der Pyramide.

b) Eine Gerade g schneidet die z-Achse bei $z = 12$ und geht durch die Spitze S der Pyramide. Wo schneidet diese Gerade g die x-y-Ebene?

c) Gegeben sei weiter die Ebene E: $2y + 5z = 24$.
Welche besondere Lage bezüglich der Koordinatenachsen hat diese Ebene E?
Wo schneiden die Seitenkanten $\overline{AS}$, $\overline{BS}$, $\overline{CS}$ und $\overline{DS}$ der Pyramide die Ebene E?
Zeichnen Sie die Schnittfläche der Ebene E mit der Pyramide in das Schrägbild ein und zeigen Sie, dass diese Schnittfläche ein Trapez ist.

d) In welchem Punkt T durchdringt die Höhe h der Pyramide die Schnittfläche aus c)? Zeichnen Sie auch h und T in das Schrägbild ein.

3. Gegeben ist der abgebildete Würfel mit der Seitenlänge 4.

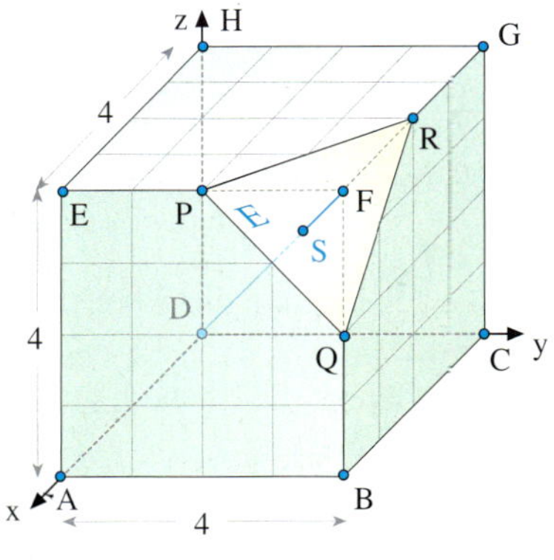

a) In welchem Punkt S schneidet die Gerade g durch D und F die Ebene E durch die Punkte P, Q und R?

b) Die Punkte P, Q, R und F bilden die Ecken einer Pyramide. Bestimmen Sie deren Volumen.

c) In welchen Punkten durchstößt die Gerade h durch Q und R die Koordinatenebenen?

d) Bestimmen Sie die Gleichung der Schnittgeraden k der Ebene E und der Ebene F durch B, D und H.

e) Wo durchstößt die Gerade durch B und H die Ebene E?

4. Gegeben sind die Geraden g: $\vec{x} = \begin{pmatrix} 1 \\ 2 \\ 3 \end{pmatrix} + r\begin{pmatrix} -1 \\ 0 \\ 2 \end{pmatrix}$ und h: $\vec{x} = \begin{pmatrix} 0 \\ 4 \\ 4 \end{pmatrix} + s\begin{pmatrix} 0 \\ -2 \\ 1 \end{pmatrix}$.

a) Zeigen Sie, dass g und h sich schneiden. Bestimmen Sie den Schnittpunkt S.
b) E sei diejenige Ebene, welche die Geraden g und h enthält.
Stellen Sie eine Parametergleichung von E auf.
c) Bestimmen Sie eine Koordinatengleichung von E sowie die Achsenabschnittspunkte.
d) Eine Gerade k geht durch die Punkte $P(4|0|3)$ und $Q(0|3|a)$. Wie muss die Variable a gewählt werden, damit k echt parallel zu E verläuft?
e) Der Ursprung des Koordinatensystems und die drei Achsenabschnittspunkte der Ebene E sind Eckpunkte einer Pyramide. Bestimmen Sie das Volumen der Pyramide.
f) Fertigen Sie mithilfe der Achsenabschnitte von E eine Schrägbild der Pyramide aus e) an. Zeichnen Sie den Punkt $P(1|2|2)$ ein. Liegt er im Innern der Pyramide?

5. Gegeben ist der abgebildete Würfel mit der Seitenlänge 4 in einem kartesischen Koordinatensystem. Das Dreieck BRP stellt einen Ausschnitt einer Ebene E dar. Das Dreieck MCR stellt einen Ausschnitt einer Ebene F dar.

a) Bestimmen Sie eine Parameter- und eine Koordinatengleichung von E.
b) Gesucht ist der Schnittpunkt S der Geraden g durch die Punkte D und Q mit der Ebene E.
Welches Teilstück der Strecke $\overline{DQ}$ ist länger, $\overline{DS}$ oder $\overline{SQ}$?
c) Bestimmen Sie eine Gleichung der Schnittgeraden der Ebenen E und F.
d) Von $U(0|0|6)$ geht ein Strahl aus, der auf $V(1{,}5|6|0)$ zielt. Trifft der Strahl den Würfel? Trifft der Strahl das Dreieck BRP?

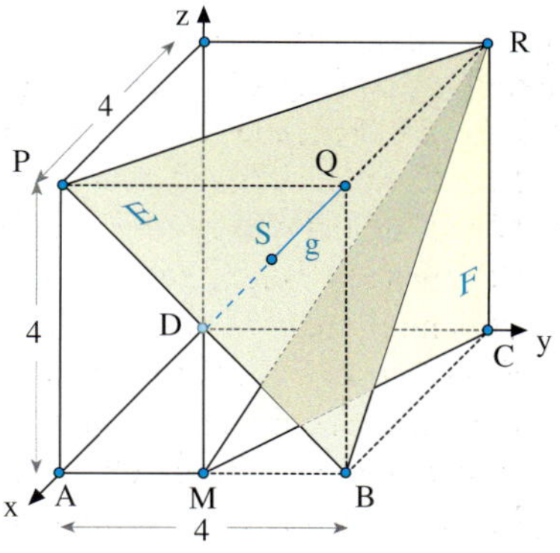

6. Die Gerade g und die Ebene E seien durch die Abbildung gegeben.

a) Bestimmen Sie Parametergleichungen von g und E sowie eine Koordinatengleichung von E.
b) Schneiden sich g und E?
c) Gesucht ist der Schnittpunkt der Seitenhalbierenden des Dreiecks ABC.
d) Wie lang ist die Strecke, die von der x-y-Ebene und der x-z-Ebene aus der Geraden g „herausgeschnitten“ wird?
e) Welcher Punkt D der Geraden h durch A und B liegt dem Koordinatenursprung am nächsten?

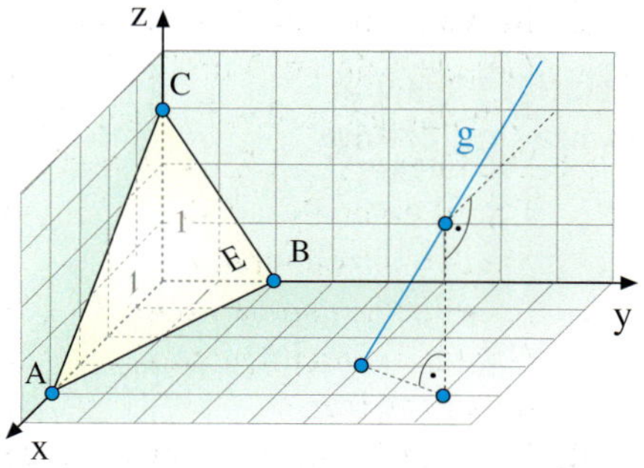

Überblick

Parametergleichung einer Ebene:

E: $\vec{x} = \vec{a} + r \cdot \vec{u} + s \cdot \vec{v}$

$\vec{a}$: Stützvektor der Ebene
$\vec{u}, \vec{v}$: Richtungsvektoren der Ebene
r, s: Ebenenparameter

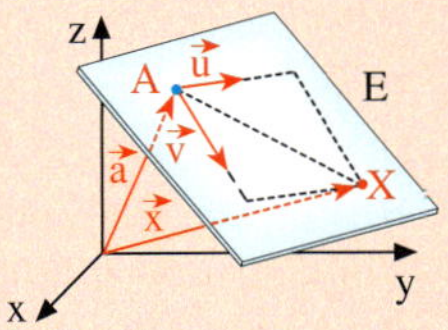

Dreipunktegleichung einer Ebene:

E: $\vec{x} = \vec{a} + r \cdot (\vec{b} - \vec{a}) + s \cdot (\vec{c} - \vec{a})$

$\vec{a}, \vec{b}, \vec{c}$: Ortsvektoren von drei Ebenenpunkten A, B und C

Normalengleichung einer Ebene:

E: $(\vec{x} - \vec{a}) \cdot \vec{n} = 0$

$\vec{a}$: Stützvektor der Ebene
$\vec{n}$: Normalenvektor der Ebene

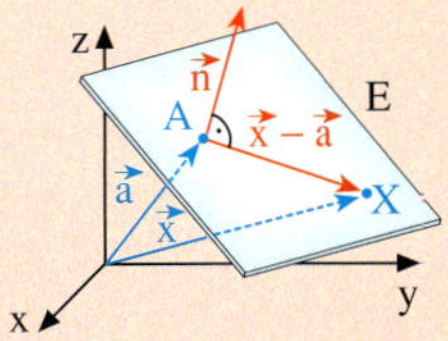

Koordinatengleichung einer Ebene:

E: $ax + by + cz = d \quad (a, b, c, d \in \mathbb{R})$

$\begin{pmatrix} a \\ b \\ c \end{pmatrix}$ ist ein Normalenvektor von E.

Achsenabschnittsgleichung einer Ebene:

E: $\frac{x}{A} + \frac{y}{B} + \frac{z}{C} = 1$

A, B und C sind die Achsenabschnitte von E.

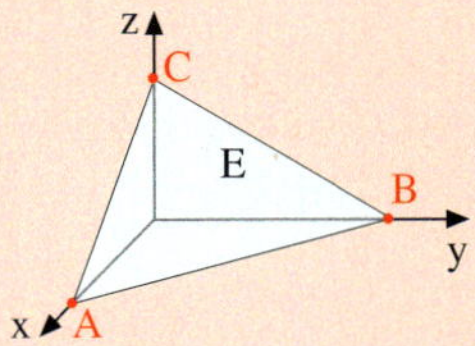

Relative Lage von Punkt und Ebene:

Ein Punkt P im Raum kann auf einer Ebene E liegen oder außerhalb der Ebene.
Zur Überprüfung verwendet man die **Punktprobe**, d. h., man setzt den Ortsvektor des Punktes oder seine Koordinaten in die Ebenengleichung ein.
Je nach verwendeter Ebenendarstellung ergibt sich eine Gleichung oder ein Gleichungssystem.
Lässt sich die Gleichung bzw. das Gleichungssystem lösen, so liegt der Punkt auf der Ebene, andernfalls nicht.

Relative Lage von Punkt und Dreieck:

Ein Punkt P liegt im Dreieck ABC, wenn er folgende Bedingungen erfüllt:

1. P liegt auf der Ebene E: $\vec{x} = \vec{a} + r \cdot (\vec{b} - \vec{a}) + s \cdot (\vec{c} - \vec{a})$.
2. Für seine Parameterwerte r und s gilt
   $0 \leq r \leq 1, \quad 0 \leq s \leq 1, \quad 0 \leq r + s \leq 1.$

Relative Lage von Punkt und Parallelogramm:

Ein Punkt P liegt im Parallelogramm ABCD, wenn er folgende Bedingungen erfüllt:

1. P liegt auf der Ebene E: $\vec{x} = \vec{a} + r \cdot (\vec{b} - \vec{a}) + s \cdot (\vec{c} - \vec{a})$.
2. Für seine Parameterwerte r und s gilt
   $0 \leq r \leq 1, \quad 0 \leq s \leq 1.$

Relative Lage von Gerade und Ebene:

Ein Gerade g im Raum kann parallel zu einer Ebene E verlaufen, in der Ebene liegen oder sie in genau einem Punkt schneiden.

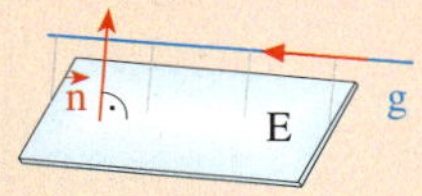

Parallelität erkennt man daran, dass der Richtungsvektor der Geraden und der Normalenvektor der Ebene orthogonal sind oder dass der Richtungsvektor der Geraden und die Richtungsvektoren der Ebene komplanar sind.

Die Gerade liegt in der Ebene, wenn sie parallel zur Ebene ist und zusätzlich ihr Stützpunkt in der Ebene liegt.

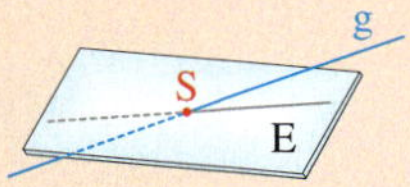

Den Schnittpunkt von g und E errechnet man am einfachsten, indem man die Ebene in Koordinatenform oder Normalenform darstellt und dann die allgemeinen Koordinaten der Geraden in die Gleichung der Ebene einsetzt (Punktprobe). (s. Seite 129)

Relative Lage von zwei Ebenen:

Zwei Ebenen E_1 und E_2 können echt parallel oder sogar identisch sein oder sich in einer Schnittgeraden g schneiden.

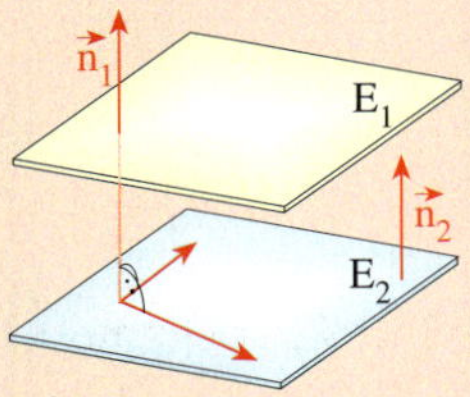

Parallelität erkennt man daran, dass die Normalenvektoren der beiden Ebenen kollinear sind oder dass der Normalenvektor der ersten Ebene orthogonal zu beiden Richtungsvektoren der zweiten Ebene ist.

Identische Ebenen sind daran zu erkennen, dass sie parallel sind und zusätzlich der Stützpunkt der ersten Ebene auch auf der zweiten Ebene liegt (Punktprobe).

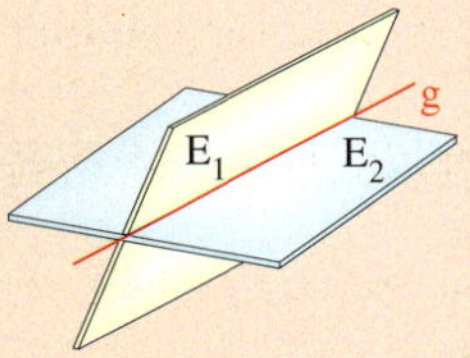

Die Schnittgerade zweier Ebenen errechnet man am einfachsten, indem man eine Ebene in Parameterform und die zweite Ebene in Koordinatenform oder Normalenform darstellt und dann die allgemeinen Koordinaten der ersten Ebene in die Gleichung der zweiten Ebene einsetzt. (s. Seite 138)

3-D-Darstellung von Ebenen

Im Abschnitt 2 wurde zunächst die Lage von Punkt und Ebene, anschließend die Lage von Gerade und Ebene und schließlich die Lage von zwei Ebenen untersucht. Aus den Lösungseigenschaften der dabei entstandenen Gleichungssysteme kann man die Lagebeziehung der betrachteten geometrischen Objekte beurteilen. Eine anschauliche Vorstellung gewinnt man mithilfe von 3-D-Darstellungen durch Computerprogramme.

Im ersten Beispiel auf der Seite 126 wird die Lagebeziehung von zwei Punkten bezüglich einer Ebene, die in Parameterform gegeben ist, mit der Punktprobe untersucht. Es wird festgestellt, dass der erste Punkt in der Ebene liegt, der zweite dagegen gehört nicht zur gegebenen Ebene.

Das folgende Bild zeigt die 3-D-Darstellung der gegebenen Ebene und des zweiten Punktes mit einem Computerprogramm, das man als Medienelement auf der Buch-CD findet.

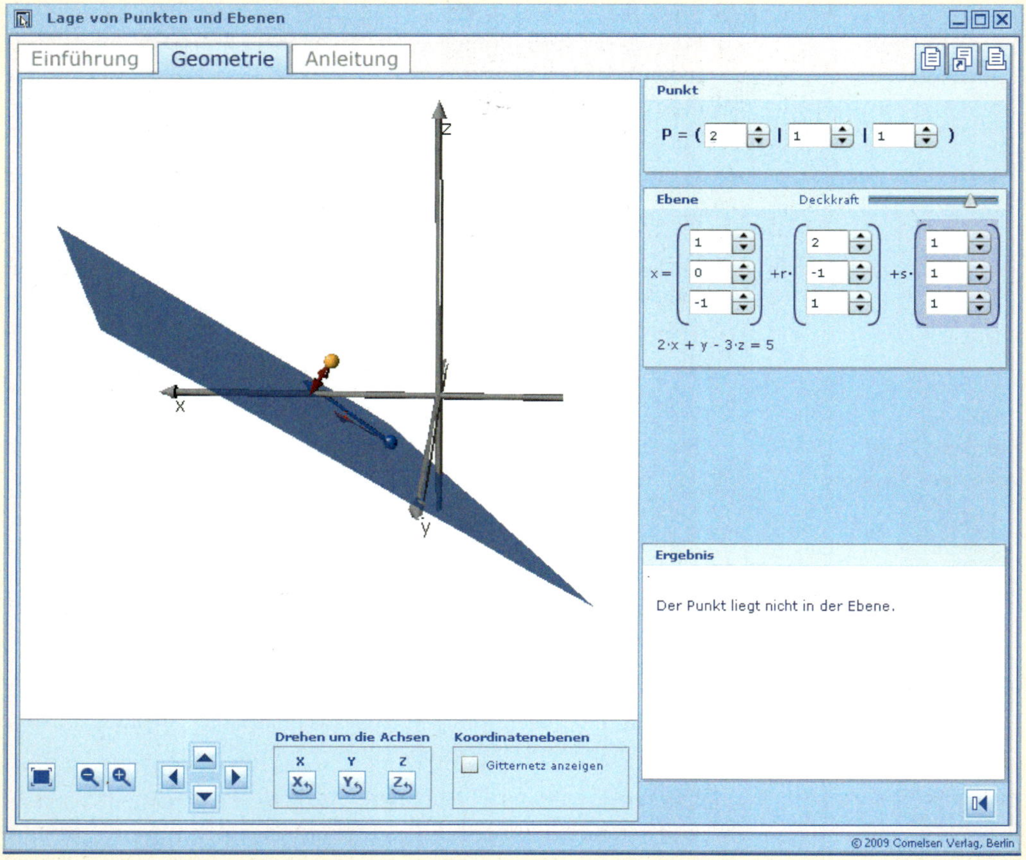

Das Programm gestattet die Eingabe der Koordinaten des Punktes, die Ebene wird in Parameterform eingegeben. Das Tool zeigt die Ebene und den Punkt und gibt ihre Lagebeziehung aus. Diese Darstellung kann verändert werden. Insbesondere lässt sich das Bild vergrößern und verkleinern, verschieben und drehen. Besonders die Drehung um z-Achse vermittelt einen anschaulichen Eindruck über die Lagebeziehung.

Die Buch-CD bietet auch Medienelemente, mit denen man die Lagebeziehung zwischen Gerade und Ebene und zwischen zwei Ebenen untersuchen kann.

Das folgende Bild zeigt die 3-D-Darstellung zweier sich schneidender Ebenen mit einem Computerprogramm, das man als Medienelement unter 155-3 auf der Buch-CD findet. Zwei Ebenen können in Parameterform eingegeben werden. Das Tool zeigt beide Ebenen und gibt ihre Lagebeziehung aus. Gegebenenfalls werden Abstand, Schnittgerade und Schnittwinkel angegeben.

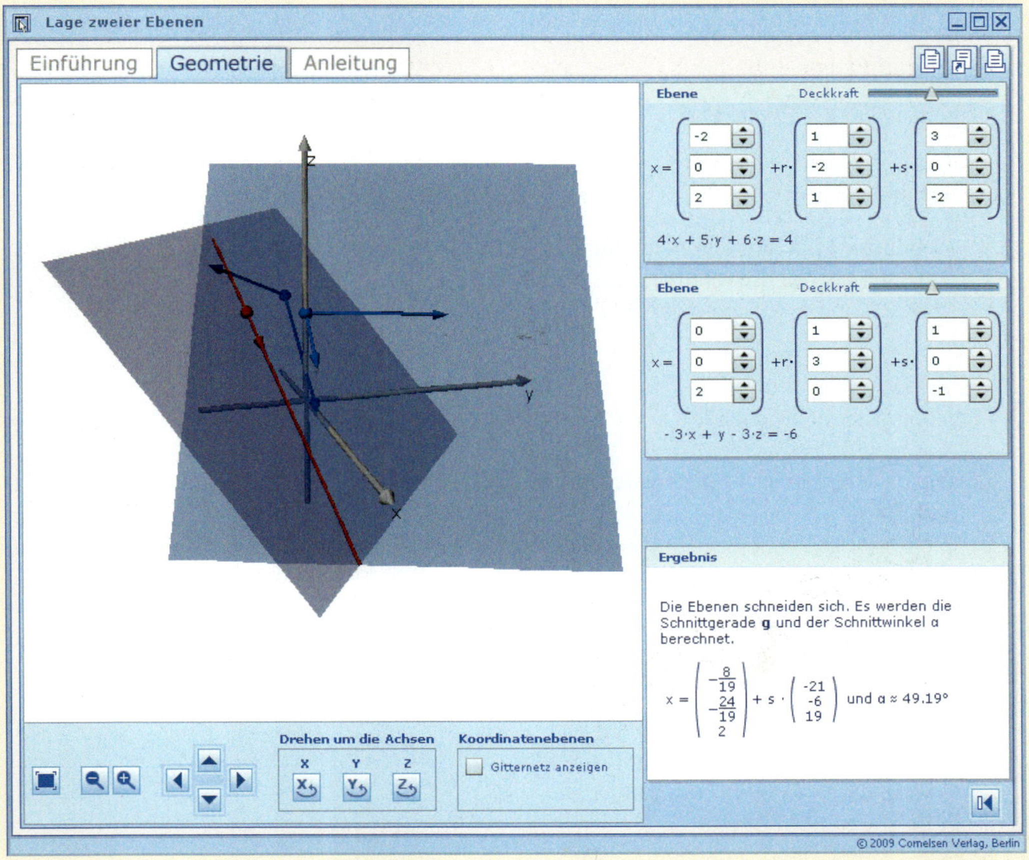

Übungen

a) Machen Sie sich mit den Medienelementen zur 3-D-Darstellung vertraut, indem Sie das erste Beispiel von Seite 126 mit dem Medienelement 155-1 bearbeiten.

b) Bearbeiten Sie ausgewählte Beispiele und die Übungen zur Lagebeziehung Gerade-Ebene (Seite 127 ff.) mit dem Medienelement 155-2. Formen Sie vorher alle Ebenengleichungen in Parameterform um.

c) Bearbeiten Sie ausgewählte Beispiele und Übungen zur Lagebeziehung von zwei Ebenen (Seite 138 ff.) mit dem Medienelement 155-3. Formen Sie vorher alle Ebenengleichungen in Parameterform um.

Test

Ebenen

1. Gegeben sind die Punkte $A(0|2|3)$, $B(4|2|0)$ und $C(2|3|0)$ der Ebene E.
a) Stellen Sie eine Parameter- und eine Koordinatengleichung der Ebene E auf.
b) Liegt der Punkt $P(1|2|2{,}5)$ auf der Ebene E?
c) Bestimmen Sie die Achsenabschnittspunkte der Ebene E und fertigen Sie eine Skizze der Ebene im Koordinatensystem an.

2. Gegeben sind die Ebene E: $\vec{x} = \begin{pmatrix} 3 \\ 2 \\ 0 \end{pmatrix} + r\begin{pmatrix} 0 \\ -2 \\ 2 \end{pmatrix} + s\begin{pmatrix} -3 \\ 0 \\ 2 \end{pmatrix}$ sowie die Gerade g: $\vec{x} = \begin{pmatrix} 3 \\ 2 \\ 1 \end{pmatrix} + t\begin{pmatrix} -3 \\ 2 \\ 0 \end{pmatrix}$.
a) Stellen Sie eine Normalengleichung und eine Koordinatengleichung der Ebene E auf.
b) Untersuchen Sie die relative Lage von E und g.
c) In welchem Punkt schneidet die Gerade g die x-z-Ebene?

3. Gegeben sind die Ebenen E_1: $\vec{x} = \begin{pmatrix} 1 \\ 1 \\ 2 \end{pmatrix} + r\begin{pmatrix} -4 \\ 1 \\ 3 \end{pmatrix} + s\begin{pmatrix} 4 \\ 2 \\ -3 \end{pmatrix}$ und E_2: $x - 2y + z = 4$.
a) Zeigen Sie, dass die Ebenen sich schneiden. Bestimmen Sie die Gleichung der Schnittgeraden g.
b) Die Ebene E_1 schneidet die x-z-Ebene in einer Geraden h. Bestimmen Sie eine Gleichung von h.

4. Gegeben ist der abgebildete Körper mit den Ecken A bis H.
P, Q und R sind jeweils Seitenmitten.
a) In welchem Punkt S schneidet die Gerade durch D und F das Dreieck PQR?
b) Wie lautet die Gleichung der Schnittgeraden der Ebene E_1 durch die Punkte P, Q, R und der Ebene E_2 durch die Punkte H, C und G?

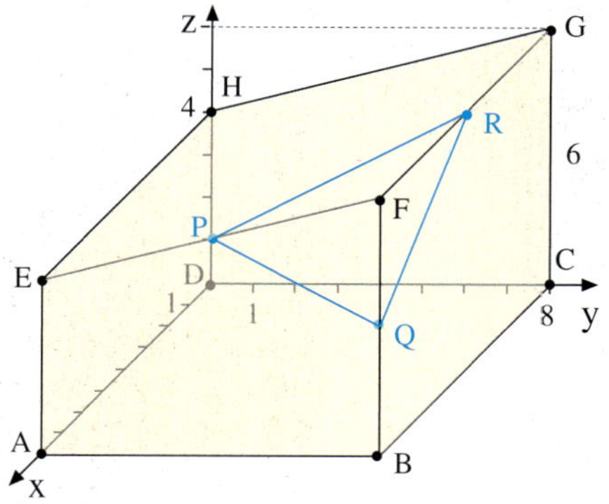

5. Für welchen Wert des Parameters a sind die Ebenen
E_1: $x + 2y + z = 4$ und E_2: $\vec{x} = \begin{pmatrix} 2 \\ 0 \\ 3 \end{pmatrix} + r\begin{pmatrix} 1 \\ 0 \\ -1 \end{pmatrix} + s\begin{pmatrix} a \\ -2 \\ 0 \end{pmatrix}$ parallel?

Lösungen unter 156-1

VI. Winkel und Abstände

1. Schnittwinkel

Im Anschluss an die Einführung des Skalarprodukts wurde die Kosinusformel zur Bestimmung des Winkels zwischen zwei Vektoren hergeleitet (s. S. 92).
Hiervon ausgehend lassen sich vergleichbare Formeln für den Schnittwinkel zweier Geraden bzw. einer Geraden und einer Ebene bzw. zweier Ebenen entwickeln.

A. Der Schnittwinkel von zwei Geraden

Der Schnittwinkel γ von Geraden wurde bereits behandelt (s. S. 98), wird aber hier zur Vervollständigung noch einmal kurz angesprochen. Er wird mit der rechts dargestellten Formel errechnet. Das Betragszeichen im Zähler sichert, dass der Winkel stets zwischen 0° und 90° liegt.

Schnittwinkel Gerade/Gerade

Schneiden sich zwei Geraden g und h mit den Richtungsvektoren $\vec{m}_1$ und $\vec{m}_2$, dann gilt für ihren Schnittwinkel γ:

$$\cos\gamma = \frac{|\vec{m}_1 \cdot \vec{m}_2|}{|\vec{m}_1| \cdot |\vec{m}_2|}.$$

158-1

Übung 1

Errechnen Sie den Schnittpunkt und den Schnittwinkel der Geraden g und h.

$$g\colon \vec{x} = \begin{pmatrix} 0 \\ 0 \\ 1 \end{pmatrix} + r\begin{pmatrix} 1 \\ 2 \\ 2 \end{pmatrix},\ h\colon \vec{x} = \begin{pmatrix} 2 \\ 0 \\ 2 \end{pmatrix} + s\begin{pmatrix} -1 \\ 2 \\ 1 \end{pmatrix}$$

Übung 2

Bestimmen Sie den Schnittwinkel γ der rechts dargestellten Geraden g und h.

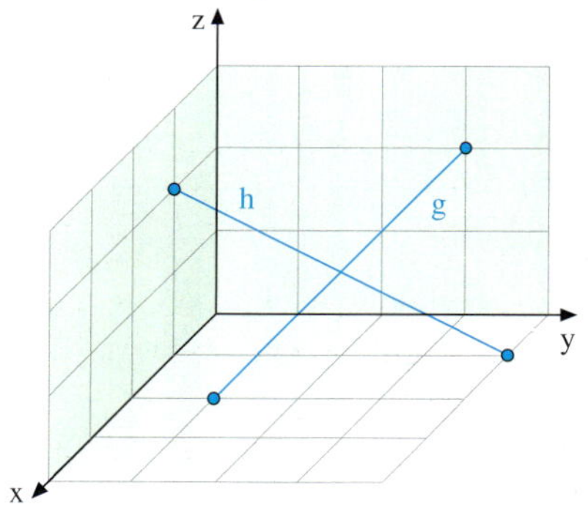

B. Der Schnittwinkel von Gerade und Ebene

Unter dem Schnittwinkel γ einer Geraden g und einer Ebene E versteht man den Winkel zwischen der Geraden g und der Geraden s, welche durch senkrechte Projektion der Geraden g auf die Ebene E entsteht. Er liegt zwischen 0° und 90°.

Winkel zwischen g und E

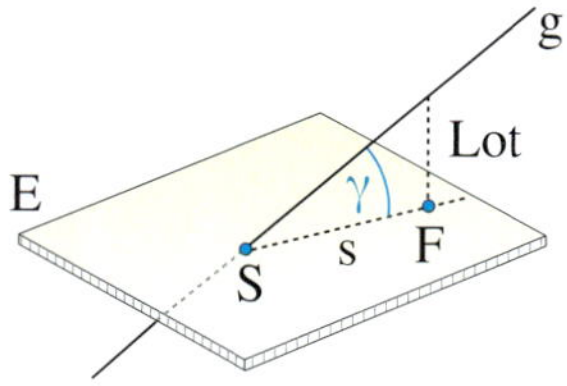

Man kann den Winkel γ bestimmen, indem man zunächst die Gleichung der Projektionsgeraden s ermittelt und anschließend den Winkel zwischen g und s errechnet. Es geht aber noch einfacher, wenn man einen Normalenvektor der Ebene verwendet, wie im Folgenden dargestellt.

Wir denken uns wie rechts abgebildet eine Hilfsebene H errichtet, die g enthält und senkrecht auf E steht. Sie schneidet E in der Geraden s.
Der Schnittwinkel γ von g und E ist der Winkel zwischen g und s.
Der Winkel $90° - \gamma$ lässt sich mit der Kosinusformel als Winkel zwischen dem Richtungsvektor $\vec{m}$ von g und dem Normalenvektor $\vec{n}$ von E errechnen, da beide Vektoren ebenfalls in der Hilfsebene liegen und $\vec{n}$ senkrecht auf s steht:

$$\cos(90° - \gamma) = \frac{|\vec{m} \cdot \vec{n}|}{|\vec{m}| \cdot |\vec{n}|}.$$

Da $\cos(90° - \gamma) = \sin\gamma$ gilt, erhalten wir die rechts dargestellte Formel für den Schnittwinkel von Gerade und Ebene.

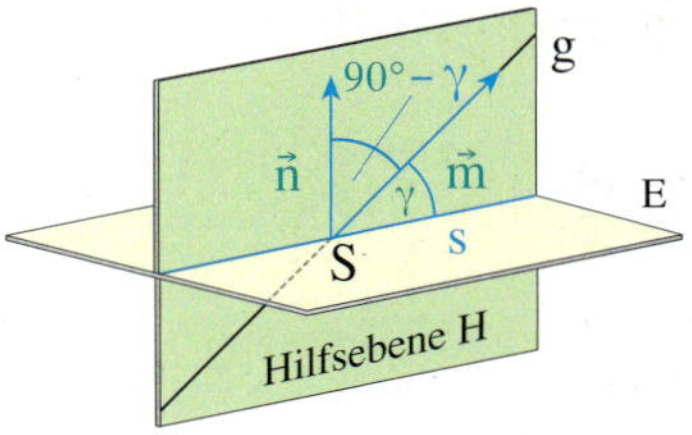

Schnittwinkel Gerade/Ebene

Die Gerade g: $\vec{x} = \vec{a} + r \cdot \vec{m}$ schneidet die Ebene E: $(\vec{x} - \vec{a}) \cdot \vec{n} = 0$.
Dann gilt für den Schnittwinkel γ von g und E die Formel

$$\sin\gamma = \frac{|\vec{m} \cdot \vec{n}|}{|\vec{m}| \cdot |\vec{n}|}.$$

159-1

Beispiel: Schnittwinkel Gerade/Ebene

Die Gerade g durch A(2|1|3) und B(4|2|1) schneidet die Ebene E: $\left[\vec{x} - \begin{pmatrix} 3 \\ 5 \\ 1 \end{pmatrix}\right] \cdot \begin{pmatrix} 3 \\ 1 \\ 2 \end{pmatrix} = 0$.

Bestimmen Sie den Schnittpunkt S und den Schnittwinkel γ von g und E.

Lösung:
Wir bestimmen zunächst eine Parametergleichung von g und berechnen den Schnittpunkt S von g und E durch Einsetzung des allgemeinen Vektors von g in die Gleichung von E.
Resultat: S(4|2|1)

Anschließend setzen wir den Richtungsvektor $\vec{m}$ von g und den Normalenvektor $\vec{n}$ von E in die Sinusformel für den Winkel zwischen Gerade und Ebene ein.
Wir erhalten $\sin\gamma \approx 0{,}2673$, woraus wir mithilfe des Taschenrechners das Resultat $\gamma \approx 15{,}50°$ erhalten.

Parametergleichung von g:

$$g: \vec{x} = \begin{pmatrix} 2 \\ 1 \\ 3 \end{pmatrix} + r \cdot \begin{pmatrix} 2 \\ 1 \\ -2 \end{pmatrix}$$

Schnittpunkt von g und E: S(4|2|1)

Schnittwinkel von g und E:

$$\sin\gamma = \frac{|\vec{m} \cdot \vec{n}|}{|\vec{m}| \cdot |\vec{n}|} = \frac{\left|\begin{pmatrix} 2 \\ 1 \\ -2 \end{pmatrix} \cdot \begin{pmatrix} 3 \\ 1 \\ 2 \end{pmatrix}\right|}{\left|\begin{pmatrix} 2 \\ 1 \\ -2 \end{pmatrix}\right| \cdot \left|\begin{pmatrix} 3 \\ 1 \\ 2 \end{pmatrix}\right|} = \frac{3}{\sqrt{9} \cdot \sqrt{14}}$$

$$\sin\gamma \approx 0{,}2673 \Rightarrow \gamma \approx 15{,}50°$$

Übung 3

Bestimmen Sie den Schnittwinkel der Geraden g durch die Punkte A(1|0|−2) und B(−2|3|1) mit der Ebene E.

a) E: $\left[\vec{x} - \begin{pmatrix} 1 \\ 0 \\ 1 \end{pmatrix}\right] \cdot \begin{pmatrix} 3 \\ -2 \\ 2 \end{pmatrix} = 0$ b) E: $\vec{x} = \begin{pmatrix} 1 \\ 2 \\ 1 \end{pmatrix} + r \cdot \begin{pmatrix} 1 \\ -1 \\ 2 \end{pmatrix} + s \cdot \begin{pmatrix} -7 \\ 5 \\ 1 \end{pmatrix}$ c) E: x-y-Ebene

C. Der Schnittwinkel von zwei Ebenen

Wir untersuchen zwei Ebenen E_1 und E_2, die sich in einer Geraden s schneiden.

Dann bilden zwei Geraden g_1 und g_2, die senkrecht auf s stehen und sich wie abgebildet schneiden, den Winkel $\gamma \leq 90°$.

Man bezeichnet diesen Winkel als ***Schnittwinkel der Ebenen*** E_1 und E_2.

Die Normalenvektoren $\vec{n}_1$ und $\vec{n}_2$ der Ebenen E_1 und E_2 bilden miteinander exakt den gleichen Winkel, denn sie stehen jeweils senkrecht auf den Geraden g_1 und g_2, so dass sich der Winkel γ überträgt.

Daher lässt sich der Schnittwinkel γ zweier Ebenen nach der rechts aufgeführten Kosinusformel mithilfe der Normalenvektoren der beiden Ebenen berechnen.

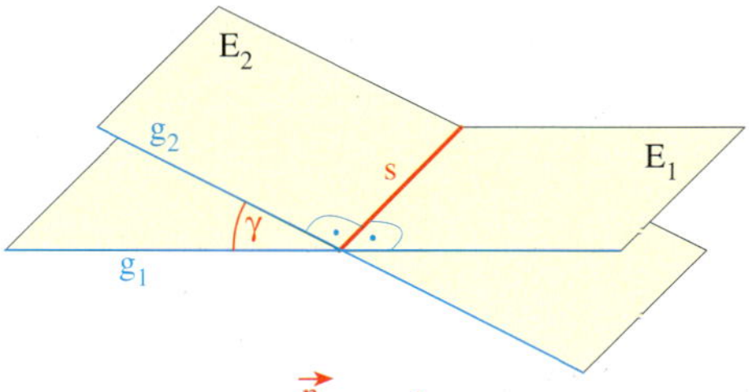

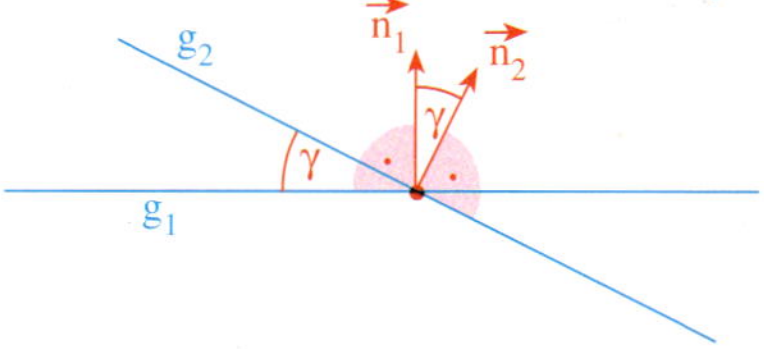

Schnittwinkel Ebene/Ebene

Schneiden sich zwei Ebenen E_1 und E_2 mit den Normalenvektoren $\vec{n}_1$ und $\vec{n}_2$, so gilt für ihren Schnittwinkel γ:

$$\cos\gamma = \frac{|\vec{n}_1 \cdot \vec{n}_2|}{|\vec{n}_1| \cdot |\vec{n}_2|}.$$

160-1

Beispiel: Schnittwinkel Ebene/Ebene

Die Ebenen E_1: $4x + 3y + 2z = 12$ und E_2: $\left[\vec{x} - \begin{pmatrix} 0 \\ 0 \\ 6 \end{pmatrix}\right] \cdot \begin{pmatrix} 0 \\ 3 \\ 2 \end{pmatrix} = 0$ schneiden sich. Berechnen Sie den Schnittwinkel γ.

Lösung:

Wir bestimmen zunächst Normalenvektoren von E_1 und E_2.

Die Koeffizienten in der Koordinatengleichung von E_1 (4, 3 und 2) sind die Koordinaten eines Normalenvektors von E_1. Ein Normalenvektor von E_2 kann aus der gegebenen Normalenform ebenfalls direkt entnommen werden.

Mithilfe der Schnittwinkelformel erhalten wir $\cos\gamma \approx 0{,}6695$ und daher $\gamma \approx 47{,}97°$.

Normalenvektoren:

$$\vec{n}_1 = \begin{pmatrix} 4 \\ 3 \\ 2 \end{pmatrix}, \vec{n}_2 = \begin{pmatrix} 0 \\ 3 \\ 2 \end{pmatrix}$$

Schnittwinkel:

$$\cos\gamma = \frac{|\vec{n}_1 \cdot \vec{n}_2|}{|\vec{n}_1| \cdot |\vec{n}_2|} = \frac{\left|\begin{pmatrix} 4 \\ 3 \\ 2 \end{pmatrix} \cdot \begin{pmatrix} 0 \\ 3 \\ 2 \end{pmatrix}\right|}{\left|\begin{pmatrix} 4 \\ 3 \\ 2 \end{pmatrix}\right| \cdot \left|\begin{pmatrix} 0 \\ 3 \\ 2 \end{pmatrix}\right|} = \frac{13}{\sqrt{29} \cdot \sqrt{13}}$$

$$\cos\gamma \approx 0{,}6695 \Rightarrow \gamma \approx 47{,}97°$$

Übung 4

Gesucht sind die Schnittgerade und der Schnittwinkel der Ebenen E_1: $x + 2y + 2z = 6$ und E_2: $x - y = 0$.

Übungen

5. Schnittwinkel von Vektoren

Gegeben ist eine Pyramide mit der Grundfläche ABC, der Spitze S und der Höhe 3.

a) Berechnen Sie den Winkel zwischen den Seitenkanten AB und AS sowie zwischen den Seitenkanten AS und CS.

b) Welche der drei aufsteigenden Pyramidenkanten ist am steilsten?

c) Wie groß ist der Winkel zwischen der Höhe und der Seitenkante AS?

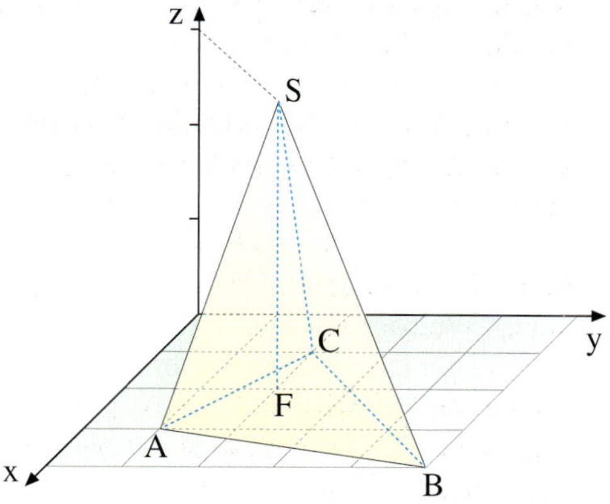

6. Schnittwinkel Gerade/Gerade

Zeigen Sie, dass die Raumgeraden g und h sich schneiden, und berechnen Sie den Schnittpunkt S und den Schnittwinkel γ.

a) $g: \vec{x} = \begin{pmatrix} 2 \\ 2 \\ 2 \end{pmatrix} + r \cdot \begin{pmatrix} 1 \\ 1 \\ -1 \end{pmatrix}$, $h: \vec{x} = \begin{pmatrix} 3 \\ 1 \\ 2 \end{pmatrix} + s \cdot \begin{pmatrix} 2 \\ 0 \\ -1 \end{pmatrix}$

b) $g: \vec{x} = \begin{pmatrix} 2 \\ 2 \\ 2 \end{pmatrix} + r \cdot \begin{pmatrix} 1 \\ 1 \\ 1 \end{pmatrix}$, $h: \vec{x} = \begin{pmatrix} 2 \\ 5 \\ 2 \end{pmatrix} + s \cdot \begin{pmatrix} 2 \\ -1 \\ 2 \end{pmatrix}$

c) $g: \vec{x} = \begin{pmatrix} 4 \\ 4 \\ 1 \end{pmatrix} + r \cdot \begin{pmatrix} 2 \\ 2 \\ -1 \end{pmatrix}$, $h: \vec{x} = \begin{pmatrix} 10 \\ 10 \\ 2 \end{pmatrix} + s \cdot \begin{pmatrix} 2 \\ 2 \\ 1 \end{pmatrix}$

d) g durch $A(0|6|0)$, $B(0|0|3)$
h durch $C(4|2|0)$, $D(2|2|1)$

7. Schnittwinkel Gerade/Ebene

Die Gerade g schneidet die Ebene E. Berechnen Sie den Schnittpunkt S und den Schnittwinkel γ.

a) $g: \vec{x} = \begin{pmatrix} 0 \\ 0 \\ 2 \end{pmatrix} + r \cdot \begin{pmatrix} 1 \\ 1 \\ 1 \end{pmatrix}$, $E: \left[\vec{x} - \begin{pmatrix} 2 \\ 0 \\ 3 \end{pmatrix}\right] \cdot \begin{pmatrix} 3 \\ 3 \\ 2 \end{pmatrix} = 0$

b) $g: \vec{x} = \begin{pmatrix} 0 \\ 2 \\ 4 \end{pmatrix} + r \cdot \begin{pmatrix} 1 \\ 1 \\ 2 \end{pmatrix}$, $E: -x + y + 2z = 6$

c) $g: \vec{x} = \begin{pmatrix} 2 \\ 2 \\ 1 \end{pmatrix} + r \begin{pmatrix} 1 \\ 1 \\ 1 \end{pmatrix}$, $E: \vec{x} = \begin{pmatrix} 1 \\ 0 \\ 2 \end{pmatrix} + s \begin{pmatrix} 2 \\ 0 \\ -4 \end{pmatrix} + t \begin{pmatrix} 0 \\ -1 \\ 2 \end{pmatrix}$

8. Schnittwinkel Gerade/Koordinatenebene

In welchen Punkten und unter welchen Winkeln durchdringt die Gerade g die angegebenen Koordinatenebenen? Fertigen Sie ein Schrägbild an.

a) $g: \vec{x} = \begin{pmatrix} 4 \\ 1 \\ 2 \end{pmatrix} + r \cdot \begin{pmatrix} 0 \\ 1 \\ -1 \end{pmatrix}$
E: x-y-Ebene
F: x-z-Ebene

b) $g: \vec{x} = \begin{pmatrix} 2 \\ 3 \\ 2 \end{pmatrix} + r \cdot \begin{pmatrix} -2 \\ 1 \\ 2 \end{pmatrix}$
E: x-y-Ebene
F: y-z-Ebene

c) $g: \vec{x} = \begin{pmatrix} 2 \\ 2 \\ 3 \end{pmatrix} + r \cdot \begin{pmatrix} -2 \\ 1 \\ -1 \end{pmatrix}$
E: x-z-Ebene
F: y-z-Ebene

9. Schnittwinkel Gerade/Ebene und Vektoren

Exakt in der Mitte der rechten Dachfläche der abgebildeten Halle tritt eine 12 m hohe Antenne aus, die durch einen Stahlstab fixiert wird, der 4 m unterhalb der Antennenspitze sowie in der Mitte am Dachfirst verschraubt ist.

a) Welchen Winkel bildet die Antenne mit der Dachfläche?

b) Welchen Winkel bildet der Stahlstab mit der Antenne bzw. mit der Dachfläche?

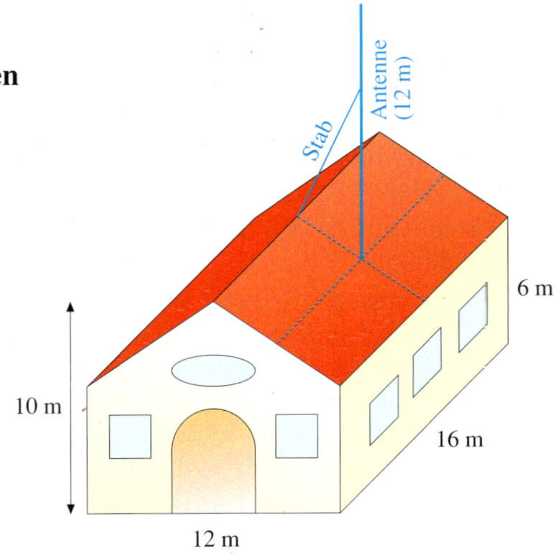

10. Schnittwinkel Ebene/Koordinatenachsen

Unter welchen Winkeln schneiden die Koordinatenachsen die Ebene E?

a) E: $\left[\vec{x} - \begin{pmatrix} 0 \\ 3 \\ 0 \end{pmatrix}\right] \cdot \begin{pmatrix} 3 \\ 2 \\ 2 \end{pmatrix} = 0$ b) E: $2x + y + 2z = 4$ c) E: $\vec{x} = \begin{pmatrix} 2 \\ 3 \\ 0 \end{pmatrix} + r\begin{pmatrix} 1 \\ 3 \\ -4 \end{pmatrix} + s\begin{pmatrix} 2 \\ -6 \\ 8 \end{pmatrix}$

11. Schnittwinkel Ebene/Ebene

Die Ebenen E_1 und E_2 schneiden sich. Bestimmen Sie den Schnittwinkel γ.

a) $E_1: \left[\vec{x} - \begin{pmatrix} 1 \\ 0 \\ 2 \end{pmatrix}\right] \cdot \begin{pmatrix} 2 \\ -3 \\ 2 \end{pmatrix} = 0$
$E_2: \left[\vec{x} - \begin{pmatrix} 0 \\ -2 \\ 0 \end{pmatrix}\right] \cdot \begin{pmatrix} -2 \\ 1 \\ 0 \end{pmatrix} = 0$

b) $E_1: 5x + y + z = 5$
$E_2: -x + y + z = 5$

c) $E_1: 2x - y + 3z = 6$
$E_2: x - y - z = 3$

d) $E_1: 2x + z = 1$
$E_2: x - z = 0$

e) $E_1: x + y = 3$
$E_2: y = 1$

12. Schnittwinkel Ebene/Ebene

Berechnen Sie den Schnittwinkel γ der Ebenen E_1 und E_2. Bestimmen Sie zunächst Normalenvektoren beider Ebenen.

a) $E_1: \left[\vec{x} - \begin{pmatrix} 0 \\ 0 \\ 0 \end{pmatrix}\right] \cdot \begin{pmatrix} -2 \\ 3 \\ 6 \end{pmatrix} = 0,$ $E_2: \vec{x} = \begin{pmatrix} 2 \\ 0 \\ 1 \end{pmatrix} + r\begin{pmatrix} 4 \\ 0 \\ -2 \end{pmatrix} + s\begin{pmatrix} 0 \\ -2 \\ 2 \end{pmatrix}$

b) $E_1: 2x - 3y + 6z = 12,$ $E_2: \vec{x} = \begin{pmatrix} 0 \\ -1 \\ 7 \end{pmatrix} + r\begin{pmatrix} -2 \\ -1 \\ 4 \end{pmatrix} + s\begin{pmatrix} 0 \\ -1 \\ 3 \end{pmatrix}$

c) E_1: Ebene durch $A(4|2|0)$, $B(8|0|0)$, $C(4|0|0{,}5)$, E_2: y-z-Koordinatenebene

13. Schnittwinkel Ebene/Ebene und Koordinatenachse/Ebenenschar

Gegeben ist die Ebenenschar E_a: $\left[\vec{x} - \begin{pmatrix} 2a-1 \\ 0 \\ 0 \end{pmatrix}\right] \cdot \begin{pmatrix} 1 \\ a-1 \\ a+1 \end{pmatrix} = 0$ mit $a \in \mathbb{R}$.

a) Zeigen Sie, dass sich die Ebenen E_0 und E_1 der gegebenen Schar schneiden. Bestimmen Sie die Schnittgerade g und den Schnittwinkel γ.

b) Welche Ebene der Schar E_a wird von der y-Achse unter einem Winkel von 45° geschnitten?

14. Winkel am Hausdach

Das Dach eines Doppelhauses hat vier Ebenen: E_1 (Hauptdach, sichtbar), E_2 (Hauptdach, nicht sichtbar), E_3 (Gaubendach, sichtbar), E_4 (Gaubendach, nicht sichtbar).

a) Ordnen Sie zunächst allen auf der Zeichnung erkennbaren Haus- und Dachecken Punkte zu und bestimmen Sie Parameter- und Normalengleichungen der Ebenen E_1 bis E_3.

b) Welchen Winkel bildet die Dachfläche E_1 mit dem Dachboden?

c) Welches Dach ist steiler, das Hauptdach oder das Gaubendach?

d) Welchen Winkel bilden E_1 und E_2 am First? Welchen Winkel bilden E_1 und E_3 in der Dachkehle?

e) Wie lautet die Gleichung der Kehlgeraden g von E_1 und E_3? Wie lang ist die Kehlstrecke? Unter welchem Winkel mündet die Kehlstrecke in die Regenrinne?

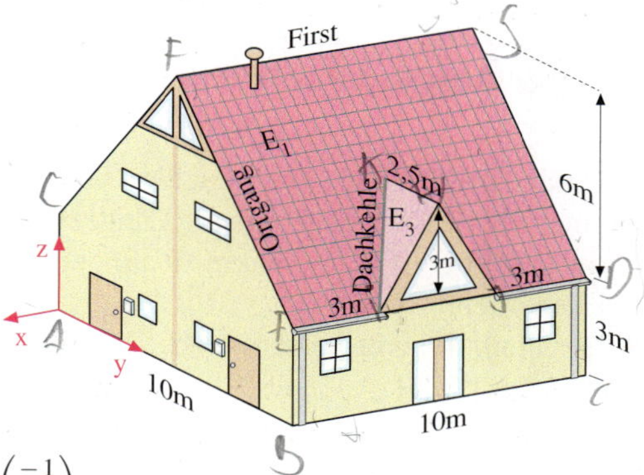

f) Sonnenlicht in Richtung des Vektors $\vec{v} = \begin{pmatrix} -1 \\ 1 \\ -2 \end{pmatrix}$ erzeugt einen Schatten des 1 m hohen Lüftungsrohres mit der Spitze $S(-2\,|\,6\,|\,8{,}8)$, dessen Abstand zum Dachfirst 1 m und zum Ortgang 2 m beträgt. Welchen Winkel bildet das Lüftungsrohr mit seinem Schatten?

15. Lichtzerlegung am Prisma

Ein Prisma hat die Form einer geraden quadratischen Pyramide (Grundkantenlänge 10 cm, Höhe 20 cm). Der Höhenfußpunkt ist Koordinatenursprung. Im Punkt $L(0\,|\,-15\,|\,8)$ wird ein Strahl w weißen Lichtes erzeugt, der das Prisma im Punkt $U(0\,|\,-2{,}5\,|\,10)$ trifft. Das Licht wird dort in seine Spektralfarben aufgefächert. Der grüne Teilstrahl g wird in U gebrochen, verlässt das Prisma im Punkt $V(0\,|\,3\,|\,8)$, wird dort wieder gebrochen und trifft den Boden im Punkt $W(0\,|\,13\,|\,0)$.

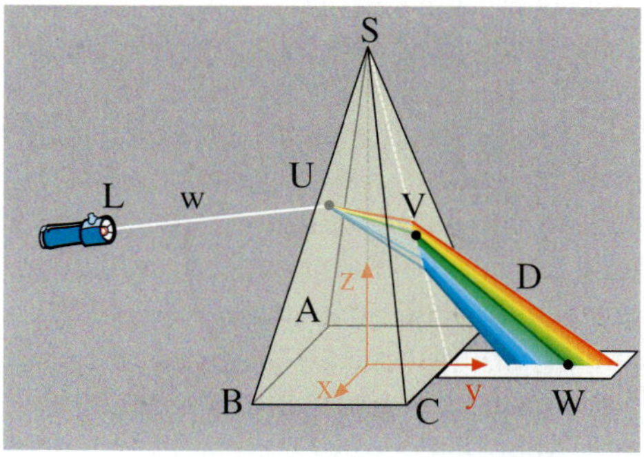

a) Unter welchem Winkel trifft der weiße Lichtstrahl w die Ebene ABS des Prismas?

b) Um welchen Winkel verändert der weiße Strahl w beim Übergang in den grünen Strahl g die Richtung? Welche weitere Richtungsveränderung erfährt der grüne Strahl beim Austritt aus dem Prisma?

c) Unter welchem Winkel schneidet der grüne Spektralstrahl g die Höhe der Pyramide?

d) In welchem Winkel zueinander stehen die Pyramidenseiten BCS und CDS?

16. Parameteraufgabe

Gegeben sind die Ebene E: $2x + y + 2z = 6$ und die Geradenschar g_a: $\vec{x} = \begin{pmatrix} 1 \\ 2 \\ 1 \end{pmatrix} + r\begin{pmatrix} 1 \\ -1 \\ a \end{pmatrix}$.

a) Unter welchem Winkel schneiden sich E und g_2?

b) Wie muss a gewählt werden, damit E und g_a sich unter einem Winkel von 45° schneiden?

c) Für welchen Wert von a sind E und g_a parallel bzw. orthogonal zueinander?

2. Abstandsberechnungen

Im Folgenden werden Verfahren zur Bestimmung von Abständen behandelt. Es geht dabei um den Abstand von Punkten, Ebenen und Geraden.

A. Der Abstand Punkt/Ebene (Lotfußpunktverfahren)

164-1

Unter dem Abstand eines Punktes P von einer Ebene E versteht man die Länge d der Lotstrecke $\overline{PF}$, die senkrecht auf der Ebene steht.
Der Punkt F heißt ***Lotfußpunkt***.

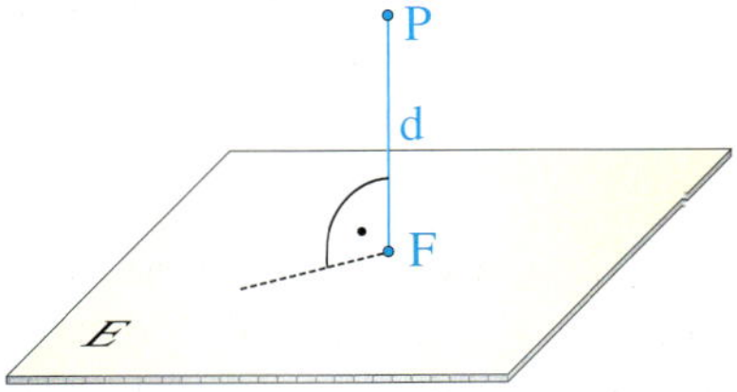

Zur Abstandsberechnung kann man das sogenannte ***Lotfußpunktverfahren*** verwenden. Dabei stellt man eine Lotgerade g auf, die senkrecht zur Ebene E steht und den Punkt P enthält. Man errechnet ihren Schnittpunkt F mit der Ebene E, den sogenannten Lotfußpunkt F. Der gesuchte Abstand d von Punkt und Ebene ergibt sich dann als Abstand der beiden Punkte P und F.

Beispiel: Lotfußpunktverfahren
Gesucht ist der Abstand d des Punktes $P(4|4|5)$ von der Ebene E: $x+y+2z=6$.

Lösung:
Wir bestimmen zunächst die Gleichung der Lotgeraden g. Als Stützpunkt verwenden wir den Punkt P und als Richtungsvektor dient der Normalenvektor von E, denn die Gerade g soll senkrecht zu E verlaufen. Die Koordinaten $x=1, y=1, z=2$ des Normalenvektors können hier direkt aus der Koordinatenform von E abgelesen werden.

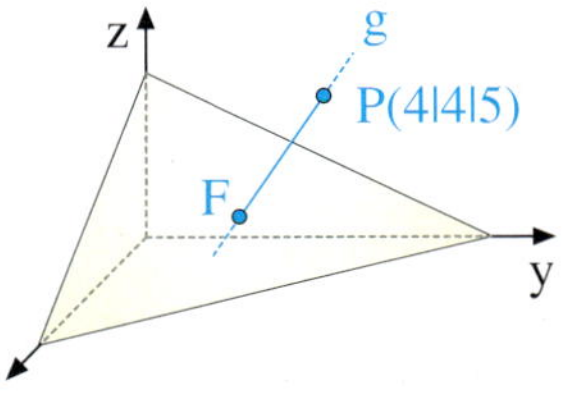

1. Lotgerade g: g: $\vec{x}=\begin{pmatrix}4\\4\\5\end{pmatrix}+r\begin{pmatrix}1\\1\\2\end{pmatrix}$

Nun wird durch Einsetzen der Koordinaten von g in die Gleichung von E der Schnittpunkt F berechnet.
Resultat: $F(2|2|1)$

2. Schnittpunkt von g und E:
$(4+r)+(4+r)+2(5+2r)=6$
$18+6r=6$
$r=-2,\ F(2|2|1)$

Schließlich errechnen wir den Abstand der beiden Punkte P und F nach der wohlbekannten Abstandsformel.
Resultat: Der Punkt P und die Ebene E haben den Abstand $d=\sqrt{24}\approx 4{,}90$.

3. Abstand von P und F:

$d=|\overline{PF}|=\sqrt{(2-4)^2+(2-4)^2+(1-5)^2}$

$d=\sqrt{24}\approx 4{,}90$

Übung 1
Bestimmen Sie den Abstand des Punktes P von der Ebene E.
a) E: $4x-4y+2z=16$, $P(5|-5|6)$
b) E: $-4x+5y+z=10$, $P(-3|7|5)$

B. Der Abstand Punkt/Ebene (Hesse'sche Normalenform)

Neben dem Lotfußpunktverfahren gibt es ein weiteres Verfahren zur Berechnung des Abstandes Punkt/Ebene, welches letztendlich schneller geht.
Dabei wird eine besondere Form der Ebenengleichung verwendet, die man nach dem deutschen Mathematiker *Ludwig Otto Hesse* (1811–1874) als ***Hesse'sche Normalenform*** bezeichnet. 165-1

Es handelt sich hierbei um eine Normalengleichung der Ebene, in der ein Normalenvektor $\vec{n}_0$ verwendet wird, der normiert ist, d. h. die Länge $|\vec{n}_0| = 1$ besitzt.
Man spricht von einem ***Normaleneinheitsvektor***.

Die Hesse'sche Normalenform

$$E\colon (\vec{x} - \vec{a}) \cdot \vec{n}_0 = 0$$

$\vec{x}$: allg. Ortsvektor der Ebene
$\vec{a}$: Ortsvektor eines Ebenenpunktes
$\vec{n}_0$: Normalenvektor mit $|\vec{n}_0| = 1$

Beispiel: Hesse'sche Normalenform (HNF)
Bestimmen Sie eine Hesse'sche Normalenform der Ebene E: $\left[\vec{x} - \begin{pmatrix} 1 \\ 0 \\ 2 \end{pmatrix}\right] \cdot \begin{pmatrix} 1 \\ 2 \\ 3 \end{pmatrix} = 0.$

Lösung:
Die Ebene ist schon in Normalenform gegeben. Wir müssen also lediglich ihren Normalenvektor $\vec{n}$ normieren.
Hierzu dividieren wir den Vektor $\vec{n}$ durch seinen Betrag $|\vec{n}| = \sqrt{14}$.
Wir erhalten den rechts aufgeführten Normaleneinheitsvektor $\vec{n}_0$.

Ersetzen wir nun in der gewöhnlichen Normalenform der Ebenengleichung den Vektor $\vec{n}$ durch $\vec{n}_0$, so erhalten wir die Hesse'sche Normalenform.

Betrag des Normalenvektors:

$$\vec{n} = \begin{pmatrix} 1 \\ 2 \\ 3 \end{pmatrix} \Rightarrow |\vec{n}| = \sqrt{1^2 + 2^2 + 3^2} = \sqrt{14}$$

Normaleneinheitsvektor:

$$\vec{n}_0 = \frac{\vec{n}}{|\vec{n}|} = \begin{pmatrix} 1/\sqrt{14} \\ 2/\sqrt{14} \\ 3/\sqrt{14} \end{pmatrix}$$

Hesse'sche Normalenform von E:

$$E\colon \left[\vec{x} - \begin{pmatrix} 1 \\ 0 \\ 2 \end{pmatrix}\right] \cdot \begin{pmatrix} 1/\sqrt{14} \\ 2/\sqrt{14} \\ 3/\sqrt{14} \end{pmatrix} = 0$$

Übung 2
Bestimmen Sie eine Hesse'sche Normalenform der Ebene E.

a) E: $\left[\vec{x} - \begin{pmatrix} 1 \\ 0 \\ 3 \end{pmatrix}\right] \cdot \begin{pmatrix} 1 \\ 2 \\ 2 \end{pmatrix} = 0$ b) E: $2x + y - z = 6$ c) E: $\vec{x} = \begin{pmatrix} 1 \\ 4 \\ 3 \end{pmatrix} + r\begin{pmatrix} -3 \\ 3 \\ 4 \end{pmatrix} + s\begin{pmatrix} 12 \\ 5 \\ 1 \end{pmatrix}$

Die Bedeutung der Hesse'schen Normalengleichung für Abstandsberechnungen ergibt sich aus folgender Tatsache:

Ersetzt man den allgemeinen Ortsvektor $\vec{x}$ auf der linken Seite einer Hesse'schen Normalengleichung der Ebene E durch den Ortsvektor $\vec{p}$ eines Punktes P, so erhält man, abgesehen vom Vorzeichen, den Abstand des Punktes P von der Ebene E.

Abstandsformel (Punkt/Ebene)

E: $(\vec{x}-\vec{a})\cdot\vec{n}_0=0$ sei eine Hesse'sche Normalengleichung der Ebene E. Dann gilt für den Abstand d eines beliebigen Punktes P mit dem Ortsvektor $\vec{p}$ von der Ebene E:

$$d = d(P, E) = |(\vec{p}-\vec{a})\cdot\vec{n}_0|.$$

Beispiel: Abstand Punkt/Ebene

Gesucht ist der Abstand des Punktes P(4|4|5) von der Ebene E: $\left[\vec{x}-\begin{pmatrix}2\\2\\1\end{pmatrix}\right]\cdot\begin{pmatrix}1\\1\\2\end{pmatrix}=0.$

Lösung:
Wir stellen zunächst eine Hesse'sche Normalengleichung von E auf, indem wir einen Normaleneinheitsvektor errechnen.

Hesse'sche Normalenform von E:

$$E: \left[\vec{x}-\begin{pmatrix}2\\2\\1\end{pmatrix}\right]\cdot\begin{pmatrix}1/\sqrt{6}\\1/\sqrt{6}\\2/\sqrt{6}\end{pmatrix}=0$$

Anschließend ersetzen wir im linksseitigen Term der Gleichung $\vec{x}$ durch den Ortsvektor von P(4|4|5).
Wir errechnen das sich ergebende Skalarprodukt und bilden hiervon den Betrag.
Das Resultat 4,90 ist der gesuchte Abstand von P und E.

Abstand von P und E:

$$d = \left|\left[\begin{pmatrix}4\\4\\5\end{pmatrix}-\begin{pmatrix}2\\2\\1\end{pmatrix}\right]\cdot\begin{pmatrix}1/\sqrt{6}\\1/\sqrt{6}\\2/\sqrt{6}\end{pmatrix}\right|$$
$$= \left|\begin{pmatrix}2\\2\\4\end{pmatrix}\cdot\begin{pmatrix}1/\sqrt{6}\\1/\sqrt{6}\\2/\sqrt{6}\end{pmatrix}\right| = \frac{12}{\sqrt{6}} \approx 4{,}90$$

Begründung der Abstandsformel:

P sei ein Punkt, der auf derjenigen Seite der Ebene E liegt, nach der $\vec{n}_0$ zeigt.
Dann gilt folgende Rechnung:

$$(\vec{p}-\vec{a})\cdot\vec{n}_0 = \overrightarrow{AP}\cdot\vec{n}_0 = (\overrightarrow{AF}+\overrightarrow{FP})\cdot\vec{n}_0$$
$$= \overrightarrow{AF}\cdot\vec{n}_0 + \overrightarrow{FP}\cdot\vec{n}_0$$
$$= |\overrightarrow{AF}|\cdot|\vec{n}_0|\cdot\cos 90^\circ + |\overrightarrow{FP}|\cdot|\vec{n}_0|\cdot\cos 0^\circ$$
$$= |\overrightarrow{FP}| = d$$

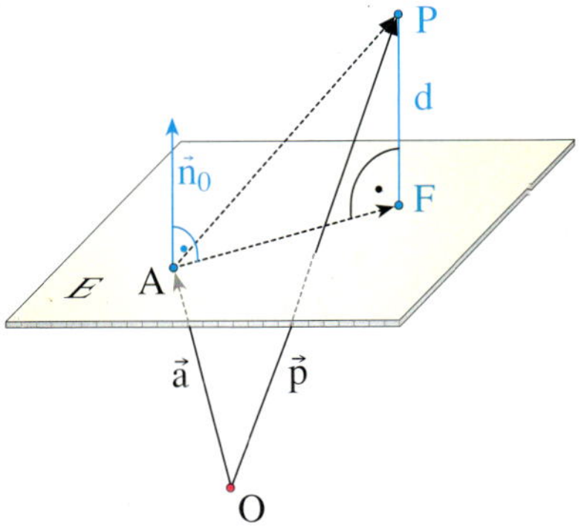

Liegt P auf der anderen Seite von E, so ergibt sich $(\vec{p}-\vec{a})\cdot\vec{n}_0=-d$.
Insgesamt: $d=|(\vec{p}-\vec{a})\cdot\vec{n}_0|$.

C. Anwendungen der Abstandsformel Punkt/Ebene

Beispiel: Höhe einer Pyramide
Welche Höhe hat die abgebildete Pyramide mit der Grundfläche ABC und der Spitze S?
Welches Volumen hat die Pyramide?

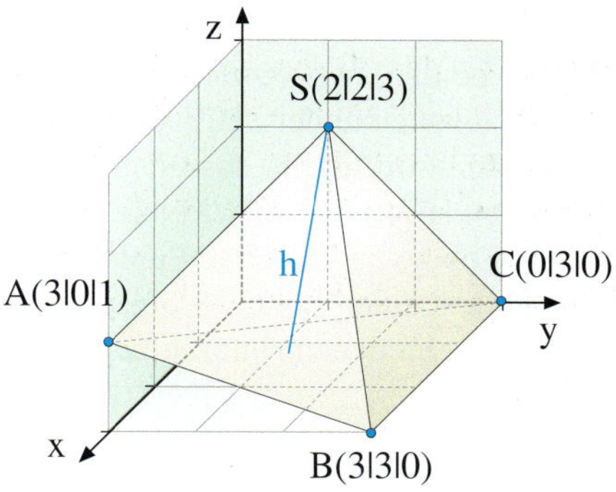

Lösung:
Die Höhe h ist der Abstand des Punktes S zu derjenigen Ebene E, welche A, B und C enthält.
Wir bestimmen zunächst eine Parametergleichung von E, wandeln diese in eine Normalengleichung um und stellen durch Normierung von $\vec{n}$ schließlich deren Hesse'sche Normalengleichung auf.

Parametergleichung von E:

$$E: \vec{x} = \begin{pmatrix} 3 \\ 0 \\ 1 \end{pmatrix} + r\begin{pmatrix} 0 \\ 3 \\ -1 \end{pmatrix} + s\begin{pmatrix} -3 \\ 3 \\ -1 \end{pmatrix}$$

Hesse'sche Normalengleichung:

$$E: \left[\vec{x} - \begin{pmatrix} 3 \\ 0 \\ 1 \end{pmatrix}\right] \cdot \begin{pmatrix} 0 \\ 1/\sqrt{10} \\ 3/\sqrt{10} \end{pmatrix} = 0$$

Durch Einsetzung des Ortsvektors der Pyramidenspitze S in die linke Seite der Hesse'schen Normalengleichung errechnen wir den Abstand h von S und E.
Resultat: $h \approx 2{,}53$ LE

Abstand von S und E:

$$h = \left|\left[\begin{pmatrix} 2 \\ 2 \\ 3 \end{pmatrix} - \begin{pmatrix} 3 \\ 0 \\ 1 \end{pmatrix}\right] \cdot \begin{pmatrix} 0 \\ 1/\sqrt{10} \\ 3/\sqrt{10} \end{pmatrix}\right| = \frac{8}{\sqrt{10}} \approx 2{,}53$$

Zur Berechnung des Pyramidenvolumens benötigen wir den Flächeninhalt A des Grundflächendreiecks ABC. Wir wenden die Formel für den Flächeninhalt des Dreiecks an (vgl. S. 74). Dabei können wir die Richtungsvektoren der Parametergleichung von E als aufspannende Vektoren des Dreiecks verwenden.
Der Flächeninhalt beträgt $A \approx 4{,}74$ FE.
Das Volumen der Pyramide ist $V = 4$ VE.

Flächeninhalt von ABC:

$$A = \frac{1}{2} \cdot \sqrt{\begin{pmatrix} 0 \\ 3 \\ -1 \end{pmatrix}^2 \cdot \begin{pmatrix} -3 \\ 3 \\ -1 \end{pmatrix}^2 - \left(\begin{pmatrix} 0 \\ 3 \\ -1 \end{pmatrix} \cdot \begin{pmatrix} -3 \\ 3 \\ -1 \end{pmatrix}\right)^2}$$

$$= \frac{1}{2} \cdot \sqrt{10 \cdot 19 - 10^2} = \frac{1}{2} \cdot \sqrt{90} \approx 4{,}74$$

Volumen der Pyramide:

$$V = \frac{1}{3} \cdot A \cdot h = \frac{1}{3} \cdot \frac{1}{2}\sqrt{90} \cdot \frac{8}{\sqrt{10}} = 4$$

Übung 3

Von einem Würfel mit der Seitenlänge von 4 m wurde eine Ecke wie dargestellt abgeschnitten.

a) Welche Höhe hat die Pyramide über der Schnittfläche?
b) Wie groß ist das Restvolumen des Würfels?
c) In welchem Punkt schneidet die Würfeldiagonale das blaue Dreieck?

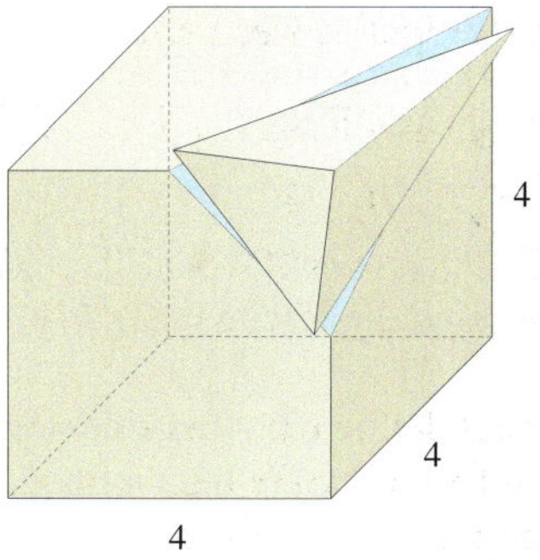

Eine Ebene teilt den dreidimensionalen Anschauungsraum in zwei Hälften. Da ein Normalenvektor der Ebene stets in einen der beiden ***Halbräume*** zeigt, kann man diese voneinander unterscheiden.
Dies ist der Grund dafür, dass man mithilfe der Abstandsformel Punkt/Ebene feststellen kann, ob zwei gegebene Punkte P und Q bezüglich einer Ebene E im gleichen oder in verschiedenen Halbräumen liegen.

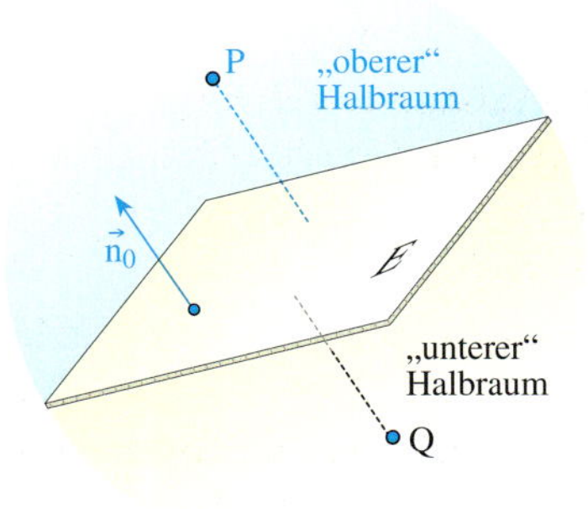

Beispiel: Halbräume

Gegeben sind die Ebene E: $3x - 4y + 4z = 12$ sowie die Punkte $P(0|0|1)$ und $Q(3|-1|1)$.
Bestimmen Sie die Abstände von P und Q zu E und stellen Sie fest, ob P und Q auf der „gleichen Seite“ von E liegen. Welcher Punkt liegt näher an E?

Lösung:
Der Koordinatengleichung von E können wir durch Einsetzen ($x = 0, y = 0 \Rightarrow z = 3$) einen Punkt und anhand der Koeffizienten ($3x - 4y + 4z$) einen Normalenvektor entnehmen, woraus wir die Hesse'sche Normalengleichung erstellen.

1. Hesse'sche Normalengleichung von E:

$$E: \left[\vec{x} - \begin{pmatrix} 0 \\ 0 \\ 3 \end{pmatrix}\right] \cdot \begin{pmatrix} 3/\sqrt{41} \\ -4/\sqrt{41} \\ 4/\sqrt{41} \end{pmatrix} = 0$$

Nun setzen wir die Ortsvektoren der Punkte P und Q in die linke Seite der HNF ein, ohne allerdings deren Betrag zu bilden. Wir erhalten für P den Wert $-1{,}25$ und für Q den Wert $0{,}78$.

2. Abstandsberechnung:

$$P: \left[\begin{pmatrix} 0 \\ 0 \\ 1 \end{pmatrix} - \begin{pmatrix} 0 \\ 0 \\ 3 \end{pmatrix}\right] \cdot \begin{pmatrix} 3/\sqrt{41} \\ -4/\sqrt{41} \\ 4/\sqrt{41} \end{pmatrix} = -\frac{8}{\sqrt{41}} \approx -1{,}25$$

$$Q: \left[\begin{pmatrix} 3 \\ -1 \\ 1 \end{pmatrix} - \begin{pmatrix} 0 \\ 0 \\ 3 \end{pmatrix}\right] \cdot \begin{pmatrix} 3/\sqrt{41} \\ -4/\sqrt{41} \\ 4/\sqrt{41} \end{pmatrix} = \frac{5}{\sqrt{41}} \approx +0{,}78$$

Das bedeutet:
Q liegt wegen des positiven Vorzeichens in demjenigen Halbraum bezüglich E, in den der Normalenvektor zeigt, wenn sein Fußpunkt auf E angenommen wird.
P liegt wegen des negativen Vorzeichens im anderen Halbraum.
Die Abstände zu E sind 1,25 bzw. 0,78.
Q liegt näher an E als P.

3. Interpretation:

P und Q liegen auf unterschiedlichen Seiten von E.
Abstand von P zu E: $d(P, E) = 1{,}25$
Abstand von Q zu E: $d(Q, E) = 0{,}78$
Q liegt näher an E als P.

Übung 4

Gegeben sind die Ebene E: $2x + y + z = 4$ sowie die Punkte $P(0|1|2)$, $Q(-1|2|5)$, $R(1|1|1)$ und $T(1|3|2)$.

a) Berechnen Sie die Abstände von P, Q, R und T zu E.
b) Welche der Punkte liegen im gleichen Halbraum bezüglich E?
c) Liegt der Ursprung auf der gleichen Seite der Ebene wie der Punkt $P(0|1|2)$?

Übungen

5. Lotfußpunktverfahren

Bestimmen Sie den Abstand des Punktes P zur Ebene E mithilfe des Lotfußpunktverfahrens.

a) E: $x+2y+2z=10$, P(4|6|6)

b) E: $3x+4y=2$, P(9|0|2)

c) E: $2x-3y-6z=-4$, P(6|−1|−5)

d) E: $\vec{x}=\begin{pmatrix}0\\6\\6\end{pmatrix}+r\begin{pmatrix}1\\3\\2\end{pmatrix}+s\begin{pmatrix}0\\6\\4\end{pmatrix}$, P(2|7|−2)

6. Hesse'sche Normalengleichung (HNF)

Bestimmen Sie eine Hesse'sche Normalengleichung der Ebene E durch die Punkte A, B, C.

a) A(1|1|3), B(2|−1|5), C(0|1|5)

b) A(3|4|−1), B(6|2|1), C(0|5|−1)

c) A(7|3|2), B(11|1|2), C(9|1|3)

7. Abstandsformel (HNF)

Stellen Sie zunächst eine Hesse'sche Normalengleichung der Ebene E auf. Berechnen Sie anschließend den Abstand von P und Q von der Ebene E mithilfe der Abstandsformel.

a) E: $6x+3y+2z=22$
P(7|5|7), Q(6|1|2)

b) E: $x-2y+2z=8$
P(7|1|6), Q(2|−4|8)

c) E: $2x+3y+6z=12$
P(4|3|5), Q(−2|1|−6)

d) E: $\left[\vec{x}-\begin{pmatrix}6\\-2\\2\end{pmatrix}\right]\cdot\begin{pmatrix}3\\4\\0\end{pmatrix}=0$ P(4|4|4)
Q(4|−0,5|1)

e) E: $\vec{x}=\begin{pmatrix}2\\2\\0\end{pmatrix}+r\begin{pmatrix}3\\-2\\0\end{pmatrix}+s\begin{pmatrix}2\\2\\-15\end{pmatrix}$ P(7|11|5)
Q(−5|−7|1)

f) E: $\vec{x}=\begin{pmatrix}3\\2\\-2\end{pmatrix}+r\begin{pmatrix}1\\1\\0\end{pmatrix}+s\begin{pmatrix}12\\-5\\-6\end{pmatrix}$ P(17|5|12)
Q(5|5|−24)

8. Pyramidenhöhe

Gegeben ist die abgebildete Pyramide mit der Grundfläche ABCD und der Spitze S.

a) Welche Höhe hat die Pyramide?

b) Welches Volumen hat die Pyramide?

c) Bestimmen Sie den Fußpunkt F der Pyramidenhöhe.

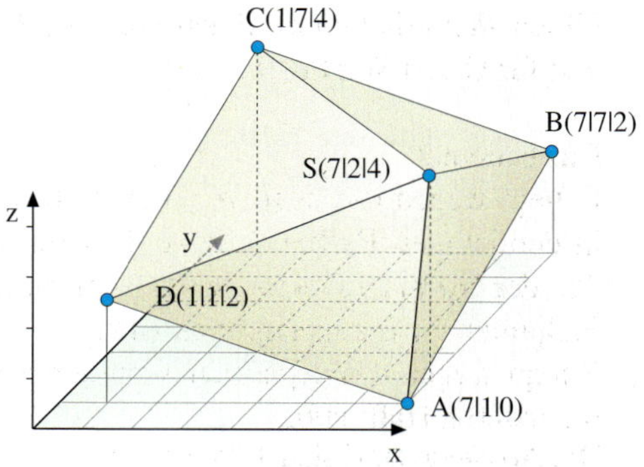

9. Relative Lage (Halbräume)

Gegeben sind die Ebene E sowie die Punkte P und Q.
Untersuchen Sie, ob P und Q im gleichen Halbraum bezüglich der Ebene E liegen.
Liegt einer der beiden Punkte P und Q im gleichen Halbraum wie der Ursprung?

a) E: $2x-2y+z=-7$
P(2|10|1), Q(4|4|3)

b) E: $6x-2y+3z=12$
P(−1|−2|6), Q(2|1|2)

D. Abstand einer Geraden bzw. Ebene zu einer parallelen Ebene

Verläuft eine Ebene F parallel zur Ebene E, so kann man den Abstand d(F, E) errechnen, indem man den Abstand irgendeines Punktes der Ebene F zur Ebene E errechnet, z. B. mithilfe der Abstandsformel. Völlig analog kann der Abstand d(g, E) einer Geraden g von einer parallelen Ebene E als Abstand irgendeines Geradenpunktes zur Ebene E gedeutet werden.

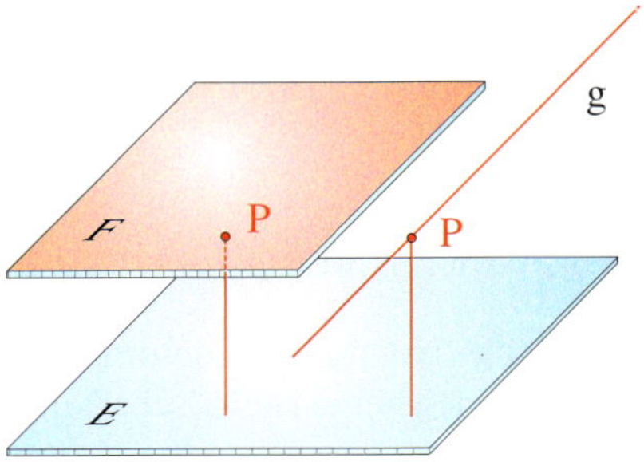

Beispiel: Abstand Gerade/Ebene
Bestimmen Sie den Abstand der Geraden g: $\vec{x} = \begin{pmatrix} 3 \\ 3 \\ 4 \end{pmatrix} + r\begin{pmatrix} -2 \\ -1 \\ 2 \end{pmatrix}$ von der Ebene E: $x + 2y + 2z = 8$.

Lösung:
Wir prüfen zunächst die Parallelität von der Geraden und der Ebene nach, indem wir das Skalarprodukt aus dem Richtungsvektor von g und dem Normalenvektor von E bilden. Es ist null.

Parallelitätsprüfung:

$$\begin{pmatrix} -2 \\ -1 \\ 2 \end{pmatrix} \cdot \begin{pmatrix} 1 \\ 2 \\ 2 \end{pmatrix} = -2 - 2 + 4 = 0$$

Anschließend stellen wir eine Hesse'sche Normalengleichung von E auf.

Hesse'sche Normalengleichung:

$$E: \left[\vec{x} - \begin{pmatrix} 0 \\ 0 \\ 4 \end{pmatrix}\right] \cdot \begin{pmatrix} 1/3 \\ 2/3 \\ 2/3 \end{pmatrix} = 0$$

Durch Einsetzen des Stützvektors von g in die linke Seite der Hesse'schen Normalengleichung errechnen wir den Abstand von g und E: $d = 3$.

Abstandsberechnung:

$$d = \left| \left[\begin{pmatrix} 3 \\ 3 \\ 4 \end{pmatrix} - \begin{pmatrix} 0 \\ 0 \\ 4 \end{pmatrix}\right] \cdot \begin{pmatrix} 1/3 \\ 2/3 \\ 2/3 \end{pmatrix} \right| = 3$$

Übung 10
Berechnen Sie den Abstand von g und E bzw. von E und F. Weisen Sie zunächst die Parallelität nach.

a) g: $\vec{x} = \begin{pmatrix} 7 \\ -1 \\ 4 \end{pmatrix} + r\begin{pmatrix} 1 \\ 6 \\ 2 \end{pmatrix}$

E: $6x - 2y + 3z = 7$

b) g: $\vec{x} = \begin{pmatrix} 5 \\ 2 \\ 0 \end{pmatrix} + r\begin{pmatrix} -4 \\ 3 \\ 2 \end{pmatrix}$

E: $\vec{x} = \begin{pmatrix} 0 \\ 0 \\ 5 \end{pmatrix} + s\begin{pmatrix} 1 \\ 1 \\ -4 \end{pmatrix} + t\begin{pmatrix} -1 \\ 0 \\ 2 \end{pmatrix}$

c) E: $4x + 2y - 4z = 16$
F: $-2x - y + 2z = -26$

d) E: $12x - 5y + 13z = -204$
F: $6x - 2{,}5y + 6{,}5z = 67$

E. Der Abstand Punkt/Gerade

Der Abstand eines Punktes P von einer Geraden g ist die Länge der Lotstrecke $\overline{PF}$, die vom Punkt P auf die Gerade führt und senkrecht auf ihr steht. Dies gilt sowohl in der zweidimensionalen Anschauungsebene $\mathbb{R}^2$ als auch im dreidimensionalen Raum $\mathbb{R}^3$. Man verwendet folgende Strategien, um den Abstand zu bestimmen.

Zweidimensionaler Fall

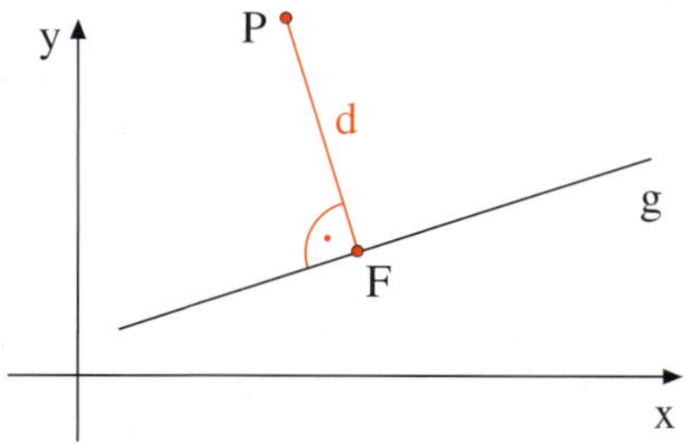

1. Im $\mathbb{R}^2$ besitzt jede Gerade eine Normalengleichung, analog zur Ebene im Raum. Man stellt diese Normalengleichung auf.
2. Man überführt die Normalengleichung in ihre Hesse'sche Normalenform.
3. Man setzt den Ortsvektor des Punktes in die linke Seite der Hesse'schen Normalengleichung ein. Der gesuchte Abstand d ist der Absolutbetrag des sich ergebenden Wertes.

Dreidimensionaler Fall

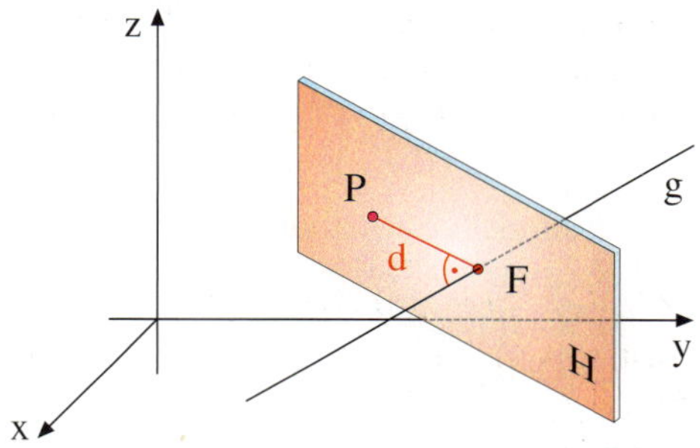

1. Im $\mathbb{R}^3$ bestimmt man zunächst eine Normalengleichung derjenigen Hilfsebene H, die orthogonal auf g steht und den Punkt P enthält.
2. Man berechnet den Lotfußpunkt F als Schnittpunkt der Geraden g mit der Hilfsebene H.
3. Man bestimmt den gesuchten Abstand d als Länge des Lotvektors $\overrightarrow{PF}$. 171-1

Beispiel: Abstand Punkt/Gerade im $\mathbb{R}^2$

Gesucht ist der Abstand des Punktes P(6 | 3) von der Geraden g: $\vec{x} = \begin{pmatrix} 1 \\ 3 \end{pmatrix} + r\begin{pmatrix} 1 \\ -2 \end{pmatrix}$.

Lösung:
g besitzt den Richtungsvektor $\begin{pmatrix} 1 \\ -2 \end{pmatrix}$.
Folglich ist $\vec{n} = \begin{pmatrix} 2 \\ 1 \end{pmatrix}$ ein Normalenvektor von g und $\vec{n}_0 = \begin{pmatrix} 2/\sqrt{5} \\ 1/\sqrt{5} \end{pmatrix}$ ein Normaleneinheitsvektor.

Hiermit erstellen wir die rechts dargestellte Hesse'sche Normalengleichung von g, in deren linke Seite wir sodann den Ortsvektor von P(6 | 3) einsetzen, um d zu errechnen.

Resultat: $d \approx 4{,}47$

1. Normalengleichung von g:

$$g: \left[\vec{x} - \begin{pmatrix} 1 \\ 3 \end{pmatrix}\right] \cdot \begin{pmatrix} 2 \\ 1 \end{pmatrix} = 0$$

2. Hesse'sche Normalengleichung von g:

$$g: \left[\vec{x} - \begin{pmatrix} 1 \\ 3 \end{pmatrix}\right] \cdot \begin{pmatrix} 2/\sqrt{5} \\ 1/\sqrt{5} \end{pmatrix} = 0$$

3. Abstandsberechnung:

$$d = \left|\left[\begin{pmatrix} 6 \\ 3 \end{pmatrix} - \begin{pmatrix} 1 \\ 3 \end{pmatrix}\right] \cdot \begin{pmatrix} 2/\sqrt{5} \\ 1/\sqrt{5} \end{pmatrix}\right| = \frac{10}{\sqrt{5}} \approx 4{,}47$$

Beispiel: Abstand Punkt/Gerade im $\mathbb{R}^3$
Gesucht ist der Abstand des Punktes $P(-1|4|5)$ von der Geraden $g: \vec{x} = \begin{pmatrix}1\\2\\2\end{pmatrix} + r\begin{pmatrix}-1\\3\\2\end{pmatrix}$.

Lösung:
Wir bestimmen zunächst eine Normalengleichung der Hilfsebene H, die senkrecht zu g ist und P enthält. Als Normalenvektor von H können wir den Richtungsvektor von g verwenden und als Stützvektor den Ortsvektor von P.

1. Hilfsebene H: $(H \perp g, P \in H)$

$$H: \left[\vec{x} - \begin{pmatrix}-1\\4\\5\end{pmatrix}\right] \cdot \begin{pmatrix}-1\\3\\2\end{pmatrix} = 0$$

Der Lotfußpunkt F des Lotes von P auf g ist der Schnittpunkt von g und H. Diesen errechnen wir durch Einsetzen der rechten Seite der Geradengleichung für den allgemeinen Ortsvektor $\vec{x}$ in der Ebenengleichung.
Resultat: $F(0|5|4)$

2. Lotfußpunkt F:
Schnittpunkt von g und H:

$$\left[\begin{pmatrix}1\\2\\2\end{pmatrix} + r\begin{pmatrix}-1\\3\\2\end{pmatrix} - \begin{pmatrix}-1\\4\\5\end{pmatrix}\right] \cdot \begin{pmatrix}-1\\3\\2\end{pmatrix} = 0$$

$$-14 + 14r = 0$$
$$r = 1$$
$$\Rightarrow F(0|5|4)$$

Abschließend bestimmen wir den gesuchten Abstand d von P und g, indem wir die Länge der Lotstrecke $\overline{PF}$ bzw. des Lotvektors $\overrightarrow{PF}$ errechnen.
Resultat: $d = |\overrightarrow{PF}| = \sqrt{3} \approx 1{,}73$

3. Abstand von P und F:

$$d = |\overrightarrow{PF}| = \left|\begin{pmatrix}0\\5\\4\end{pmatrix} - \begin{pmatrix}-1\\4\\5\end{pmatrix}\right| = \left|\begin{pmatrix}1\\1\\-1\end{pmatrix}\right| = \sqrt{3}$$

Übung 11
Bestimmen Sie den Abstand des Punktes P von der Geraden g im $\mathbb{R}^2$.

a) $g: \vec{x} = \begin{pmatrix}2\\1\end{pmatrix} + r\begin{pmatrix}1\\1\end{pmatrix}$
$P(6|-1)$

b) $g: \vec{x} = \begin{pmatrix}0\\3\end{pmatrix} + r\begin{pmatrix}2\\-1\end{pmatrix}$
$P(1|-2{,}5)$

c) $g: \vec{x} = \begin{pmatrix}3\\4\end{pmatrix} + r\begin{pmatrix}3\\-1\end{pmatrix}$
$P(0|0)$

Übung 12
Gesucht ist der Abstand des Punktes P von der Geraden g im $\mathbb{R}^3$.

a) $g: \vec{x} = \begin{pmatrix}4\\0\\1\end{pmatrix} + r\begin{pmatrix}-1\\1\\1\end{pmatrix}$
$P(4|6|-2)$

b) g geht durch $A(4|2|1)$ und $B(0|6|3)$.
$P(2|1|8)$

c) g geht durch $A(4|8|7)$ und $B(9|3|7)$.
$P(0|0|0)$

Übung 13
Betrachtet wird ein Würfel mit der Seitenlänge 9. Berechnen Sie den Abstand der Punkte E, H und C von der Geraden g.

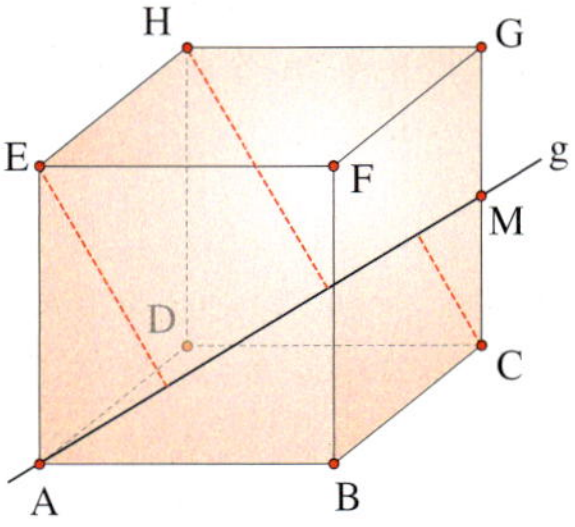

F. Der Abstand paralleler Geraden

Die Aufgabe, den Abstand paralleler Geraden zu bestimmen, kann auf die vorherige Problematik des Abstands von Punkt und Gerade zurückgeführt werden.

Alle Punkte der Geraden h haben von der parallelen Gerade g den gleichen Abstand. Dieser Abstand kann berechnet werden, indem man den Abstand eines beliebigen Punktes der Geraden h – beispielsweise den Abstand ihres Stützpunktes P – von der Geraden g berechnet. 173-1

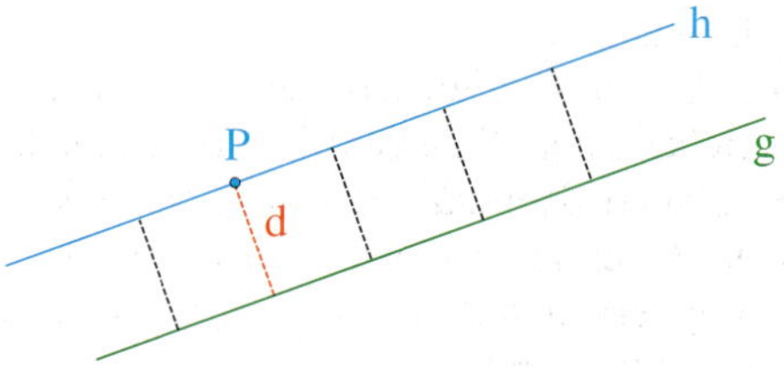

Beispiel: Abstand paralleler Geraden
Kurz nach dem Start befindet sich Flugzeug Alpha in einem geradlinigen Steigflug durch die Punkte $A(-8|5|1)$ und $B(2|-1|2)$. Gleichzeitig befindet sich Flugzeug Beta im Landeanflug durch die Punkte $C(13|-5|5)$ und $D(-7|7|3)$. (Angaben in km)
Weisen Sie nach, dass die Flugbahnen beider Flugzeuge parallel verlaufen, und berechnen Sie den Abstand der Flugbahnen.

Lösung:
Die nebenstehende Gerade g beschreibt die Flugbahn von Flugzeug A, die Gerade h beschreibt die Flugbahn von Flugzeug B. Die Geraden g und h sind parallel, da die Richtungsvektoren kollinear sind. Wie man leicht sieht, ist der Kollinearitätsfaktor -2.

Gerade g: $\vec{x} = \begin{pmatrix} -8 \\ 5 \\ 1 \end{pmatrix} + r \cdot \begin{pmatrix} 10 \\ -6 \\ 1 \end{pmatrix}$

Gerade h: $\vec{x} = \begin{pmatrix} 13 \\ -5 \\ 5 \end{pmatrix} + s \cdot \begin{pmatrix} -20 \\ 12 \\ -2 \end{pmatrix}$

Zur Abstandsberechnung der beiden Geraden wird der Abstand des Punktes C von der Geraden g berechnet.

Hilfsebene H: $\left[\vec{x} - \begin{pmatrix} 13 \\ -5 \\ 5 \end{pmatrix}\right] \cdot \begin{pmatrix} 10 \\ -6 \\ 1 \end{pmatrix} = 0$

H: $10x - 6y + z = 165$

Die Hilfsebene H enthält den Punkt C und ist orthogonal zur Gerade g. Der Schnittpunkt F von g und H ist der Fußpunkt des Lotes von Punkt C auf die Gerade g. Der Abstand der Punkte C und F ist damit gleich dem Abstand der Geraden g und h. Er beträgt 3 km.

Schnittpunkt von g und H:
$$10(-8+10r) - 6(5-6r) + 1 + r = 165$$
$$137r - 109 = 165$$
$$r = 2$$

Schnittpunkt: $F(12|-7|3)$
Abstand: $d = |\overrightarrow{CF}| = \sqrt{1+4+4} = 3$

Übung 14
a) Zeigen Sie, dass die Gerade durch A und B parallel ist zur Geraden durch C und D.
I: $A(-1|6|4)$, $B(5|-2|4)$, $C(3|9|4)$, $D(9|1|4)$
II: $A(0|0|6)$, $B(2|4|2)$, $C(3|-6|6)$, $D(7|2|-2)$
b) Zeigen Sie, dass das Viereck ABCD mit $A(5|0|0)$, $B(9|6|1)$, $C(7|7|3)$, $D(3|1|2)$ ein Parallelogramm ist, und berechnen Sie seinen Flächeninhalt.

Übungen

15. Drachenprisma

Die Punkte A(8 | 1 | 0), B(5 | 5 | 2), C(2 | 4 | 3) und D(3 | 1 | 2) sind die Eckpunkte der Grundfläche eines Prismas ABCDEFGH. Weiterhin sei der Punkt E(10 | 2 | 2) der Deckfläche bekannt.

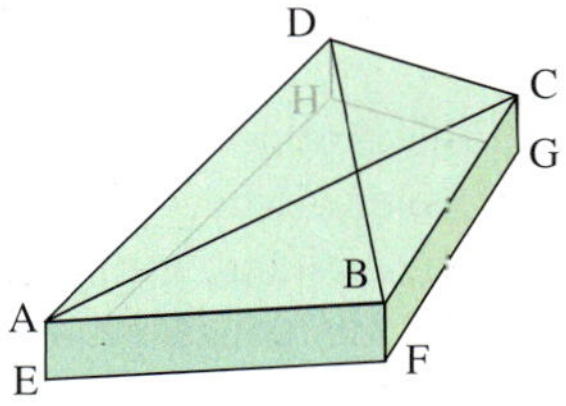

a) Bestimmen Sie die Eckpunkte F, G und H.
b) Weisen Sie nach, dass ABCD ein Drachenviereck ist.
c) Stellen Sie die Gleichung der Ebene T durch die Punkte A, C, H in Normalenform auf.
d) Bestimmen Sie den Abstand des Punktes F zur Ebene T.
e) Berechnen Sie den Abstand von Grund- und Deckfläche des Prismas und das Volumen.

16. Quadratische Pyramide

Die Punkte A(0 | 0 | 0), B(8 | 0 | 0), C(8 | 8 | 0) und D(0 | 8 | 0) sind die Eckpunkte der Grundfläche einer geraden quadratischen Pyramide ABCDS mit der Höhe h = 6. M ist der Mittelpunkt der Kante $\overline{CS}$, N der Mittelpunkt von $\overline{DS}$. Die Ebene E enthält die Punkte A, B, M, N.

a) Zeichnen Sie die Pyramide und die Ebene E im kartesischen Koordinatensystem.
b) Geben Sie eine Gleichung der Ebene E in Normalenform an.
c) Prüfen Sie, ob alle Eckpunkte der Pyramide, die nicht in der Ebene E liegen, zu E den gleichen Abstand haben.
d) Zeigen Sie, dass das Viereck CDNM ein Trapez ist, und berechnen Sie dessen Flächeninhalt, indem Sie zunächst den Abstand der Geraden CD und MN bestimmen.
e) Unter welchem Winkel schneidet die Kante $\overline{CS}$ die Ebene E?

17. Dreieckspyramide

Die Punkte A(7 | 3 | 1), B(11 | 1 | 4) und C(8 | 5 | 3) sind die Eckpunkte der Grundfläche einer Pyramide mit der Spitze S(5 | 1 | 7).

a) Zeichnen Sie die Pyramide im kartesischen Koordinatensystem.
b) Die Grundfläche der Pyramide liegt in der Ebene E. Geben Sie eine Gleichung der Ebene E in Parameter- und in Normalenform an.
c) Berechnen Sie die Höhe der Pyramide und den Fußpunkt F des Lotes von S auf E.
d) Welchen Abstand hat der Punkt C von der Seitenkante BS?
e) Unter welchem Winkel schneidet die Kante BS die Ebene E?

18. Würfel

A(3 | 4 | 6), B(7 | 8 | 8), D(7 | 2 | 2) und E(5 | 0 | 10) sind Eckpunkte des Würfels ABCDEFGH.

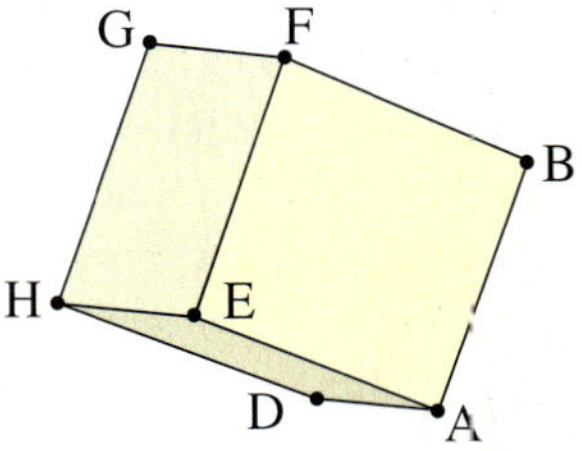

a) Bestimmen Sie die fehlenden Eckpunkte.
b) Die Ebene T enthalte die Punkte B, D und E. Stellen Sie eine Gleichung der Ebene T in Normalenform auf und berechnen Sie den Abstand des Punktes A zur Ebene T.
c) Welchen Abstand hat der Punkt B zur Geraden durch die Punkte D und E?
d) Berechnen Sie das Volumen der Pyramide ABDE. Verwenden Sie die bisherigen Ergebnisse.

19. Einparkhilfe

Bei der Entwicklung der KFZ-Einparkhilfe haben Bionikforscher das Ortungssystem der Fledermaus kopiert und entsprechende Sensoren in die hintere Stoßstange integriert. Die Sensoren sind so eingestellt, dass sie eine Abstandsunterschreitung von 0,3 m anzeigen.

Ein Autofahrer fährt geradlinig rückwärts auf eine schräge Ebene zu, die durch $\left[\vec{x} - \begin{pmatrix} 10 \\ 0 \\ 10 \end{pmatrix}\right] \cdot \begin{pmatrix} 5 \\ 5 \\ 1 \end{pmatrix} = 0$ beschrieben wird.

a) Der der Ebene nächste Sensor befindet sich zunächst im Punkt $P(6{,}2\,|\,6{,}2\,|\,0{,}3)$. Zeigen Sie, dass der Sensor noch keinen Alarm gegeben hat. Wenig später ist der Sensor im Punkt $Q(6{,}1\,|\,6{,}1\,|\,0{,}3)$ angelangt. Ist inzwischen ein Alarm erfolgt?

b) An welchem Punkt R zwischen P und Q muss der Sensor Alarm geben?

20. Echolot (Tiefenmessung)

Ein Motorboot bewegt sich in einem Gewässer mit ebenem, aber leicht ansteigendem Grund. $P(0\,|\,0\,|\,-20)$, $Q(50\,|\,50\,|\,-15)$ und $R(0\,|\,50\,|\,-15)$ sind Punkte der Grundebene. Das Boot besitzt einen Echolotsensor in Höhe der Wasseroberfläche.

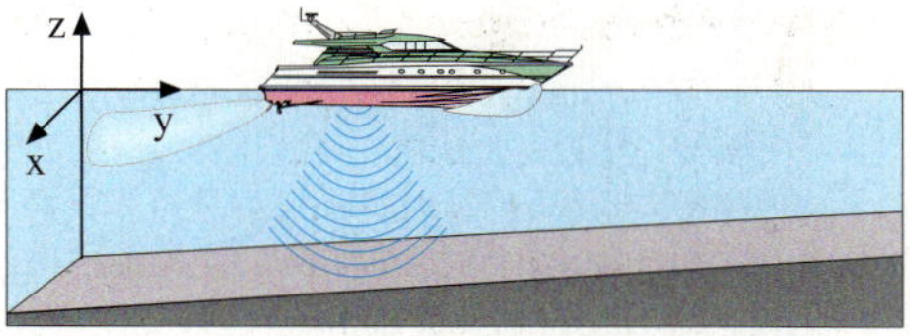

a) Erstellen Sie eine Normalengleichung der Grundebene.

b) Welcher Abstand zur Grundebene wird gemessen, wenn der Sensor sich im Punkt $A(50\,|\,50\,|\,0)$ befindet? Etwas später sind Boot und Sensor im Punkt $B(75\,|\,75\,|\,0)$ angelangt. Wie groß ist der Abstand hier? Wie tief ist das Wasser senkrecht unter dem Sensor?

c) Das Echolot berechnet aus den gespeicherten Daten den Abstand zum Grund voraus. Wo wird bei gleichbleibendem Kurs ein Abstand von nur noch 2 m erreicht, der aus Sicherheitsgründen mindestens erforderlich ist?

21. Radar (Höhenmessung)

Ein Helikopter fliegt bei schlechter Sicht auf ein eben ansteigendes Bergmassiv zu, welches durch die Punkte $P(0\,|\,5\,|\,0)$, $Q(5\,|\,10\,|\,2)$, $R(10\,|\,10\,|\,2)$ beschrieben wird. Der Helikopter durchfliegt die Punkte $A(1\,|\,6\,|\,1)$ und $B(2\,|\,7\,|\,1)$ (Angaben in km).

a) Erstellen Sie eine Ebenengleichung des Berghangs.

b) Bestimmen Sie den Abstand des Helikopters in A bzw. B zur Bergebene.

c) 100 m ist der erlaubte Mindestabstand. In welchem Punkt muss der Pilot spätestens auf Steigflug umstellen, um den Hang im Parallelflug zu überwinden? Wie lautet der neue Kurs?

22. Wetterfronten

Ein Wettersatellit hat eine Kaltfront polarer Luft sowie eine Warmfront tropischer Luft ausgemacht, die sich aufeinander zu bewegen, so dass mit Tiefdruck und Regen zu rechnen ist.
Die Kaltfront ist bei $A(250\,|\,-230\,|\,3)$, während sich zur gleichen Zeit die Warmfront bei $B(-95\,|\,410\,|\,4)$ befindet (Angaben in km). Ihre Bewegungsrichtungen werden durch $\vec{n}_A = \begin{pmatrix} 1 \\ -2 \\ 0 \end{pmatrix}$ bzw. $\vec{n}_B = \begin{pmatrix} -1 \\ 2 \\ 0 \end{pmatrix}$ beschrieben.

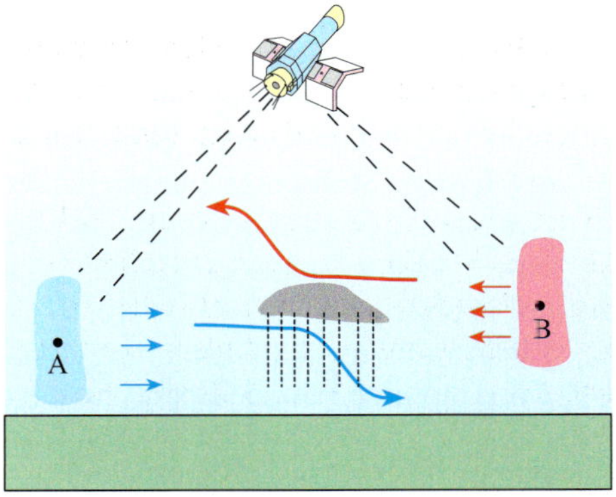

a) Welchen Abstand haben die Wetterfronten momentan?

b) Nach einer Stunde meldet der Satellit neue Standorte: $A'(230\,|\,-190\,|\,3)$, $B'(-65\,|\,350\,|\,4)$. Mit welcher Geschwindigkeit bewegen sich die Fronten? Welchen Abstand haben die Fronten nun voneinander? Wann werden sie voraussichtlich aufeinandertreffen?

23. Fluglärm

Zur Einschätzung einer zu erwartenden Fluglärmbelästigung für eine Siedlung in der Nähe einer geplanten Landebahn soll der Abstand der Anflugroute zur Siedlung bestimmt werden.
Die Anflugroute soll durch $A(2\,|\,0\,|\,2)$, $B(6\,|\,10\,|\,0)$ gehen, der Siedlungsmittelpunkt ist $S(0\,|\,3{,}5\,|\,0{,}5)$ (Angaben in km). Bestimmen Sie den Abstand von S zur geplanten Anflugroute.

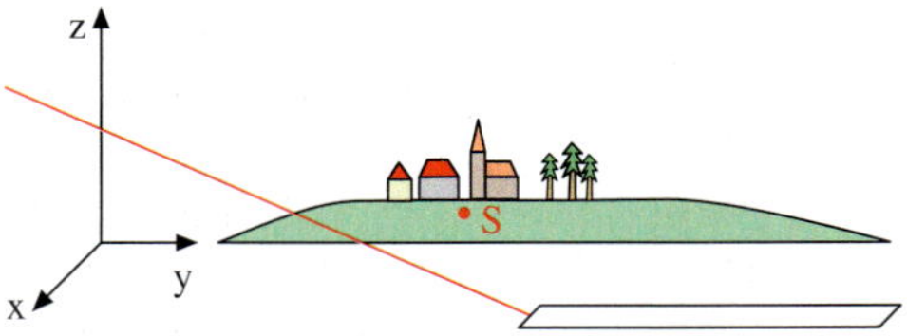

24. Parallelflugbahnen

Kunstflugmanöver müssen genau geplant und exakt ausgeführt werden, da die Flieger bei hohen Geschwindigkeiten stets auf „Tuchfühlung“ fliegen.
Zwei Flieger befinden sich auf Parallelflug und durchfliegen die Strecken $\overline{AA'}$ und $\overline{BB'}$ mit (Angabe in m):
$A(1220\,|\,2450\,|\,150)$, $A'(1620\,|\,3050\,|\,100)$ bzw. $B(1405\,|\,2760\,|\,125)$, $B'(1605\,|\,3060\,|\,100)$.

a) Zeigen Sie, dass es sich tatsächlich um einen Parallelflug handelt.

b) Bestimmen Sie den Abstand der Flugbahnen.

c) Die Spannweite beträgt jeweils 14 m. Welchen Abstand haben die Flügelspitzen?

d) Die Spitze des Flugkontrollturms hat die Koordinaten $S(3\,|\,638\,|\,20)$. Wie nah kommt das erste Flugzeug, welches die Punkte A und A′ passierte, dem Kontrollturm?

G. Der Abstand windschiefer Geraden

Der Abstand windschiefer Geraden g und h ist die kürzeste Entfernung, die zwischen einem Punkt von g und einem Punkt von h existiert.
Es ist leicht einzusehen, dass eine solche kürzeste Strecke zwischen g und h sowohl auf g als auch auf h senkrecht stehen muss. Es ist eine gemeinsame Lotstrecke von g und h.
Am einfachsten lässt sich die Länge dieser Strecke als Abstand zweier paralleler Ebenen G und H bestimmen, welche jeweils eine der Geraden g bzw. h enthalten.

Abstand windschiefer Geraden

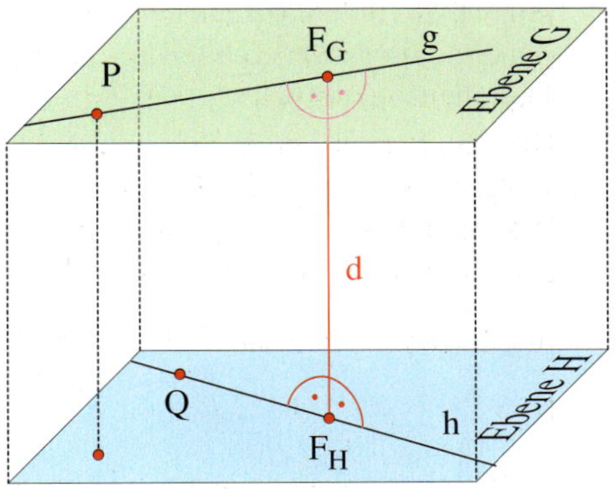

Folgende Überlegungen führen nun zu einer Abstandsformel für windschiefe Geraden.

Die Punkte P und Q seien Stützpunkte der Geraden g und h und $\vec{p}$ und $\vec{q}$ die Stützvektoren. $\vec{n}_0$ sei ein gemeinsamer Normaleneinheitsvektor von g und h, d. h., er ist orthogonal zu beiden Geraden und hat den Betrag 1.
Dann ist H: $(\vec{x}-\vec{q})\cdot\vec{n}_0=0$ eine Hesse'sche Normalengleichung der Ebene H.
Der Term $d=|(\vec{p}-\vec{q})\cdot\vec{n}_0|$ gibt folglich den Abstand des Punktes P von der Ebene H an und damit den Abstand von G zu H sowie den Abstand von g zu h.

Abstandsformel für windschiefe Geraden

g: $\vec{x}=\vec{p}+r\cdot\vec{m}_g$ und h: $\vec{x}=\vec{q}+s\cdot\vec{m}_h$ seien zwei windschiefe Geraden.
$\vec{n}_0$ sei ein zu beiden Richtungsvektoren $\vec{m}_g$ und $\vec{m}_h$ orthogonaler Einheitsvektor.
Dann besitzen g und h den Abstand

$$d=|(\vec{p}-\vec{q})\cdot\vec{n}_0|.$$ 177-1

Beispiel: Abstand windschiefer Geraden

Gegeben sind die windschiefen Geraden g: $\vec{x}=\begin{pmatrix}2\\2\\3\end{pmatrix}+r\begin{pmatrix}1\\2\\-2\end{pmatrix}$ und h: $\vec{x}=\begin{pmatrix}4\\7\\3\end{pmatrix}+s\begin{pmatrix}-1\\2\\0\end{pmatrix}$.
Berechnen Sie den Abstand von g und h.

Lösung:
Man kann leicht erkennen sowie durch Rechnung nachweisen, dass die Geraden weder parallel sind noch sich schneiden. Also sind sie windschief.

Wir bestimmen zunächst einen „Normalenvektor" $\vec{n}$, der auf beiden Richtungsvektoren senkrecht steht. Sein Skalarprodukt mit den Richtungsvektoren ist also jeweils null. Dies führt auf zwei Gleichungen mit drei Variablen.

1. Bestimmung eines Normaleneinheitsvektors:

$\vec{n}\cdot\vec{m}_g=0$, $\quad$ $\vec{n}\cdot\vec{m}_h=0$

$$\begin{pmatrix}x\\y\\z\end{pmatrix}\cdot\begin{pmatrix}1\\2\\-2\end{pmatrix}=0, \qquad \begin{pmatrix}x\\y\\z\end{pmatrix}\cdot\begin{pmatrix}-1\\2\\0\end{pmatrix}=0$$

Wir wählen $x = 2$ frei und errechnen $y = 1$ und $z = 2$ durch Einsetzen.
Den sich ergebenden Normalenvektor $\vec{n}$ normieren wir, indem wir ihn durch seinen Betrag dividieren. Wir erhalten einen Normaleneinheitsvektor $\vec{n}_0$.

$$\begin{aligned} \text{I} \quad & x + 2y - 2z = 0 \\ \text{II} \quad & -x + 2y = 0 \end{aligned}$$

$$\text{z. B. } \vec{n} = \begin{pmatrix} 2 \\ 1 \\ 2 \end{pmatrix} \Rightarrow \qquad \vec{n}_0 = \frac{\vec{n}}{|\vec{n}|} = \begin{pmatrix} 2/3 \\ 1/3 \\ 2/3 \end{pmatrix}$$

Zur Abstandsberechnung setzen wir nun $\vec{n}_0$ sowie die Stützvektoren $\vec{p}$ und $\vec{q}$ der beiden Geraden in die Abstandsformel $d = |(\vec{p} - \vec{q}) \cdot \vec{n}_0|$ ein.

► Resultat: $d = 3$

2. Abstandsberechnung:

$$d = |(\vec{p} - \vec{q}) \cdot \vec{n}_0|$$

$$= \left| \left[\begin{pmatrix} 2 \\ 2 \\ 3 \end{pmatrix} - \begin{pmatrix} 4 \\ 7 \\ 3 \end{pmatrix} \right] \cdot \begin{pmatrix} 2/3 \\ 1/3 \\ 2/3 \end{pmatrix} \right| = 3$$

Übung 25

Bestimmen Sie den Abstand der Geraden $g: \vec{x} = \begin{pmatrix} 9 \\ 3 \\ 8 \end{pmatrix} + r \begin{pmatrix} -6 \\ 2 \\ 1 \end{pmatrix}$ und $h: \vec{x} = \begin{pmatrix} 4 \\ 2 \\ 1 \end{pmatrix} + s \begin{pmatrix} 4 \\ 1 \\ -3 \end{pmatrix}$.

Übung 26

Zeigen Sie, dass g und h windschief sind. Berechnen Sie sodann den Abstand von g und h.

a) $g: \vec{x} = \begin{pmatrix} 0 \\ 6 \\ 0 \end{pmatrix} + r \begin{pmatrix} -2 \\ 1 \\ 0 \end{pmatrix}$, $h: \vec{x} = \begin{pmatrix} 0 \\ 3 \\ 4 \end{pmatrix} + s \begin{pmatrix} 3 \\ 3 \\ -1 \end{pmatrix}$ b) $g: \vec{x} = \begin{pmatrix} 0 \\ 3 \\ 1 \end{pmatrix} + r \begin{pmatrix} -3 \\ -2 \\ 0 \end{pmatrix}$, $h: \vec{x} = \begin{pmatrix} 4 \\ 6 \\ 9 \end{pmatrix} + s \begin{pmatrix} -3 \\ 2 \\ -2 \end{pmatrix}$

Übung 27 **Rohrisolation**

Über zwei Kupferrohre AB und CD, die sich windschief passieren, sollen wie abgebildet isolierende Schaumstoffumhüllungen geschoben werden.
Ist zwischen den Kupferrohren genügend Platz vorhanden, wenn die Isolationsrohre einen Außendurchmesser von 8 cm besitzen?

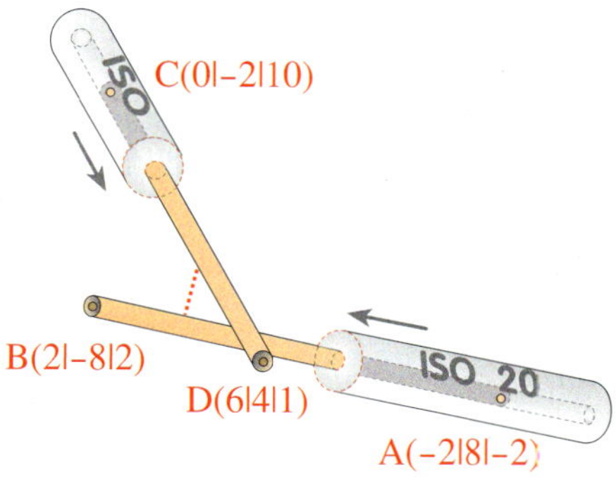

Übung 28 **Abstand Punkt/Gerade, Gerade/Gerade**

Berechnen Sie für die abgebildete Pyramide
a) die eingezeichnete Seitenhöhe h,
b) den Abstand der Kanten AC und BS.

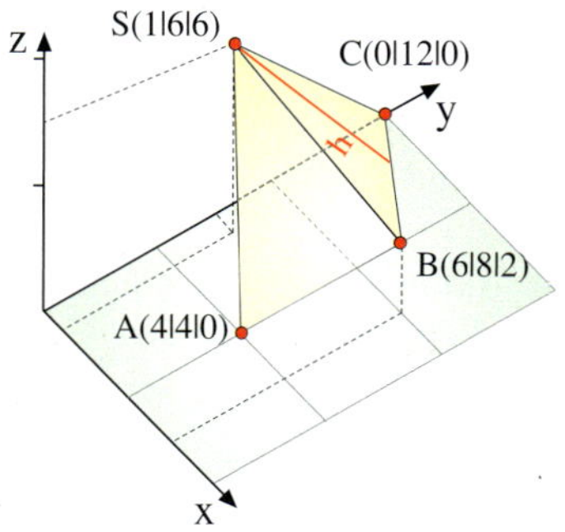

Überblick

Schnittwinkel zweier Geraden:

Schneiden sich die beiden Geraden mit den Richtungsvektoren $\vec{m}_1$ und $\vec{m}_2$, so gilt für den Schnittwinkel γ der Geraden:

$$\cos\gamma = \frac{|\vec{m}_1 \cdot \vec{m}_2|}{|\vec{m}_1| \cdot |\vec{m}_2|}$$

Schnittwinkel von Gerade und Ebene:

Schneidet die Gerade mit dem Richtungsvektor $\vec{m}$ die Ebene mit dem Normalenvektor $\vec{n}$, so gilt für Schnittwinkel γ von Gerade und Ebene:

$$\sin\gamma = \frac{|\vec{m} \cdot \vec{n}|}{|\vec{m}| \cdot |\vec{n}|} \quad \text{bzw.} \quad \cos(90^\circ - \gamma) = \frac{|\vec{m} \cdot \vec{n}|}{|\vec{m}| \cdot |\vec{n}|}$$

Schnittwinkel zweier Ebenen:

Schneiden sich die beiden Ebenen mit den Normalenvektoren $\vec{n}_1$ und $\vec{n}_2$, so gilt für den Schnittwinkel γ der Ebenen:

$$\cos\gamma = \frac{|\vec{n}_1 \cdot \vec{n}_2|}{|\vec{n}_1| \cdot |\vec{n}_2|}$$

Hess'sche Normalengleichung einer Ebene:

$E: (\vec{x} - \vec{a}) \cdot \vec{n}_0 = 0$

$\vec{x}$: allgemeiner Ortsvektor der Ebene E
$\vec{a}$: Stützvektor der Ebene E
$\vec{n}_0$: Normalenvektor der Ebene E mit $|\vec{n}_0| = 1$

Abstand Punkt-Ebene:

Der Punkt P mit dem Ortsvektor $\vec{p}$ hat von der Ebene E mit der Hesse'schen Normalenform $E: (\vec{x} - \vec{a}) \cdot \vec{n}_0 = 0$ den Abstand $d = |(\vec{p} - \vec{a}) \cdot \vec{n}_0|$.

Abstand Gerade-Ebene und Ebene-Ebene:

Der Abstand einer Geraden g zu einer parallelen Ebene E ist gleich dem Abstand eines Punktes P der Geraden g (z. B. des Stützpunktes) zu der Ebene E. Er kann daher mit der Abstandsformel Punkt-Ebene berechnet werden.

Der Abstand einer Ebene E_1 zu einer parallelen Ebene E_2 ist gleich dem Abstand eines Punktes P der Ebene E_1 (z. B. des Stützpunktes) zu der Ebene E_2. Er kann daher mit der Abstandsformel Punkt-Ebene berechnet werden.

Abstand Punkt-Gerade:

Der Abstand eines Punktes P zu einer Geraden $g: \vec{x} = \vec{a} + r \cdot \vec{m}$ wird mit einem operativen **Lotfußpunktverfahren** berechnet:

1. Man stellt die Gleichung einer Hilfsebene H auf, die orthogonal zu g ist und den Punkt P als Stützpunkt enthält: $H: (\vec{x} - \vec{p}) \cdot \vec{m} = 0$.
2. Man berechnet den Schnittpunkt F von g und H.
3. Man berechnet den gesuchten Abstand als Abstand von P und F.

Abstand windschiefer Geraden:

Sind $g: \vec{x} = \vec{p} + r \cdot \vec{m}_g$ und $h: \vec{x} = \vec{q} + s \cdot \vec{m}_h$ windschiefe Geraden und $\vec{n}_0$ ein zu beiden Richtungsvektoren $\vec{m}_g$ und $\vec{m}_h$ orthogonaler Einheitsvektor, dann besitzen g und h den Abstand $d = |(\vec{p} - \vec{q}) \cdot \vec{n}_0|$.

Global Positioning System

Die Zeiten, in denen der Beifahrer genervt im Autoatlas nach der momentanen Position und der zu fahrenden Strecke sucht, sind seit einigen Jahren vorbei. Heute sagt uns ein kleines Navigationsgerät, wo es lang geht. Die Karteninformationen sind in dem Gerät gespeichert, die Position ermittelt das Gerät mithilfe des **G**lobal **P**ositioning **S**ystem. GPS basiert auf insgesamt 24 Satelliten, die per Funk ständig ihre aktuelle Position und die exakte Uhrzeit ausstrahlen. Aus den Daten von mindestens vier Satelliten kann ein GPS-Empfänger sowohl seine eigene Position als auch seine Momentangeschwindigkeit berechnen.

Die obige Grafik macht deutlich, dass sich die Position des GPS-Empfängers als Schnittpunkt dreier Kugeln ergibt, in deren Mittelpunkten $M_i\,(x_i \mid y_i \mid z_i)$ drei der 24 Satelliten liegen. Nun wird eine Kugel von all denjenigen Punkten $P\,(x \mid y \mid z)$ gebildet, die vom Mittelpunkt einen festen Abstand r (= Kugelradius) haben. Nach der Formel für den Abstand zweier Punkte gilt beispielsweise für den Abstand eines beliebigen Punktes P vom Kugelmittelpunkt M_1:

$$(x - x_1)^2 + (y - y_1)^2 + (z - z_1)^2 = r_1^2.$$

Damit wurde eine Gleichung gewonnen, die die Kugel um M_1 mit dem Radius r_1 beschreibt.

Der Radius r_1 der Kugel Nr. 1 ergibt sich nach dem Weg-Zeit-Gesetz aus der Laufzeit $t - t_1$ und der Lichtgeschwindigkeit $c = 299\,792{,}485\,\frac{m}{s}$ des Satellitensignals: $r_1 = c \cdot (t - t_1)$. Die „Zeitkoordinate" t_1 des Satelliten wird wie auch die Ortskoordinaten x_1, y_1 und z_1 vom GPS-Empfänger geliefert. Die Zeitkoordinate t des Empfängers ist aber ebenso wie x, y und z unbekannt, denn die einfachen GPS-Empfänger verfügen nicht über eine Uhr, die exakt mit der der GPS-Satelliten synchron läuft. Man hat es also mit insgesamt vier unbekannten Koordinaten x, y, z und t zu tun, deren Bestimmung vier Gleichungen – also vier Satelliten – erfordert:

$$(x - x_1)^2 + (y - y_1)^2 + (z - z_1)^2 = c^2 \cdot (t - t_1)^2, \quad i = 1, 2, 3, 4.$$

In Wirklichkeit ist alles noch weit komplizierter. Aber die obigen Überlegungen sollen hier ausreichen. Wir wenden uns im Folgenden einem Beispiel zu.

Beispiel

In einem konkreten Fall habe ein GPS-Empfänger die Signale von vier Satelliten empfangen und damit das folgende Gleichungssystem zu lösen.

$$(x - 373.245)^2 + (y - 584.013)^2 + (z - 26571.962)^2 = c^2\,(t - 0.026667660126632977)^2$$

$$(x - 10181.114)^2 + (y - 17634.206)^2 + (z - 17085.937)^2 = c^2\,(t - 0.027264543428316926)^2$$

$$(x - 24598.498)^2 + (y - (-8953.121))^2 + (z - 4615.742)^2 = c^2\,(t - 0.024349070783491133)^2$$

$$(x - 8953.121)^2 + (y - (-1578.677))^2 + (z - 24977.970)^2 = c^2\,(t - 0.030649974141388578)^2$$

Dieses nichtlineare Gleichungssystem kann iterativ mit dem Newton-Verfahren gelöst werden. Dazu findet man auf der Buch-CD unter dem Mediencode 181-1 ein Programm. Als Startwert für die Iteration wird dabei ein Punkt in der „Mitte Deutschlands“ in der Gemeinde Niederdorla (Unstrut-Hainich-Kreis in Thüringen) gewählt. Bereits nach 7 Iterationen ändert sich nicht mehr viel an den Näherungswerten für die gesuchten Koordinaten des GPS-Empfängers.

Kartesischen Koordinaten des GPS-Empfängers:
$x = 4043{,}840\,560\,004\,831\,3$,
$y = 627{,}625\,683\,806\,921\,9$,
$z = 4896{,}116\,145\,428\,079$.

Diese Koordinaten gehören zu einem Punkt mit den folgenden geographischen Koordinaten:
Länge: 8,8222222°,
Breite: 50,1105555°.

Außerdem erhält man eine Höhe von 106 m über dem Meeresspiegel.

Dieser Punkt befindet sich auf dem Römer in Frankfurt.

Übung

Stellen Sie sich vor, wir wären Lebewesen in einem zweidimensionalen (oder sogar in einem eindimensionalen) Raum. Aus den Kugeln werden dann Kreise (bzw. Strecken).

Veranschaulichen Sie sich den Sachverhalt durch eine möglichst genaue Zeichnung mit Zirkel und Lineal, oder verwenden Sie eine Geometriesoftware. Der Zeichnung können Sie die Koordinaten der Satelliten und die Radien entnehmen.

Formulieren Sie das GPS-Gleichungssystem für diesen Fall. Versuchen Sie das System zu lösen. Vergleichen Sie Ihre Lösung mit den Koordinaten des Empfängers in Ihrer Zeichnung.

Test

Winkel und Abstände

1. a) Die Gerade g geht durch den Punkt $A(4\,|\,1\,|\,-3)$, Gerade h geht durch den Punkt $B(2\,|\,1\,|\,1)$. Die Geraden g und h haben den Schnittpunkt $S(1\,|\,-1\,|\,3)$. Bestimmen Sie ihren Schnittwinkel.

b) Weiter sei die Ebene $E\colon 2x + 3y - z = 6$ gegeben. Bestimmen Sie den Schnittwinkel der Geraden g mit der Ebene E.

c) Gegeben ist eine weitere Ebene F: $\left[\vec{x} - \begin{pmatrix} 1 \\ -1 \\ 3 \end{pmatrix}\right] \cdot \begin{pmatrix} 2 \\ 0 \\ 1 \end{pmatrix} = 0.$

Bestimmen Sie den Schnittwinkel der Ebenen E und F.

2. a) Zu welcher der Ebenen E_1, E_2 hat der Punkt $P(5\,|\,5\,|\,7)$ den kleineren Abstand?

$E_1\colon 3x + 2y - 4z = 12, \quad E_2\colon \vec{x} = \begin{pmatrix} 1 \\ 3 \\ -2 \end{pmatrix} + r \cdot \begin{pmatrix} 2 \\ 1 \\ -2 \end{pmatrix} + s \cdot \begin{pmatrix} 3 \\ 4 \\ 1 \end{pmatrix}$

b) Für welchen Wert von a hat der Punkt $P_a(a\,|\,3\,|\,1)$ den Abstand 6 von der Ebene

E: $\left[\vec{x} - \begin{pmatrix} 2 \\ 1 \\ 0 \end{pmatrix}\right] \cdot \begin{pmatrix} 2 \\ -1 \\ 2 \end{pmatrix} = 0$?

3. a) Zeigen Sie, dass die Ebenen E_1 und E_2 parallel sind.

$E_1\colon 2x - 3y + 4z = 24, \quad E_2\colon \vec{x} = \begin{pmatrix} 3 \\ 1 \\ -2 \end{pmatrix} + r \cdot \begin{pmatrix} -1 \\ 2 \\ 2 \end{pmatrix} + s \cdot \begin{pmatrix} 2 \\ 8 \\ 5 \end{pmatrix}$

Bestimmen Sie dann ihren Abstand.

b) Welche Ebene E_3 hat von E_2 den gleichen Abstand wie die Ebene E_1?

4. a) Welchen Abstand hat der Punkt $P(9\,|\,4\,|\,13)$ zur Geraden g: $\vec{x} = \begin{pmatrix} 1 \\ -3 \\ 4 \end{pmatrix} + r \cdot \begin{pmatrix} 2 \\ -1 \\ 2 \end{pmatrix}$?

b) Zeigen Sie, dass die Geraden $g_1\colon \vec{x} = \begin{pmatrix} 3 \\ 4 \\ 4 \end{pmatrix} + r \cdot \begin{pmatrix} 2 \\ 4 \\ -1 \end{pmatrix}$ und die Gerade g_2 durch die Punkte $A(7\,|\,7\,|\,3)$ und $B(3\,|\,-1\,|\,5)$ parallel verlaufen. Berechnen Sie dann ihren Abstand.

Lösungen unter 182-1

VII. Der Vektorraum

Historische Anmerkung zur Entwicklung der Analytischen Geometrie und der Vektorrechnung:

Die Geometrie hatte ihre Blütezeit in der Antike. Die griechischen Geometer beherrschten konstruktive Methoden nahezu perfekt. Zwischen dem Ende des griechischen Zeitalters und dem 17. Jahrhundert gab es dann jedoch keine wirklich fundamentalen Fortschritte mehr.

Erst die französischen Mathematiker FERMAT und DESCARTES ermöglichten als Begründer der ***Analytischen Geometrie*** einen Durchbruch. Sie schufen eine neuartige Methode, geometrische Probleme zu lösen. Die Kernidee der Analytischen Geometrie war die Verbindung von Algebra und Geometrie, genauer die Anwendung algebraischer Berechnungsmethoden auf geometrische Probleme.

Pierre de FERMAT (1601–1665) stellte im Zusammenhang mit Kegelschnittproblemen geometrische Kurven durch algebraische Gleichungen dar. Er stellte Geraden durch algebraische Gleichungen ersten Grades und Kreise, Ellipsen, Parabeln und Hyperbeln durch Gleichungen zweiten Grades dar.
Somit entdeckte er um 1629 die Grundlagen der analytischen Geometrie. Publiziert wurden seine Ideen jedoch erst posthum (1679) in dem Werk „Ad locos planos et solidos isagoge" („Einführung in die ebenen und räumlichen Örter").

184-1

Von noch größerer Tragweite waren die Ideen des Philosophen, Naturwissenschaftlers und Mathematikers René DESCARTES (1596–1650), der den Satz prägte: „Cogito, ergo sum" („Ich denke, also bin ich"). Im Jahre 1637 erschien sein berühmtes Werk „Discours de la Méthode" („Abhandlung über die Methode"). Im Anhang „La géométrie" stellt er eine neue Methode vor, bei der er zur algebraischen Beschreibung geometrischer Probleme Koordinatensysteme verwendete.

184-2

Er arbeitete bei seiner Koordinatengeometrie mit einer x-Achse positiver Abszissen. Die Ordinaten wurden bei ihm als Strecken schiefwinklig oder rechtwinklig zu den Abszissen angetragen. Das vollständige Achsenkreuz findet sich erst bei NEWTON. Dennoch wird das heute übliche Koordinatensystem nach DESCARTES, der sich lateinisch CARTESIUS nannte, *kartesisches Koordinatensystem* genannt.

Auch im folgenden 18. Jahrhundert beschäftigten sich die Mathematiker mit Problemen, deren Lösung die Theorie der algebraischen Kurven und Flächen forderte. Man versuchte, eine Art geometrischen Kalkül zu entwickeln. Einen ersten Schritt hierzu lieferte die geometrische Interpretation der ***komplexen Zahlen*** durch den deutschen Mathematiker, Physiker und Astronomen Carl Friedrich GAUSS (1777–1855) und das Rechnen mit ihnen auf geometrischer Basis. HAMILTON und GRASSMANN entwickelten eine Theorie der Vektorrechnung.

Der irische Mathematiker William Rowan HAMILTON (1805–1865), Professor für Astronomie in Dublin, entdeckte bei seiner Weiterentwicklung der Theorie der komplexen Zahlen 1843 sog. Quaternionen. Er führte darin 1845 als erster die Bezeichnung des „Vektors" ein. In seinem Quaternionen-Produkt entwickelte er bereits das Skalarprodukt und das Vektorprodukt. Die von HAMILTON entworfene Vektorrechnung der Quaternionen wurde in der Folgezeit vor allem von Physikern angewandt und weiter entwickelt.

Als Hauptbegründer der modernen ***Vektorrechnung*** gilt Hermann Günther GRASSMANN (1809–1877), obgleich das Wort „Vektor" bei ihm nirgends auftaucht.
GRASSMANN war ein Gymnasiallehrer aus Stettin, der für seine Lehrbefähigung in Mathematik und Physik eine Abhandlung zur Theorie über Ebbe und Flut schrieb. Sein Werk umfasste völlig neue Begrifflichkeiten und Methoden. Er legte seine Theorie in mehreren Schriften nieder. In seiner „Ausdehnungslehre" (1844) führte er Vektoren in die Mathematik ein, definierte Addition, Subtraktion sowie inneres (Skalar-) und äußeres (Vektor-)Produkt. Er sprach von Änderungen" oder „Strecken" oder „Größen" und beschrieb damit diejenigen mathematischen Objekte, die wir heute als Vektoren bezeichnen. Eine Hauptleistung GRASSMANNs war die Ausdehnung seiner Theorien auf n-dimensionale „Größen", womit er im Prinzip den abstrakten n-dimensionalen Vektorraum entwickelte.

185-1

Erst 1888 gab der italienische Mathematiker Giuseppe PEANO die axiomatische Definition des allgemeinen Vektorraums (vgl. S. 186). Nachdem sich der Vektorbegriff in der Physik durchgesetzt hatte, gewann der Vektorkalkül ab 1930 auch in der Mathematik an Bedeutung. Heute gilt der Vektorbegriff als ein fundamentaler Begriff der Mathematik. Die Theorie der Vektorräume, die auch als ***lineare Algebra*** bezeichnet wird, steht heute gleichberechtigt neben der Analysis.

Literatur: Jeanne Peiffer/Amy Dahan-Dalmedico: Wege und Irrwege – Eine Geschichte der Mathematik, übersetzt von Klaus Volkert, Birkhäuser, Basel, 1994; Peter Mäder: Mathematik hat Geschichte, Metzler 1992

1. Vektorräume

A. Der Begriff des Vektorraums

Wir wollen im Folgenden den Begriff des Vektors verallgemeinern, der bisher im Wesentlichen nur für Parallelverschiebungen des Raumes verwendet wurde, welche durch Verschiebungspfeile oder Spaltenvektoren dargestellt wurden.
Die Gesetze für Pfeilklassen und Spaltenvektoren gelten analog auch für zahlreiche weitere Klassen mathematischer Objekte. Mit dem im Folgenden definierten Begriff des *Vektorraums* gelingt es, die hierbei auftretenden grundlegenden mathematischen Eigenschaften und Gesetze unabhängig vom konkreten Einzelfall allgemein zu erfassen.

Definition VII.1: *Der abstrakte Vektorraum*
Eine nicht leere Menge V heißt **Vektorraum** und die Elemente von V heißen **Vektoren**, wenn die folgenden Axiome gelten:

1. ***Addition:*** Je zwei Elementen $\vec{a}, \vec{b} \in V$ ist eindeutig eine Element $\vec{a} + \vec{b}$ als *Summe* zugeordnet, sodass gilt:

(1) Für alle $\vec{a}, \vec{b} \in V$ gilt:	$\vec{a} + \vec{b} \in V$.	***(Abgeschlossenheit)***
(2) Für alle $\vec{a}, \vec{b} \in V$ gilt:	$\vec{a} + \vec{b} = \vec{b} + \vec{a}$.	***(Kommutativgesetz)***
(3) Für alle $\vec{a}, \vec{b}, \vec{c} \in V$ gilt:	$(\vec{a} + \vec{b}) + \vec{c} = \vec{a} + (\vec{b} + \vec{c})$.	***(Assoziativgesetz)***
(4) Es gibt ein $\vec{0} \in V$ mit $\vec{a} + \vec{0} = \vec{a}$ für alle $\vec{a} \in V$.		***(neutrales Element)***
(5) Zu jedem $\vec{a} \in V$ gibt es ein $(-\vec{a}) \in V$ mit $\vec{a} + (-\vec{a}) = \vec{0}$.		***(inverses Element)***

2. ***Skalare Multiplikation:*** Jedem Paar aus einer reellen Zahl r und einem Element $\vec{a} \in V$ ist eindeutig ein Element $r \cdot \vec{a}$ als *skalares Produkt* zugeordnet, so dass gilt:

(6) Für alle $\vec{a} \in V$ und $r \in \mathbb{R}$ gilt:	$r \cdot \vec{a} \in V$.	***(Abgeschlossenheit)***
(7) Für alle $\vec{a} \in V$ und $r, s \in \mathbb{R}$ gilt:	$(r \cdot s) \cdot \vec{a} = r \cdot (s \cdot \vec{a})$.	***(Assoziativgesetz)***
(8) Für alle $\vec{a} \in V$ und $r, s \in \mathbb{R}$ gilt:	$(r + s) \cdot \vec{a} = r \cdot \vec{a} + s \cdot \vec{a}$.	***(Distributivg. für Zahlen)***
(9) Für alle $\vec{a}, \vec{b} \in V$ und $r \in \mathbb{R}$ gilt:	$r \cdot (\vec{a} + \vec{b}) = r \cdot \vec{a} + r \cdot \vec{b}$.	***(Distributivg. für Vektoren)***
(10) Für alle $\vec{a} \in V$ gilt:	$1 \cdot \vec{a} = \vec{a}$.	

Bemerkung:
In Definition VII.1 kommen neben der Vektoraddition und skalaren Multiplikation auch die gewöhnliche Addition und Multiplikation von reellen Zahlen vor, für die wir der Einfachheit halber die gleichen Symbole verwenden, da man die Bedeutung der Rechenzeichen jeweils aus dem Kontext erschließen kann. Rechts wird dies für zwei Gesetze exemplarisch verdeutlicht.

(8) $(r + s) \cdot \vec{a} = r \cdot \vec{a} + s \cdot \vec{a}$

↑ Addition von Zahlen (das + in $r + s$)

↑ Addition von Vektoren (das + zwischen $r \cdot \vec{a}$ und $s \cdot \vec{a}$)

(7) $(r \cdot s) \cdot \vec{a} = r \cdot (s \cdot \vec{a})$

↑ Multiplikation von Zahlen (das · in $r \cdot s$)

↑ ↑ skalare Multiplikation (die · in $r \cdot (s \cdot \vec{a})$)

Die Definition des abstrakten Vektorraums erlaubt es, sehr unterschiedliche Objektmengen als Vektorräume aufzufassen und die Vektorrechengesetze auf ihre Elemente anzuwenden. Beispiele sind die Menge der Spaltenvektoren mit drei Koordinaten, die Menge der linearen Funktionen, die Menge aller reellen Zahlenfolgen, die Menge aller magischen Quadrate derselben Größe. Man muss nur jeweils eine Addition und eine skalare Multiplikation für diese Objekte so erklären können, dass die Axiome (1) bis (10) aus Definition VII.1 gelten.
Wir betrachten im Folgenden einige Beispiele für Vektorräume.

Übung 1

Begründen Sie die Gültigkeit der Axiome (1) bis (10) für die **Vektorräume V_3 und V_n**:

a) Die Menge V_3 der dreidimensionalen Spaltenvektoren im Raum bildet mit der koordinatenweisen Addition und Vervielfachung von Spaltenvektoren einen Vektorraum.

b) Die Menge V_n der n-dimensionalen Spaltenvektoren bildet mir der koordinatenweisen Addition und Vervielfachung von Spaltenvektoren einen Vektorraum.

Beispiel: Weisen Sie nach, dass die Menge $V = \{f \mid f(x) = ax + b \text{ mit } a, b \in \mathbb{R}\}$ der linearen Funktionen ein Vektorraum ist. Dabei werden die Addition $f_1 + f_2$ und die skalare Multiplikation $r \cdot f$ punktweise definiert: $(f_1 + f_2)(x) = f_1(x) + f_2(x)$ und $(r \cdot f)(x) = r \cdot f(x)$.

Lösung:
Wir weisen zunächst die Abgeschlossenheit der beiden Verknüpfungen nach.
Man muss zeigen, dass die Summe $f_1 + f_2$ zweier linearer Funktionen wieder eine lineare Funktion ist. Aus der rechts dargestellten Detailrechnung folgt die Abgeschlossenheit bezüglich der Addition. Hierbei wird verwendet, dass die reellen Zahlen bezüglich der Addition abgeschlossen sind. Außerdem werden die für reelle Zahlen gültigen Rechengesetze (Kommutativgesetz, Distributivgesetz) verwendet.

Analog weist man die Abgeschlossenheit der skalaren Multiplikation nach (Axiom (6)). Die Rechnung zeigt, dass das reelle Vielfache $r \cdot f_1$ einer linearen Funktion wieder eine lineare Funktion ist. Hierbei werden das Distributivgesetz und das Assoziativgesetz für reelle Zahlen verwendet.

Die Gültigkeit der weiteren Axiome beweist man ganz ähnlich.
Rechts ist exemplarisch der Nachweis für Axiom (2) – das Kommutativgesetz der Addition – dargestellt.

Abgeschlossenheit der Addition:
Es seien $f_1, f_2 \in V$.
Dann gilt:

$$\begin{aligned}(f_1 + f_2)(x) &= f_1(x) + f_2(x)\\ &= a_1 x + b_1 + a_2 x + b_2\\ &= (a_1 + a_2)x + (b_1 + b_2)\\ &= ax + b\end{aligned}$$

Hieraus folgt: $f_1 + f_2 \in V$.

Abgeschlossenheit der Skalarmultiplikation:
Es seien $f_1 \in V$ und $r \in \mathbb{R}$.
Dann gilt:

$$\begin{aligned}(r \cdot f_1)(x) &= r \cdot f_1(x)\\ &= r \cdot (a_1 x + b_1)\\ &= (r \cdot a_1)x + r \cdot b_1\\ &= ax + b\end{aligned}$$

Hieraus folgt: $r \cdot f_1 \in V$.

Kommutativgesetz der Addition:
Es seien $f_1, f_2 \in V$. Dann gilt:

$$\begin{aligned}(f_1 + f_2)(x) &= f_1(x) + f_2(x)\\ &= a_1 x + b_1 + a_2 x + b_2\\ &= a_2 x + b_2 + a_1 x + b_1\\ &= f_2(x) + f_1(x) = (f_2 + f_1)(x)\end{aligned}$$

Abschließend weisen wir die Gültigkeit von Axiom (4) nach, d. h. die Existenz eines neutralen Elements der Addition.
Die lineare Funktion f_0 mit $f_0(x) = 0 \cdot x + 0$ gehört zu $V(a = 0,\ b = 0)$: Addiert man diese Funktion zu einer beliebigen linearen Funktion f_1, so erhält man wieder f_1, was die nebenstehend aufgeführte Rechnung detailliert belegt.

Existenz eines neutralen Elementes:
Sei $f_1 \in V$, d. h. $f_1(x) = ax + b$ mit $a, b \in \mathbb{R}$.
Dann gilt:

$$\begin{aligned}(f_1 + f_0)(x) &= f_1(x) + f_0(x)\\ &= (ax + b) + (0 \cdot x + 0)\\ &= (a + 0)x + (b + 0)\\ &= ax + b\\ &= f_1(x)\end{aligned}$$

Hieraus folgt: $f_1 + f_0 = f_1$

▶ Den Nachweis der Gültigkeit aller weiteren Axiome überlassen wir dem Leser (Übung 2).

Übung 2

Im vorhergehenden Beispiel wurde auf der Menge der linearen Funktionen eine Addition und eine skalare Multiplikation definiert. Die Gültigkeit der Vektorraumaxiome (1), (6), (2) und (4) wurde nachgewiesen. Vervollständigen Sie den Vektorraumnachweis, indem Sie die Gültigkeit der restlichen Axiome herleiten.

Übung 3

a) Weisen Sie nach, dass die Menge $V = \{f | f(x) = ax^3 + bx^2 + cx + d \text{ mit } a, b, c, d \in \mathbb{R}\}$ derjenigen Polynomfunktionen, deren Grad höchstens 3 beträgt, ein Vektorraum ist, wenn man als Addition die gewöhnliche Addition von Polynomen und als skalare Multiplikation die gewöhnliche Vervielfachung von Polynomen mit reellen Zahlen wählt.
b) Weisen Sie nach, dass $V = \{f | f(x) = \frac{a}{x} \text{ mit } a \in \mathbb{R},\ x \neq 0\}$ ein Vektorraum ist, wenn man als Verknüpfungen die gewöhnliche Addition und Skalarmultiplikation von Funktionen wählt.

Übung 4

n sei eine feste natürliche Zahl.
Zeigen Sie, dass die Menge $V = \{f | f(x) = a_n x^n + a_{n-1} x^{n-1} + \ldots + a_1 x + a_0 \text{ mit } a_i \in \mathbb{R}\}$ der Polynomfunktionen, deren Grad höchstens n beträgt, ein Vektorraum ist, wenn man als Verknüpfungen die gewöhnliche Addition und Skalarmultiplikation von Funktionen wählt.

Übung 5

Weisen Sie nach, dass die Menge V der in ganz $\mathbb{R}$ differenzierbaren Funktionen, versehen mit der gewöhnlichen Addition und Skalarmultiplikation von Funktionen, ein Vektorraum ist.
Hinweis: Verwenden Sie die Ableitungsregeln der Analysis zum Nachweis der Axiome.

Übung 6

a) Weisen Sie nach, dass die Menge V aller Funktionen, die die Differentialgleichung $f' + f = 0$ erfüllen, bezüglich der gewöhnlichen Addition und Skalarmultiplikation von Funktionen einen Vektorraum bildet.
b) Lösen Sie die Differentialgleichung aus Aufgabenteil a).

Beispiel: Prüfen Sie, ob die Menge $V = \{f \mid f(x) = a\,x^2 + b\,x + c \text{ mit } a, b, c \in \mathbb{R}, a \neq 0\}$ der quadratischen Funktionen mit der gewöhnlichen Addition und skalaren Multiplikation von Funktionen ein Vektorraum ist.

Lösung:
Die Menge V bildet mit den gegebenen Verknüpfungen keinen Vektorraum. Es genügt in diesem Fall, die Gültigkeit eines der Vektorraumaxiome zu widerlegen. Hier ist beispielsweise die Menge V bezüglich der Addition nicht abgeschlossen. Hierzu werden die quadratischen Funktionen f_1 und f_2 mit den Gleichungen $f_1(x) = a_1\,x^2 + b_1\,x + c_1$ und $f_2(x) = (-a_1)\,x^2 + (-b_1)\,x + (-c_1)$ betrachtet, wobei $a_1 \neq 0$ gelte. Beide Funktionen gehören zur Menge V.
Für ihre Summe $f_1 + f_2$ gilt jedoch folgende Rechnung:
$(f_1 + f_2)(x) = f_1(x) + f_2(x) = a_1\,x^2 + b_1\,x + c_1 + (-a_1)\,x^2 + (-b_1)\,x + (-c_1) = 0.$
Die Summe $f_1 + f_2$ ist also das Nullpolynom $0 \cdot x^2 + 0 \cdot x + 0$, welches nicht zur Menge V gehört, da $a \neq 0$ nicht gilt. Folglich ist das Axiom (1) nicht für alle Funktionen aus V erfüllt.

Übung 7

Prüfen Sie, ob die folgenden Mengen Vektorräume bezüglich der gewöhnlichen Addition und skalaren Multiplikation von Funktionen sind. a, b und c seien reelle Zahlen.

a) $V = \{f \mid f(x) = \sin(a \cdot x)\}$
b) $V = \{f \mid f(x) = a \cdot \sin x\}$
c) $V = \{f \mid f(x) = a\,x^2\}$
d) $V = \{f \mid f(x) = a\,x^2 + b\,x + c \text{ mit } a \cdot b \cdot c = 0\}$
e) $V = \{f \mid f(x) = a\,x^2 + (a-2)\,x\}$
f) $V = \{f \mid f(x) = a\,x^2 + b\,x + c \text{ mit } a + b + c = 0\}$

Übung 8

Auf der Menge V der reellen Zahlenfolgen wird die Summenfolge $(s_n) = (a_n + b_n)$ durch gliedweise Addition gebildet. Ebenso wird die skalare Multiplikation $r \cdot (a_n)$ gliedweise definiert.
a) Weisen Sie die Gültigkeit der Axiome (1) bis (10) für die Menge V nach.
b) Prüfen Sie, ob die Menge aller konvergenten Zahlenfolgen einen Vektorraum bildet.
c) Prüfen Sie, ob die Menge aller divergenten Zahlenfolgen einen Vektorraum bildet.

Übung 9

Prüfen Sie, ob die folgenden Mengen mit der für Spaltenvektoren definierten Addition und skalaren Multiplikation einen Vektorraum bilden.

a) $V = \left\{\begin{pmatrix} 2 \\ a \end{pmatrix} \middle| a \in \mathbb{R}\right\}$
b) $V = \left\{\begin{pmatrix} a \\ 0 \end{pmatrix} \middle| a \in \mathbb{R}\right\}$
c) $V = \left\{\begin{pmatrix} a \\ b \end{pmatrix} \middle| a, b \in \mathbb{R}, a + b = 1\right\}$
d) $V = \left\{\begin{pmatrix} a \\ -a \\ 2a \end{pmatrix} \middle| a \in \mathbb{R}\right\}$
e) $V = \left\{\begin{pmatrix} a \\ 0 \\ a^2 \end{pmatrix} \middle| a \in \mathbb{R}\right\}$
f) $V = \left\{\begin{pmatrix} a \\ b \\ c \end{pmatrix} \middle| a, b, c \in \mathbb{R}, 2a + b - c = 2\right\}$

Übung 10

Prüfen Sie, ob die Menge V mit den angegebenen Verknüpfungen ein Vektorraum ist.

a) $V = \left\{\begin{pmatrix} a \\ b \end{pmatrix} \middle| a, b \in \mathbb{R}\right\}$; $\begin{pmatrix} a \\ b \end{pmatrix} + \begin{pmatrix} c \\ d \end{pmatrix} = \begin{pmatrix} a+c \\ b+d \end{pmatrix}$; $r \cdot \begin{pmatrix} a \\ b \end{pmatrix} = \begin{pmatrix} r \cdot a \\ b \end{pmatrix}$

b) $V = \left\{\begin{pmatrix} a \\ b \end{pmatrix} \middle| a, b \in \mathbb{R}\right\}$; $\begin{pmatrix} a \\ b \end{pmatrix} + \begin{pmatrix} c \\ d \end{pmatrix} = \begin{pmatrix} a+c \\ b \end{pmatrix}$; $r \cdot \begin{pmatrix} a \\ b \end{pmatrix} = \begin{pmatrix} r \cdot a \\ r \cdot b \end{pmatrix}$

c) $V = \left\{\begin{pmatrix} a \\ b \end{pmatrix} \middle| a, b \in \mathbb{R}\right\}$; $\begin{pmatrix} a \\ b \end{pmatrix} + \begin{pmatrix} c \\ d \end{pmatrix} = \begin{pmatrix} a+c \\ b+d \end{pmatrix}$; $r \cdot \begin{pmatrix} a \\ b \end{pmatrix} = \begin{pmatrix} 0 \\ r \cdot b \end{pmatrix}$

In die axiomatische Definition des Vektorraumes wurden nur die absolut erforderlichen Gesetze aufgenommen. Aus ihnen lassen sich weitere Rechenregeln für Vektoren ableiten, die ebenfalls für jeden Vektorraum gelten. Im folgenden Satz werden einige dieser Regeln aufgeführt.

Satz VII.1: V sei bezüglich einer Addition + und einer skalaren Multiplikation · ein Vektorraum.* Dann gelten die folgenden Gesetze:
(1) $0 \cdot \vec{a} = \vec{0}$ für alle $\vec{a} \in V$.
(2) $r \cdot \vec{0} = \vec{0}$ für alle $r \in \mathbb{R}$.
(3) Ist $r \cdot \vec{a} = \vec{0}$, so ist entweder $r = 0$ oder $\vec{a} = \vec{0}$.

Beweis zu (1):
Für alle $\vec{a} \in V$ gilt nach den Vektorraumaxiomen die rechts dargestellte Gleichungskette. Bei den Umformungen werden nur die Axiome (1) bis (10) und die Rechengesetze der reellen Zahlen verwendet.

$$
\begin{aligned}
\vec{a} &= 1 \cdot \vec{a} && (10)\\
&= (0+1) \cdot \vec{a} && \text{Rechengesetz in } \mathbb{R}\\
&= 0 \cdot \vec{a} + 1 \cdot \vec{a} && (8)\\
&= 0 \cdot \vec{a} + \vec{a} && (10)
\end{aligned}
$$

Anschließend addiert man auf beiden Gleichungsseiten das inverse Element $(-\vec{a})$ und erhält durch Anwendung der Axiome schließlich die Gleichung, die bewiesen werden sollte.

Daraus folgt:

$$
\begin{aligned}
\vec{a} + (-\vec{a}) &= (0 \cdot \vec{a} + \vec{a}) + (-\vec{a}) && | + (-\vec{a})\\
\vec{a} + (-\vec{a}) &= 0 \cdot \vec{a} + (\vec{a} + (-\vec{a})) && (3)\\
\vec{0} &= 0 \cdot \vec{a} + \vec{0} && (5)\\
\vec{0} &= 0 \cdot \vec{a} && (4)
\end{aligned}
$$

Übung 11
Beweisen Sie die Aussagen (2) und (3) von Satz VII.1.

Übung 12
V sei ein Vektorraum, r sei eine reelle Zahl und $\vec{a}$ ein beliebiger Vektor aus V. Zeigen Sie, dass dann folgende Rechenregeln gelten:
a) $r \cdot (-\vec{a}) = -(r \cdot \vec{a})$
b) $(-1) \cdot \vec{a} = -\vec{a}$

Übung 13
V sei ein Vektorraum, r und s seien reelle Zahlen. $\vec{a}$, $\vec{b}$ und $\vec{c}$ seien beliebige Vektoren aus V. Zeigen Sie, dass dann folgende Rechenregeln gelten:
a) Aus $r \cdot \vec{a} = r \cdot \vec{b}$ und $r \neq 0$ folgt $\vec{a} = \vec{b}$.
b) Aus $r \cdot \vec{a} = s \cdot \vec{a}$ und $\vec{a} \neq \vec{0}$ folgt $r = s$.

* Man schreibt hierfür auch kurz (V, +, ·).

B. Untervektorräume

Eine Teilmenge U eines Vektorraums V kann ebenfalls einen Vektorraum bilden. Man spricht in diesem Fall von einem ***Untervektorraum***.

Definition VII.2: Eine nicht leere Teilmenge U eines Vektorraums V, die bezüglich der in V definierten Addition und skalaren Multiplikation selbst ein Vektorraum ist, heißt **Untervektorraum** von V.

Zum Nachweis, dass eine Teilmenge $U \subseteq V$ ein Untervektorraum von V ist, müssen nicht alle Vektorraumaxiome überprüft werden. Es reicht der Nachweis aus, dass U bezüglich der beiden Vektorraumverknüpfungen abgeschlossen ist.

Kriterium für Untervektorräume

Eine nicht leere Teilmenge U eines Vektorraums V ist genau dann ein Untervektorraum, wenn für alle $\vec{a}, \vec{b} \in U$ und $r \in \mathbb{R}$ die rechts aufgeführten Bedingungen (I) und (II) gelten.

(I) $\vec{a} + \vec{b} \in U$

(II) $r \cdot \vec{a} \in U$

Beweis:
Die in Definition VII.1 genannten Rechengesetze (2), (3) und (7)–(10) sind automatisch auch in $U \subseteq V$ gültig, da sie in ganz V gelten. Es bleibt nachzuweisen, dass U das neutrale Element $\vec{0}$ und zu jedem seiner Elemente das zugehörige inverse Element enthält.
$\vec{a}$ sei ein Element von $U \neq \emptyset$. Dann sind nach (II) auch $0 \cdot \vec{a}$ und $(-1) \cdot \vec{a}$ Elemente von U.
Nach Satz VII.1 gilt $\vec{0} \cdot \vec{a} = \vec{0}$ und nach Übung 12 gilt $(-1) \cdot \vec{a} = -\vec{a}$. Also sind auch das neutrale Element $\vec{0}$ und das zu $\vec{a}$ inverse Element $-\vec{a}$ Elemente von V.

Beispiel: Prüfen Sie, ob die folgenden Teilmengen des Vektorraums V_2 bzw. des Vektorraums V_3 der Spaltenvektoren Untervektorräume sind:

a) $A = \left\{ \begin{pmatrix} a \\ -a \end{pmatrix} \middle| a \in \mathbb{R} \right\}$

b) $B = \left\{ \begin{pmatrix} a \\ -a \\ 1 \end{pmatrix} \middle| a \in \mathbb{R} \right\}$

Lösung zu a):

Für $\vec{a} = \begin{pmatrix} a \\ -a \end{pmatrix} \in A, \vec{b} = \begin{pmatrix} b \\ -b \end{pmatrix} \in A, r \in \mathbb{R}$ gilt:

$$\vec{a} + \vec{b} = \begin{pmatrix} a \\ -a \end{pmatrix} + \begin{pmatrix} b \\ -b \end{pmatrix} = \begin{pmatrix} a+b \\ -a-b \end{pmatrix}$$

$$= \begin{pmatrix} a+b \\ -(a+b) \end{pmatrix} \in A$$

$$r \cdot \vec{a} = r \cdot \begin{pmatrix} a \\ -a \end{pmatrix} = \begin{pmatrix} r \cdot a \\ r \cdot (-a) \end{pmatrix} = \begin{pmatrix} r \cdot a \\ -r \cdot a \end{pmatrix} \in A$$

Daher ist A ein Untervektorraum von V_2.

Lösung zu b):

Für $\vec{a} = \begin{pmatrix} a \\ -a \\ 1 \end{pmatrix} \in B, \vec{b} = \begin{pmatrix} b \\ -b \\ 1 \end{pmatrix} \in B$ und $r \in \mathbb{R}$ gilt:

$$\vec{a} + \vec{b} = \begin{pmatrix} a \\ -a \\ 1 \end{pmatrix} + \begin{pmatrix} b \\ -b \\ 1 \end{pmatrix} = \begin{pmatrix} a+b \\ -(a+b) \\ 2 \end{pmatrix} \notin B$$

Daher ist B kein Untervektorraum von V_3.

Übungen

14. Untersuchen Sie, ob die folgenden Mengen mit der üblichen Addition von Funktionen und der Multiplikation einer reellen Zahl mit einer Funktion einen Vektorraum bilden:
a) V ist die Menge aller reellen Funktionen.
b) V ist die Menge aller in ganz $\mathbb{R}$ stetigen Funktionen.
c) V ist die Menge aller reellen Funktionen mit $f(0) = 1$.

15. V sei ein Vektorraum mit der Addition + und der skalaren Multiplikation ·.
Beweisen Sie: Für alle $\vec{a}, \vec{b}, \vec{c} \in V$ und $r \in \mathbb{R}$ gilt:
(1) $\vec{a} + \vec{a} = 2 \cdot \vec{a}$ (2) Ist $\vec{a} + \vec{b} = \vec{a} + \vec{c}$, so folgt $\vec{b} = \vec{c}$. (3) $(-r) \cdot (-\vec{a}) = r \cdot \vec{a}$

16. Untersuchen Sie, ob U ein Untervektorraum des Vektorraums V_2 ist. Prüfen Sie die Abgeschlossenheit oder geben Sie ein Gegenbeispiel an.

a) $U = \left\{ \begin{pmatrix} a \\ 3a \end{pmatrix} \middle| a \in \mathbb{R} \right\}$ b) $U = \left\{ \begin{pmatrix} a \\ a+1 \end{pmatrix} \middle| a \in \mathbb{R} \right\}$ c) $U = \left\{ \begin{pmatrix} a \\ b \end{pmatrix} \middle| a, b \in \mathbb{R}, |a| = |b| \right\}$

17. Untersuchen Sie, ob U ein Untervektorraum des Vektorraums V_3 ist. Prüfen Sie die Abgeschlossenheit oder geben Sie ein Gegenbeispiel an.

a) $U = \left\{ \begin{pmatrix} a \\ a-b \\ b \end{pmatrix} \middle| a, b \in \mathbb{R} \right\}$ b) $U = \left\{ \begin{pmatrix} a \\ b \\ a+b+1 \end{pmatrix} \middle| a, b \in \mathbb{R} \right\}$

c) $U = \left\{ \begin{pmatrix} a \\ a-1 \\ 0 \end{pmatrix} \middle| a \in \mathbb{R} \right\}$ d) $U = \left\{ \begin{pmatrix} a \\ b \\ c \end{pmatrix} \middle| a, b, c \in \mathbb{R}, a - 2b + 3c = 0 \right\}$

18. Bildet die Menge aller arithmetischen (geometrischen Zahlenfolgen) einen Untervektorraum des Vektorraums aller reellen Zahlenfolgen?

19. Prüfen Sie, ob die folgende Aussage richtig ist:
„Ist U eine nicht leere Teilmenge des Vektorraums V und gilt für alle $r \in \mathbb{R}$ und $\vec{a} \in U$ stets $r \cdot \vec{a} \in U$, so ist U ein Untervektorraum von V.“

20. Magische Quadrate
Ein magisches Quadrat ist ein quadratisches Schema reeller Zahlen, bei dem die Summe der Zahlen, die in einer Zeile, in einer Spalte und in einer Diagonalen stehen, den gleichen Wert hat.

6	7	2
1	5	9
8	3	4

4	0	2
0	2	4
2	4	0

a) Welche Summe ergibt sich bei den beiden rechts dargestellten magischen Quadraten 3. Ordnung?
b) Addieren Sie die jeweils an entsprechender Stelle stehenden Zahlen der beiden Quadrate aus Aufgabenteil a). Ist das so entstehende Quadrat wieder magisch?
c) Weisen Sie nach, dass die Menge der magischen Quadrate 3. Ordnung einen Vektorraum bilden, wenn man die Addition wie in b) und die skalare Multiplikation als Vervielfachung jeder Zahl im Quadrat erklärt.
d) Bildet die Menge der magischen Quadrate 3. Ordnung, die die Zeilen-, Spalten- und Diagonalensumme 15 haben, einen Untervektorraum des Vektorraums aus c)?

2. Erzeugendensystem, Basis und Dimension

A. Erzeugendensystem und Basis von Vektorräumen

In vielen Fällen können alle Elemente eines Vektorraums als Linearkombinationen von wenigen seiner Elemente ausgedrückt werden. Dies führt auf die wichtigen Begriffe *Erzeugendensystem* und *Basis* eines Vektorraums, die wir in diesem Abschnitt einführen. Zunächst zeigen wir, dass die Menge aller Linearkombinationen einer beliebigen Auswahl von Vektoren eines Vektorraums stets einen Untervektorraum bilden.

Satz VII.2: $\vec{a}_1, \vec{a}_2, \ldots, \vec{a}_n$ seien beliebige Vektoren eines Vektorraums V.
Dann ist die Menge aller Linearkombinationen dieser Vektoren, d. h.
$U = \{r_1 \cdot \vec{a}_1 + r_2 \cdot \vec{a}_2 + \ldots + r_n \cdot \vec{a}_n | r_1, r_2, \ldots, r_n \in \mathbb{R}\}$ ein Untervektorraum von V.

Beweis:
Es seien $\vec{x} = r_1 \cdot \vec{a}_1 + r_2 \cdot \vec{a}_2 + \ldots + r_n \cdot \vec{a}_n$ und $\vec{y} = s_1 \cdot \vec{a}_1 + s_2 \cdot \vec{a}_2 + \ldots + s_n \cdot \vec{a}_n$ Vektoren aus U.
Dann gilt für deren Summe: $\vec{x} + \vec{y} = r_1 \cdot \vec{a}_1 + r_2 \cdot \vec{a}_2 + \ldots + r_n \cdot \vec{a}_n + s_1 \cdot \vec{a}_1 + s_2 \cdot \vec{a}_2 + \ldots + s_n \cdot \vec{a}_n$
$= (r_1 + s_1) \cdot \vec{a}_1 + (r_2 + s_2) \cdot \vec{a}_2 + \ldots + (r_n + s_n) \cdot \vec{a}_n \in U.$
Ebenso gilt für alle $t \in \mathbb{R}$: $t \cdot \vec{x} = t \cdot (r_1 \cdot \vec{a}_1 + r_2 \cdot \vec{a}_2 + \ldots + r_n \cdot \vec{a}_n)$
$= (t \cdot r_1) \cdot \vec{a}_1 + (t \cdot r_2) \cdot \vec{a}_2 + \ldots + (t \cdot r_n) \cdot \vec{a}_n \in U.$
Die Menge U erfüllt also das Kriterium für Untervektorräume.

Übung 1

U sei die Menge aller Linearkombinationen der Vektoren $\begin{pmatrix} 2 \\ 1 \\ 0 \end{pmatrix}$ und $\begin{pmatrix} 3 \\ 0 \\ -1 \end{pmatrix}$.

a) Gehören die Vektoren $\begin{pmatrix} 4 \\ 5 \\ 2 \end{pmatrix}$ bzw. $\begin{pmatrix} -1 \\ 2 \\ 1 \end{pmatrix}$ zu U?

b) Welche geometrische Deutung ist für den Untervektorraum U von V_3 möglich?

c) Gibt es einen Vektor $\vec{b} \in V_3$, sodass $W = \{t \cdot \vec{b} | t \in \mathbb{R}\} = U$ gilt?

Die Menge der Linearkombinationen beliebiger Vektoren eines Vektorraums V ist also stets ein Untervektorraum von V. Von besonderem Interesse ist der Fall, dass diese Menge sogar gleich dem Vektorraum V ist, d. h., dass der gesamte Vektorraum V durch Linearkombinationen einiger Vektoren aus V erzeugt wird. Diese Vektoren bilden dann ein sog. ***Erzeugendensystem*** von V.

Definition VII.3: Lässt sich jeder Vektor $\vec{x}$ eines Vektorraums V als Linearkombination der Vektoren $\vec{a}_1, \vec{a}_2, \ldots, \vec{a}_n \in V$ darstellen, also in der Form

$$\vec{x} = r_1 \cdot \vec{a}_1 + r_2 \cdot \vec{a}_2 + \ldots + r_n \cdot \vec{a}_n \; (r_1, r_2, \ldots, r_n \in \mathbb{R}),$$

so heißt die Menge $\{\vec{a}_1, \vec{a}_2, \ldots, \vec{a}_n\}$ ein **Erzeugendensystem** von V.

Beispiel: Zeigen Sie, dass $\left\{\begin{pmatrix}1\\0\end{pmatrix}, \begin{pmatrix}2\\1\end{pmatrix}\right\}$ ein Erzeugendensystem des Vektorraums V_2 ist.

Lösung:
Es ist zu zeigen, dass sich ein beliebiger Vektor $\vec{x}$ aus V_2 als Linearkombination von $\begin{pmatrix}1\\0\end{pmatrix}$ und $\begin{pmatrix}2\\1\end{pmatrix}$ darstellen lässt. Dies führt auf die nebenstehende Vektorgleichung.

Vektorgleichung:

$$\vec{x} = \begin{pmatrix}x_1\\x_2\end{pmatrix} = r \cdot \begin{pmatrix}1\\0\end{pmatrix} + s \cdot \begin{pmatrix}2\\1\end{pmatrix}$$

Durch Betrachtung der einzelnen Koordinaten der Spaltenvektoren erhalten wir ein lineares Gleichungssystem, aus dem wir r und s in Abhängigkeit von x_1 und x_2 errechnen können.

Gleichungssystem:

$$\begin{aligned} x_1 &= r + 2s \\ x_2 &= s \end{aligned} \quad \Rightarrow \quad \begin{aligned} r &= x_1 - 2x_2 \\ s &= x_2 \end{aligned}$$

Die nebenstehende Rechnung zeigt, dass die Vektorgleichung mit $r = x_1 - 2x_2$ und $s = x_2$ erfüllt wird.

Darstellung von $\vec{x}$ durch $\begin{pmatrix}1\\0\end{pmatrix}$ und $\begin{pmatrix}2\\1\end{pmatrix}$:

$$\vec{x} = (x_1 - 2x_2) \cdot \begin{pmatrix}1\\0\end{pmatrix} + x_2 \cdot \begin{pmatrix}2\\1\end{pmatrix}$$

Übung 2

a) Zeigen Sie, dass $\left\{\begin{pmatrix}1\\0\end{pmatrix}, \begin{pmatrix}1\\1\end{pmatrix}, \begin{pmatrix}2\\3\end{pmatrix}\right\}$ ein Erzeugendensystem des Vektorraums V_2 ist.

b) Drücken Sie $\begin{pmatrix}7\\-9\end{pmatrix}$ als Linearkombination der Vektoren des Erzeugendensystems aus a) aus. Ist diese Darstellung eindeutig?

Übung 3

a) Zeigen Sie, dass $\left\{\begin{pmatrix}1\\0\\0\end{pmatrix}, \begin{pmatrix}1\\1\\0\end{pmatrix}, \begin{pmatrix}1\\1\\1\end{pmatrix}\right\}$ ein Erzeugendensystem des Vektorraums V_3 ist.

b) Drücken Sie $\begin{pmatrix}6\\5\\-4\end{pmatrix}$ als Linearkombination der Vektoren des Erzeugendensystems aus a) aus. Ist diese Dastellung eindeutig?

Übung 4

a) Zeigen Sie, dass {f, g, h} mit $f(x) = x - 1$, $g(x) = 5$ und $h(x) = 3x^2$ ein Erzeugendensystem des Vektorraums der Polynome höchstens 2. Grades ist.
b) Drücken Sie $k(x) = x^2 + 4x + 1$ als Linearkombination von f, g und h aus a) aus.

Zu einem Vektorraum lassen sich verschiedene Erzeugendensysteme angeben. Beispielsweise sind für den Vektorraum V_2 sowohl $\left\{\begin{pmatrix}1\\0\end{pmatrix}, \begin{pmatrix}2\\1\end{pmatrix}\right\}$ als auch $\left\{\begin{pmatrix}1\\0\end{pmatrix}, \begin{pmatrix}1\\1\end{pmatrix}, \begin{pmatrix}2\\3\end{pmatrix}\right\}$ Erzeugendensysteme. Besonders wichtig sind diejenigen Erzeugendensysteme, deren Vektoren linear unabhängig sind (s. S. 49). Sie bekommen daher eine eigene Bezeichnung.

Definition VII.4: Ein Erzeugendensystem $\{\vec{a}_1, \vec{a}_2, \ldots, \vec{a}_n\}$ linear unabhängiger Vektoren des Vektorraums V wird als ***Basis*** des Vektorraums bezeichnet.

Beispiel: Zeigen Sie, dass $\left\{\begin{pmatrix}1\\1\\1\end{pmatrix}, \begin{pmatrix}2\\1\\1\end{pmatrix}, \begin{pmatrix}1\\0\\1\end{pmatrix}\right\}$ eine Basis von V_3 ist.

Lösung:
Zuerst müssen wir nachweisen, dass die gegebenen drei Vektoren ein Erzeugendensystem von V_3 bilden. Dazu muss sich jeder Vektor $\vec{x} \in V_3$ als Linearkombination der gegebenen Vektoren darstellen lassen.

Vektorgleichung:

$$\vec{x} = \begin{pmatrix}x_1\\x_2\\x_3\end{pmatrix} = r \cdot \begin{pmatrix}1\\1\\1\end{pmatrix} + s \cdot \begin{pmatrix}2\\1\\1\end{pmatrix} + t \cdot \begin{pmatrix}1\\0\\1\end{pmatrix}$$

Die ist der Fall, wie die nebenstehende Rechnung ergibt. Die Vektorgleichung ist für $r = -x_1 + x_2 + x_3$, $s = x_1 - x_3$, $t = x_3 - x_2$ erfüllt.

Gleichungssystem:

$$\begin{array}{lll} \text{I} & x_1 = r + 2s + t & \text{III}-\text{II}: t = x_3 - x_2 \\ \text{II} & x_2 = r + s \quad \Rightarrow & \text{I}-\text{III}: s = x_1 - x_3 \\ \text{III} & x_3 = r + s + t & \text{II}: r = -x_1 + x_2 + x_3 \end{array}$$

Nun muss noch die lineare Unabhängigkeit der drei gegebenen Vektoren gezeigt werden. Dazu muss nachgewiesen werden, dass die nebenstehende Vektorgleichung nur die triviale Lösung besitzt. Aus der nebenstehenden Rechnung folgt $r = s = t = 0$.
Die gegebenen Vektoren bilden also eine Basis von V_3.

Lineare Unabhängigkeit:

$$r \cdot \begin{pmatrix}1\\1\\1\end{pmatrix} + s \cdot \begin{pmatrix}2\\1\\1\end{pmatrix} + t \cdot \begin{pmatrix}1\\0\\1\end{pmatrix} = \begin{pmatrix}0\\0\\0\end{pmatrix}$$

$$\begin{array}{lll} \text{I} & r + 2s + t = 0 & \text{I}-\text{III}: \ s = 0 \\ \text{II} & r + s \qquad = 0 & \text{in II}: \ r = 0 \\ \text{III} & r + s + t \ = 0 & \text{III}-\text{II}: t = 0 \end{array}$$

Die rechts dargestellten Basen bilden die „einfachsten" Basen der Vektorräume V_2 bzw. V_3. Diese werden ***kanonisch*** genannt. Die „üblichen" Koordinaten eines Spaltenvektors aus V_2 bzw. V_3 sind nämlich gleichzeitig die Koeffizienten in der Darstellung des Vektors als Linearkombination der kanonischen Basisvektoren.
Bei anderen Basen müssen die Koeffizienten erst rechnerisch bestimmt werden. Diese Koeffizienten werden häufig ebenfalls als *Koordinaten bezüglich der zugehörigen Basis* bezeichnet.

Kanonische Basis des V_2: $\left\{\begin{pmatrix}1\\0\end{pmatrix}, \begin{pmatrix}0\\1\end{pmatrix}\right\}$

Für alle $\vec{x} \in V_2$ gilt:

$$\vec{x} = \begin{pmatrix}x_1\\x_2\end{pmatrix} = x_1 \cdot \begin{pmatrix}1\\0\end{pmatrix} + x_2 \cdot \begin{pmatrix}0\\1\end{pmatrix}$$

Kanonische Basis des V_3: $\left\{\begin{pmatrix}1\\0\\0\end{pmatrix}, \begin{pmatrix}0\\1\\0\end{pmatrix}, \begin{pmatrix}0\\0\\1\end{pmatrix}\right\}$

Für alle $\vec{x} \in V_3$ gilt:

$$\vec{x} = \begin{pmatrix}x_1\\x_2\\x_3\end{pmatrix} = x_1 \cdot \begin{pmatrix}1\\0\\0\end{pmatrix} + x_2 \cdot \begin{pmatrix}0\\1\\0\end{pmatrix} + x_3 \cdot \begin{pmatrix}0\\0\\1\end{pmatrix}$$

Übung 5

a) Zeigen Sie, dass $\left\{\begin{pmatrix}1\\-1\end{pmatrix}, \begin{pmatrix}3\\1\end{pmatrix}\right\}$ eine Basis von V_2 ist.

Geben Sie die Koordinaten des Vektors $\begin{pmatrix}5\\3\end{pmatrix}$ bezüglich der Basis B an.

b) Zeigen Sie, dass $\left\{\begin{pmatrix}1\\2\\2\end{pmatrix}, \begin{pmatrix}3\\1\\1\end{pmatrix}, \begin{pmatrix}-2\\0\\1\end{pmatrix}\right\}$ eine Basis von V_3 ist.

Geben Sie die Koordinaten des Vektors $\begin{pmatrix}-1\\5\\8\end{pmatrix}$ bezüglich der Basis B an.

Übung 6

$V = \{f | f(x) = ax + b \text{ mit } a, b \in \mathbb{R}\}$ sei der Vektorraum der linearen Funktionen mit gewöhnlicher Addition und skalarer Multiplikation. Geben Sie eine Basis von V an.

Übung 7

Geben Sie die kanonische Basis des Vektorraums V_4 der 4-dimensionalen Spaltenvektoren an.

Anders als bei Erzeugendensystemen (vgl. S. 194 Übung 2) ist die Darstellung eines Vektors als Linearkombination von Basisvektoren stets *eindeutig*.

Satz VII.3: Ist $\{\vec{a}_1, \vec{a}_2, \ldots, \vec{a}_n\}$ eine Basis des Vektorraums V, so ist die Darstellung eines beliebigen Vektors $\vec{x} \in V$ als Linearkombination der Basisvektoren **eindeutig**.
In der Darstellung $\vec{x} = r_1 \cdot \vec{a}_1 + r_2 \cdot \vec{a}_2 + \ldots + r_n \cdot \vec{a}_n$ $(r_1, r_2, \ldots, r_n \in \mathbb{R})$ sind die Koeffizienten $r_1, r_2, \ldots, r_n$ eindeutig bestimmt.

Beweis:
Angenommen, es gäbe für einen beliebigen Vektor $\vec{x} \in V$ zwei verschiedene Darstellungen durch Basisvektoren:

I $\quad \vec{x} = r_1 \cdot \vec{a}_1 + r_2 \cdot \vec{a}_2 + \ldots + r_n \cdot \vec{a}_n$

II $\quad \vec{x} = s_1 \cdot \vec{a}_1 + s_2 \cdot \vec{a}_2 + \ldots + s_n \cdot \vec{a}_n$

Damit diese Darstellungen verschieden sind, muss für mindestens ein i gelten: $r_i \neq s_i$.
Durch Subtraktion der beiden Gleichungen erhalten wir eine Darstellung des Nullvektors:

$$\text{I}-\text{II}: \vec{0} = (r_1 - s_1) \cdot \vec{a}_1 + (r_2 - s_2) \cdot \vec{a}_2 + \ldots + (r_n - s_n) \cdot \vec{a}_n$$

Wegen der linearen Unabhängigkeit der Vektoren $\vec{a}_1, \vec{a}_2, \ldots, \vec{a}_n$ hat diese Vektorgleichung nur die triviale Lösung $r_1 - s_1 = r_2 - s_2 = \ldots = r_n - s_n = 0$. Daraus folgt $r_1 = s_1, r_2 = s_2, \ldots, r_n = s_n$.
Dies widerspricht aber der Annahme verschiedener Darstellungsmöglichkeiten eines Vektors.
Die Darstellung jeden Vektors als Linearkombination von Basisvektoren ist somit eindeutig.

B. Die Dimension eines Vektorraums

Alle betrachteten Basen des Vektorraums V_3 bestanden wie auch die kanonische Basis aus drei Vektoren. Die ist kein Zufall, denn verschiedene Basen eines Vektorraums enthalten stets gleich viele Vektoren.*

Definition VII.5: Die Anzahl der Vektoren einer Basis eines Vektorraums heißt ***Dimension*** des Vektorraums.

Insbesondere hat der Vektorraum V_2 die Dimension 2, und entsprechend der Vektorraum V_3 die Dimension 3 (Abk.: $\dim V_2 = 2$, $\dim V_3 = 3$).**
In der Ebene bilden damit zwei linear unabhängige Vektoren eine Basis, im Raum jeweils drei linear unabhängige Vektoren.
Diese Aussagen werden im Folgenden anschaulich begründet.

---

* Auf den Beweis dieser Tatsache müssen wir hier verzichten.
** $\dim V = 0$ bedeutet, dass V nur den Nullvektor enthält.

Ebene: Alle in einer Ebene liegenden Vektoren bilden einen Vektorraum V. Zwei linear unabhängige Vektoren $\vec{a}_1, \vec{a}_2 \in V$ bilden eine Basis dieses Raumes, da jeder beliebige Vektor $\vec{x} \in V$ als Diagonalenvektor eines Parallelogramms dargestellt werden kann, dessen Seitenvektoren Vielfache der Basisvektoren sind. Also gilt: $\vec{x} = r \cdot \vec{a}_1 + s \cdot \vec{a}_2$.

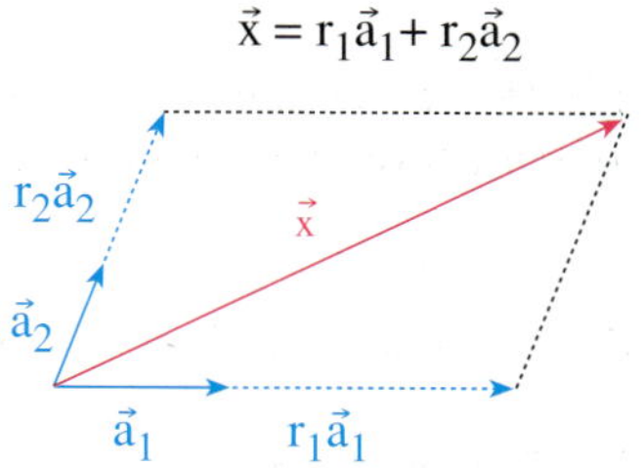

Raum: Alle im Raum liegenden Vektoren bilden einen Vektorraum. Drei linear unabhängige Vektoren $\vec{a}_1, \vec{a}_2, \vec{a}_3 \in V$ bilden eine Basis dieses Raumes, da jeder beliebige Vektor $\vec{x} \in V$ als Diagonalenvektor eines Spats dargestellt werden kann, dessen Seitenvektoren Vielfache der Basisvektoren sind. Daher gilt: $\vec{x} = r \cdot \vec{a}_1 + s \cdot \vec{a}_2 + t \cdot \vec{a}_3$.

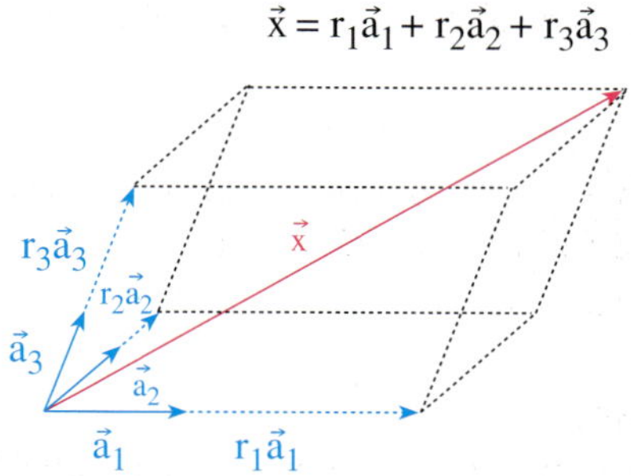

Beispiel: Gegeben ist der Untervektorraum $U = \left\{ \begin{pmatrix} a-6b \\ 3a+3b \\ -2a-2b \end{pmatrix} \middle| a, b \in \mathbb{R} \right\}$ des Vektorraums V_3.

a) Bestimmen Sie die Dimension von U.

b) Welche geometrische Deutung ist für den Vektorraum U möglich?

Lösung zu a):

Die Dimension von U ist 2, denn die Vektoren $\vec{a}_1 = \begin{pmatrix} 1 \\ 3 \\ -2 \end{pmatrix}, \vec{a}_2 = \begin{pmatrix} -6 \\ 3 \\ -2 \end{pmatrix}$ bilden eine Basis von U.

Für alle Vektoren aus U gilt:

$$\begin{pmatrix} a-6b \\ 3a+3b \\ -2a-2b \end{pmatrix} = a \cdot \begin{pmatrix} 1 \\ 3 \\ -2 \end{pmatrix} + b \cdot \begin{pmatrix} -6 \\ 3 \\ -2 \end{pmatrix} = a \cdot \vec{a}_1 + b \cdot \vec{a}_2$$

$\vec{a}_1$ und $\vec{a}_2$ sind linear unabhängig:

$$r \cdot \begin{pmatrix} 1 \\ 3 \\ -2 \end{pmatrix} + s \cdot \begin{pmatrix} -6 \\ 3 \\ -2 \end{pmatrix} = \begin{pmatrix} 0 \\ 0 \\ 0 \end{pmatrix} \Rightarrow r = s = 0$$

zu b):

Zur geometrischen Deutung für U betrachten wir die Vektoren von U als *Ortsvektoren* von Punkten des Raums. Die Basisvektoren $\vec{a}_1$ und $\vec{a}_2$ spannen eine Ebene auf, die durch den Ursprung geht, da U ein Vektorraum ist. Eine bessere Vorstellung von der Lage der Ebene erhalten wir, wenn wir eine andere Basis von U wählen. Die Vektoren

$$\vec{b}_1 = \vec{a}_1 = \begin{pmatrix} 1 \\ 3 \\ -2 \end{pmatrix}, \vec{b}_2 = \tfrac{1}{7}(\vec{a}_1 - \vec{a}_2) = \begin{pmatrix} 1 \\ 0 \\ 0 \end{pmatrix}$$

bilden ebenfalls eine Basis von U, wie sich leicht nachweisen lässt.

U kann als schräg im Raum liegende Ursprungsebene interpretiert werden, die die x-Achse enthält.

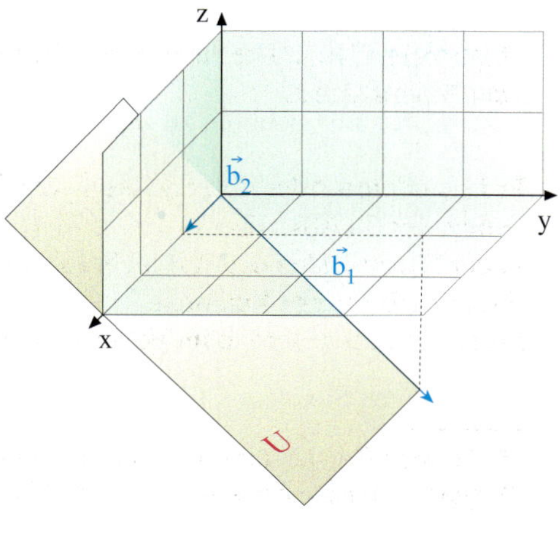

Übungen

8. Erzeugendensystem

a) Zeigen Sie, dass $A = \left\{ \begin{pmatrix} 1 \\ 2 \\ 3 \end{pmatrix}, \begin{pmatrix} 1 \\ 2 \\ 1 \end{pmatrix}, \begin{pmatrix} 0 \\ 0 \\ 1 \end{pmatrix}, \begin{pmatrix} 0 \\ 1 \\ 1 \end{pmatrix} \right\}$ ein Erzeugendensystem von V_3 ist.

Stellen Sie den Vektor $\begin{pmatrix} 4 \\ 7 \\ -2 \end{pmatrix}$ auf zwei unterschiedliche Arten als Linearkombination der Vektoren aus A dar.

b) Prüfen Sie, ob $B = \left\{ \begin{pmatrix} 1 \\ -1 \\ 2 \end{pmatrix}, \begin{pmatrix} 1 \\ 2 \\ -1 \end{pmatrix}, \begin{pmatrix} 2 \\ 1 \\ 1 \end{pmatrix}, \begin{pmatrix} 1 \\ 0 \\ 1 \end{pmatrix}, \begin{pmatrix} 2 \\ -1 \\ 3 \end{pmatrix} \right\}$ und $C = \left\{ \begin{pmatrix} -1 \\ 3 \\ 3 \end{pmatrix}, \begin{pmatrix} 3 \\ 3 \\ -1 \end{pmatrix}, \begin{pmatrix} 3 \\ -1 \\ 3 \end{pmatrix} \right\}$ ebenfalls Erzeugendensysteme von V_3 sind.

9. Basis

Es sei U der Vektorraum aller Linearkombinationen der Vektoren $\begin{pmatrix} 1 \\ 4 \\ 1 \end{pmatrix}, \begin{pmatrix} 2 \\ 1 \\ 3 \end{pmatrix}, \begin{pmatrix} 1 \\ 11 \\ 0 \end{pmatrix}$.

Zeigen Sie, dass $\left\{ \begin{pmatrix} 3 \\ 5 \\ 4 \end{pmatrix}, \begin{pmatrix} -1 \\ 3 \\ -2 \end{pmatrix} \right\}$ eine Basis von U ist.

10. Basis

Zeigen Sie, dass $\left\{ \begin{pmatrix} 1 \\ 0 \\ 0 \\ 1 \end{pmatrix}, \begin{pmatrix} 2 \\ 1 \\ 1 \\ 2 \end{pmatrix}, \begin{pmatrix} -2 \\ 1 \\ 2 \\ 0 \end{pmatrix}, \begin{pmatrix} 1 \\ 1 \\ 3 \\ 0 \end{pmatrix} \right\}$ eine Basis von V_4 ist. Bestimmen Sie die Koordinaten von $\begin{pmatrix} -2 \\ 0 \\ 1 \\ 0 \end{pmatrix}$ bezüglich dieser Basis.

11. Basis

U sei die Menge aller Linearkombinationen der Vektoren $\begin{pmatrix} 1 \\ 3 \\ 1 \end{pmatrix}$ und $\begin{pmatrix} 2 \\ -1 \\ 1 \end{pmatrix}$. U ist somit ein Untervektorraum von V_3.

a) Welche der folgenden Vektoren $\vec{a}_1 = \begin{pmatrix} 0 \\ 7 \\ 1 \end{pmatrix}$, $\vec{a}_2 = \begin{pmatrix} 4 \\ 5 \\ 6 \end{pmatrix}$, $\vec{a}_3 = \begin{pmatrix} 6 \\ 4 \\ 4 \end{pmatrix}$, $\vec{a}_4 = \begin{pmatrix} 5 \\ 5 \\ 7 \end{pmatrix}$, $\vec{a}_5 = \begin{pmatrix} 3 \\ 1 \\ 1 \end{pmatrix}$, $\vec{a}_6 = \begin{pmatrix} 1 \\ 10 \\ 2 \end{pmatrix}$ gehören zu U?

b) Welche der Vektoren $\vec{a}_1, \vec{a}_2, \vec{a}_3, \vec{a}_4, \vec{a}_5, \vec{a}_6$ bilden eine Basis von U?

12. Basis

a) Zeigen Sie, dass $\left\{ \begin{pmatrix} 1 \\ 1 \\ 1 \end{pmatrix}, \begin{pmatrix} 1 \\ 2 \\ 3 \end{pmatrix}, \begin{pmatrix} 2 \\ 1 \\ 4 \end{pmatrix}, \begin{pmatrix} 1 \\ 0 \\ 1 \end{pmatrix} \right\}$ keine Basis von V_3 ist.

b) Reduzieren Sie die Menge aus a) so, dass eine Basis von V_3 entsteht.

13. Dimension
Prüfen Sie, welche Mengen Untervektorräume von V_3 sind. Geben Sie gegebenenfalls die Dimension an.

a) $U = \left\{ \begin{pmatrix} a \\ b \\ c \end{pmatrix} \middle| a + b = 0 \text{ und } b - c = 0 \right\}$ b) $U = \left\{ \begin{pmatrix} a \\ b \\ c \end{pmatrix} \middle| a + 2b = 0 \text{ und } b - 2c = 1 \right\}$

14. Dimension/geometrische Interpretation

Gegeben ist der Untervektorraum $U = \left\{ \begin{pmatrix} a \\ b \\ 0 \end{pmatrix} \middle| a, b \in \mathbb{R} \right\}$ des Vektorraums V_3.

a) Bestimmen Sie die Dimension von U.
b) Geben Sie zwei verschiedene Basen von U an und bestimmen Sie die Linearkombinationsdarstellung der Basisvektoren durch die jeweils anderen Basisvektoren.
c) Welche geometrische Deutung ist für den Vektorraum U möglich?

15. Dimension/geometrische Interpretation

Gegeben ist der Untervektorraum $U = \left\{ \begin{pmatrix} a \\ 2a - b \\ b - a \end{pmatrix} \middle| a, b \in \mathbb{R} \right\}$ des Vektorraums V_3.

a) Bestimmen Sie die Dimension von U.
b) Welche geometrische Deutung ist für den Vektorraum U möglich?

16. Dimension/geometrische Interpretation

Gegeben ist der Untervektorraum $U = \left\{ \begin{pmatrix} a \\ -2a \\ a \end{pmatrix} \middle| a \in \mathbb{R} \right\}$ des Vektorraums V_3.

a) Bestimmen Sie die Dimension von U.
b) Welche geometrische Deutung ist für den Vektorraum U möglich?

17. Vektorraum der Polynome höchstens 3. Grades
a) Bestimmen Sie die Dimension des Vektorraums V der Polynome höchstens 3. Grades.
b) Untersuchen Sie, ob die Funktionen $f_1(x) = x^3$, $f_2(x) = (x+1)^2$, $f_3(x) = (x-1)^2$, $f_4(x) = x$ eine Basis von V bilden.
c) Es sei $U = \{f | f(x) = ax^3 + bx^2 + cx + d \text{ mit } a, b, c, d \in \mathbb{R}, a + b + c + d = 0\} \subset V$. Zeigen Sie, dass U ein Untervektorraum von V ist. Bestimmen Sie die Dimension von U, indem Sie zeigen, dass die Funktionen $f_1(x) = 1 - x^3$, $f_2(x) = x - x^3$ und $f_3(x) = x^2 - x^3$ eine Basis von U bilden.

18. Dimension
a) n sei eine feste natürliche Zahl. V sei der Vektorraum der reellen Polynome, deren Grad höchstens n beträgt. Bestimmen Sie die Dimension von V (vgl. Übung 4, S. 216).
b) Kann man eine endliche Basis für den Vektorraum V *aller* reellen Polynome angeben?

19. Vektorraum/Dimension
a) Weisen Sie nach, dass die Menge V aller Funktionen, die der Gleichung $2 \cdot f' = f$ genügen, mit der gewöhnlichen Addition von Funktionen und der Multiplikation einer reellen Zahl mit einer Funktion einen Vektorraum bildet.
b) Bestimmen Sie die Dimension des Vektorraums V aus a).

20. Beweis

$B = \{\vec{b}_1, \vec{b}_2, \vec{b}_3\}$ ist eine Basis eines Vektorraums V und $\vec{v} = r_1 \cdot \vec{b}_1 + r_2 \cdot \vec{b}_2 + r_3 \cdot \vec{b}_3$ ($r_i \in \mathbb{R}$).

Beweisen Sie: Wenn $r_1 \neq 0$ ist, dann ist auch $B^* = \{\vec{v}, \vec{b}_2, \vec{b}_3\}$ eine Basis von V.

21. Vektorraum/Basis/Dimension

In $M = \left\{ \begin{array}{|c|c|} \hline a & -b \\ \hline b & a \\ \hline \end{array} \,\middle|\, a, b \in \mathbb{R} \right\}$ seien folgende Verknüpfungen gegeben:

Addition: $\begin{array}{|c|c|} \hline a_1 & -b_1 \\ \hline b_1 & a_1 \\ \hline \end{array} + \begin{array}{|c|c|} \hline a_2 & -b_2 \\ \hline b_2 & a_2 \\ \hline \end{array} = \begin{array}{|c|c|} \hline a_1 + a_2 & -b_1 - b_2 \\ \hline b_1 + b_2 & a_1 + a_2 \\ \hline \end{array}$

S-Multiplikation: $r \cdot \begin{array}{|c|c|} \hline a & -b \\ \hline b & a \\ \hline \end{array} = \begin{array}{|c|c|} \hline r \cdot a & -r \cdot b \\ \hline r \cdot b & r \cdot a \\ \hline \end{array}$

a) Zeigen Sie, dass M mit diesen Verknüpfungen ein Vektorraum ist.
b) Geben Sie eine Basis von M an und bestimmen Sie die Dimension von M.

22. Parameter

Für welche $t \in \mathbb{R}$ bildet die angegebene Vektormenge eine Basis von V_2?

a) $B = \left\{ \begin{pmatrix} 1 \\ -4 \end{pmatrix}, \begin{pmatrix} t \\ 0 \end{pmatrix} \right\}$ b) $B = \left\{ \begin{pmatrix} 2 \\ -3 \end{pmatrix}, \begin{pmatrix} t \\ 1-t \end{pmatrix} \right\}$ c) $B = \left\{ \begin{pmatrix} 18 \\ t \end{pmatrix}, \begin{pmatrix} 2t \\ 1 \end{pmatrix} \right\}$

23. Parameter

Für welche $t \in \mathbb{R}$ bildet die angegebene Vektormenge eine Basis von V_3?

a) $B = \left\{ \begin{pmatrix} 1 \\ 1 \\ 1 \end{pmatrix}, \begin{pmatrix} 1 \\ t \\ 0 \end{pmatrix}, \begin{pmatrix} t \\ 1 \\ 1 \end{pmatrix} \right\}$ b) $B = \left\{ \begin{pmatrix} 1 \\ t \\ 2 \end{pmatrix}, \begin{pmatrix} 0 \\ 1 \\ t \end{pmatrix}, \begin{pmatrix} 0 \\ t \\ 1 \end{pmatrix} \right\}$ c) $B = \left\{ \begin{pmatrix} 1 \\ 0 \\ 0 \end{pmatrix}, \begin{pmatrix} t \\ t \\ 1 \end{pmatrix}, \begin{pmatrix} 1 \\ 3-2t \\ t \end{pmatrix} \right\}$

24. Parameter

Gegeben sind die Vektoren $\vec{a}_t = \begin{pmatrix} t-4 \\ 2 \\ 1 \\ 1 \end{pmatrix}, \vec{b} = \begin{pmatrix} 0 \\ 4 \\ 2 \\ 2 \end{pmatrix}, \vec{c}_t = \begin{pmatrix} 2 \\ 1 \\ t \\ 4 \end{pmatrix}$ ($t \in \mathbb{R}$) des Vektorraum V_4.

a) Untersuchen Sie, für welche Werte von t die Vektoren $\vec{a}_t, \vec{b}, \vec{c}_t$ linear abhängig sind.
b) Zeigen Sie, dass $\vec{a}_t$ und $\vec{c}_t$ für alle $t \in \mathbb{R}$ linear unabhängig sind.
c) U sei der Vektorraum aller Linearkombinationen der Vektoren $\vec{a}_4, \vec{b}, \vec{c}_4$.
Bestimmen Sie die Dimension von U und geben Sie eine Basis von U an.
Verwenden Sie hierzu Ihre Ergebnisse aus a) und b).
d) Zeigen Sie, dass der Vektor $\vec{d} = \begin{pmatrix} 4 \\ -4 \\ 5 \\ 5 \end{pmatrix}$ zu U gehört.

Überblick

Vektorraum:

Eine nicht leere Menge V heißt **Vektorraum** und die Elemente von V heißen **Vektoren**, wenn folgende Eigenschaften erfüllt sind:

1. Addition: Je zwei Elementen $\vec{a}, \vec{b} \in V$ ist eindeutig ein Element $\vec{a} + \vec{b}$ als *Summe* zugeordnet. Für die Addition gilt:

(1) Für alle $\vec{a}, \vec{b} \in V$ gilt: $\vec{a} + \vec{b} \in V$. (*Abgeschlossenheit*)

(2) Für alle $\vec{a}, \vec{b} \in V$ gilt: $\vec{a} + \vec{b} = \vec{b} + \vec{a}$. (*Kommutativgesetz*)

(3) Für alle $\vec{a}, \vec{b}, \vec{c} \in V$ gilt: $(\vec{a} + \vec{b}) + \vec{c} = \vec{a} + (\vec{b} + \vec{c})$. (*Assoziativgesetz*)

(4) Es gibt ein $\vec{0} \in V$ mit $\vec{a} + \vec{0} = \vec{a}$ für alle $\vec{a} \in V$. (*neutrales Element*)

(5) Zu jedem $\vec{a} \in V$ gibt es ein $(-\vec{a}) \in V$ mit $\vec{a} + (-\vec{a}) = \vec{0}$. (*inverses Element*)

2. Skalare Multiplikation: Jedem Paar aus einer reellen Zahl r und einem Element $\vec{a} \in V$ ist eindeutig ein Element $r \cdot \vec{a}$ als *skalares Produkt* zugeordnet. Für die skalare Multiplikation gilt:

(6) Für alle $\vec{a} \in V$ und $r \in \mathbb{R}$ gilt: $r \cdot \vec{a} \in V$. (*Abgeschlossenheit*)

(7) Für alle $\vec{a} \in V$ und $r, s \in \mathbb{R}$ gilt: $(r \cdot s) \cdot \vec{a} = r \cdot (s \cdot \vec{a})$. (*Assoziativgesetz*)

(8) Für alle $\vec{a} \in V$ und $r, s \in \mathbb{R}$ gilt: $(r + s) \cdot \vec{a} = r \cdot \vec{a} + s \cdot \vec{a}$. (*Distributivgesetz für Zahlen*)

(9) Für alle $\vec{a}, \vec{b} \in V$ und $r \in \mathbb{R}$ gilt: $r \cdot (\vec{a} + \vec{b}) = r \cdot \vec{a} + r \cdot \vec{b}$. (*Distributivgesetz für Vektoren*)

(10) Für alle $\vec{a} \in V$ gilt: $1 \cdot \vec{a} = \vec{a}$.

Aus den Eigenschaften der Addition und der skalaren Multiplikation folgen weitere Gesetze:

(11) Es gilt $0 \cdot \vec{a} = \vec{0}$ für alle $\vec{a} \in V$.

(12) Es gilt $r \cdot \vec{0} = \vec{0}$ für alle $r \in \mathbb{R}$.

(13) Ist $r \cdot \vec{a} = \vec{0}$, so ist entweder $r = 0$ oder $\vec{a} = \vec{0}$.

Untervektorraum

Eine nicht leere Teilmenge U eines Vektorraums V, die bezüglich der in V definierten Addition und skalaren Multiplikation selbst ein Vektorraum ist, heißt **Untervektorraum** von V.

Kriterium für Untervektorräume: Eine nicht leere Teilmenge U eines Vektorraums V ist genau dann ein Untervektorraum, wenn für alle $\vec{a}, \vec{b} \in U$ und $r \in \mathbb{R}$ gilt: $\vec{a} + \vec{b} \in U$ und $r \cdot \vec{a} \in U$.

Erzeugendensystem, Basis und Dimension

Lässt sich jeder Vektor $\vec{x}$ eines Vektorraums V als Linearkombination der Vektoren $\vec{a}_1, \vec{a}_2, \ldots, \vec{a}_n$ darstellen, also in der Form $\vec{x} = r_1 \cdot \vec{a}_1 + r_2 \cdot \vec{a}_2 + \cdots + r_n \cdot \vec{a}_n$ (mit $r_1, r_2, \ldots, r_n \in \mathbb{R}$), so heißt die Menge $\{\vec{a}_1, \vec{a}_2, \ldots, \vec{a}_n\}$ **Erzeugendensystem** von V.

Ein Erzeugendensystem $\{\vec{a}_1, \vec{a}_2, \ldots, \vec{a}_n\}$ linear unabhängiger Vektoren des Vektorraums V wird als **Basis** des Vektorraums bezeichnet. Die Darstellung eines beliebigen Vektors $\vec{x} \in V$ als Linearkombination der Basisvektoren $\vec{a}_1, \vec{a}_2, \ldots, \vec{a}_n$ von V ist stets eindeutig.

Die Anzahl der Vektoren einer Basis eines Vektorraums heißt **Dimension** des Vektorraums.

Test

Der Vektorraum

1. Prüfen Sie, ob die gegebene Menge U ein Untervektorraum von V_3 ist.

a) $U = \left\{ \begin{pmatrix} 2a \\ -a \\ 3a+1 \end{pmatrix} \middle| a \in \mathbb{R} \right\}$ b) $U = \left\{ \begin{pmatrix} a \\ b \\ c \end{pmatrix} \middle| a, b, c \in \mathbb{R}, a+b=0, b+c=0 \right\}$

c) $U = \left\{ \begin{pmatrix} 4a \\ -a \end{pmatrix} \middle| a \in \mathbb{R} \right\}$ d) $U = \left\{ \begin{pmatrix} a \\ b \\ c \end{pmatrix} \middle| a, b, c \in \mathbb{R}, |a| = |b| = |c| \right\}$

2. Zeigen Sie, dass $U = \left\{ \begin{pmatrix} 6a \\ a+b \\ 0 \end{pmatrix} \middle| a, b \in \mathbb{R} \right\}$ ein Untervektorraum von V_3 ist und bestimmen Sie eine Basis sowie die Dimension von U.
Welche geometrische Interpretation ist für U möglich?

3. a) Zeigen Sie, dass $\{f_1, f_2, f_3\}$ mit $f_1(x) = x^2 - 1$, $f_2(x) = 2x^2 + x$, $f_3(x) = x + 1$ ein Erzeugendensystem des Vektorraums V der Polynome höchstens 2. Grades ist.
b) Ist $\{f_1, f_2, f_3\}$ aus a) sogar eine Basis von V?
c) Stellen Sie $g(x) = 3x^2 + x - 2$ als Linearkombination von f_1, f_2, f_3 aus a) dar.

4. Gegeben sind die Vektoren $\vec{a} = \begin{pmatrix} 1 \\ 2 \\ -1 \end{pmatrix}$, $\vec{b} = \begin{pmatrix} 2 \\ 3 \\ 0 \end{pmatrix}$, $\vec{c}_t = \begin{pmatrix} 1 \\ t \\ t-6 \end{pmatrix}$.

a) Zeigen Sie, dass die Vektoren nur für $t = 3$ keine Basis von V_3 bilden.
b) Geben Sie die Koordinaten des Vektors $\vec{d} = \begin{pmatrix} 3 \\ 5 \\ 8 \end{pmatrix}$ bzgl. der Basis $\{\vec{a}, \vec{b}, \vec{c}_2\}$ an.

Lösungen unter 202-1

VIII. Matrizen

1. Rechnen mit Matrizen

A. Der Begriff der Matrix

Wirtschaftliche und technische Prozesse lassen sich oft durch rechteckige Tabellen erfassen, die man in der Mathematik als Matrizen bezeichnet.
Wir verdeutlichen den Begriff zunächst an einigen Beispielen. Später behandeln wir die Matrizenrechnung, d. h. das Rechnen mit Tabellen, das viele Vorteile bringt.

Beispiel: Entfernungsmatrix
Die rechts dargestellte Entfernungstabelle enthält in übersichtlicher Weise die Entfernungsinformationen zu vier großen Städten. Verzichtet man auf die Angabe der Start- und Zielstädte, so vereinfacht sich die Tabelle auf ein rechteckiges Zahlenschema A, das man als ***Matrix*** bezeichnet.

VON / NACH	Berlin	Hamburg	Hannover	München
Berlin	0	292	282	586
Hamburg	292	0	164	776
Hannover	282	164	0	638
München	586	776	638	0

Die Matrix A besteht in diesem Beispiel aus vier Zeilen (horizontal) und vier Spalten (vertikal) mit insgesamt sechszehn Elementen (Zellen). Man spricht hier von einer quadratischen 4×4-Matrix.
Die einzelnen Elemente der Matrix A werden mit a_{ij} bezeichnet. Der erste Index i gibt die Zeile an, in der das Element steht, der zweite Index j gibt die Spalte an.

$$A = \begin{pmatrix} 0 & 292 & 282 & 586 \\ 292 & 0 & 164 & 776 \\ 282 & 164 & 0 & 638 \\ 586 & 776 & 638 & 0 \end{pmatrix}$$

a_{ij} : Element in Zeile i, Spalte j

Im Beispiel: $a_{23} = 164$

In diesem Beispiel dient die Matrix nur als besonders übersichtliches und auf das Wesentliche reduziertes Darstellungselement. Gerechnet wird damit noch nicht.

Definition VIII.1: Begriff der Matrix
Eine rechteckige Zahlentabelle der rechts dargestellten Form wird als Matrix A mit m Zeilen und n Spalten bezeichnet. Man spricht dann auch von einer mxn-Matrix.
Kurzschreibweise:
$A = (a_{ij})$mit $i = 1, \ldots, m$ und $j = 1, \ldots, n$.
Ist $m = n$, so bezeichnet man A als quadratische Matrix.

$$A = \begin{pmatrix} a_{11} & a_{12} & \ldots & a_{1n} \\ a_{21} & a_{22} & \ldots & a_{2n} \\ \vdots & \vdots & \vdots & \vdots \\ a_{m1} & a_{m2} & \ldots & a_{mn} \end{pmatrix}$$

(a_{ij}): Kurzschreibweise für A

a_{ij}: Element in Zeile i und Spalte j

B. Die Addition von Matrizen

Beispiel: Absatzmatrix

Ein Unternehmen stellt an zwei Fabrikationsorten U und V Bagger her. Es liefert die Maschinen nach Frankreich (F), Italien (I) und Holland (H).
Die monatlichen Absatzzahlen können als Tabellen bzw. Matrizen dargestellt werden.
In diesem Beispiel kann man im Gegensatz zum ersten Beispiel mit den Matrizen rechnen. So erhält man z. B. durch elementeweise Addition der Matrizen für Januar und Februar den Gesamtabsatz für die beiden Monate.

Januar

	F	H	I
U	6	3	2
V	8	2	4

Februar

	F	H	I
U	5	3	4
V	7	5	2

$A = \begin{pmatrix} 6 & 3 & 2 \\ 8 & 2 & 4 \end{pmatrix} \qquad B = \begin{pmatrix} 5 & 3 & 4 \\ 7 & 5 & 2 \end{pmatrix}$

$$A + B = \begin{pmatrix} 6 & 3 & 2 \\ 8 & 2 & 4 \end{pmatrix} + \begin{pmatrix} 5 & 3 & 4 \\ 7 & 5 & 2 \end{pmatrix} = \begin{pmatrix} 11 & 6 & 6 \\ 15 & 7 & 6 \end{pmatrix}$$

Definition VIII.2: Addition von Matrizen

Man kann Matrizen addieren, wenn sie vom gleichen Typ sind, d. h. wenn sowohl ihre Zeilenzahl als auch ihre Spaltenzahl übereinstimmt. Man addiert zwei Matrizen A und B elementeweise.

$A = (a_{ij})$ und $B = (b_{ij})$ seien $m \times n$-Matrizen. Dann gilt für ihre Summe:

$$A + B = (a_{ij} + b_{ij})$$

Matrizen gleichen Typs (gleiche Spalten- und Zeilenzahl) kann man auch subtrahieren.

Subtraktion:

$$\begin{pmatrix} 8 & 5 & 4 \\ 5 & 4 & 7 \end{pmatrix} - \begin{pmatrix} 2 & 2 & 5 \\ 3 & 4 & 2 \end{pmatrix} = \begin{pmatrix} 6 & 3 & -1 \\ 2 & 0 & 5 \end{pmatrix}$$

Die *Nullmatrix* entsteht, wenn man eine Matrix von sich selbst subtrahiert. Sie enthält nur Nullen.

Nullmatrix:

$$0 = \begin{pmatrix} 0 & 0 & 0 \\ 0 & 0 & 0 \end{pmatrix}$$

Addiert man die gleiche Matrix mehrfach, so kommt es zu einer *Vervielfachung* der Matrix. Man spricht auch von der Multiplikation der Matrix mit einem **Skalar**.

Vervielfachung:

$$A = \begin{pmatrix} 6 & 3 & 2 \\ 8 & 2 & 4 \end{pmatrix} \Rightarrow 3 \cdot A = \begin{pmatrix} 18 & 9 & 6 \\ 24 & 6 & 12 \end{pmatrix}$$

Übung 1

Gegeben sind die Matrizen A und B. Berechnen Sie die Matrix X, welche die gegebene Gleichung erfüllt:

a) $X = 3A + B$
b) $2X - 4A = -2B$
c) $X + 0{,}5A = B - 3X$
d) $A - X = 3(B - X)$

(I) $A = \begin{pmatrix} -2 & 4 & 2 \\ 8 & 2 & 4 \end{pmatrix} \quad B = \begin{pmatrix} 6 & 2 & -2 \\ 8 & 4 & 0 \end{pmatrix}$

(II) $A = \begin{pmatrix} 4 & 2 & 0 \\ -2 & 6 & 0 \\ 2 & 4 & 2 \end{pmatrix} \quad B = \begin{pmatrix} -4 & 2 & 0 \\ 2 & -1 & 0 \\ 1 & -2 & 1 \end{pmatrix}$

C. Die Multiplikation von Matrizen

Beispiel: Berechnung des Umsatzes
Ein Computerhändler führt drei Modelle eines bekannten Herstellers, einen Desktop, einen Tower und einen Laptop. Die Stückzahlen, die er in den Monaten Januar bis März absetzt, können der abgebildeten Tabelle entnommen werden die auch als Absatzmatrix A interpretiert werden kann.
Die Verkaufspreise lauten:
Desktop: 600 €
Tower: 950 €
Laptop: 1750 €

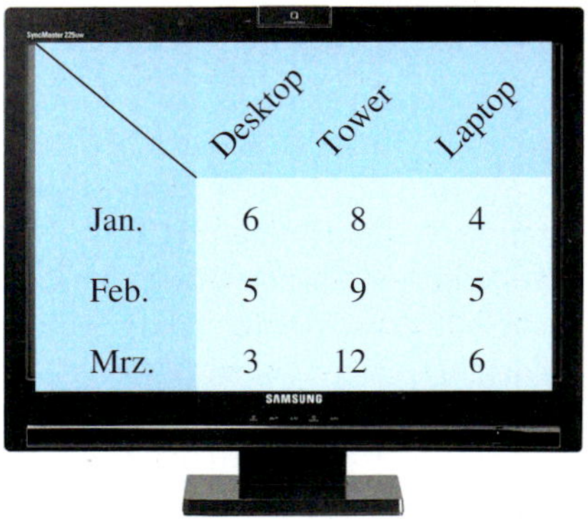

Man kann die Umsätze des Händlers für das erste Quartal berechnen, indem man die abgesetzten Stückzahlen mit den zugehörigen Preisen multipliziert und aufaddiert.

Interpretieren wir die monatlichen Absätze als Zeilenvektoren der Absatzmatrix A und fassen die Verkaufspreise in einem Preisvektor zusammen, so läßt sich der Umsatz im Januar als das Skalarprodukt des Umsatzvektors für Januar mit dem Preisvektor interpretieren und berechnen.

Der Februarumsatz ergibt sich analog durch Multiplikation des Zeilenvektors der zweiten Zeile der Absatzmatrix mit dem Preisvektor. Der Märzumsatz ist das Skalarprodukt des Zeilenvektors der dritten Zeile der Absatzmatrix mit dem Preisvektor.

Insgesamt kann man feststellen: Wenn man die Matrix A zeilenweise mit dem Preisvektor multipliziert, so erhält man den Umsatzvektor des ersten Quartals.

Verallgemeinerung: Eine Matrix lässt sich zeilenweise mit einem Spaltenvektor multiplizieren, dessen Zeilenzahl der Spaltenzahl der Matrix A entspricht. Das Ergebnis der Multiplikation ist wieder ein Spaltenvektor.

Berechnung der Umsätze:

Jan: $6 \cdot 600 + 8 \cdot 950 + 4 \cdot 1750 = 18200$
Feb: $5 \cdot 600 + 9 \cdot 950 + 5 \cdot 1750 = 20300$
Mrz: $3 \cdot 600 + 12 \cdot 950 + 6 \cdot 1750 = 23700$

Absatzvektoren: ***Preisvektor:***

$$\vec{j} = \begin{pmatrix} 6 & 8 & 4 \end{pmatrix}, \quad \vec{f} = \begin{pmatrix} 5 & 9 & 5 \end{pmatrix}, \quad \vec{m} = \begin{pmatrix} 3 & 12 & 6 \end{pmatrix} \qquad \vec{p} = \begin{pmatrix} 600 \\ 950 \\ 1750 \end{pmatrix}$$

Umsatz für Januar:

$$\vec{j} \cdot \vec{p} = \begin{pmatrix} 6 & 8 & 4 \end{pmatrix} \cdot \begin{pmatrix} 600 \\ 950 \\ 1750 \end{pmatrix} = 6 \cdot 600 + 8 \cdot 950 + 4 \cdot 1750 = 18200$$

Umsätze im ersten Quartal:

$$A \cdot \vec{p} = \begin{pmatrix} 6 & 8 & 4 \\ 5 & 9 & 5 \\ 3 & 12 & 6 \end{pmatrix} \cdot \begin{pmatrix} 600 \\ 950 \\ 1750 \end{pmatrix} = \begin{pmatrix} 6 \cdot 600 + 8 \cdot 950 + 4 \cdot 1750 \\ 5 \cdot 600 + 9 \cdot 950 + 5 \cdot 1750 \\ 3 \cdot 600 + 12 \cdot 950 + 6 \cdot 1750 \end{pmatrix} = \begin{pmatrix} 18200 \\ 20300 \\ 23700 \end{pmatrix}$$

Nun ist es nur noch ein kleiner Schritt, der zur Multiplikation zweier vollständiger Matrizen führt. Die Zeilen der Matrix A lassen sich mit den Spalten einer Matrix B multiplizieren, wenn die Zeilen von A die gleiche Länge haben wie die Spalten von B. Die Spaltenzahl der Matrix A muss also gleich der Zeilenzahl der Matrix B sein.

Definition VIII.3: Multiplikation von Matrizen

Man kann zwei Matrizen A und B nur dann multiplizieren, wenn gilt:
Spaltenzahl von A = Zeilenzahl von B
Das Produkt der $m \times n$-Matrix A mit der $n \times k$-Matrix B ist eine mxk-Matrix C.
Das Element c_{ij} der Matrix C ist das Skalarprodukt des i-ten Zeilenvektors der Matrix A mit dem j-ten Spaltenvektor von B (siehe Merkschema rechts).

A sei eine $m \times n$-Matrix.
B sei eine $n \times k$-Matrix.

Es sei $C = A \cdot B$.
Dann gilt:

$$c_{ij} = (a_{i1} \dots a_{in}) \begin{pmatrix} b_{1j} \\ \vdots \\ b_{nj} \end{pmatrix} = a_{i1} b_{1j} + \dots + a_{in} b_{nj}$$

Beispiel:

Gegeben sind die Matrizen A und B.
Berechnen Sie das Produkt $C = A \cdot B$.

$$A = \begin{pmatrix} 2 & 4 & 3 \\ 1 & 2 & 5 \end{pmatrix} \quad B = \begin{pmatrix} 2 & -1 \\ 3 & 2 \\ -2 & 4 \end{pmatrix}$$

Lösung:
Die Spaltenzahl von A ist gleich der Zeilenzahl von B. Daher ist die Multiplikation durchführbar. Die Multiplikation der 3×2-Matrix A mit der 2×3-Matrix B führt auf eine 2×2-Matrix C.
c_{11} erhält man durch das Skalarprodukt der ersten Reihe von A mit der ersten Spalte von B. c_{12} ergibt sich durch Multiplikation der erste Reihe von A mit der zweiten Spalte von B.
Analog ergeben sich c_{21} und c_{22} durch Multiplikation der zweiten Zeile von A mit der ersten bzw. der zweiten Spalte von B.

$$c_{11} = a_{11} \cdot b_{11} + a_{12} \cdot b_{21} + a_{13} \cdot b_{31} = 2 \cdot 2 + 4 \cdot 3 + 3 \cdot (-2) = 10$$

$$c_{12} = a_{11} \cdot b_{12} + a_{12} \cdot b_{22} + a_{13} \cdot b_{32} = 2 \cdot (-1) + 4 \cdot 2 + 3 \cdot (4) = 18$$

$$c_{21} = a_{21} \cdot b_{11} + a_{22} \cdot b_{21} + a_{23} \cdot b_{31} = 1 \cdot 2 + 2 \cdot 3 + 5 \cdot (-2) = -2$$

$$c_{22} = a_{21} \cdot b_{12} + a_{22} \cdot b_{22} + a_{23} \cdot b_{32} = 1 \cdot (-1) + 2 \cdot 2 + 5 \cdot (4) = 23$$

$$C = A \cdot B = \begin{pmatrix} 10 & 18 \\ -2 & 23 \end{pmatrix}$$

Übung 2

Gegeben seien die Matrizen A und B.
a) Berechnen Sie $C = A \cdot B$.
b) Welche Zeile von A und welche Spalte von B muss man multiplizieren, um das Element c_{23} zu erhalten?
c) Berechnen Sie $D = B \cdot A$, falls möglich.

$$\text{(I)}\ A = \begin{pmatrix} 2 & 3 & -1 \\ 4 & -2 & 1 \end{pmatrix} \quad B = \begin{pmatrix} 1 & 2 & -2 & 3 \\ -1 & 3 & 2 & 0 \\ 2 & 0 & 4 & 1 \end{pmatrix}$$

$$\text{(II)}\ A = \begin{pmatrix} 1 & 2 & 0 \\ 2 & 3 & 0 \\ 3 & 4 & 1 \end{pmatrix} \quad B = \begin{pmatrix} -3 & 2 & 0 \\ 2 & -1 & 0 \\ 1 & -2 & 1 \end{pmatrix}$$

D. Rechengesetze für Matrizen

Für die Addition und Multiplikation von Matrizen gelten einige Rechengesetze, die in der Regel auf den entsprechenden Rechengesetzen für reelle Zahlen beruhen.

Für die Addition, die nur für Matrizen gleichen Typs möglich ist, gelten die üblichen Rechengesetze Assoziätivität und Kommutativität uneingeschränkt. Es gibt ein neutrales Element der Addition (die Nullmatrix 0) sowie zu jeder Matrix A ein additives Inverses $-A$.

Für die Multiplikation und die Verbindung von Multiplikation und Addition gelten die folgende eingeschränkten Gesetze.

Satz VIII.1: Rechengesetze für Matrizen

(1)	$(A \cdot B) \cdot C = A \cdot (B \cdot C)$	Assozativgesetz
(2)	$(rA)(sB) = rs(A \cdot B)$	Assozativgesetz
(3)	$(A + B) \cdot C = A \cdot C + B \cdot C$	Distributivgesetz
(4)	$A \cdot (B + C) = A \cdot B + A \cdot C$	Distributivgesetz
(5)	Im allg. gilt: $A \cdot B \neq B \cdot A$	Kommutativgesetz gilt nicht!

Operationen wie das Quadrieren oder das Potenzieren einer Matrix A erfordern die Multiplikation der Matrix A mit sich selbst. Das ist nur dann möglich, wenn die Zeilenzahl von A mit der Spaltenzahl übereinstimmt. Eine Matrix, die dies erfüllt, heißt ***quadratische Matrix***. Quadratische Matrizen haben viele Anwendungen und sind daher besonders wichtig.

Beispiel: Potenzierung einer Matrix

Berechnen Sie für die gegebene Matrix A die Potenz A^3.

$$A = \begin{pmatrix} 1 & 2 \\ -1 & 3 \end{pmatrix}$$

Lösung:

Wir berechnen zunächst $A^2 = A \cdot A$.

Anschließend multiplizieren wir das Ergebnis noch einmal von rechts mit A, um A^3 zu erhalten.

Erfolgt die Multiplikation mit A von der linken Seite aus, so erhalten wir zum Glück das gleiche Ergebnis.

Berechnung von A^2:

$$A^2 = A \cdot A = \begin{pmatrix} 1 & 2 \\ -1 & 3 \end{pmatrix} \cdot \begin{pmatrix} 1 & 2 \\ -1 & 3 \end{pmatrix} = \begin{pmatrix} -1 & 8 \\ -4 & 7 \end{pmatrix}$$

Berechnung von A^3:

$$A^3 = A^2 \cdot A = \begin{pmatrix} -1 & 8 \\ -4 & 7 \end{pmatrix} \cdot \begin{pmatrix} 1 & 2 \\ -1 & 3 \end{pmatrix} = \begin{pmatrix} -9 & 22 \\ -11 & 13 \end{pmatrix}$$

$$A^3 = A \cdot A^2 = \begin{pmatrix} 1 & 2 \\ -1 & 3 \end{pmatrix} \cdot \begin{pmatrix} -1 & 8 \\ -4 & 7 \end{pmatrix} = \begin{pmatrix} -9 & 22 \\ -11 & 13 \end{pmatrix}$$

Übung 3

a) Zeigen Sie anhand mehrerer Beispiele, dass die Multiplikation von Matrizen nicht kommutativ ist.

b) Berechnen Sie A^2, B^3 sowie B^2A.

c) Berechnen Sie C^2, C^3 und C^n.

$$A = \begin{pmatrix} 2 & -1 \\ 1 & 2 \end{pmatrix} \quad B = \begin{pmatrix} 1 & 2 \\ 1 & 1 \end{pmatrix} \quad C = \begin{pmatrix} a & 1 \\ 0 & a \end{pmatrix}$$

Übungen

4. Addition und Vervielfachung
Gegeben sind die Matrizen A, B und C.
Berechnen Sie folgende Terme
a) $A+B$ b) $A-B$ c) $A-2\cdot C$
d) $0{,}5\cdot A+B-4\cdot C$
e) $2\cdot A-4\cdot(C-B)$

$$A=\begin{pmatrix}2&-6&4\\6&-2&2\\4&8&2\end{pmatrix}\quad B=\begin{pmatrix}-1&-9&6\\9&1&3\\-2&4&3\end{pmatrix}$$

$$C=\begin{pmatrix}0&-3&2\\3&0&1\\-2&4&1\end{pmatrix}$$

5. Multiplikation und Potenzierung
Berechnen Sie die Terme, sofern dies möglich ist.
a) $A\cdot B$ b) $B\cdot A$ c) $A\cdot C$
d) $C\cdot E$ e) $D\cdot E$ f) $C\cdot D$
g) $A\cdot A$ h) $E\cdot E$ i) $C\cdot C\cdot C$
j) F^6

$$A=\begin{pmatrix}2&-6&4\\4&8&2\end{pmatrix}\quad B=\begin{pmatrix}1&2\\3&-1\\2&4\end{pmatrix}$$

$$C=\begin{pmatrix}1&1&1\\2&1&2\\1&2&2\end{pmatrix}\quad D=\begin{pmatrix}2&0&-1\\2&-1&0\\-3&1&1\end{pmatrix}$$

$$E=\begin{pmatrix}1&0&0\\0&1&0\\0&0&1\end{pmatrix}\quad F=\begin{pmatrix}1&0&0\\0&1&0\\1&0&0\end{pmatrix}$$

6. Besondere Multiplikation
Wie wirkt sich die Multiplikation der Matrix C mit der Matrix A bzw. mit der Matrix B aus?

$$A=\begin{pmatrix}1&0&0\\0&1&0\\0&0&1\end{pmatrix}\quad B=\begin{pmatrix}0&1&0\\0&0&1\\1&0&0\end{pmatrix}$$

$$C=\begin{pmatrix}1&3&4&1\\2&6&3&5\\4&9&2&6\end{pmatrix}$$

7. Gewinnberechnung
Eine Drogeriekette hat einen größeren Posten Pflegeprodukte eingekauft: Lippenstift (L), Eyeshadow (E), Nagellack (N) sowie Rouge (R).
Vier Filialen ordern die angebotenen Produkte wöchentlich gemäß der Tabelle.
Die Lieferpreise bzw. die Verkaufspreise pro Stück sind:
L: 2€/5€ E: 3€/8€
N: 5€/9€ R: 6€/9€

Berechnen Sie den wöchentlichen Gewinn der einzelnen Filialen.

Filiale \ Produkt	L	E	N	R
1	100	150	80	40
2	150	90	110	60
3	70	20	20	30
4	220	120	150	50

8. Richtig oder falsch?
a) Die Multiplikation von Matrizen ist eine kommutative Operation.
b) Die Multiplikation von quadratischen Matrizen ist kommutativ.
c) Kürzen erlaubt:
Aus $A\cdot C=B\cdot C$ folgt $A=B$.
d) Man kann nur Matrizen gleicher Ordnung multiplizieren.

E. Die inverse Matrix

Quadratische Matrizen lassen sich addieren, multiplizieren und potenzieren

Es gibt ein neutrales Element der Addition, die ***Nullmatrix* O**, sowie zu jeder Matrix A ein additives Inverses –A, für das gilt $A + (-A) = O$.

Es gibt auch ein neutrales Element der Multiplikation, die ***Einheitsmatrix* E**, die in der Hauptdiagonalen mit Einsen und sonst nur mit Nullen besetzt ist. In manchen Fällen existiert zur Matrix A auch ein inverses Elerment A^{-1}der Multiplikation

Quadratische Matrizen

$$A = \begin{pmatrix} a_{11} & \dots & a_{1n} \\ \vdots & & \vdots \\ a_{n1} & \dots & a_{nn} \end{pmatrix} \quad O = \begin{pmatrix} 0 & \dots & 0 \\ \vdots & & \vdots \\ 0 & \dots & 0 \end{pmatrix}$$

nxn-Matrix Nullmatrix

$$-A = \begin{pmatrix} -a_{11} & \dots & -a_{1n} \\ \vdots & & \vdots \\ -a_{n1} & \dots & -a_{nn} \end{pmatrix} \quad E = \begin{pmatrix} 1 & \dots & 0 \\ \vdots & 1 & \vdots \\ 0 & \dots & 1 \end{pmatrix}$$

additive Inverse $-A$ Einheitsmatrix

Definition VIII.4: Inverse Matrix A^{-1}
Die zu A bezüglich der Multiplikation inverse Matrix wird mit A^{-1} bezeichnet. Es gilt $A \cdot A^{-1} = E$ und $A^{-1} \cdot A = E$

$$A \cdot A^{-1} = E$$

Matrix · inverse Matrix = Einheitsmatrix

Elementare Berechnung der inversen Matrix A^{-1}

Beispiel: Inverse Matrix A^{-1}
Gegeben ist die Matrix A. Gesucht ist die inverse Matrix A^{-1} von A.

$$A = \begin{pmatrix} 2 & 3 \\ 1 & 1 \end{pmatrix}$$

Lösung:
Wir verwenden für die inverse Matrix A^{-1} einen Ansatz mit den vier Variablen a, b, c und d als Elementen.

Die Gleichung $A \cdot A^{-1} = E$ führt nach Durchführung der Multiplikation auf ein lineares 4×4-Gleichungssystem.

Dieses lässt sich in zwei 2×2-Systeme aufspalten, die getrennt gelöst werden können, simultan sozusagen.

Die Lösungen lauten $a = -1$, $b = 3$, $c = 1$ und $d = 2$.

Die zu A inverse Matrix lautet also:

$$A^{-1} = \begin{pmatrix} -1 & 3 \\ 1 & -2 \end{pmatrix}$$

Ansatz:

$$\begin{pmatrix} 2 & 3 \\ 1 & 1 \end{pmatrix} \cdot \begin{pmatrix} a & b \\ c & d \end{pmatrix} = \begin{pmatrix} 1 & 0 \\ 0 & 1 \end{pmatrix}$$

$$A \quad \cdot \quad A^{-1} \quad = \quad E$$

Lineares 4×4-Gleichungssystem:
I: $2a + 3c = 1$
II: $2b + 3d = 0$
III: $a + c = 0$
IV: $b + d = 1$

Aufspalten in zwei 2×2-Systeme:

I: $2a + 3c = 1$	II: $2b + 3d = 0$
III: $a + c = 0$	IV: $b + d = 1$
$a = -1, c = 1$	$b = 3, d = -2$

Bestimmung der inversen Matrix analog zum Gaußschen Algorithmus

Im obigen Beispiel wurde die inverse Matrix einer 2×2-Matrix A mit einem sehr elementaren Ansatz bestimmt. Dabei wurde ein 4×4-Gleichungssystem gelöst, das sich in zwei einfachere 2×2-Systeme zerlegen ließ. Wir können diese beiden Systeme auch simultan lösen und auf diese Weise die inverse Matrix A^{-1} effizienter bestimmen. Wir gehen dabei schrittweise vor, wobei das Verfahren dem Gaußschen Algorithmus ähnelt und aus Zeilenoperationen besteht.

Schritt 1: Erweiterung der Matrix A
Wir erweitern die Matrix A um die Einheitsmatrix E, die wir rechts neben A schreiben, getrennt durch einen vertikalen Strich.

Schritt 2: Zeilenoperationen
Nun wenden wir mehrfach Zeilenoperationen an, deren Ziel es ist, auf der linken Seite die Einheitsmatrix E zu erzeugen. Hierzu müssen zunächst die nicht in der Hauptdiagonalen stehenden Elemente auf null gebracht werden. Anschließend werden die Hauptdiagonalelemente auf eins gebracht.

Schritt 3: Inverse A^{-1}
Nun steht links die Einheitsmatrix E. Rechts ist automatisch die Inverse A^{-1} entstanden, die wir nur noch abzulesen brauchen.

Bestimmung von A^{-1}

$$\begin{matrix} \text{I.} \\ \text{II.} \end{matrix} \left(\begin{array}{cc|cc} 2 & 9 & 1 & 0 \\ 1 & 4 & 0 & 1 \end{array}\right) \quad \to \text{I} - 2 \cdot \text{II}$$

$$\qquad \text{A} \qquad \text{E}$$

$$\begin{matrix} \text{I.} \\ \text{II.} \end{matrix} \left(\begin{array}{cc|cc} 2 & 9 & 1 & 0 \\ 0 & 1 & 1 & -2 \end{array}\right) \quad \to \text{I} - 9 \cdot \text{II}$$

$$\begin{matrix} \text{I.} \\ \text{II.} \end{matrix} \left(\begin{array}{cc|cc} 2 & 0 & -8 & 18 \\ 0 & 1 & 1 & -2 \end{array}\right) \quad \to \text{I} : 2$$

$$\begin{matrix} \text{I.} \\ \text{II.} \end{matrix} \left(\begin{array}{cc|cc} 1 & 0 & -4 & 9 \\ 0 & 1 & 1 & -2 \end{array}\right)$$

$$\qquad \text{E} \qquad A^{-1}$$

Übung 9 Inverse Matrix

Bestimmen Sie die zu A inverse Matrix A^{-1} wie oben mit der Gaußschen Vorgehensweise.

a) $A = \begin{pmatrix} 3 & 8 \\ 1 & 3 \end{pmatrix}$ b) $A = \begin{pmatrix} 1 & -2 & 0 \\ -2 & 3 & -1 \\ 1 & 3 & 6 \end{pmatrix}$ c) $A = \begin{pmatrix} 1 & 0 & 8 \\ 1 & 2 & 8 \\ 1 & 4 & 4 \end{pmatrix}$ d) $A = \begin{pmatrix} 1 & 0 & 1 \\ 1 & 1 & 0 \\ 0 & 1 & 0 \end{pmatrix}$

Bestimmung der inversen Matrix mit dem Rechner

Besonders einfach kann die inverse Matrix mit dem GTR, mit einem CAS oder mit einem der zahlreichen Programme zur Matrizenrechnung im Internet bestimmt werden, sofern sie existiert.

Beispiel: Inversenberechnung mit CAS bzw. GTR
Gesucht ist die Inverse der Matrix A. $A = \begin{pmatrix} 1 & 2 & 1 \\ 2 & 3 & 2 \\ 2 & 1 & 1 \end{pmatrix}$

Lösung: Bei einem CAS verwendet man den Operator $\wedge -1$, beim GTR die Taste X^{-1}.

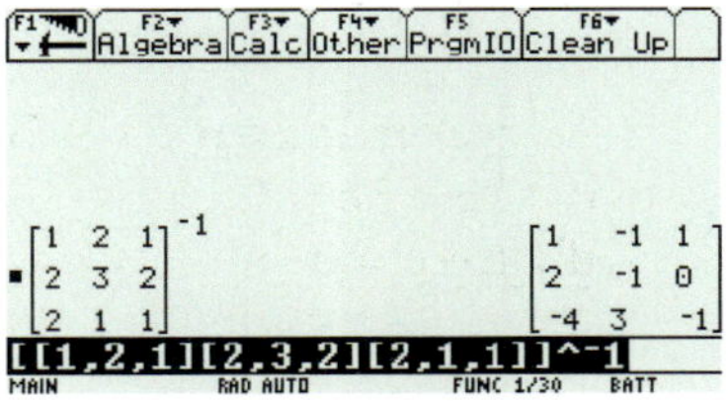

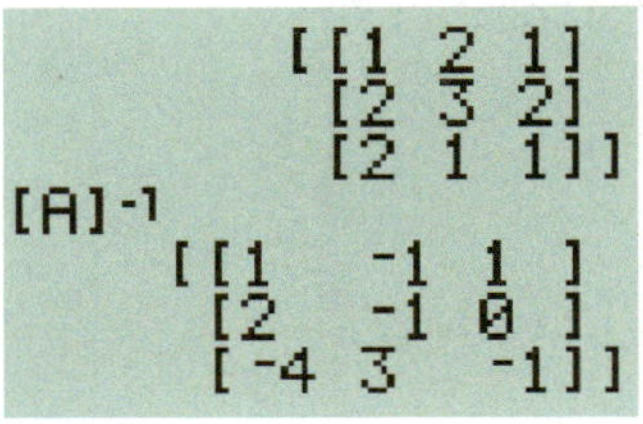

F. Das Lösen linearer Gleichungssysteme mit Matrizen

Lineare Gleichungssysteme lassen sich mithilfe der Matrizenrechnung darstellen und eindeutig lösen, falls ihre Koeffizientenmatrix A eine Inverse besitzt.

Beispiel: Lösung eines LGS mithilfe der Matrizenrechnung

Lösen Sie das lineare Gleichungssystem, indem Sie es als Matrizengleichung darstellen und diese Gleichung durch Inversenbestimmung lösen.

$$\begin{aligned} 3x + 5x + z &= 0 \\ 2x + 4y + 5z &= 8 \\ x + 2y + 2z &= 3 \end{aligned}$$

Lösung:
Das lineare Gleichungssystem lässt sich mithilfe seiner Koeffizientenmatrix A wie rechts aufgeführt als Matrizengleichung der Form $A \cdot \vec{x} = \vec{b}$ darstellen, wobei $\vec{b}$ der Vektor der rechten Seite des Systems ist.

1. Darstellung des LGS mit Matrizen

$$\begin{pmatrix} 3 & 5 & 1 \\ 2 & 4 & 5 \\ 1 & 2 & 2 \end{pmatrix} \cdot \begin{pmatrix} x \\ y \\ z \end{pmatrix} = \begin{pmatrix} 0 \\ 8 \\ 3 \end{pmatrix}$$

$$A \cdot \vec{x} = \vec{b}$$

Mithilfe einer Methode zur Inversenbestimmung (manuelle Rechnung oder GTR oder CAS) bestimmen wir die inverse Matrix, sofern sie existiert. Nur dann funktioniert dieses Verfahren zum Lösen von Gleichungen.

2. Berechnung der inversen Matrix A^{-1}

$$A^{-1} = \begin{pmatrix} 2 & 8 & -21 \\ -1 & -5 & 13 \\ 0 & 1 & -2 \end{pmatrix}$$

Um die Matrizengleichung $A \cdot \vec{x} = \vec{b}$ nach der Lösungsvariablen $\vec{x}$ aufzulösen, multiplizieren wir die Gleichung zunächst von links mit A^{-1}. Wir erhalten die Gleichung $A^{-1} \cdot A \cdot \vec{x} = A^{-1} \cdot \vec{b}$, also $E \cdot \vec{x} = A^{-1} \cdot \vec{b}$, d.h. $\vec{x} = A^{-1} \cdot \vec{b}$.

3. Lösung des LGS

$A \cdot \vec{x} = \vec{b}$ von links mit A^{-1} multiplizieren

$\vec{x} = A^{-1} \cdot \vec{b}$

Durch Einsetzen von A^{-1} und und $\vec{b}$ Ausführung der Multiplikation erhalten wir die Lösung $x = 1$, $y = -1$, $z = 2$.

$$\vec{x} = \begin{pmatrix} 2 & 8 & -21 \\ -1 & -5 & 13 \\ 0 & 1 & -2 \end{pmatrix} \cdot \begin{pmatrix} 0 \\ 8 \\ 3 \end{pmatrix} = \begin{pmatrix} 1 \\ -1 \\ 2 \end{pmatrix}$$

$x = 1, \quad y = -1, \quad z = 2$

Übung 10 Lineare Gleichungssysteme

Die folgenden linearen Gleichungssysteme sind eindeutig lösbar. Bestimmen Sie die Lösung mithilfe der Matrizenrechnung.

a) $\begin{aligned} x - 2y &= 0 \\ -x + 3y &= -1 \end{aligned}$

b) $\begin{aligned} 2x + y + z &= 12 \\ x + y + 2z &= 13 \\ 3x + 2y + 2z &= 21 \end{aligned}$

c) $\begin{aligned} 3x + 2y + 6z &= 1 \\ x + y + 3z &= -1 \\ -3x - 2y - 5z &= -3 \end{aligned}$

Übungen

11. Inverse Matrizen
Untersuchen Sie, ob die Matrizen A, B und C zueinander invers sind.

a) $A\begin{pmatrix} 1 & 1 \\ 3 & 4 \end{pmatrix}$, $B = \begin{pmatrix} -1 & 4 \\ 1 & -3 \end{pmatrix}$, $C = \begin{pmatrix} 4 & -1 \\ -3 & 1 \end{pmatrix}$

b) $A = \begin{pmatrix} -1 & -1 & -2 \\ 4 & 1 & 4 \\ 2 & -2 & -1 \end{pmatrix}$, $B = \begin{pmatrix} 7 & 3 & -2 \\ 12 & 5 & -4 \\ -10 & -4 & 3 \end{pmatrix}$

12. Bestimmung der Inverse
Berechnen Sie die Inverse von A manuell mit dem Ansatz $A^{-1} = \begin{pmatrix} a & b \\ c & d \end{pmatrix}$

a) $A = \begin{pmatrix} 1 & 1 \\ 3 & 4 \end{pmatrix}$ b) $A = \begin{pmatrix} 0 & 1 \\ 1 & 0 \end{pmatrix}$ c) $A = \begin{pmatrix} 1 & 1 \\ 1 & 1 \end{pmatrix}$

13. Inverse Matrix nach Gauß
Berechnen Sie die inverse Matrix A^{-1}
I: nach dem Gaußschen Verfahren mit der um die Einheitsmatrix erweiterten Matrix A (s. S. 211).
II: Mit GTR oder CAS.

a) $A = \begin{pmatrix} 2 & 3 \\ 1 & 1 \end{pmatrix}$ b) $A = \begin{pmatrix} 1 & -1 & 0 \\ -2 & 3 & -1 \\ 1 & 3 & 6 \end{pmatrix}$

14. Richtig oder Falsch?
a) Nur quadratische Matrizen können eine Inverse besitzen.
b) Jede quadratische Matrix besitzt eine Inverse.
c) Keine Matrix kann zwei verschiedene Inverse besitzen.
d) Die Inverse der Inversen einer Matrix ist die Matrix selbst.
e) Eine Matrix kann nicht Inverse von sich selbst sein.

15. Beweis
A und B seien Matrizen mit den Inversen A^{-1} und B^{-1}.
Beweisen Sie Aussagen a) und b).

a) $(A \cdot B)^{-1} = B^{-1} \cdot A^{-1}$

b) $(A^{-1})^{-1} = A$

16. LGS
Stellen Sie das lineare Gleichungssystem als Matrizengleichung dar und lösen Sie diese mithilfe der Inversen der Koeffizientenmatrix A.

System a)
$$\begin{aligned} x + \phantom{5y -{}} z &= 1 \\ -2x + 5y - 4z &= 1 \\ 5x + 8y + 2z &= 12 \end{aligned}$$

System b)
$$\begin{aligned} 2x + y + z &= 1 \\ 3y - z &= 2 \\ 5x + 5y + 2z &= 3 \end{aligned}$$

17. Historisches Gleichungssystem
Aus „Vollständige Anleitung zur Algebra“ von Leonhard Euler (1707–1783):
Zwei Personen sind 29 Rubel schuldig; nun hat zwar jeder Geld, doch nicht so viel, dass er diese gemeinsame Schuld allein bezahlen könnte; drum sagt der Erste zum anderen: Gibst du mir zwei Drittel deines Geldes, so kann ich die Schuld allein bezahlen. Der andere antwortet dagegen: Gibst du mir drei Viertel deines Geldes, so kann ich die Schuld allein bezahlen. Wie viel Geld hat jeder?

2. Teilebedarfsrechnung

A. Teilebedarfsermittlung bei mehrstufigem Produktionsprozess

In einem zweistufigen Produktionsprozess werden in der ersten Stufe aus den Rohstoffen R_1 und R_2 die Zwischenprodukte Z_1, Z_2 und Z_3 erzeugt. In der zweiten Produktionsstufe werden die Zwischenprodukte zu den Endprodukten E_1 und E_2 weiterverarbeitet.

Rohstoffe R_1, R_2 | Zwischenprodukte Z_1, Z_2, Z_3 | Endprodukte E_1, E_2

Man kann den Produktionsprozess als Graph mit Pfeilen darstellen, zu einer übersichtlichen Tabelle verkürzen oder zu einer Matrix zusammenstellen, mit der sogar gerechnet werden kann.

Beispiel: Zweistufiger Produktionsprozess

In einer Fabrik werden aus gläsernen Rohkugeln und goldenen Streifen drei Sorten von geschmückten Kugeln erzeugt, die dann in zwei verschiedene Verpackungen kommen.

Der Graph beschreibt die Materialverflechtung. Er gibt an, welcher Materialbedarf für ein Zwischenprodukt oder für ein Endprodukt anfällt.

a) Stellen Sie den Materialbedarf für beide Produktionsstufen als Stücklistentabelle bzw. als Matrix dar.

b) Berechnen Sie den Rohstoffbedarf der Endprodukte.

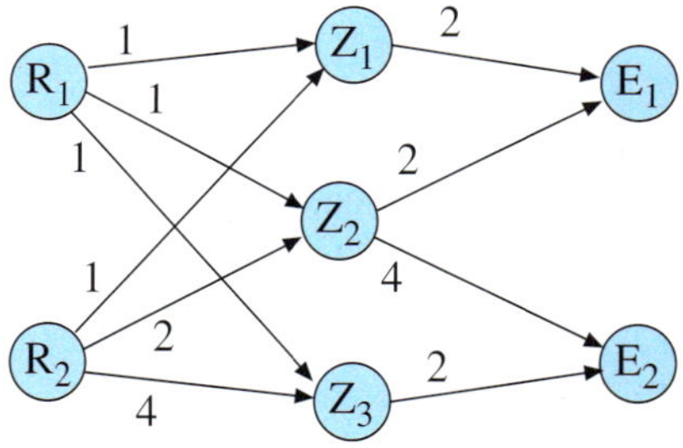

Lösung zu a)

Die erste Tabelle gibt den Rohstoffbedarf der Zwischenprodukte wieder. Die Matrix A enthält diese Information ebenfalls.

Die zweite Tabelle gibt den Bedarf an Zwischenprodukten für die Endprodukte wieder. Die Matrix B enthält diese Informationen der zweiten Produktionsstufe.

1. Tabellen und Matrizen

1. Stufe

	Z_1	Z_2	Z_3
R_1	1	1	1
R_2	1	2	4

$$A = \begin{pmatrix} 1 & 1 & 1 \\ 1 & 2 & 4 \end{pmatrix}$$

2. Stufe

	E_1	E_2
Z_1	2	0
Z_2	2	4
Z_3	0	2

$$B = \begin{pmatrix} 2 & 0 \\ 2 & 4 \\ 0 & 2 \end{pmatrix}$$

Lösung zu b)
Gesucht ist eine Tabelle oder eine Matrix C, die den Zusammenhang zwischen den Endprodukten und den Rohstoffen herstellt.

Für ein Teil E_1 benötigt man:
Zwei Teile Z_1 mit jeweils einem Teil R_1,
zwei Teile Z_2 mit jeweils einem Teil R_1,
null Teile Z_3 mit jeweils einem Teil R_1.

Der von E_1 ausgehende Bedarf am Rohstoff R_1 beträgt also:

$$\underset{Z_1}{1 \cdot 2} + \underset{Z_2}{1 \cdot 2} + \underset{Z_3}{1 \cdot 0} = 4$$

Dieser Ausdruck ist aber gerade das Produkt des ersten Zeilenvektors von A mit dem ersten Spaltenvektor von B.

Offenbar ist die gesuchte Matrix C einfach das Produkt der Matrizen A und B.

Die rechts dargestellte Tabelle gibt den Rohstoffbedarf der Endprodukte direkt wieder.

2. Rohstoffbedarf der Endprodukte

gesucht:

	E_1	E_2
R_1	c_{11}	c_{12}
R_2	c_{21}	c_{22}

$$C = \begin{pmatrix} c_{11} & c_{12} \\ c_{21} & c_{22} \end{pmatrix}$$

Bedarf an R_1 für ein Teil E_1:
$c_{11} = 1 \cdot 2 + 1 \cdot 2 + 1 \cdot 0 = 4$

Bedarf an R_1 für ein Teil E_2:
$c_{12} = 1 \cdot 0 + 1 \cdot 4 + 1 \cdot 2 = 6$

Bedarf an R_2 für ein Teil E_1:
$c_{21} = 1 \cdot 2 + 2 \cdot 2 + 4 \cdot 0 = 6$

Bedarf an R_2 für ein Teil E_2:
$c_{22} = 1 \cdot 0 + 2 \cdot 4 + 4 \cdot 2 = 16$

$$C = A \cdot B = \begin{pmatrix} 1 & 1 & 1 \\ 1 & 2 & 4 \end{pmatrix} \cdot \begin{pmatrix} 2 & 0 \\ 2 & 4 \\ 0 & 2 \end{pmatrix} = \begin{pmatrix} 4 & 6 \\ 6 & 16 \end{pmatrix}$$

	E_1	E_2
R_1	4	6
R_2	6	16

Beispiel: Zweistufiger Produktionsprozess (Fortsetzung)
Welcher Rohstoffbedarf entsteht bei dem Produktionsprozess aus dem vorigen Beispiel, wenn ein Auftrag über 150 Packungen E_1 und 200 Packungen E_2 eingeht?

Lösung:
Wir multiplizieren die Rohstoffmatrix C aus der Lösung des vorhergehenden Beispiels mit den Auftragsvektor $\vec{b}$ und erhalten den Rohstoffvektor $\vec{r}$.
Resultat: Für die Bestellung braucht man 1800 Kugeln (R_1)und 4100 Bänder (R_2).

Berechnung des Rohstoffvektors:

$$\vec{r} = C \cdot \vec{b} = \begin{pmatrix} 4 & 6 \\ 6 & 16 \end{pmatrix} \cdot \begin{pmatrix} 150 \\ 200 \end{pmatrix} = \begin{pmatrix} 1800 \\ 4100 \end{pmatrix}$$

Übung 1

Stellen Sie die Stufen des Produktionsprozesses durch Matrizen A und B dar.
Wie lautet die Matrix C, die den Rohstoffbedarf der Endprodukte beschreibt?
Welcher Rohstoffbedarf wird durch eine Bestellung von 180 Teilen E_1 und 300 Teilen E_2 und null Teilen E_3 verursacht?

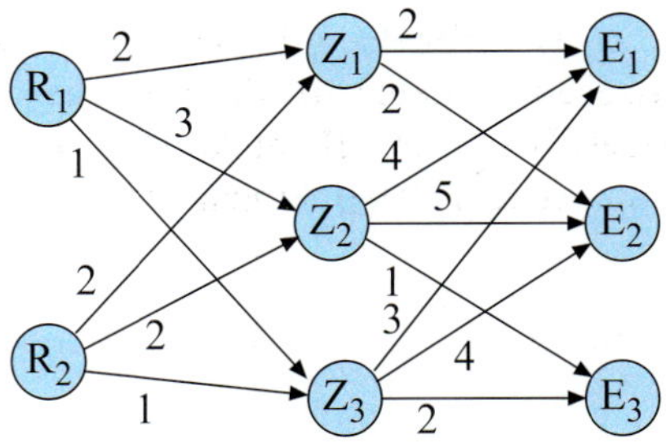

B. Teilebedarfsermittlung mit der Direktbedarfsmatrix

Im vorhergehenden Abschnitt waren die Stufen eines Produktionsprozesses streng voneinander getrennt und konnten jeweils durch eine zugehörige Teilebedarfsmatrix erfasst werden. Kommt es auch innerhalb einer Stufe zu Materialverflechtungen oder überspringen diese eine Stufe, so werden alle Verflechtungen in der sogenannten Direktbedarfsmatrix festgehalten.

Beispiel: Direktbedarfsmatrix

Der Materialverflechtungsgraph beschreibt einen zweistufigen Produktionsprozess.

a) Stellen Sie die Direktbedarfsmatrix D auf.

b) Berechnen Sie den Rohstoffbedarf für je einStück Z_1, Z_2, E_1, E_2.

c) Welchen Rohstoffaufwand erfordert ein Auftrag über 20 E_1 und 10 E_2 sowie die Ersatzteile 4 Z_1 und 2Z_2?

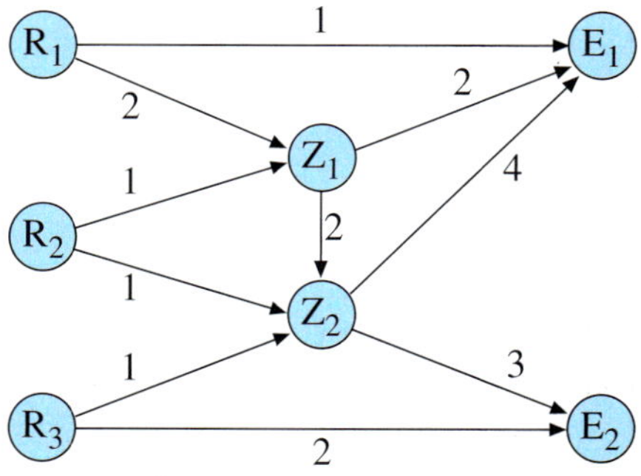

Lösung zu a)

Der Materialverflechtungsgraph – auch als *Gozintograph* bezeichnet – enthält nun auch Querverbidungen und stufenüberspringende Verbindungen. Wir können ihn nur noch in einer Tabelle bzw. Matrix erfassen, die alle Produkte sowohl als Eingänge als auch als Ausgänge enthält. Dies ist die sog. *Direktbedarfsmatrix* D.

Direktbedarfsmatrix D

VON \ NACH	E_1	E_2	Z_1	Z_2	R_1	R_2	R_3
E_1	0	0	0	0	0	0	0
E_2	0	0	0	0	0	0	0
Z_1	2	0	0	2	0	0	0
Z_2	4	3	0	0	0	0	0
R_1	1	0	2	0	0	0	0
R_2	0	0	1	1	0	0	0
R_3	0	2	0	1	0	0	0

Lösung zu b)

Diese Aufgabe lösen wir ganz elementar auf die folgende etwas umständliche, aber leicht zu verstehende Weise.

Wir gehen von den unteren Produktionsstufen aus und arbeiten uns dann hoch.

Wir entnehmen aus Spalte 3, woraus Z_1 gebaut wird, nämlich aus zwei Teilen R_1 und einem Teil R_2. Also $Z_1 = 2R_1 + R_2$

Analog folgt aus Spalte 4, dass zunächst $Z_2 = 2Z_1 + R_2 + R_3$ gilt: Setzen wir hier $Z_1 = 2R_1 + R_2$ ein, so erhalten wir als Resultat $Z_2 = 4R_1 + 3R_2 + R_3$.

Ebenso ergeben sich die Resultate für den Rohstoffbedarf für jeweils einTeil von E_1 bzw. E_2.

Rohstoffbedarf für Z_1, Z_2, E_1 und E_2

$Z_1 = 2R_1 + R_2$ (Spalte 3)

$$Z_2 = 2Z_1 + R_2 + R_3 \quad \text{(Spalte 4)}$$
$$= 2(2R_1 + R_2) + R_2 + R_3$$
$$= 4R_1 + 3R_2 + R_3$$

$$E_1 = 2Z_1 + 4Z_2 + R_1 \quad \text{(Spalte 1)}$$
$$= 2(2R_1 + R_2) + 4(4R_1 + 3R_2 + R_3) + R_1$$
$$= 21R_1 + 14R_2 + 4R_3$$

$$E_2 = 3Z_2 + 2R_3 \quad \text{(Spalte 2)}$$
$$= 3(4R_1 + 3R_2 + R_3) + 2R_3$$
$$= 12R_1 + 9R_2 + 5R_3.$$

Lösung zu c:
Der Rohstoffbedarf für den gesamten Auftrag ist nun leicht zu kalkulieren, indem wir die Rohstoffmengen für jeweils ein Bestellteil mit der zugehörigen Bestellmenge multiplizieren.

▶ Resultat: $556R_1$, $380R_2$ und $132R_3$

Rohstoffbedarf für den Auftrag

$$
\begin{aligned}
20 \cdot E_1 &= 20 \cdot (21R_1 + 14R_2 + 4R_3)\\
10 \cdot E_2 &= 10 \cdot (12R_1 + 9R_2 + 5R_3)\\
4 \cdot Z_1 &= 4 \cdot (2R_1 + 1R_2)\\
2 \cdot Z_2 &= 2 \cdot (4R_1 + 3R_2 + 1R_3)
\end{aligned}
$$

Auftrag: $556\,R_1 + 380\,R_2 + 132\,R_3$

Möchte man Teil c der vorhergehenden Aufgabe mithilfe der Matrizenrechnung lösen, so benötigt man folgenden Satz, den wir hier ohne Beweis zitieren und anwenden*.

Satz VIII.2: Bedarfsermittlung mithilfe der Gesamtbedarfsmatrix

D sei die **Direktbedarfsmatrix** eines Produktionsprozesses. a sei der **Auftragsvektor.** Dann bezeichnet man die Matrix $(E - D)^{-1}$ als ***Gesamtbedarfsmatrix*** des Prozesses. Der sog. ***Produktionsvektor*** $\vec{p}$ lässt sich dann nach folgender Formel berechnen:

$$\vec{p} = (E - D)^{-1} \cdot \vec{a}$$

$\vec{p}$: Produktionsvektor; E: Einheitsmatrix; D: Direktbedarfsmatrix; $\vec{a}$: Auftragsvektor

Im obigen Beispiel erhalten wir Folgendes:

$$
D = \begin{pmatrix}
0&0&0&0&0&0&0\\
0&0&0&0&0&0&0\\
2&0&0&2&0&0&0\\
4&3&0&0&0&0&0\\
1&0&2&0&0&0&0\\
0&0&1&1&0&0&0\\
0&2&0&1&0&0&0
\end{pmatrix}
\underset{\text{Satz XIII.2}}{\Rightarrow}
\vec{p} = (E - D)^{-1} \cdot \vec{a} =
\begin{pmatrix}
1&0&0&0&0&0&0\\
0&1&0&0&0&0&0\\
10&6&1&2&0&0&0\\
4&3&0&1&0&0&0\\
21&12&2&4&1&0&0\\
14&9&1&3&0&1&0\\
4&5&0&1&0&0&1
\end{pmatrix}
\cdot
\begin{pmatrix}20\\10\\4\\2\\0\\0\\0\end{pmatrix}
=
\begin{pmatrix}20\\10\\268\\112\\556\\380\\132\end{pmatrix}
$$

Dies bedeutet: Bei einem Auftrag von 20 E_1, 10 E_2, 4 Z_1 und 2 Z_2 entstehen im Produktionsverlauf 268 Z_1 und 112 Z_2 als Zwischenprodukte aus den Rohstoffen 556 R_1, 380 R_2, 132 R_3.

Übung 2

Der abgebildete Graph beschreibt einen zweistufigen Produktionsprozess.

a) Wie lautet die Direktbedarfsmatrix D?

b) Berechnen Sie den Rohstoffbedarf für jeweils eine Einheit der Zwischen- und der Endprodukte.

c) Ein Auftrag lautet über 20 Einheiten E_1 und 15 Einheiten E_2. Welcher Rohstoffbedarf besteht?

d) Lösen Sie c) mithilfe der Gesamtbedarfsmatrix nach Satz VIII.2.

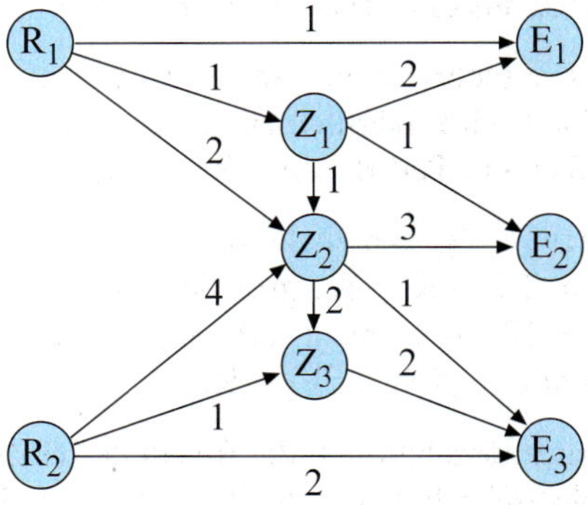

* Hier ist der Einsatz eines Rechners angemessen, da eine große Matrix invertiert wird.

Übungen

3. Zweistufiger Produktionsprozess
Der abgebildete Graph mit seinen schwarzen Pfeilen gehört zu einen Produktionsprozess mit zwei Stufen.

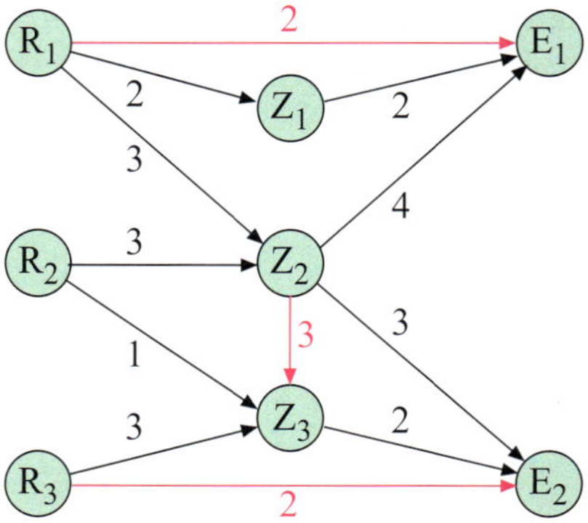

a) Bestimmen Sie die Bedarfsmatrizen A und B der beiden Stufen. Berechnen Sie das Produkt C = AB. Welche Bedeutung hat C?

b) Welche Rohstoffe benötigt man für einen Auftrag über 20 Einheiten von E_1 und 30 Einheiten von E_2?

c) Direktbedarfsmatrix: Ein verbessertes Produkt erfordert zusätzlich für eine Einheit E_1 zwei Einheiten R_1, für eine Einheit E_2 zwei Einheiten R_3 und für eine Einheit Z_3 drei Einheiten Z_2 (rote Pfeile im Graphen). Lösen Sie nun Aufgabe b). Stellen Sie die Direktbedarfsmatrix D auf und wenden Sie Satz VIII.2 an (Gesamtbedarfsmatrix: $(E - D)^{-1}$).

4. Rasenmischung
Ein Hersteller von Rasensamen verwendet die Rasensorten Maxima (M), Borneo (B) und Greystone (G). Durch Mischung stellt er die Rasensorten Tiergarten, Stadion und Steppe her, jeweils in 1-kg-Packungen verpackt. Den aufgedruckten Mischungstabellen kann man entnehmen, dass die Tiergartenmischung zu je 30 % aus den Sorten Maxima und Borneo sowie zu 40 % aus der Sorte Greystone (R3) besteht, während Stadion und Steppe die gleichen Sorten im Verhältnis 20 : 30 : 50 bzw. 25 :15 : 60 enthalten. Für die Auslieferung an die Großhändler werden jeweils 20 Packungen gebündelt verpackt. Es gibt drei Bündelungen I, II und III. Sie enthalten: I: 20-mal Tiergarten, II: 20-mal Stadion, III: jeweils 10-mal Stadion und 10-mal Steppe.

a) Zeichnen Sie den Graphen für diesen zweistufigen Produktionsprozess.
b) Ein Gartenmarkt bestellt 40 Einheiten I, 20 Einheiten II und 20 Einheiten III. Welche Mengen der Grundsorten muss der Hersteller hierfür bereitstellen?
c) Der Hersteller bezieht die Grundsorten zu 2 Euro (Maxima), 3 Euro (Borneo) bzw. 4 Euro (Greystone). Welche Rohstoffkosten hat er dür die Bestellung aus b)?
d) Ein Großhändler rechnet für die kommende Saison mit einer Nachfrage von ca. 80-mal Tiergarten, 60-mal Schattenrasen und 20-mal Stadion. Wie muss seine Bestellliste für die Einheiten I, II und III aussehen?

5. Pralinenstrauß

Ein Produzent stellt aus vier Rohstoffen (R_1: Schokolade, R_2: Nüsse, R_3: Marzipan, R_4: Zucker) fünf Pralinensorten $P_1, \dots, P_5$ her, die er in zwei Pralinensträußen A und B anbietet.

Die Rezepturen der fünf Sorten sind rechts unten angegeben (R_1 bis R_5: Rohstoffe in g pro Praline).

Die beiden Pralinensträuße enthalten:

Strauß A: P_1: 2, P_2: 5, P_3: –, P_4: –, P_5: 3

Strauß B: P_1: 5, P_2: 2, P_3: 3, P_4: 6, P_5: 4.

a) Berechnen Sie den Rohstoffbedarf der einzelnen Sträuße.

b) Drei Kunden bestellen zum Valentinstag:

Kunde 1: A: 400, B: 300

Kunde 2: A: 600, B: 800

Kunde 3: A: 200, B: 550

Berechnen Sie den Rohstoffbedarf für jede der drei Lieferungen.

Erste Produktionsstufe

P_1: R_1: 3, R_2: 2, R_3: 5, R_4: 2

P_2: R_1: 7, R_2: 6, R_3: 0, R_4: 3

P_3: R_1: 2, R_2: 0, R_3: 8, R_4: 1

P_4: R_1: 5, R_2: 4, R_3: 0, R_4: 0

P_5: R_1: 9, R_2: 0, R_3: 0, R_4: 4

Zweite Produktionsstufe

E_1: P_1: 2, P_2: 5, P_3: 0, P_4: 0, P_5: 3

E_2: P_1: 5, P_2: 2, P_3: 3, P_4: 6, P_5: 4

c) Aus den Pralinensträußen werden Paletten für Supermärkte zusammengestellt. Palettenart T_1 enthält 60 A und 40 B. Palette T_2 besteht aus 30 A und 70 B. Ein Größhändler bestellt 50 Paletten T_1 und 80 Palleten T_2. Welche Rohstoffmengen müssen für den Auftrag bereitgestellt werden?

6. Regenbogenfisch

Der abgebildete Graph beschreibt einen zweistufigen Produktionsprozess zur Herstellung eines Regenbogenfisches (E_1) und eines Stachelfisches (E_2). Die Rohstoffe sind Chemikalien, die Zwischenprodukte daraus hergestellte Kunststoffe.

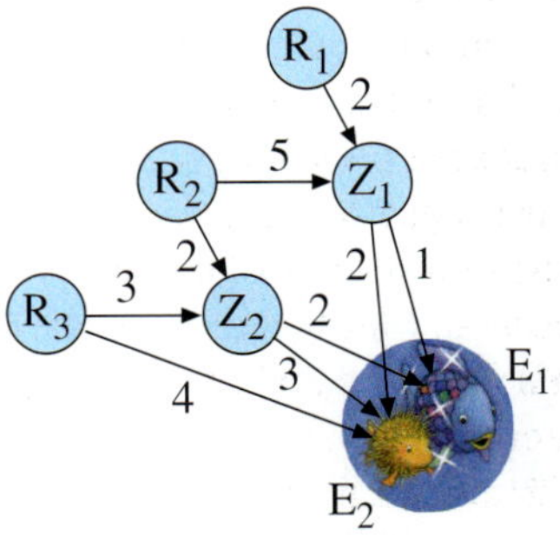

a) Welcher Rohstoffbedarf besteht für die Produktion jeweils eines der beiden Fische bzw. für einen Auftrag über 100 Regenbogenfische und 50 Stachelfische?

b) Die Rohstoffe sind kurzfristig ausgegangen. Der Hersteller kauft daher die Zwischenprodukte vorübergehend bei einem Konkurrenten ein. Dabei hat er Zusatzkosten von 0,1 € pro verbrauchter Rohstoffeinheit. Welche Kosten verursacht eine Lieferung von 2000 Einheiten von Z_1 und 3000 Einheiten von Z_2?

c) In welchem Verhältnis zueinander müssen die Einheiten von Z_2 und Z_1 stehen, wenn daraus jeweils eine Einheit der Endprodukte E_1 und E_2 hergestellt werden soll? (Kontrollergebnis: $Z_1 : Z_2 = 5 : 3$)

d) Die Rohstoffe sind chemisch sehr instabil. 1000 Einheiten von R_1, 4000 Einheiten von R_2 und 2500 Einheiten von R_3 lagern schon länger und sollen schnell zu den Zwischenprodukten Z_1 und Z_2 verarbeitet werden. Wieviele Einheiten von Z_1 und Z_2 lassen sich aus dem Rohstoffvorrat produzieren? Welcher nicht verbrauchte Restbestand an Rohstoffen verbleibt?

3. Zustandsänderungen

A. Die Übergangsmatrix

Das Übergangsverhalten von Käufern, die einem Produkt treu bleiben, zur Konkurrenz wechseln oder zu Nichtkäufern werden, ist Gegenstand der Wissbegier der Marktforschungsinstitute, die hierzu allerlei Umfragen vornehmen. Man hofft, mithilfe des erfragten und hoffentlich relativ konstanten Übergangsverhaltens die Marktentwicklung prognostizieren zu können.

Beispiel: Marktübergangsmatrix

Zwei monatlich erscheinende Magazine S und F konkurrieren um die Gunst der Leser und der Nichtleser N. Im Januar lauten die Markanteile:

S: 60 % F: 20 % N: 20 %

Das Übergangsverhalten der Verbraucher geht aus der Graphik hervor. Welche Marktanteile werden voraussichtlich in drei Monaten vorliegen?

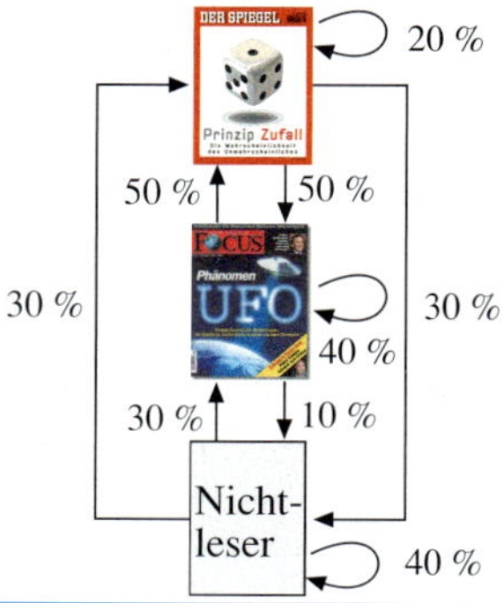

Lösung:

Die Daten des ***Übergangsgraphen*** übertragen wir in eine übersichtliche Tabelle. Durch das Weglassen der Tabelleneingänge erhalten wir die ***Übergangsmatrix*** M. Die Anfangsmarktanteile zu Beginn des Monats Januar halten wir in dem Anfangs- oder ***Startvektor*** $\vec{a}$ mit den Koordinaten 60, 20, 20 fest.

Übergangsmatrix*:

von / nach	S	F	N
S	0,2	0,5	0,3
F	0,5	0,4	0,3
N	0,3	0,1	0,4

$$M = \begin{pmatrix} 0{,}2 & 0{,}5 & 0{,}3 \\ 0{,}5 & 0{,}4 & 0{,}3 \\ 0{,}3 & 0{,}1 & 0{,}4 \end{pmatrix}$$

Die Marktanteile nach einem Monat sind:

$S = 0{,}2 \cdot 60 + 0{,}5 \cdot 20 + 0{,}3 \cdot 20 = 28$
$F = 0{,}5 \cdot 60 + 0{,}4 \cdot 20 + 0{,}3 \cdot 20 = 44$
$N = 0{,}3 \cdot 60 + 0{,}1 \cdot 20 + 0{,}4 \cdot 20 = 28$

Dieser neue Zustand wird also durch den ***Zustandsvektor*** $\vec{x}$ mit den Koordinaten 28, 44, 28 erfasst.

Man erkennt, dass jeder neue Zustandsvektor durch Multiplikation des aktuellen Zustandsvektors mit der Übergangsmatrix M zustandekommt. Nach drei Monaten gilt:

S: 34,4 % F: 41,2 % N: 24,4 %

Marktanteile im Januar:
(Startvektor)

$$\vec{a} = \begin{pmatrix} 60 \\ 20 \\ 20 \end{pmatrix}$$

Marktanteile im Februar:

$$\begin{pmatrix} 0{,}2 & 0{,}5 & 0{,}3 \\ 0{,}5 & 0{,}4 & 0{,}3 \\ 0{,}3 & 0{,}1 & 0{,}4 \end{pmatrix} \cdot \begin{pmatrix} 60 \\ 20 \\ 20 \end{pmatrix} = \begin{pmatrix} 28 \\ 44 \\ 28 \end{pmatrix}$$

Marktanteile im März:

$$\begin{pmatrix} 0{,}2 & 0{,}5 & 0{,}3 \\ 0{,}5 & 0{,}4 & 0{,}3 \\ 0{,}3 & 0{,}1 & 0{,}4 \end{pmatrix} \cdot \begin{pmatrix} 28 \\ 44 \\ 28 \end{pmatrix} = \begin{pmatrix} 36 \\ 40 \\ 24 \end{pmatrix}$$

Marktanteile im April:

$$\begin{pmatrix} 0{,}2 & 0{,}5 & 0{,}3 \\ 0{,}5 & 0{,}4 & 0{,}3 \\ 0{,}3 & 0{,}1 & 0{,}4 \end{pmatrix} \cdot \begin{pmatrix} 36 \\ 40 \\ 24 \end{pmatrix} = \begin{pmatrix} 34{,}4 \\ 41{,}2 \\ 24{,}4 \end{pmatrix}$$

Resultat:
S: 34,4 % F: 41,2 % N: 24,4 %

---

* Die Spalteneingänge der Übergangsmatrix enthalten die Ausgangslage (von), die Zeileneingänge die Endlage (nach).

Interpretation: Das Magazin F gewinnt zunächst Marktanteile, das Magazin S verliert Anteile.

Allerdings pendelt sich der Markt bei gleichbleibendem Übergangsverhalten langfristig auf einen ***stationären Gleichgewichtszustand*** mit stabilen Marktanteilen ein. Diese fixen Marktanteile kann man näherungsweise berechnen, indem man das Verfahren aus dem Beispiel mehrfach anwendet (Verwendung von GTR oder CAS oder Tabellenkalkulation ist zu empfehlen). Aber es gibt auch ein theoretisches Verfahren zur Berechnung der stabilen Marktanteile.

Beispiel: Stabile Markanteile

Die Marktanteile der Magazine aus dem vorhergehenden Beispiel pendeln sich langfristig auf feste, fixierte Werte ein. Berechnen Sie diese Anteile.

Lösung:

Der Vektor mit den Koordinaten x, y, z sei der noch unbekannte Zustandsvektor der stabilen Marktanteile. Dann muß offenbar gelten: $A \cdot \vec{x} = \vec{x}$.

Bedingung für stabile Marktanteile

$$\begin{pmatrix} 0{,}2 & 0{,}5 & 0{,}3 \\ 0{,}5 & 0{,}4 & 0{,}3 \\ 0{,}3 & 0{,}1 & 0{,}4 \end{pmatrix} \cdot \begin{pmatrix} x \\ y \\ z \end{pmatrix} = \begin{pmatrix} x \\ y \\ z \end{pmatrix}$$

Diese Bedingung führt auf ein lineares Gleichungssystem mit den Gleichungen I, II und III. Versucht man, es zu lösen, erkennt man, dass es unterbestimmt ist.

Lineares Gleichungssystem

$$\begin{aligned} \text{I:}\ & 0{,}2x + 0{,}5y + 0{,}3z = x \\ \text{II:}\ & 0{,}5x + 0{,}4y + 0{,}3z = y \\ \text{III:}\ & 0{,}3x + 0{,}1y + 0{,}4z = z \\ \text{IV:}\ & x + y + z = 1 \end{aligned}$$

Aber es gibt noch eine weitere, versteckte Gleichung IV: Die Summe der drei Marktanteile x, y und z ist 100 %. Diese füllt die Informationslücke.

Vereinfachtes Gleichungssystem

$$\begin{aligned} 10 \cdot \text{I}:\ & -8x + 5y + 3z = 0 \\ 10 \cdot \text{II}:\ & 5x - 6y + 3z = 0 \\ \text{IV}:\ & x + y + z = 1 \end{aligned}$$

Wir ersetzen nun Gleichung III, deren Information offensichtlich in den Informationen der Gleichungen I und II schon enthalten ist, durch Gleichung IV.

Lösung des Gleichungssystems

$x = 34{,}7\,\%$, $y = 41{,}1\,\%$, $z = 24{,}2\,\%$

Das neue Gleichungssytem ist lösbar. Die Lösung liefert die stabilen Marktanteile $x = 34{,}7\,\%$, $y = 41{,}1\,\%$ und $z = 24{,}2\,\%$, die einen stationären Zustand darstellen.

Marktgleichgewicht/stabile Anteile

Magazin S: 34,7 %
Magazin F: 41,1 %
Nichtleser: 24,2 %

Übung 1

DieTabelle zeigt das Übergangsverhalten der Käufer von Mineralwasser.

a) Berechnen Sie die Markanteile nach vier Monaten.

b) Welche stabilen Markanteile bilden sich langfristig aus?

nach \ von	M	L	B
M	0,3	0,4	0,2
L	0,4	0,2	0,5
B	0,3	0,4	0,3

Marktanteile zu Beginn:

Minerva: 50 %
Lullus: 20 %
Bonifatius: 30 %

B. Fixvektoren und Grenzmatrizen

Im vorhergehenden Abschnitt wurde ein Übergangsprozess untersucht. Der Anfangszustand wurde durch einen Anfangsvektor $\vec{a}$ erfasst. Der Übergang wurde durch die Übergangsmatrix M beschrieben und führte zu einem Folgezustand $\vec{b}$. Bei vielfacher Wiederholung des Übergangs strebten die Folgezustände gegen einen stabilen stationären Zustand, den Grenzzustand. Wir verallgemeinern diese Beobachtungen:

Verlauf eines Übergangsprozesses

$$M \cdot \vec{a} = \vec{b}$$

Übergangs-Matrix | Anfangszustand | Folgezustand

Grenzzustand

$$M^n \cdot \vec{a} \to \vec{g} \quad \text{für } n \to \infty$$

Definition VIII.5: Fixvektor

Ein Zustandsvektor heißt Fixvektor der Übergangsmatrix M, wenn gilt. Der Vektor wird also durch Multiplikation mit A nicht verändert.

Fixvektor $\vec{x}$:

$$M \cdot \vec{x} = \vec{x}$$

Bei einer Übergangsmatrix M sind die Elemente Zahlen zwischen 0 und 1, und die Summe der Zahlen in einer Spalte ist jeweils 1, da es sich um relative Häufigkeiten bzw. Wahrscheinlichkeiten handelt. Eine solche Matrix bezeichnet man als eine ***stochastische Matrix***. Für stochastische Matrizen gilt ein wichtiger Satz:

Stochastische 3×3-Matrix

VON

$$\text{NACH} \begin{pmatrix} a_{11} & a_{12} & a_{13} \\ a_{21} & a_{22} & a_{23} \\ a_{31} & a_{32} & a_{33} \end{pmatrix} \qquad \begin{matrix} \overline{1} & \overline{1} & \overline{1} \end{matrix}$$

$0 \leq a_{ij} \leq 1$
Spaltensummen jeweils gleich 1

Satz VIII.3: Grenzmatrix

M sei eine beliebige stochastische Matrix, aber nicht die Einheitsmatrix E. Dann gilt:

1. Es gibt genau einen vom Nullvektor verschiedenen Fixvektor $\vec{x}$ von M.
2. Die Matrixpotenzen $M, M^2, M^3, \ldots$ streben mit wachsendem Exponenten gegen die sog. ***Grenzmatrix*** M^∞. Jede Spalte der Grenzmatrix M^∞ ist mit dem Fixvektor $\vec{x}$ identisch.
3. Die Folgezustände $M \cdot \vec{a}, M^2 \cdot \vec{a}, M^3 \cdot \vec{a}, \ldots$ streben für jeden Startzustand $\vec{a} \neq \vec{0}$ mit anwachsendem Exponenten gegen den Fixvektor $\vec{x}$. Es gilt also $M^\infty \cdot \vec{a} = \vec{x}$.

Beispiel

Die Abbildung zeigt den Übergangsgraphen eines Prozesses.

a) Bestimmen Sie die Übergangsmatrix M.
b) Wie lautet der Fixvektor $\vec{x}$ von M?
c) Berechnen Sie die Matrixpotenzen M^2, M^3 und M^4.
c) Wie lautet die Grenzmatrix M^∞?
d) Nennen Sie eine Interpretation für den Prozess.

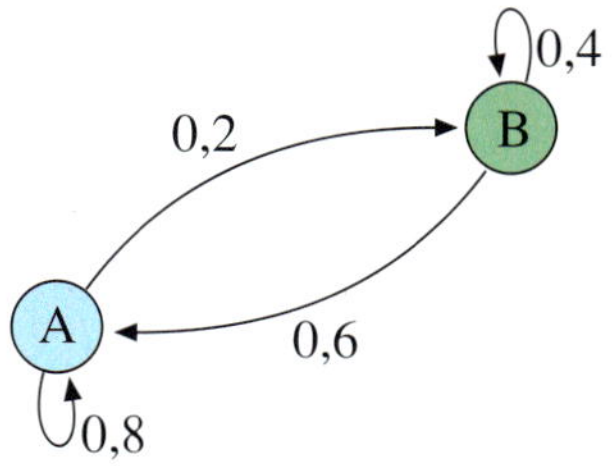

Lösung zu a):
Die Daten des ***Übergangsgraphen*** übertragen wir zunächst in eine Tabelle. Durch das Weglassen der Tabelleneingänge erhalten wir die Übergangsmatrix M.

Übergangsmatrix:

von / nach	A	B
A	0,8	0,6
B	0,2	0,4

$$M = \begin{pmatrix} 0{,}8 & 0{,}6 \\ 0{,}2 & 0{,}4 \end{pmatrix}$$

Lösung zu b):
Der Fixvektor $\vec{x}$ erfüllt die Matrixgleichung $M \cdot \vec{x} = \vec{x}$. Daraus ergeben sich die Gleichungen I und II, die aber zur eindeutigen Lösung nicht ausreichen, wie wir schon wissen. Erst die Hinzunahme der Zusatzinformation, dass die Summe der Marktanteile stets 1 ergibt, liefert Gleichung III. Nun können wir Gleichung II weglassen und das System aus I und III lösen.
Resultat: Der Fixvektor $\vec{x}$ hat die Koordinaten $x = 0{,}75$ und $y = 0{,}25$.

Fixvektor:
$M \cdot \vec{x} = \vec{x}$

$$\begin{pmatrix} 0{,}8 & 0{,}6 \\ 0{,}2 & 0{,}4 \end{pmatrix} \cdot \begin{pmatrix} x \\ y \end{pmatrix} = \begin{pmatrix} x \\ y \end{pmatrix}$$

I : $0{,}8x + 0{,}6y = x$
II : $0{,}2x + 0{,}4y = y$
III: $x + y = 1$

Lösung: $x = 0{,}75$, $y = 0{,}25$ $\quad \vec{x} = \begin{pmatrix} 0{,}75 \\ 0{,}25 \end{pmatrix}$

Lösung zu c):
Durch Matrizenmultiplikation erhalten wir die gesuchten Potenzen.
Für die Berechnung noch wesentlich höherer Potenzen wäre ein Rechner (GTR, CAS) oder ein Programm hilfreich.

Matrixpotenzen:

$$M^2 = \begin{pmatrix} 0{,}76 & 0{,}72 \\ 0{,}24 & 0{,}28 \end{pmatrix} \quad M^3 = \begin{pmatrix} 0{,}752 & 0{,}744 \\ 0{,}248 & 0{,}256 \end{pmatrix}$$
$$M^4 = \begin{pmatrix} 0{,}7504 & 0{,}7488 \\ 0{,}2496 & 0{,}2512 \end{pmatrix}$$

Lösung zu d):
Die Grenzmatrix können wir näherungsweise durch die Berechnung weiterer noch höherer Potenzen von M bestimmen (GTR, CAS). Aber einfacher geht es nach Satz XIII.3. Die Spalten der Grenzmatrix entsprechen alle dem Fixvektor.

Grenzmatrix:

$$\vec{x} = \begin{pmatrix} 0{,}75 \\ 0{,}25 \end{pmatrix} \Rightarrow M^\infty = \lim_{n\to\infty} M^n = \begin{pmatrix} 0{,}75 & 0{,}75 \\ 0{,}25 & 0{,}25 \end{pmatrix}$$

Lösung zu e):
Es könnte sich um das Übergangsverhalten der Käufer zweier konkurrierender marktbeherrschender Produkte A und B handeln. Unabhängig von den anfänglichen Marktanteilen würden sich die Marktanteile bei konstantem Übergangsverhalten auf 75 % für A und 25 % für B einpendeln.

Übung 2

Die Abbildung zeigt den Übergangsgraphen eines Prozesses.
a) Bestimmen Sie die Übergangsmatrix M.
b) Wie lautet der Fixvektor $\vec{x}$ von M?
c) Berechnen Sie die Matrixpotenzen M^2, M^3 und M^4.
d) Wie lautet die Grenzmatrix M^∞?

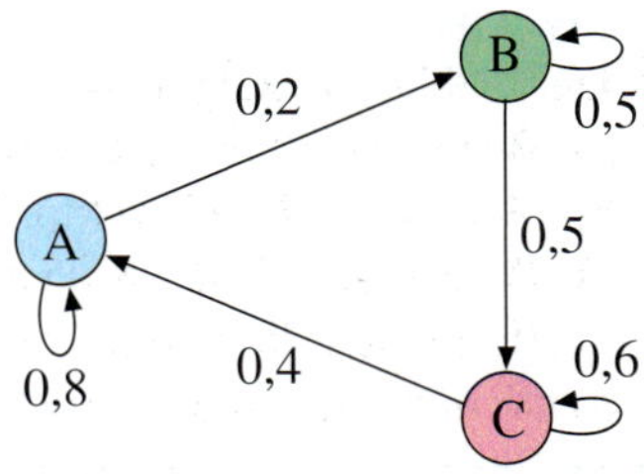

Übungen

3. Idyll

In einem Naturschutzgebiet gibt es Teile, die mit Wiese, Gestrüpp und Sumpf bedeckt sind. Jährlich geht ein Teil des Wiesenlandes in Gestrüpp über, Sumpf wird zu Wiese usw. Die Tabelle zeigt die jährlichen Übergangswahrscheinlichkeiten.

nach \ von	W	G	S
W	0,7	0,2	0,2
G	0,2	0,8	0,0
S	0,1	0,0	0,8

a) Begründen Sie: Die Übergangsmatrix M ist eine stochastische Matrix.

b) Die Startanteile lauten: W: 60 %, G: 30 %, S: 10 %
Welche Anteile findet man nach einem Jahr, nach zwei Jahren, nach fünf Jahren?

c) Welche Anteile sind langfristig zu erwarten, wenn die Übergänge konstant bleiben?

d) Durch Mähen der Wiesen wird der Übergang zu Gestrüpp auf 10 % verringert. Durch Bewässerungsmaßnahmen wird das Umwandeln des Sumpfes in Wiese ebenfalls auf 10 % verringert. Wie entwickelt sich das Gebiet nun nach 5 Jahren bzw. nach 10 Jahren bzw. langfristig? Interpretieren Sie das Ergebnis anschaulich.

4. Banken

Drei Bankhäuser konkurrieren um ihre Kunden. Der Übergangsgraph zeigt die jährlichen Kundenströme.

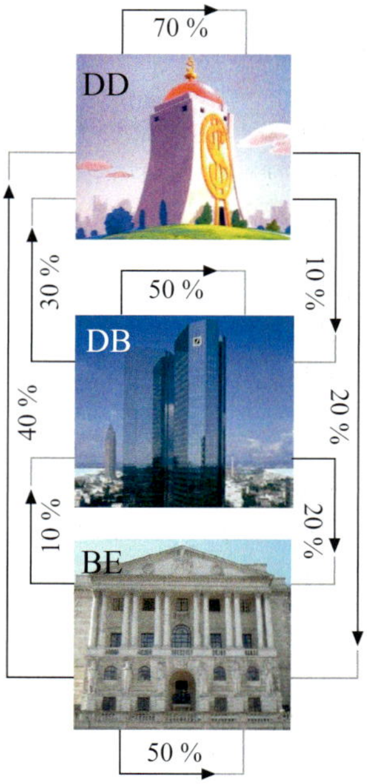

a) Stellen Sie die Übergangstabelle und die Übergangsmatrix M auf.

b) Die aktuellen Marktanteile lauten:
DD: 43 %, DB: 22 %, BE: 35 %
Wie lauten die Anteile in einem Jahr, in drei Jahren, in 5 Jahren? Welche Vermutung liegt nahe?

c) Wie lauten die stabilen Anteile, auf die sich der Markt langfristig einpegelt?

d) Wie würde sich das Ergebnis von c) ändern, wenn es der BE durch Sofortmaßnahmen gelänge, ihre Kundenabgänge jeweils zu halbieren?

e) Wie lauteten die Anteile vor einem Jahr?
Hinweis: Berechnen Sie hierzu die Inverse M^{-1} der Übergangsmatrix M.

f) Die BE geht pleite. Dadurch steigen die Marktanteile von DD und DB auf 60 % bzw 40 %. Die Markentreue der Kunden von DD und DB bleibt unverändert. Lösen Sie die Fragestellungen a) bis c) nun für die neue Konstellation.

5. Restaurant

Das Restaurant LaFille verliert monatlich 30 % der Stammkunden an das Restaurant McHunger. 70 % der Kunden bleiben. Umgekehrt verliert McHunger 20 % an Lafille, 80 % bleiben.

a) Lafille hat aktuell 60 Stammgäste, McHunger 40. Wie lauten die Gästeanteile im Folgemonat? Welche Aufteilung ergibt sich langfristig?

b) Sechs Monater später eröffnet das Restaurant PizAria in der Nähe. Es nimmt den Alteingesessenen jeweils 10 Prozentpunkte ihrer Stammgäste aus deren Bleiberquote. PizAria hält 60 % seiner Gäste, verliert aber 10 % an LaFille und 30 % an McHunger. Welche Verteilung ergibt sich nun langfristig? Wer ist von der Neueröffnung stärker betroffen?

6. Farbwechsel

In der Landwirtschaftlichen Versuchsanstalt Eichhof werden auf einem Feld rote, gelbe und blaue Blumen gezüchtet (R, G, B), die eine erstaunliche Eigenschaft haben. Sie können bei jedem Generationenwechsel ihre Farbe wechseln. Eine Auszählung ergibt, dass der Farbwechsel nach der abgebildeten Tabelle erfolgt.

nach \ von	R	G	B
R	0,5	0,2	0,3
G	0,2	0,6	0,3
B	0,3	0,2	0,4

a) Erläutern Sie das Übergangsverhalten. Stellen Sie die Übergangsmatrix M auf. Welche Eigenschaften hat eine stochastische Matrix? Begründen Sie, dass M eine solche Matrix ist.

b) Anfangs lag folgende Verteilung vor: R: 50 %, G: 30 %, B: 20 %
Berechnen Sie die Verteilung in den beiden Folgegenerationen.

c) Welche Verteilung der Farben R, G, B stellt sich langfristig ein? (Hinweis: Berechnen Sie den Fixvektor von M)

d) In einer Generation gilt: Rot: 35 %, Gelb: 35 %, Blau: 30 %. Welche Verteilung lag in der vorherigen Generation vor? (Hinweis: Berechnen Sie die inverse Matrix M^{-1}).

e) Nach einiger Zeit ändern die gelben Blumen plötzlich ihr Übergangsverhalten. Sie behalten beim Generationenwechsel ihre Farbe nur noch in 20 % der Fälle. Zur roten Farbe wechseln sie überhaupt nicht mehr. Stellen Sie die neue Übergangsmatrix N auf. Ist die Befürchtung gerechtfertigt, dass die gelben Blumen ganz vom Feld verschwinden könnten?

7. Umfüllen

In einem Behälter C befindet sich 1 Liter Cola, in einem zweiten Behälter E 1 Liter Eiswasser. Aus C werden 30 % des Inhalts in Glas I gegossen. Aus E werden 50 % des Inhalts in Glas II gefüllt. Anschließend wird Glas I in die Eiswasserflasche und Glas II in die Colaflasche gegossen. Dann wird der Prozess wiederholt.

a) Zeichnen Sie den Übergangsgraphen für die Volumina von C und E. Wie lautet die Übergangsmatrix A?

b) Welche Füllmenge hat Behälter C nach der ersten, der zweiten und der dritten Wiederholung?

c) Welcher Füllmenge nähert sich Behälter C langfristig?

d) Wie hoch ist die Colamenge in Behälter C nach der ersten bzw. nach der zweiten Wiederholung? Welche Colamenge stellt sich langfristig in Behälter C ein?

8. Robinsons Insel

Robinson Crusoe – der legendäre Schiffbrüchige – soll auf der Insel Tierra gestrandet sein. Dort gibt es nur zwei Wetterlagen, entweder Sonnenschein (S) oder Regen (R).
Es gibt auch nur zwei Wetterregeln. Ist es an einem Tag sonnig, so ist es mit 70 % Wahrscheinlichkeit auch am nächsten Tag sonnig. Ist es aber an einem Tag regnerisch, so ist es mit 60 % Wahrscheinlichkeit auch am nächsten Tag regnerisch.

a) Zeichnen Sie den Übergangsgraphen für das Wetter auf Tierra. Stellen Sie die Übergangsmatrix A auf.
Begründen sie, dass A eine stochastische Matrix ist.

b) Es ist heute schön. Mit welcher Wahrscheinlichkeit ist es dann auch übermorgen schön? Mit welcher Wahrscheinlichkeit ist es exakt eine Woche später schön?

c) Wie verteilen sich die Sonnentage und die Regentage langfristig? Berechnen Sie hierzu den Fixvektor von A.

d) Wie lautet die Grenzmatrix von A?

e) Auf einer anderen Insel gelten folgende Regeln: (I) Der Übergang von schönem auf schlechtes Wetter sei genauso wahrscheinlich wie der Übergang von schlechtem auf schönes Wetter. (II) Ist es heute schön, so ist es in zwei Tagen mit einer Wahrscheinlichkeit von 68 % wieder schön. Wie groß sind die Übergangswahrscheinlichkeiten auf dieser Insel?

Hinweis: Verwenden Sie als Zustandsvektor für das Wetter den Vektor $\vec{v} = \begin{pmatrix} s \\ r \end{pmatrix}$, wobei s die Wahrscheinlichkeit für schönes Wetter an diesem Tag und r die Wahrscheinlichkeit für schlechtes Wetter ist.

4. Populationswachstum

A. Zyklische Prozesse

Die Entwicklung von Populationen, die mehrere Entwicklungsstadien aufweisen, kann im Modell ebenfalls mit Übergangsmatrizen erfasst werden. Allerdings handelt es sich wegen der zusätzlich einfließenden Reproduktionsvorgänge nicht mehr um stochastische Matrizen mit Fixvektoren. Anstelle eines stabilen Gleichgewichtes kommt es zu zyklischen Schwankungen.

Beispiel: Wüstenspringmaus

Bei einer Untersuchung der Wüstenspringmaus werden junge (J), erwachsene (E) und alte Tiere (A) unterschieden.
Am Ende einer Entwicklungsperiode werden 50 % der Jungtiere zu erwachsenen Tieren, 50 % sterben. Erwachsene Tiere werden zu 80 % zu alten Tieren, 20 % sterben. Alle Alttiere sterben. Die erwachsenen Tiere haben eine Reproduktionsrate von 200 %, die für neue Jungtiere sorgt.

a) Zeichnen Sie den Übergangsgraphen, stellen Sie die Übergangsmatrix M auf. Begründen Sie, dass M keine stochastische Matrix ist.
b) Wie entwickelt sich der Bestand im Laufe von drei Jahren, wenn der Anfangsbestand gegeben ist durch den Startvektor mit den Koordinaten Junge = 40, Erwachsene = 100, Alte = 20? Welche Beobachtung ergibt sich insgesamt?

Lösung zu a:
Die Übergangsmatrix ist *keine stochastische Matrix*, weil die Spaltensummen nicht gleich 1 sind. Dies liegt einerseits daran, daß die Gruppe der nicht mehr lebenden Tiere fehlt, andererseits an der Reproduktionsrate, die mit 2 beim Übergang von E zu J erscheint.

Übergangsmatrix und Startvektor:

nach \ von	J	E	A
J	0	2	0
E	0,5	0	0
A	0	0,8	0

$$M = \begin{pmatrix} 0 & 2 & 0 \\ 0{,}5 & 0 & 0 \\ 0 & 0{,}8 & 0 \end{pmatrix}$$

$$\vec{a} = \begin{pmatrix} 40 \\ 100 \\ 20 \end{pmatrix}$$

Lösung zu b:
Wir wenden die Matrizen M, M^2 und M^3 der Reihe nach auf den Startvektor $\vec{a}$ des Bestandes an, der die Koordinaten 40, 100, 20 hat. Da $M^3 = M$ gilt, kommt es zur Wiederholung von Zuständen.
Es ist ein ***zyklischer Prozess*** entstanden. Nach einer, drei, fünf Perioden bzw. nach zwei vier, sechs Peroden liegt jeweils der gleiche Zustand vor.

Bestandsentwicklung:

$$M^2 = \begin{pmatrix} 1 & 0 & 0 \\ 0 & 1 & 0 \\ 0{,}4 & 0 & 0 \end{pmatrix}, \quad M^3 = \begin{pmatrix} 0 & 2 & 0 \\ 0{,}5 & 0 & 0 \\ 0 & 0{,}8 & 0 \end{pmatrix}$$

$$M \cdot \vec{a} = \begin{pmatrix} 200 \\ 20 \\ 80 \end{pmatrix}, \quad M^2 \cdot \vec{a} = \begin{pmatrix} 40 \\ 100 \\ 16 \end{pmatrix}, \quad M^3 \cdot \vec{a} = \begin{pmatrix} 200 \\ 20 \\ 80 \end{pmatrix}$$

Zyklischer Prozess der Länge 2 (Es gilt: $M = M^3 = M^5 = \ldots$ sowie $M^2 = M^4 = M^6 = \ldots$)

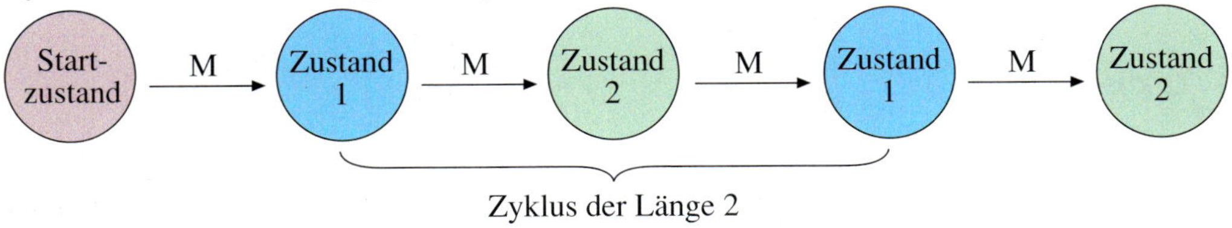

Unter welchen Bedingungen wird ein Prozess eigentlich zyklisch? Wir klären diese Frage exemplarisch an der Matrix des vorhergehenden Beispiels.

Beispiel: Bedingung für einen Zyklus

Die Matrix M stellt eine Verallgemeinerung der Übergangsmatrix aus dem vorhergehenden Beispiel dar. Welche Bedingung müssen a, b und c erfüllen, damit M einen Zyklus der Länge 2 besitzt?

$$M = \begin{pmatrix} 0 & a & 0 \\ b & 0 & 0 \\ 0 & c & 0 \end{pmatrix}$$

Lösung:
Für einen Zyklus der Länge 2 muss gelten: $M^3 = M$. Dies führt auf die Gleichungen $a^2 b = a$, $a b^2 = b$ und $a b c = c$.

Potenzen von M

$$M^2 = \begin{pmatrix} ab & 0 & 0 \\ 0 & ab & 0 \\ bc & 0 & 0 \end{pmatrix} \qquad M^3 = \begin{pmatrix} 0 & a^2b & 0 \\ ab^2 & 0 & 0 \\ 0 & abc & 0 \end{pmatrix}$$

Alle drei Gleichungen führen auf $a \cdot b = 1$. Dies ist die Bedingung für einen Zyklus der Länge 2. Im vorigen Beispiel war die Bedingung mit $a = 2$ und $b = 0{,}5$ erfüllt.

Bedingung für den Zyklus

$$\begin{pmatrix} 0 & a^2b & 0 \\ ab^2 & 0 & 0 \\ 0 & abc & 0 \end{pmatrix} = \begin{pmatrix} 0 & a & 0 \\ b & 0 & 0 \\ 0 & c & 0 \end{pmatrix} \Rightarrow \begin{matrix} a^2b = a \\ ab^2 = b \\ abc = c \end{matrix} \Rightarrow ab = 1$$

B. Prozesse ohne stabilen Zyklus

Was geschehen kann, wenn die Bedingungen für einen stabilen zyklischen Prozess nicht vorliegen, zeigen die folgenden Zusatzaufgaben zu unserem Musterbeispiel.

Beispiel: Instabile Entwicklung

Die Wüstenspringmäuse aus dem obigen Beispiel werden in einem Tierpark gehalten. Aufgrund des Fehlens natürlicher Feinde erreichen alle erwachsenen Tiere das Alttierstadium und 60 % der Jungtiere das Erwachsenenstadium. Allerdings sinkt die Reproduktionsquote der erwachsenen Tiere aufgrund der künstlichen, stressbeladenen Umgebung auf 150 %. Wie verläuft die Populationsentwicklung nun? Wie würde sie verlaufen, wenn man die Überlebensrate der Jungtiere auf 80 % erhöhen könnte?

Lösung:
Hier gilt mit Bezug auf die oben betrachtete allgemeinere Übergangsmatrix $a = 1{,}5$, $b = 0{,}6$ und $c = 1$. Die Bedingung für einen zyklischen Prozess wird unterschritten. Es gilt $a \cdot b = 0{,}9 < 1$.

Übergangsmatrix

$$M = \begin{pmatrix} 0 & 1{,}5 & 0 \\ 0{,}6 & 0 & 0 \\ 0 & 1 & 0 \end{pmatrix}$$

Bilden wir die Potenzen von M, so erkennen wir, dass die Elemente von M mit steigendem Exponenten unter zyklischen instabilen Schwankungen kleiner werden.

Potenzen von M

$$M^2 = \begin{pmatrix} 0{,}9 & 0 & 0 \\ 0 & 0{,}9 & 0 \\ 0{,}6 & 0 & 0 \end{pmatrix} \quad M^3 = \begin{pmatrix} 0 & 1{,}35 & 0 \\ 0{,}54 & 0 & 0 \\ 0 & 0{,}9 & 0 \end{pmatrix}$$

$$M^4 = \begin{pmatrix} 0{,}81 & 0 & 0 \\ 0 & 0{,}81 & 0 \\ 0{,}54 & 0 & 0 \end{pmatrix} \quad M^5 = \begin{pmatrix} 0 & 1{,}215 & 0 \\ 0{,}486 & 0 & 0 \\ 0 & 0{,}81 & 0 \end{pmatrix}$$

Für die Population bedeutet dies, dass der Bestand langsam schrumpft und die Kolonie schließlich sogar ausstirbt.

Populationsentwicklung: a = 1,5, b = 0,6

$$\begin{pmatrix} 40 \\ 100 \\ 20 \end{pmatrix} \to \begin{pmatrix} 150 \\ 24 \\ 100 \end{pmatrix} \to \begin{pmatrix} 36 \\ 90 \\ 24 \end{pmatrix} \to \begin{pmatrix} 135 \\ 21{,}6 \\ 90 \end{pmatrix} \to \begin{pmatrix} 32{,}4 \\ 81 \\ 21{,}6 \end{pmatrix}$$

$$160 \qquad 274 \qquad 150 \qquad 247 \qquad 135$$

Durch eine verbesserte Gesundheitspflege für die Jungtiere könnte man die Steuergröße wieder auf den für stabiles zyklisches Wachstum nötigen Wert von 1 anheben. Ein Wert von $b = 0{,}8$ führt sogar darüber hinaus und verursacht eine unter instabilen zyklischen Schwankungen ablaufende Bevölkerungserhöhung.

Populationsentwicklung: a = 1,5, b = 0,8

$$\begin{pmatrix} 40 \\ 100 \\ 20 \end{pmatrix} \to \begin{pmatrix} 150 \\ 32 \\ 100 \end{pmatrix} \to \begin{pmatrix} 48 \\ 120 \\ 32 \end{pmatrix} \to \begin{pmatrix} 180 \\ 38{,}4 \\ 120 \end{pmatrix} \to \begin{pmatrix} 57{,}6 \\ 144 \\ 38{,}4 \end{pmatrix}$$

$$160 \qquad 282 \qquad 200 \qquad 338 \qquad 240$$

Nun soll noch die Frage geklärt werden, wie man überschießendes Wachstum in den Griff bekommt. Hierzu muss die Population regelmäßig verringert werden.

Beispiel: Korrektur eines instabilen Prozesses

Das Populationswachstum der Wüstenspringmäuse aus den obigen Bespielen droht aufgrund der guten Pflege außer Kontrolle zu geraten. Es wird durch die Matrix M beschrieben. Wie kann man das Wachstum dennoch in Grenzen halten?

$$M = \begin{pmatrix} 0 & 1{,}5 & 0 \\ 0{,}8 & 0 & 0 \\ 0 & 1 & 0 \end{pmatrix}$$

Lösung:

Aus der vorhergehenden Aufgabe ist schon bekannt, daß die Übergangsmatrix M zu steigenden Populationszahlen führt. Die Zooleitung beschließt, pro Entwicklungsperiode einen bestimmten Anteil der Population an Tierfreunde zu verkaufen.

Von jeder der drei Teilpopulationen werden 10 % verkauft, 90 % bleiben erhalten. Nun wird die Populationsentwicklung beschrieben durch die Matrix $N = 0{,}9\ M$. Für diese gilt $a \cdot b < 1$, so dass schwach fallendes Wachstum entsteht. Dies kann dadurch korrigiert werden, dass gelegentlich der Verkauf reduziert wird.

Revidierte Übergangsmatrix

$$N = M \cdot 0.9 = \begin{pmatrix} 0 & 1{,}35 & 0 \\ 0{,}72 & 0 & 0 \\ 0 & 0.9 & 0 \end{pmatrix}$$

$$a \cdot b = 1{,}35 \cdot 0{,}72 = 0{,}972 < 1$$

Populationsentwicklung:

$$\begin{pmatrix} 40 \\ 100 \\ 20 \end{pmatrix} \to \begin{pmatrix} 135 \\ 28{,}8 \\ 90 \end{pmatrix} \to \begin{pmatrix} 38{,}9 \\ 97{,}2 \\ 25{,}9 \end{pmatrix} \to \begin{pmatrix} 131 \\ 28 \\ 87{,}5 \end{pmatrix} \to \begin{pmatrix} 37{,}8 \\ 94{,}5 \\ 25{,}2 \end{pmatrix}$$

Beurteilung:

Es liegt eine schwach fallende, nahezu zyklische Entwicklung vor. Zykluslänge: 2

1. Zyklische Matrizen

Prüfen Sie, ob die Matrix M einen stabilen zyklischen Prozess darstellt.

a) $M = \begin{pmatrix} 0 & 0{,}5 & 0 \\ 2 & 0 & 0 \\ 0 & 0 & 1 \end{pmatrix}$ b) $M = \begin{pmatrix} 0 & 0{,}1 & 0 \\ 0 & 0 & 0 \\ 5 & 0 & 2 \end{pmatrix}$ c) $M = \begin{pmatrix} 0 & 4 & 0 & 0 \\ 0{,}25 & 0 & 0 & 0 \\ 0 & 0 & c & 0 \\ 0 & 0 & 0 & 0 \end{pmatrix}$ d) $M = \begin{pmatrix} 0 & 0{,}5 & 0 & 0 \\ 2 & 0 & 0 & 0 \\ 0 & 0 & 2 & 0 \\ 0 & 0 & 0 & 0 \end{pmatrix}$

2. Zyklische Matrizen

Untersuchen Sie, welche Bedingungen a, b, c und d erfüllen müssen, damit die Matrix M einen stabilen zyklischen Prozess der Länge 2 darstellt.

a) $M = \begin{pmatrix} 0 & a & 0 \\ b & 0 & 0 \\ 0 & 0 & c \end{pmatrix}$ b) $M = \begin{pmatrix} 0 & 0 & a \\ b & 0 & 0 \\ 0 & c & 0 \end{pmatrix}$ c) $M = \begin{pmatrix} a & 0 & 0 & 0 \\ 0 & 0 & b & 0 \\ 0 & c & 0 & 0 \\ 0 & 0 & 0 & d \end{pmatrix}$ d) $M = \begin{pmatrix} 0 & a & 0 & 0 \\ b & 0 & 0 & 0 \\ 0 & 0 & 0 & c \\ 0 & 0 & d & 0 \end{pmatrix}$

3. Schmetterlinge

Die Entwicklung einer Schmetterlingsart: Aus den gelegten Eiern entwickeln sich zunächst Raupen, die nach Verpuppung zu Schmetterlingen werden, die wiederum Eier legen.
Innerhalb eines Monats entwickeln sich 10 % der Eier zu Raupen, welche sich wiederum im Folgemonat zu 25 % zu Schmetterlingen entwickeln (die anderen Anteile sterben oder werden gefressen). Ein Schmetterling legt ca. 60 Eier.

a) Stellen Sie Übergangsgraphen und Übergangsmatrix dar.
b) Zu Beginn sind 160 Eier, 80 Raupen und 10 Schmetterlinge vorhanden. Untersuchen Sie die Entwicklung der Population für die nächsten vier Monate.
c) Untersuchen Sie, ob bei einer anderen Anzahl von Eiern, die ein Schmetterling ablegt, ein stabiler Zyklus entstehen kann, der sich regelmäßig wiederholt. Verwenden Sie das Matrixmodell aus Übung 2b.

4. Fröschlein

Ein Froschweibchen legt durchschnittlich 2500 Eier und stirbt danach. Hieraus entwickeln sich zu 2 % Kaulquappen der 1. Art. Diese entwickeln sich zu 20 % weiter zu Kaulquappen der 2. Art, indem ihnen Extremitäten wachsen und sie sich auf das Leben außerhalb des Wassers vorbereiten. Aus ihnen entwickeln sich zu 10 % wieder Froschweibchen.

a) Stellen Sie das Entwicklungsverhalten der Weibchenpopulation durch einen Graphen, eine Tabelle und eine Matrix dar.
b) Berechnen Sie die Entwicklung über zwei Zeitperioden, wenn zu Beobachtungsbeginn 20 Froschweibchen, 5000 Eier, 1000 Kaulquappen der 1. Art und 250 Kaulquappen der 2. Art vorhanden sind.
c) Zeigen Sie, dass ein zyklischer Prozess der Länge 4 vorliegt.
d) Wie verändert sich der Prozess, wenn nur 2000 Eier gelegt werden?
e) Wir verallgemeinern nun: Ein Froschweibchen legt a Eier. Die Variablen b, c und d sind die drei Übergangswahrscheinlichkeiten Ei → Kaulquappe 1. Art → Kaulquappe 2. Art → Weibchen.
Welche Bedingung müssen die vier Variablen erfüllen, damit ein zyklischer Prozess der Länge 4 entsteht?

5. Rechnereinsatz

Computer-Algebra-Systeme (CAS), die inzwischen auch auf einigen Taschenrechnern verfügbar sind, und Grafik-Taschenrechner (GTR) sind in der Lage, die wichtigsten Rechenoperationen für Matrizen auszuführen. Um die Programme und Geräte logisch fehlerfrei anwenden zu können, muß man die Prizipien der Matrizenrechnung gut verstanden haben. Wir führen einige Rechnungen exemplarisch durch.

Beispiel: Multiplikation von Matrizen

Man gibt die Matrizen A und B ein und multipliziert sie, indem man den Term A*B bildet. Ist die Multiplikation nicht möglich, weil die hierfür notwendige Bedingung *„Spaltenzahl von A = Zeilenzahl von B“* nicht erfüllt ist, wird ein Fehler angezeigt.
Analog erfolgt die **Potenzierung** einer Matrix.

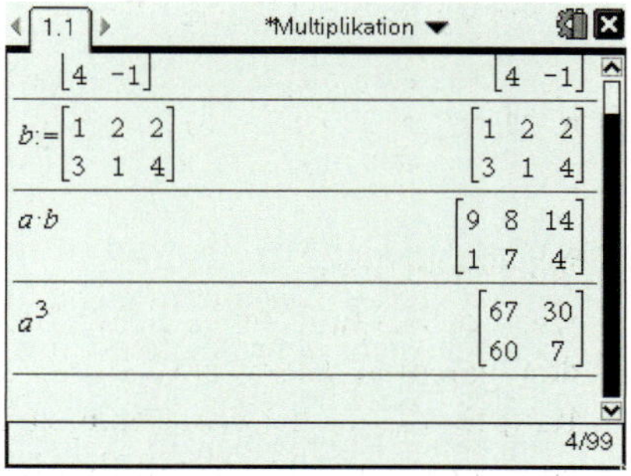

Beispiel: Beispiel Berechnung der inversen Matrix

Man gibt die Matrix A direkt ein. Dann gibt man den Term A^{-1} ein und drückt die Eingabetaste des Rechners, worauf das Ergebnis angezeigt wird, falls die Invertierung überhaupt möglich ist.
Analog geht man bei Verwendung von Computer-CAS-Systemen vor. Anstelle der Eingabetaste klickt man dort auf das Vereinfachungssymbol.

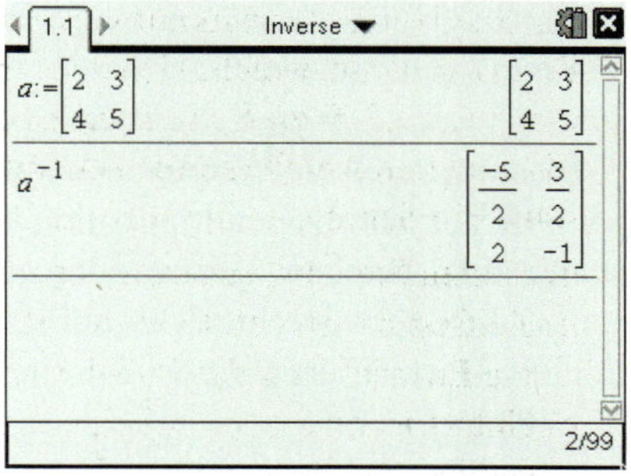

Beispiel: Lösung einer Matrizengleichung

Die Matrizengleichung $A \cdot \vec{v} = \vec{b}$ mit $A = \begin{pmatrix} 2 & 3 \\ 3 & 2 \end{pmatrix}$, $\vec{v} = \begin{pmatrix} x \\ y \end{pmatrix}$ und $\vec{b} = \begin{pmatrix} 1 \\ 4 \end{pmatrix}$ soll gelöst werden. Wir geben A und $\vec{b}$ ein und berechnen $\vec{v} = A^{-1} \cdot \vec{b}$.
Das Ergebnis ist: $x = 2$, $y = -1$, d. h. $\vec{v} = \begin{pmatrix} 2 \\ -1 \end{pmatrix}$.

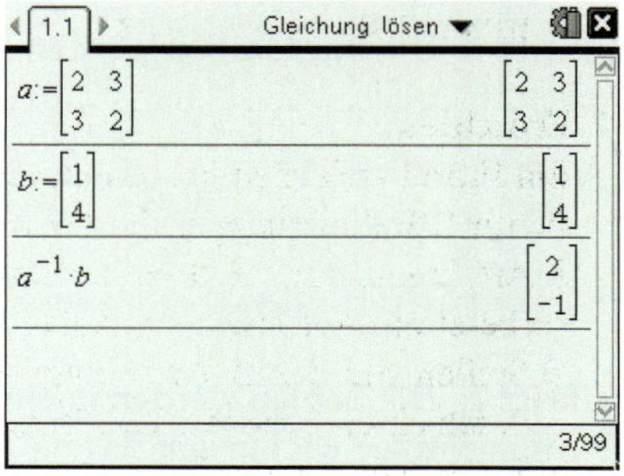

Beispiel: Berechnung eines Fixvektors

Hier muß die Matrizengleichung $A \cdot \vec{v} = \vec{v}$ gelten, die auf zwei lineare Gleichungen führt. Außerdem muß die dritte lineare Gleichung $x + y = 1$ gelten, da $\vec{v}$ ein Zustandsvektor sein soll.

$$A = \begin{pmatrix} 0{,}4 & 0{,}2 \\ 0{,}6 & 0{,}8 \end{pmatrix}$$

$$\vec{v} := \begin{pmatrix} x \\ y \end{pmatrix}$$

Wir lösen ein Gleichungssystem mit drei Gleichungen und zwei Unbekannten.
Resultat: $x = 0{,}25$, $y = 0{,}75$, d. h. $\vec{v} = \begin{pmatrix} 0{,}25 \\ 0{,}75 \end{pmatrix}$.

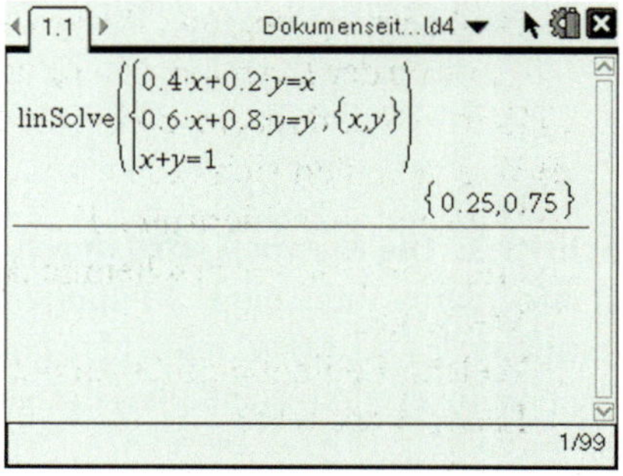

Chiffrieren

1. Der Caesar-Code

Schon im alten Rom wurden wichtige Nachrichten verschlüsselt. Die Cäsaren-Verschlüsselung ordnet jedem Buchstabe des Alphabets eindeutig einen anderen Buchstaben zu, beispielsweise so:

A	B	C	D	E	F	G	H	I	...	S	T	U	V	W	X	Y	Z
U	V	W	X	Y	Z	A	B	C	...	M	N	O	P	Q	R	S	T

Das Wort MATHEMATIK wird so zu GUNBYCUNCE. Sicher ist dieses Verfahren nicht, da zwei verschiedene Buchstaben nicht den gleichen Chiffre haben können. Aufgrund der Tatsache, dass die Häufigkeit des Vorkommens der einzelnen Buchstaben in deutschen Texten bekannt ist, kann ein so verschlüsselter Text leicht entziffert werden.

2. Verschlüsseln mit Matrizen

Mithilfe der Matrizenmultiplikation kann man Texte so verschlüsseln, dass verschiedene Buchstaben den gleichen Chiffre oder gleiche Buchstaben verschiedene Chiffren haben können, sodass die unerwünschte Entschlüsselung über die Häufigkeit der Buchstaben nicht mehr funktioniert. Dechiffriert wird bei diesem Verfahren mithilfe der inversen Matrix.

Wir beschreiben nun, wie man das Wort MATHEMATIK chiffriert und wieder dechiffriert.

Schritt 1: Die Buchstaben werden in Zahlen umgewandelt
Jedem Buchstaben von A bis Z wird eine Zahl von 1 bis 26 zugeordnet, dem Leerzeichen 27.

A	B	C	D	E	F	G	H	I	J	K	L	M	N	O	P	Q	R	S	T	U	V	W	X	Y	Z	leer
1	2	3	4	5	6	7	8	9	10	11	12	13	14	15	16	17	18	19	20	21	22	23	24	25	26	27

Das Wort MATHEMATIK wird zur Zahlenfolge 13-1-20-8-5-13-1-20-9-11.

Schritt 2: Die Zahlen werden in einer Matrix A abgelegt
Die Zahlenfolge wird in eine Matrix A mit mindestens zwei Zeilen übertragen. Die zehn Zahlen des Beispiels passen z. B. in eine 2 × 5-Matrix.

$$A = \begin{pmatrix} 13 & 1 & 20 & 8 & 5 \\ 13 & 1 & 20 & 9 & 11 \end{pmatrix}$$

Schritt 3: Die Matrix A wird durch Multiplikation mit einer Matrix C chiffriert
A wird durch linksseitige Multiplikation mit einer quadratischen Matrix C in eine Matrix B chiffriert: $C \cdot A = B$. C muss eine quadratische 2 × 2-Matrix mit ganzzahligen Elementen sein, die eine Inverse mit ebenfalls ganzzahligen Elementen besitzt. Wir verwenden z. B.

$$C = \begin{pmatrix} 1 & 1 \\ 3 & 2 \end{pmatrix}.$$

$$\begin{pmatrix} 1 & 1 \\ 3 & 2 \end{pmatrix} \cdot \begin{pmatrix} 13 & 1 & 20 & 8 & 5 \\ 13 & 1 & 20 & 9 & 11 \end{pmatrix} = \begin{pmatrix} 26 & 2 & 40 & 17 & 16 \\ 65 & 5 & 100 & 42 & 37 \end{pmatrix}$$

$$C \cdot A = B$$

Chiffrierungsmatrix C — zu verschlüsselnde Matrix A — verschlüsselte Matrix B

Schritt 4: Dechiffrierung der Matrix B

Nun übermittelt der Absender die Matrix B an den Empfänger. Der Empfänger muss außerdem im Besitz der Chiffrierungsmatrix C sein. Er berechnet ihre Inverse C^{-1} und multipliziert damit den Chiffre B. Er erhält die Matrix A zurück und wandelt die Zahlen wieder in Buchstaben.

$$\begin{pmatrix} -2 & 1 \\ 3 & -1 \end{pmatrix} \cdot \begin{pmatrix} 26 & 2 & 40 & 17 & 16 \\ 65 & 5 & 100 & 42 & 37 \end{pmatrix} = \begin{pmatrix} 13 & 1 & 20 & 8 & 5 \\ 13 & 1 & 20 & 9 & 11 \end{pmatrix}$$

$$C^{-1} \cdot A = B$$

13-1-20-8-5-13-1-20-9-11 = M A T H E M A T I K

Übungen

Übung 1 Chiffrieren

Die Nachricht MICHAEL JACKSON LEBT soll mit der Matrix C chiffriert und wieder dechiffriert werden. Führen Sie den Auftrag schrittweise durch.

$$C = \begin{pmatrix} 5 & 2 \\ 3 & 1 \end{pmatrix}$$

Übung 2 Augenblick

Bei einer Verschlüsselung wird das Alpabet wie oben in Zahlen umgewandelt *(A = 1, B = 2, C = 3 usw.) und die Matrix C zum Chiffrieren verwendet.

$$C = \begin{pmatrix} 4 & 3 \\ 1 & 1 \end{pmatrix} \quad D = \begin{pmatrix} 4 & 2 \\ 6 & 3 \end{pmatrix} \quad E = \begin{pmatrix} 1 & 1 \\ 1 & -1 \end{pmatrix}$$

a) Chiffrieren Sie das Wort AUGENBLICK.
b) Bestimmen Sie die Matrix C^{-1}.
c) Welche Bedeutung hat die Nachricht
92-98-99-98-74-47-63-28-31-26-26-23-13-18
d) Sind die Matrizen D bzw. E ebenfalls geeignet?

Übung 3 Rätsel

Der englische Geheimdienst MI6 sendete den unten aufgeführten Zahlencode. Es ist bekannt, dass zum Verschlüsseln Matrix C oder Matrix D verwendet wurde.

$$C = \begin{pmatrix} 2 & 3 \\ 3 & 5 \end{pmatrix} \qquad D = \begin{pmatrix} 6 & 2 \\ 3 & 1 \end{pmatrix}$$

Welche Matrix wurde verwendet?
Wie lautete die Nachricht ? Was bedeutet sie?
Welcher Zusammenhang besteht zu der Abbildung?

44-27-11-61-100-57-78-45-49-53-25-
73-41-18-97-160-88-124-72-77-86-38

*) Übungen 1–3: A = 1, B = 2, …, Z = 26, Leerzeichen = 27.

Überblick

Begriff der Matrix

Eine $m \times n$-Matrix $A = (a_{ij})$ ist ein rechteckiges Zahlenschema mit m Zeilen und n Spalten.

$$A = (a_{ij}) = \begin{pmatrix} a_{11} & \cdot & a_{1j} & \cdot & a_{1n} \\ \cdot & \cdot & \cdot & \cdot & \cdot \\ a_{i1} & \cdot & a_{ij} & \cdot & a_{in} \\ \cdot & \cdot & \cdot & \cdot & \cdot \\ a_{m1} & \cdot & a_{mj} & \cdot & a_{mn} \end{pmatrix} \leftarrow \text{Zeile } i$$

(Spalte j ↓)

Ihre Elemente werden mit a_{ij} bezeichnet. Dabei gibt i die Zeile und j die Spalte an, in der das Element steht.

Besondere Matrizen sind die Nullmatrix O und die quadratische Einheitsmatrix E_n der Ordnung n, die auch kurz mit E bezeichnet wird.

$$O = \begin{pmatrix} 0 & \cdots & 0 \\ \vdots & & \vdots \\ 0 & \cdots & 0 \end{pmatrix} \qquad E = E_n = \begin{pmatrix} 1 & \cdots & 0 \\ \vdots & \ddots & \vdots \\ 0 & \cdots & 1 \end{pmatrix}$$

Rechnen mit Matrizen

Matrizen gleicher Ordnung (übereinstimmende Zeilenzahlen und Spaltenzahlen) kann man addieren und subtrahieren. Dies geschieht elementeweise.

Addition

$$\begin{pmatrix} 1 & 1 & 2 \\ 2 & 2 & 3 \end{pmatrix} + \begin{pmatrix} 2 & 2 & 5 \\ 4 & 4 & 6 \end{pmatrix} = \begin{pmatrix} 3 & 3 & 7 \\ 6 & 6 & 9 \end{pmatrix}$$

Man kann eine Matrix mit einer Zahl multiplizieren. Dies geschieht elementeweise.

Vervielfältigung

$$3 \cdot \begin{pmatrix} 1 & 1 & 2 \\ 2 & 2 & 3 \end{pmatrix} = \begin{pmatrix} 3 & 3 & 6 \\ 6 & 6 & 9 \end{pmatrix}$$

Matrizen kann man multiplizieren, wenn die Spaltenzahl der ersten Matrix mit der Zeilenzahl der zweiten Matrix übereinstimmt.
Sei $C = A \cdot B$. Dann gilt: Das Element c_{ij} des Produktes C ist das Skalarprodukt der Spalte i von A und der Zeile j von B.

Multiplikation

$$\begin{pmatrix} 1 & 1 & 2 \\ 2 & 2 & 3 \end{pmatrix} \cdot \begin{pmatrix} 4 & 6 & 4 & 5 \\ 4 & 6 & 7 & 5 \\ 5 & 7 & 8 & 6 \end{pmatrix} = \begin{pmatrix} 18 & 26 & 27 & 22 \\ 31 & 45 & 46 & 38 \end{pmatrix}$$

$$(2 \times 3) \cdot (3 \times 4) = (2 \times 4)$$

Die inverse Matrix A^{-1}

Ist A eine quadratische Matrix, so bezeichnet man die Matrix A^{-1} als Inverse von A, wenn gilt: $A \cdot A^{-1}$ und $A^{-1} \cdot A = E$

$$\underset{A \quad E}{\left(\begin{array}{cc|cc} a & b & 1 & 0 \\ c & d & 0 & 1 \end{array}\right)} \xrightarrow[\text{Zeilen-operationen}]{} \underset{E \quad A^{-1}}{\left(\begin{array}{cc|cc} 1 & 0 & u & v \\ 0 & 1 & w & x \end{array}\right)}$$

Verfahren zur Berechnung der Inversen:
Die inverse Matrix berechnet man, sofern sie existiert, mit folgendem, rechts oben symbolisierten Verfahren: Man erweitert die Matrix A rechtsseitig um die Einheitsmatrix E. Dann formt man das entstandene Erweiterungsgebilde nur mit erlaubten Gaußschen Zeilenoperationen so um, dass Schritt für Schritt linksseitig die Einheitsmatrix E entsteht. Ist dies gelungen, kann man rechtsseitig die Inverse A^{-1} ablesen.

Lineares Gleichungssystem und Matrizen

Ein quadratisches lineares Gleichungssystem kann vektoriell dargestellt und gelöst werden, falls seine Koeffizientenmatrix A eine Inverse besitzt.

Lineares Gleichungssystem in Matrix-Vektor-Form: $A \cdot \vec{x} = \vec{b}$

Lösungsvektor: $\vec{x} = A^{-1} \cdot \vec{b}$

Teilebedarfsrechnung

Mehrstufiger Produktionsprozess mit streng getrennten Produktionsstufen:
Jedes Produkt einer Stufe wird ausschließlich aus Produkten der unmittelbar vorhergehenden Stufe zusammengesetzt. Der Produktionsvektor kann durch Multiplikation des Auftragsvektors $\vec{a}$ mit den Bedarfsmatrizen der einzelnen Stufen gewonnen werden.

Zweistufiger Produktionsprozess

$$\vec{p} = A \cdot B \cdot \vec{a}$$

$\vec{p}$: Produktionsvektor; A: Bedarfsmatrix Stufe 1; B: Bedarfsmatrix Stufe 2; $\vec{a}$: Auftragsvektor

Mehrstufiger Produktionsprozess mit komplex verflochtenen Produktionsstufen:
Sind die Produktionsstufen nicht streng getrennt, so stellt man alle Materialverflechtungen in der **Direktbedarfsmatrix** D zusammen. Der Produktionsvektor $\vec{p}$ wird durch Multiplikation $\vec{a}$ des Auftragsvektors mit der sog. **Gesamtbedarfsmatrix** $(E–D)^{-1}$ errechnet.

Direktbedarfsmatrix/Gesamtbedarfsmatrix

$$\vec{p} = (E - D)^{-1} \cdot \vec{a}$$

$\vec{p}$: Produktionsvektor; E: Einheitsmatrix; D: Direktbedarfsmatrix; $\vec{a}$: Auftragsvektor

Übergangsmatrizen

Die **Übergangsmatrix M** gibt an, mit welcher Wahrscheinlichkeit von einem Zustand in einen anderen Zustand gewechselt wird.
Sie ist eine **stochastische Matrix**, d. h.:
Ihre Elemente sind Zahlen zwischen 0 und 1.
Ihre Spaltensummen sind 1.

Übergangsmatrix/Zustandsvektor

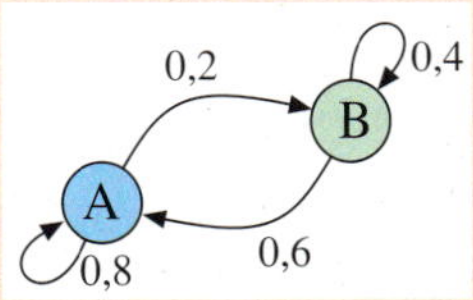

$$M = \begin{pmatrix} 0{,}8 & 0{,}6 \\ 0{,}2 & 0{,}4 \end{pmatrix} \quad \vec{x} = \begin{pmatrix} 0{,}7 \\ 0{,}3 \end{pmatrix}$$

Multipliziert man den Vektor $\vec{v}_0$ des aktuellen Zustands mit der Übergangsmatrix M, so erhält man den Vektor $\vec{v}$ des Folgezustands.

Zustand und Folgezustand
$M \cdot \vec{v}_0 = \vec{v}$

Ein Zustandsvektor $\vec{x}$ heißt **Fixvektor** der Übergangsmatrix M, wenn Multiplikation mit M ihn nicht verändert.

Fixvektor von M
$M \cdot \vec{x} = \vec{x}$
Koordinatensumme von $\vec{x}$ ist 1

Die Matrixpotenzen M, M^2, M^3 ... einer stochastischen Matrix streben mit wachsendem Exponenten gegen die **Grenzmatrix** M^∞. Deren Spalten sind alle gleich, sie sind mit dem Fixvektor identisch.

Grenzmatrix:

$$\lim_{n\to\infty} M^n = M^\infty$$

Zyklische Prozesse

Bei zyklischen Prozessen ist die Übergangsmatrix M in der Regel keine stochastische Matrix. Bei einem zyklischen Prozess der Länge 2 gilt z. B. $M^3 = M$. Näheres: S. 435 f.

Test

Matrizen

1. Matrizenrechnung

Führen Sie für die Matrizen A, B und C die angegebene Rechenoperationen aus bzw. bestimmen Sie X.

$A = \begin{pmatrix} 2 & 1 & 3 \\ 1 & -4 & 2 \end{pmatrix}$ $B = \begin{pmatrix} 1 & 2 \\ 3 & -1 \\ 2 & 4 \end{pmatrix}$ $C = \begin{pmatrix} 1 & -2 & 3 \\ 3 & 2 & 5 \end{pmatrix}$

a) $A + C$ b) $A + 2(C - A)$

c) $A \cdot B$ d) $-C + 2X = X - 3A$

2. Matrizenrechnung

a) Welche Bedingung muss erfüllt sein, damit man das Produkt $A \cdot B$ zweier Matrizen A und B bilden kann?

b) Wie ist die Inverse A^{-1} einer quadratischen Matrix A definiert?

c) Welche beiden Bedingungen muss eine stochastische Matrix erfüllen?

d) Was versteht man unter einem Fixvektor der Matrix A?

e) Richtig oder falsch: Eine quadratische Matrix kann man potenzieren.

f) Richtig oder falsch: Matrizen kann man nur dann multiplizieren, wenn die Anzahl ihrer Zeilen und Spalten übereinstimmt.

3. Inverse Matrix

Berechnen Sie die Inverse A^{-1} der Matrix A. a) $A = \begin{pmatrix} 1 & 2 \\ 2 & 5 \end{pmatrix}$ b) $A = \begin{pmatrix} 4 & 3 & 1 \\ 1 & 1 & 0 \\ 3 & 2 & 0 \end{pmatrix}$

4. Übergangsverhalten

Eine Bank gründet in Deutschland, Frankreich und Italien jeweils eine Niederlassung. Zum Gründungszeitpunkt werden in den Niederlassungen nur Angehörige der jeweiligen Nationalität eingestellt. Danach kommt es zu Personalwanderungen zwischen den Niederlassungen, die durch den Übergangsgraphen beschrieben werden.

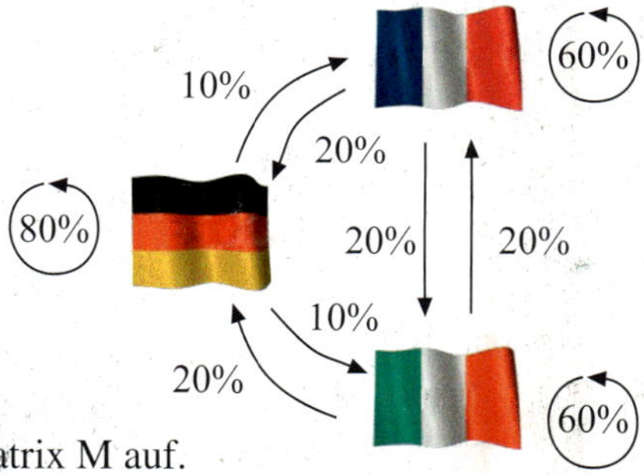

a) Stellen Sie die Übergangstabelle und die Übergangsmatrix M auf.

b) Zum Gründungszeitpunkt stellen die deutsche Niederlassung 40 %, die französische Niederlassung 40 % und die italienische Niederlassung 20 % der Beschäftigten.
Welche Veränderungen treten in den beiden ersten Jahren auf?
Stabilisieren sich die Beschäftigtenanteile langfristig (Hinweis: Fixvektor)?

c) In einem Jahr liegen folgende Beschäftigtenzahlen vor: Deutschland: 2392, Frankreich: 1336, Italien: 1272. Wie lauteten die Zahlen im Vorjahr?
Hinweis: Zeigen Sie zunächst, daß die rechts aufgeführte Matrix M^{-1} die Inverse von M ist.

$$M^{-1} = \frac{1}{12}\begin{pmatrix} 16 & -4 & -4 \\ -2 & 23 & -7 \\ -2 & -7 & 23 \end{pmatrix}$$

d) Wie viele Deutsche arbeiten nach einem Jahr bzw. nach zwei Jahren in der italienischen Niederlassung, wenn es beim Start 2000 waren? Wie viele werden es langfristig sein?

Lösungen unter 236-1

IX. Komplexe Aufgaben

Im Folgenden sind komplexe Aufgaben zur Analytischen Geometrie zusammengestellt, mit denen eine intensive Vorbereitung auf das Abitur unterstützt werden kann.

Beispiel: Spielturm

Abgebildet ist das Schrägbild eines Spielturms zum Klettern und Rutschen. Es besteht aus einem Würfel mit aufgesetztem Quadergerüst, welches eine quadratische Pyramide trägt. In Würfelhöhe ist eine Rutschfläche angebracht (vgl. Zeichnung, Maße in m).

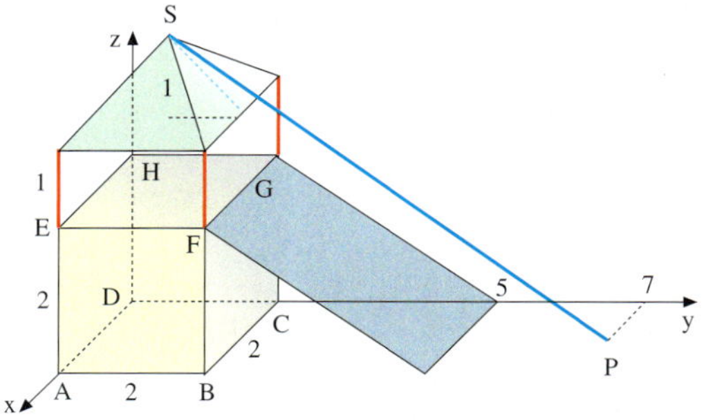

a) Bestimmen Sie die Größe der Dachfläche.

b) Unter welchem Winkel treffen zwei Dachflächen aufeinander?

c) Vom Punkt S wird ein Seil im Punkt $P(1\,|\,7\,|\,0)$ als Kletterhilfe fest verankert. Zeigen Sie, dass das Kletterseil parallel zur Rutsche verläuft. Welchen Abstand hat es zur Rutsche?

d) Auf der Rutsche steht senkrecht zur Erdoberfläche ein Kind. In welcher Höhe greift es an das Kletterseil?

e) Begründen Sie, dass das Kletterseil mit dem Dach nur den Punkt S gemeinsam hat.

Lösung zu a):

Die Grundkante der Pyramide ist 2 m lang, die Höhe der Pyramide beträgt 1 m. Folglich bildet die Höhe eines Dachflächendreiecks die Hypotenuse eines rechtwinkligen Dreiecks mit Katheten der Länge 1. Mit der Flächenformel für Dreieck erhält man den Inhalt eines Dreiecks, die Dachfläche hat den vierfachen Inhalt.

Höhe eines Dachflächendreiecks:

$h = \sqrt{1^2 + 1^2} = \sqrt{2}$

Inhalt des Dreiecks:

$A_\Delta = \frac{1}{2} \cdot g \cdot h = \frac{1}{2} \cdot 2 \cdot \sqrt{2} = \sqrt{2}$

Inhalt der gesamten Dachfläche:

$A = 4 \cdot A_\Delta = 4 \cdot \sqrt{2} \approx 5{,}66\ \text{m}^2$

Lösung zu b):

Mit zwei Richtungsvektoren $\vec{a}$, $\vec{b}$ der vorderen Dachfläche, deren Koordinaten sich aus dem Bild ergeben, wird ein Normalenvektor $\vec{n}_1$ der entsprechenden Ebene aus den Bedingungen $\vec{a} \cdot \vec{n}_1 = 0$ und $\vec{b} \cdot \vec{n}_1 = 0$ ermittelt. Entsprechend erhält man aus zwei Richtungsvektoren $\vec{c}$ und $\vec{d}$ der rechten Dachfläche einen Normalenvektor $\vec{n}_2$.

Richtungsvektoren und Normalenvektor

– der vorderen Dachfläche:

$\vec{a} = \begin{pmatrix} -1 \\ 1 \\ 1 \end{pmatrix}, \vec{b} = \begin{pmatrix} -1 \\ -1 \\ 1 \end{pmatrix}, \vec{n}_1 = \begin{pmatrix} 1 \\ 0 \\ 1 \end{pmatrix}$

– der rechten Dachfläche:

$\vec{c} = \begin{pmatrix} -1 \\ -1 \\ 1 \end{pmatrix}, \vec{d} = \begin{pmatrix} 1 \\ -1 \\ 1 \end{pmatrix}, \vec{n}_2 = \begin{pmatrix} 0 \\ 1 \\ 1 \end{pmatrix}$

Der Schnittwinkel $\alpha = 60°$ der betrachteten Dachebenen ergibt sich als Winkel zwischen den beiden Normalenvektoren $\vec{n}_1$ und $\vec{n}_2$. Gesucht ist aber der stumpfe Winkel zwischen den Dachflächen, also der Nebenwinkel $\beta = 180° - \alpha = 120°$.

Winkel zwischen den Dachebenen:

$\cos\alpha = \frac{\left| \begin{pmatrix} 1 \\ 0 \\ 1 \end{pmatrix} \cdot \begin{pmatrix} 0 \\ 1 \\ 1 \end{pmatrix} \right|}{\sqrt{2} \cdot \sqrt{2}} = \frac{1}{2} \Rightarrow \alpha = 60°$

$\beta = 180° - \alpha = 120°$

Lösung zu c):
Das Seil verläuft durch die Punkte S(1 | 1 | 4) und P(1 | 7 | 0), der Vektor $\overrightarrow{SP}$ beschreibt die Seilrichtung. Die Vorderkante der Rutsche wird durch die Punkte F(2 | 2 | 4) und Q(2 | 5 | 0) bestimmt. Das Seil verläuft parallel zur Rutsche, denn es gilt $\overrightarrow{FQ} = \frac{1}{2} \cdot \overrightarrow{SP}$.

Richtungsvektoren von Seil und Rutsche:

$$\overrightarrow{SP} = \begin{pmatrix} 1-1 \\ 7-1 \\ 0-4 \end{pmatrix} = \begin{pmatrix} 0 \\ 6 \\ -4 \end{pmatrix}$$

$$\overrightarrow{FQ} = \begin{pmatrix} 2-2 \\ 5-2 \\ 0-2 \end{pmatrix} = \begin{pmatrix} 0 \\ 3 \\ -2 \end{pmatrix} = \frac{1}{2} \cdot \overrightarrow{SP}$$

Die Rutschebene E enthält die Punkte G(0 | 2 | 2), F(2 | 2 | 2) und R(0 | 5 | 0). Daraus ergibt sich die nebenstehenden Parametergleichung von E sowie die angegebene Normalengleichung. Der Normalenvektor hat den Betrag $\sqrt{0^2 + 2^2 + 3^2} = \sqrt{13}$.

Zur Berechnung des Abstandes des Seils zur Rutschebene wird der Seilpunkt S ausgewählt und die Abstandsformel angewendet. Der Abstand beträgt ca. 1,11 m.

Anwendung der Abstandsformel:

$$E: \vec{x} = \begin{pmatrix} 0 \\ 2 \\ 2 \end{pmatrix} + r\begin{pmatrix} 1 \\ 0 \\ 0 \end{pmatrix} + s\begin{pmatrix} 0 \\ 3 \\ -2 \end{pmatrix} \text{ bzw.}$$

$$E: \left(\vec{x} - \begin{pmatrix} 0 \\ 2 \\ 2 \end{pmatrix}\right) \cdot \begin{pmatrix} 0 \\ 2 \\ 3 \end{pmatrix}$$

$$d(S;E) = \left| \left(\begin{pmatrix} 1 \\ 1 \\ 4 \end{pmatrix} - \begin{pmatrix} 0 \\ 2 \\ 2 \end{pmatrix}\right) \cdot \begin{pmatrix} 0 \\ 2 \\ 3 \end{pmatrix} \cdot \frac{1}{\sqrt{13}} \right|$$
$$= \frac{4}{\sqrt{13}} \approx 1{,}11$$

Lösung zu d):
Man bestimmt den Schnittpunkt N der Seilgeraden g mit der durch den Mittelpunkt M(1 | 2 | 2) von FG senkrecht nach oben verlaufenden Geraden h. Durch Gleichsetzen ergibt sich ein lineares Gleichungssystem aus drei Gleichungen für die beiden Parameter r und s. Es hat die einzige Lösung $r = \frac{1}{3}$, $s = \frac{4}{3}$. Einsetzen in die Gleichung h ergibt die Koordinaten des Schnittpunktes N und damit den Abstand $\frac{4}{3}$.

Lösung durch Schnittpunktberechnung:

$$g: \vec{x} = \begin{pmatrix} 1 \\ 1 \\ 4 \end{pmatrix} + r\begin{pmatrix} 0 \\ 3 \\ -2 \end{pmatrix}, \quad h: \vec{x} = \begin{pmatrix} 1 \\ 2 \\ 2 \end{pmatrix} + s\begin{pmatrix} 0 \\ 0 \\ 1 \end{pmatrix}$$

Gleichsetzen:
$$1 = 1$$
$$1 + 3r = 2 \quad \Rightarrow r = \frac{1}{3}$$
$$4 - 2r = 2 + s \Rightarrow s = \frac{4}{3}$$

Schnittpunkt: $N\left(1 \,\middle|\, 2 \,\middle|\, 2 + \frac{4}{3}\right)$, $d(M;N) = \frac{4}{3}$

Eine elementargeometrische Lösung ergibt sich unmittelbar aus der Projektion von Spielhaus, Rutsche und Seil in die y-z-Ebene (s. nebenstehende Abbildung).

Die Projektion zeigt zwei ähnliche rechtwinklige Dreiecke. Das rechte Dreieck hat Katheten der Länge d und 2, das linke hat die entsprechenden Kathetenlängen 2 und 3. Folglich gilt: $\frac{d}{2} = \frac{2}{3}$, also $d = \frac{4}{3}$.

Elementargeometrische Lösung:

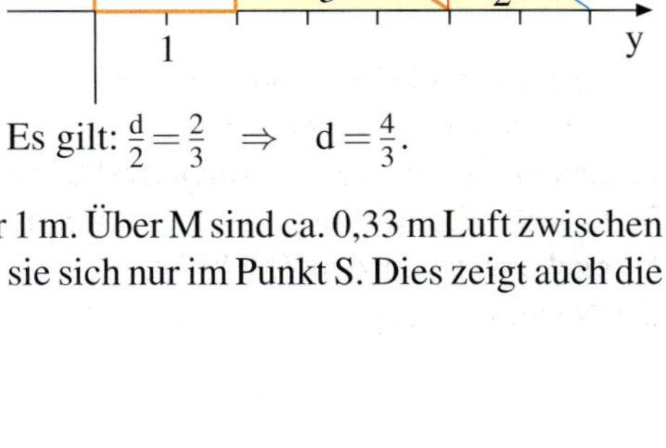

Es gilt: $\frac{d}{2} = \frac{2}{3} \quad \Rightarrow \quad d = \frac{4}{3}$.

Lösung zu e):
Das Seil ist ca. 1,33 m über M, die Dachkante aber nur 1 m. Über M sind ca. 0,33 m Luft zwischen Seil und Dach. Da beide geradlinig verlaufen, treffen sie sich nur im Punkt S. Dies zeigt auch die Projektion in die y-z-Ebene.

1. Gegeben sind die Ebene E: $\vec{x} = \begin{pmatrix} 4 \\ -1 \\ 6 \end{pmatrix} + r \cdot \begin{pmatrix} -2 \\ 1 \\ 2 \end{pmatrix} + s \cdot \begin{pmatrix} 1 \\ -1 \\ 0 \end{pmatrix}$ und die Gerade

g: $\vec{x} = \begin{pmatrix} 5 \\ -4{,}5 \\ 2 \end{pmatrix} + t \begin{pmatrix} 7 \\ 0 \\ 4 \end{pmatrix}$.

a) Geben Sie eine Normalengleichung der Ebene E an.
b) Prüfen Sie, ob die Punkte $P(3|0|2)$ und $Q(5|-1|4)$ in E liegen.
c) Welchen Winkel schließen die beiden Richtungsvektoren der Ebene E ein?
d) Bestimmen Sie die Punkte X, Y und Z, in denen die Ebene E von den Koordinatenachsen durchstoßen wird. Diese bilden mit dem Koordinatenursprung eine Pyramide. Berechnen Sie das Volumen dieser Pyramide. Zeichnen Sie ein Schrägbild.
e) Zeigen Sie, dass sich E und g schneiden. Berechnen Sie den Schnittpunkt. Liegt der Schnittpunkt im Dreieck XYZ aus d)? Berechnen Sie den Schnittwinkel von g und E.
f) Bestimmen Sie die Gleichung der Spurgeraden von E in der x-y-Ebene.

2. Gegeben seien die Ebene E: $\vec{x} = \begin{pmatrix} 1 \\ 0 \\ 1 \end{pmatrix} + r \cdot \begin{pmatrix} 4 \\ 3 \\ -1 \end{pmatrix} + s \cdot \begin{pmatrix} 2 \\ 0 \\ -1 \end{pmatrix}$ und die Geraden

g: $\vec{x} = \begin{pmatrix} 4 \\ -3 \\ 2 \end{pmatrix} + t \begin{pmatrix} 0 \\ 3 \\ 1 \end{pmatrix}$ und h: $\vec{x} = \begin{pmatrix} 1 \\ 0 \\ 1 \end{pmatrix} + u \begin{pmatrix} 1 \\ 1 \\ 1 \end{pmatrix}$.

a) Geben Sie eine Normalengleichung der Ebene E an.
b) Zeigen Sie, dass die Gerade g parallel zur Ebene E verläuft, und bestimmen Sie den Abstand von g zu E.
c) Bestimmen Sie die Lage von E und h zueinander (ohne Rechnung).
d) Bestimmen Sie die relative Lage der Geraden g zu der Geraden h.
e) Bestimmen Sie den Schnittwinkel der Geraden g und h.

3. Gegeben sind die Ebene E: $\vec{x} = \begin{pmatrix} 1 \\ 1 \\ 0 \end{pmatrix} + r \cdot \begin{pmatrix} -1 \\ 1 \\ 1 \end{pmatrix} + s \cdot \begin{pmatrix} 0 \\ 1 \\ 2 \end{pmatrix}$ sowie der Geradenschar

$(a \in \mathbb{R})$ g_a: $\vec{x} = \begin{pmatrix} -1 \\ 2 \\ 6 \end{pmatrix} + t \cdot \begin{pmatrix} a \\ 1-a \\ -a \end{pmatrix}$ und die Gerade h: $\vec{x} = \begin{pmatrix} -1 \\ 2 \\ 6 \end{pmatrix} + k \begin{pmatrix} 1 \\ 1 \\ 3 \end{pmatrix}$.

a) Geben Sie eine Normalengleichung der Ebene E an.
b) Welchen Abstand hat der Ursprung zur Ebene E?
c) Bestimmen Sie den Schnittpunkt und den Schnittwinkel von g_1 und E.
d) Für welchen Wert von a steht die Gerade g_a senkrecht auf der Ebene E?
e) Zeigen Sie, dass keine Gerade der Schar g_a parallel zur Ebene E verläuft.
f) Zeigen Sie, dass die Gerade h parallel zur Ebene E verläuft, und berechnen Sie den Abstand von h und E.
g) Die Gerade g_1 wird senkrecht zur Ebene E auf diese projiziert. Wie lautet die Gleichung der Projektionsgeraden g_1?

4. Gegeben sind die Ebenen E_1: $\vec{x} = \begin{pmatrix} 1 \\ 0 \\ 1 \end{pmatrix} + r \cdot \begin{pmatrix} -1 \\ 2 \\ 1 \end{pmatrix} + s \cdot \begin{pmatrix} 0 \\ -1 \\ 1 \end{pmatrix}$ und

E_2: $\left[\vec{x} - \begin{pmatrix} 2 \\ -1 \\ -1 \end{pmatrix}\right] \cdot \begin{pmatrix} 1 \\ -1 \\ 1 \end{pmatrix} = 0.$

a) Stellen Sie die Ebene E_1 durch eine Normalengleichung und die Ebene E_2 durch eine Parametergleichung dar.
b) Zeigen Sie, dass sich die Ebenen E_1 und E_2 schneiden. Bestimmen Sie eine Gleichung der Schnittgeraden sowie den Schnittwinkel.
c) Die Schnittpunkte von E_1 mit den Koordinatenachsen bilden ein Dreieck. Bestimmen Sie den Umfang dieses Dreiecks.
d) Überprüfen Sie, ob der Punkt $P(-2\,|\,4\,|\,6)$ in der Ebene E_1 oder in E_2 liegt.
e) Die Ebene E_2 schneidet die x-Achse im Punkt X und die y-Achse im Punkt Y. Bestimmen Sie den Flächeninhalt des Dreiecks XYP mit $P(-2\,|\,4\,|\,6)$.
f) Bestimmen Sie eine Gleichung einer Ebene E^*, die die Schnittgerade aus b) enthält und senkrecht auf E_2 steht.

5. Gegeben sind die Ebenen E_1 durch die Punkte $A(2\,|\,1\,|\,1)$, $B(5\,|\,5\,|\,3)$ und $C(4\,|\,3\,|\,2)$ und E_2 durch den Punkt $P(3\,|\,5\,|\,3)$ und dem Normalenvektor $\vec{n} = \begin{pmatrix} 1 \\ -1 \\ 1 \end{pmatrix}$.

a) Stellen Sie eine Koordinatengleichung von E_1 sowie eine Normalengleichung von E_2 auf.
b) Zeigen Sie, dass sich die Ebenen E_1 und E_2 schneiden. Bestimmen Sie eine Gleichung der Schnittgeraden sowie den Schnittwinkel.
c) Bestimmen Sie die Spurgeraden g_{xy} und h_{xy} der Ebenen E_1 und E_2.
Unter welchem Winkel schneiden sich diese Spurgeraden?
d) Bestimmen Sie eine Gleichung einer Geraden h, die durch $Q(2\,|\,3\,|\,3)$ geht und zu den Ebenen E_1 und E_2 parallel verläuft.
e) Die Ebene E_2 wird am Ursprung gespiegelt. Wie lautet die Gleichung des Spiegelbildes E_2'?

6. Gegeben sind die Ebenen E_1: $\vec{x} = \begin{pmatrix} 10 \\ 10 \\ -2 \end{pmatrix} + r \cdot \begin{pmatrix} 1 \\ -1 \\ 0 \end{pmatrix} + s \cdot \begin{pmatrix} 0 \\ 1 \\ -2 \end{pmatrix}$ und
E_2: $4x + 4y + 2z = 16$.

a) Bestimmen Sie eine Normalengleichung von E_2.
b) Unter welchem Winkel schneidet die Ebene E_2 die x-y-Koordinatenebene?
c) Bestimmen Sie die relative Lage der Ebenen E_1 und E_2 zueinander.
d) Bestimmen Sie die Spurgerade g_{xy} der Ebene E_2.
e) Bestimmen Sie eine Normalengleichung einer Ebene H, die die Ebene E_2 in deren Spurgerade g_{xy} senkrecht schneidet.

7. Die Punkte A(0 | 0 | 0), B(8 | 6 | 0), C(2 | 8 | 0) bilden die dreieckige Grundfläche einer Pyramide P mit der Spitze S(4 | 6 | 6).

a) Zeichnen Sie ein Schrägbild der Pyramide P.

b) Bestimmen Sie das Volumen der Pyramide P.

c) Gesucht sind eine Koordinatengleichung sowie die Achsenabschnittspunkte der Ebene E durch die Punkte B, C und S.

d) Die Ebene F: $\vec{x} = \begin{pmatrix} 1 \\ 5 \\ 2 \end{pmatrix} + r \begin{pmatrix} 2 \\ 2 \\ 1 \end{pmatrix} + s \begin{pmatrix} 3 \\ 7 \\ 3 \end{pmatrix}$ schneidet die Pyramide P.

Welche Form und welchen Umfang hat die Schnittfläche?

e) Trifft ein von P(9 | 13 | 5) ausgehender Lichtstrahl, der auf einen in der Höhe z = 1 auf der z-Achse liegenden Punkt gerichtet ist, die Pyramide P?

8. In einem kartesischen Koordinatensystem sind der abgebildete Würfel ABCDEFGH mit der Seitenlänge 4 sowie die Ebene ε: $y + 2z = 10$ gegeben.

a) Geben Sie die Koordinaten der Würfeleckpunkte an.

b) Die Ebene ε schneidet den Würfel ABCDEFGH. Berechnen Sie die Eckpunkte der viereckigen Schnittfläche und untersuchen Sie, um welches spezielle Viereck es sich handelt.

c) Berechnen Sie den Abstand des Koordinatenursprungs von der Ebene ε sowie den Lotfußpunkt auf ε.

d) Berechnen Sie die Volumina der Teilkörper, in die ε den Würfel zerlegt.

e) Berechnen Sie den eingezeichneten Winkel α.

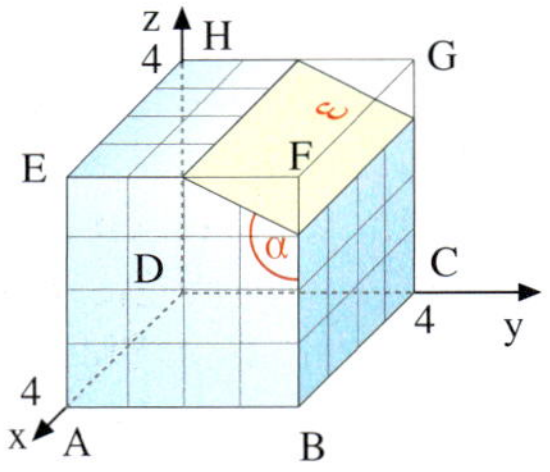

9. Gegeben sind in einem kartesischen Koordinatensystem die Punkte A(7 | 5 | 1), B(2 | 5 | 1) und D(7 | 2 | 5).

a) Zeigen Sie, dass die Vektoren $\overrightarrow{AB}$ und $\overrightarrow{AD}$ orthogonal sind und gleiche Beträge haben.

b) Bestimmen Sie die Koordinaten eines Punktes C so, dass ABCD ein Quadrat wird. Bestimmen Sie die Koordinaten des Quadratmittelpunktes M.

c) Das Quadrat ABCD ist die Grundfläche einer Pyramide mit der Spitze S(4,5 | 11,5 | 9). Zeigen Sie, dass $\overline{MS}$ die Höhe der Pyramide ist.
Berechnen Sie das Volumen der Pyramide.

d) Es existiert eine weitere Pyramide mit derselben Grundfläche ABCD und demselben Volumen. Berechnen Sie die Koordinaten der Spitze S′ dieser weiteren Pyramide.

e) Die Punkte A, B und T(7 | 6 | 3) bestimmen eine Ebene E. Diese Ebene E wird von der Pyramidenhöhe $\overline{MS}$ in einem Punkt P durchstoßen. Berechnen Sie die Koordinaten des Punktes P.

10. Gegeben sind die Punkte $A(3|2|-1)$, $B(-2|2|-1)$, $C(0|-2|-1)$ und $P(1-2a|-3a|a+2)$ $a \in \mathbb{R}$, $a \neq 0$).

a) Zeigen Sie, dass das Dreieck ABC gleichschenklig, aber nicht gleichseitig ist.

b) Die Punkte A, B und C bestimmen eine Ebene E. Welche besondere Lage hat E im Koordinatensystem? Für welchen Wert für a liegt P in E?

c) Begründen Sie, dass genau ein Punkt D existiert, der mit den Punkten A, B und C eine Raute bildet. (Raute: ebenes Viereck mit vier gleich langen Seiten)
Bestimmen Sie die Koordinaten von D.

d) Das Dreieck ABC bildet mit einer Spitze S eine Pyramide. Bestimmen Sie die Koordinaten einer Spitze S, für die das Volumen der Pyramide 100 beträgt.

e) Das Dreieck $A'B'C'$ entsteht durch senkrechte Projektion von ABC in die x-y-Ebene. Welchen Radius hat der Umkreis dieses Dreiecks? Wo liegt sein Mittelpunkt M'?

11. Gegeben sind die Punkte $A(-2|-1|-1)$, $B(2|-1|3)$, $C(0|3|1)$ sowie die Geraden g_a mit der Gleichung $\vec{x} = \begin{pmatrix} 3 \\ 4 \\ a \end{pmatrix} + r \begin{pmatrix} 2 \\ -1 \\ 2 \end{pmatrix}$, $a \in \mathbb{R}$.

a) Zeigen Sie, dass der Punkt C auf keiner der Geraden g_a liegt.

b) Die Gerade h verläuft durch die Punkte A und C. Für welches a schneidet g_a die Gerade h in genau einem Punkt? Bestimmen Sie den Schnittpunkt S.

c) Begründen Sie, dass die Geraden g_2 und h windschief sind.
Bestimmen Sie ihren Abstand.

d) Durch den Punkt $P(2|3|3)$ verläuft eine zu h parallele Gerade k. Zeigen Sie, dass k das Dreieck ABC in ein Dreieck mit dem Inhalt A_1 und in ein Trapez mit dem Inhalt A_2 zerlegt. In welchem Verhältnis $A_1 : A_2$ stehen ihre Flächeninhalte?

12. Gegeben sind die Punkte $A(2|1|3)$, $C(3|8|3)$ sowie die Geraden g_a mit der Gleichung $\vec{x} = \begin{pmatrix} 3-a \\ 3+3a \\ 3 \end{pmatrix} + r \begin{pmatrix} -3 \\ 4 \\ 0 \end{pmatrix}$, $a \in \mathbb{R}$.

a) Zeigen Sie, dass der Punkt A auf der Geraden g_{-2} liegt.
Für welchen Wert für a liegt der Punkt C auf g_a?

b) Alle Geraden g_a liegen in einer Ebene E. Beschreiben Sie die besondere Lage von E und bestimmen Sie eine Koordinatengleichung von E.

c) Zeigen Sie, dass keine der Geraden g_a durch den Ursprung verläuft.

d) Eine der Geraden g_a hat den kürzesten Abstand zum Ursprung. Bestimmen Sie diesen Abstand sowie eine Gleichung der entsprechenden Geraden.

e) Es existieren ein Punkt B auf der Geraden g_3 und ein Punkt D auf der Geraden g_{-2}, die mit den Punkten A und C ein Quadrat bilden. Bestimmen Sie die Koordinaten von B und D.

13. Geraden

Gegeben sind die Geraden g: $\vec{x} = \begin{pmatrix} 0 \\ 2 \\ -5 \end{pmatrix} + r \begin{pmatrix} 1 \\ 2 \\ -2 \end{pmatrix}$ und h: $\vec{x} = \begin{pmatrix} 1 \\ 10 \\ -7 \end{pmatrix} + s \begin{pmatrix} -1 \\ 1 \\ 2 \end{pmatrix}$.

a) Bestimmen Sie den Schnittpunkt S von g und h.
Bestimmen Sie den Schnittwinkel von g und h.

b) Durch g und h ist eine Ebene E festgelegt.
Bestimmen Sie eine Parametergleichung von E.
Stellen Sie E anschließend in Koordinatenform dar.
Bestimmen Sie den Schnittpunkt sowie den Schnittwinkel von E mit der x-Achse.

c) Bestimmen Sie zwei zu h senkrechte Geraden u und v, die durch den Punkt S gehen.

d) Stellen Sie eine Gleichung der Ebene F auf, in der die Geraden u und v liegen.
Welche Lage haben die Ebenen E und F zueinander?

e) Für jedes $a \in \mathbb{R}$ ist durch g_a: $\vec{x} = \begin{pmatrix} 0 \\ 2 \\ -5 \end{pmatrix} + t \begin{pmatrix} a \\ 1+a \\ -2a \end{pmatrix}$ eine Gerade festgelegt.
Gibt es einen Wert für a, für den g_a parallel zu h verläuft?
Für welchen Wert für a verläuft g_a senkrecht zu h?

f) Untersuchen Sie, für welche Werte von a sich die Geraden g_a und h schneiden bzw. windschief zueinander sind.
Bestimmen Sie ggf. auch den Schnittpunkt.

14. Geraden

Gegeben sind die Geraden g: $\vec{x} = \begin{pmatrix} 3 \\ 1 \\ -4 \end{pmatrix} + r \begin{pmatrix} -2 \\ 1 \\ 2 \end{pmatrix}$ und h: $\vec{x} = \begin{pmatrix} 7 \\ 8 \\ 1 \end{pmatrix} + s \begin{pmatrix} -1 \\ 2 \\ -2 \end{pmatrix}$.

a) Zeigen Sie, dass die Geraden g und h windschief zueinander verlaufen.

b) Bestimmen Sie eine Parametergleichung der Ebene E, die die Gerade g enthält und parallel zur Geraden h verläuft.
Unter welchem Winkel schneidet E die x-y-Ebene?

c) Welchen Abstand hat die Gerade h zur Ebene E?

d) Für jedes $a \in \mathbb{R}$ ist durch g_a: $\vec{x} = \begin{pmatrix} 3 \\ 1 \\ 4 \end{pmatrix} + t \begin{pmatrix} 2a \\ 1 \\ 1-a \end{pmatrix}$ eine Gerade festgelegt.
Zeigen Sie: Jede der drei Koordinatenachsen wird von der Geraden g_a geschnitten.
Bestimmen Sie die drei Schnittpunkte.
Die Schnittpunkte bilden zusammen mit dem Ursprung eine Dreieckspyramide.
Bestimmen Sie deren Volumen.

e) Welche Gerade g_a enthält den Punkt $P(-1\,|\,5\,|\,10)$?
Welchen Abstand hat diese Gerade zur Geraden g?

15. Die Bahnen zweier Flugzeuge werden als geradlinig angenommen, die Flugzeuge werden als Punkte angesehen. Das erste Flugzeug bewegt sich von $A(0|-50|20)$ nach $B(0|50|20)$. Das zweite Flugzeug nimmt den Kurs von Punkt $C(-14|46|32)$ auf Punkt $D(50|-18|0)$. Eine Einheit entspricht 1 km.

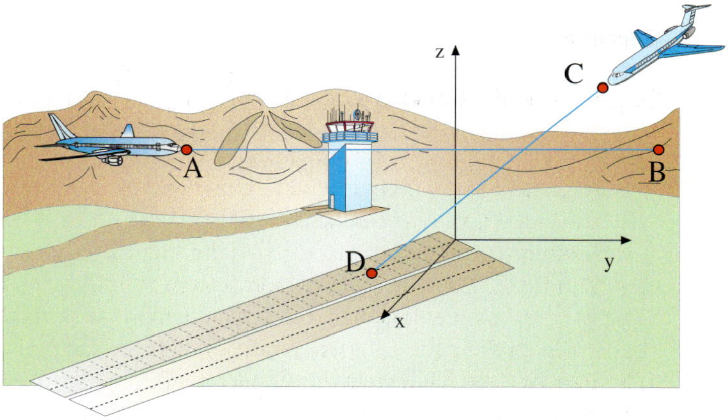

a) Untersuchen Sie, ob die beiden Flugzeuge bei gleichbleibenden Kursen zusammenstoßen könnten. (Die Geschwindigkeiten der Flugzeuge bleiben unberücksichtigt.)

b) Das 2. Flugzeug ändert nach der Hälfte der Strecke $\overline{CD}$, in dem Punkt M, seinen Kurs, da ein Nebel aufkommt. Das 2. Flugzeug fliegt nun von M aus über $T(0|25|20)$ nach D. Berechnen Sie die Länge des durch den neuen Kurs entstandenen Umweges.

c) Untersuchen Sie, ob die beiden Flugzeuge auf dem neuen Kurs zusammenstoßen könnten (ohne Berücksichtigung der Geschwindigkeiten).

d) Untersuchen Sie, ob es dem 2. Flugzeug gelungen ist, rechtzeitig vor der schmalen Nebelfront, die sich durch die Ebene E: $2x - 2y - z = 20{,}8$ beschreiben lässt, seinen Kurs zu ändern.

16. Auf der schiefen Ebene einer Bergwiese steht ein Kirchturm mit einer regelmäßigen Pyramide der Höhe $h = 10$ als Dach.

Für die Koordinaten (s. Abbildung) gilt:

$A(10|0|0)$, $B(10|10|0)$, $C(0|10|2)$, $E(10|0|20)$

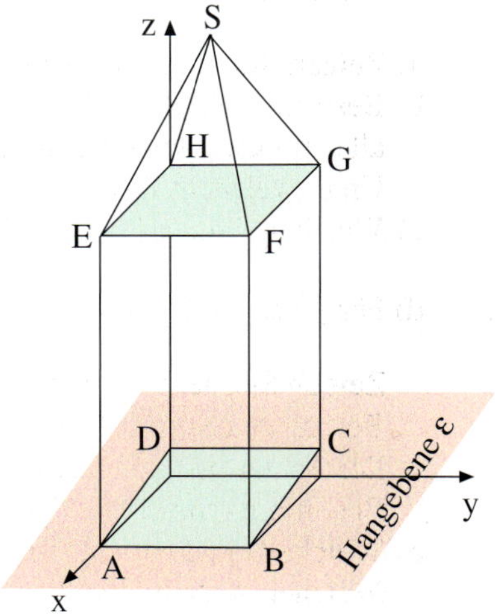

a) Bestimmen Sie eine Gleichung der Hangebene ε in Parameterform und in Normalenform.

b) Welchen Abstand hat die Turmspitze S zur Hangebene ε?

c) Zu einer gewissen Tageszeit fällt Sonnenlicht in Richtung $\vec{v} = \begin{pmatrix} -2 \\ 0{,}5 \\ -2{,}5 \end{pmatrix}$ auf den Turm.

Von der Turmspitze S fällt dann ein Schatten auf den Hang. Bestimmen Sie die Koordinaten des Schattenpunktes S* auf dem Hang.

d) Eine Dachfläche ist für den Betrieb von Solarzellen geeignet, wenn das einfallende Licht möglichst senkrecht einfällt. Prüfen Sie, ob eine der vier Dachflächen dieses Kriterium erfüllt.

e) Welcher Punkt P im Innern des Dachraumes hat von den 5 Ecken der Dachpyramide den gleichen Abstand? Bestimmen Sie diesen Abstand.

17. Einflugschneise

Ein Flugzeug befindet sich im Landeanflug. Es bewegt sich auf einer geraden Flugbahn g durch die Punkte A(25 | 2 | 5) und B(15 | 7 | 3). Die Einflugschneise wird durch zwei Geraden g_1 und g_2 begrenzt, welche durch die Punkte C(10 | 4 | 2) und D(0 | 10 | 0) bzw. E(10 | 20 | 2) und F(0 | 14 | 0) gehen (Angabe in km).

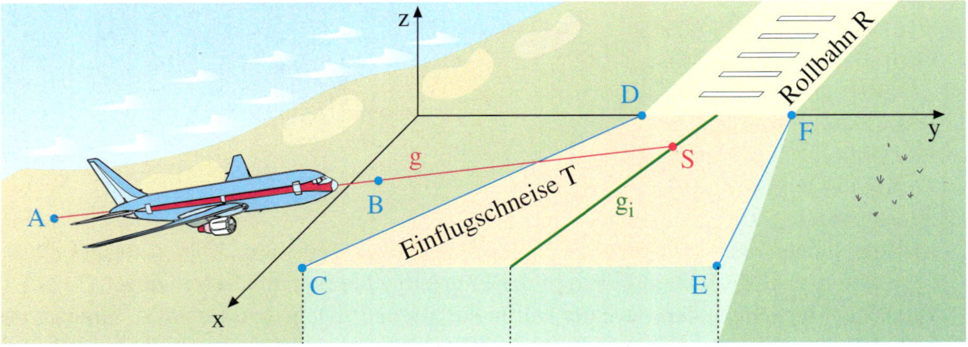

a) Bestimmen Sie die Gleichungen der beiden Begrenzungsgeraden g_1 und g_2. Zeigen Sie, dass diese eine Ebene T aufspannen. Wie lautet die Gleichung der Ebene T?

b) Welchen Winkel bildet die Ebene T (Einflugschneisenebene) mit der Rollbahnebene R, welche wie abgebildet in der x-y-Ebene liegt?

c) Wie lautet die Gleichung der Flugbahngeraden g des Flugzeugs?

d) Die in der Mitte der Einflugschneise verlaufende Gerade g_i ist die ideale Linie für den Landeanflug. Wie lautet die Gleichung der Geraden g_i? Zeigen Sie, dass die Bahn g des Flugzeugs die Ideallinie g_i schneidet. Wo liegt der Schnittpunkt S?

e) Berechnen Sie, um welchen Winkel der Pilot den Kurs in S korrigieren muss, um auf die Ideallinie g_i einzuschwenken.

f) Das Flugzeug hat eine Geschwindigkeit von 500 $\frac{km}{h}$. Wie lange dauert der Landeanflug von Punkt A bis zum Aufsetzen am Beginn der Rollbahn?

18. Hubschrauberkurs

Ein Hubschrauber fliegt einen geradlinigen horizontalen Kurs, der durch die Punkte A(7 | 2 | 0,1) und B(11 | 3 | 0,1) führt. Eine Einheit im Koordinatensystem sind 10 km.

a) Welchen Abstand hat der Hubschrauber im Punkt B von einer Gewitterfront, die durch die Ebene E: $x + 2y - 2z - 40{,}8 = 0$ im Koordinatensystem beschrieben wird?

b) In welchem Punkt P würde der Hubschrauber die Gewitterfront erreichen?

c) Weisen Sie nach, dass der Punkt Q(23 | 6 | 0,1) auf der Flugbahn des Hubschraubers liegt und von diesem vor Erreichen der Gewitterfront passiert wird.

d) Im Punkt Q ändert der Pilot den Kurs, indem er unter Beibehaltung seiner Horizontalrichtung in einen Steigflug übergeht, der ihn parallel zur Gewitterfront fliegen lässt. Geben Sie die Gerade an, welche die Bahn des Hubschraubers nach der Kurskorrektur beschreibt. Berechnen Sie den Winkel der Richtungsänderung.

e) Welchen Abstand zur Gewitterfront hat der Hubschrauber nach der Kursänderung?

f) Die Gewitterfront erstreckt sich bis in 4 km Höhe. In welchem Punkt kann der Hubschrauberpilot frühestens wieder in einen Horizontalflug übergehen, wenn er nicht in die Gewitterfront fliegen will?

19. Winkelhaus

Ein Winkelhaus hat die rechts dargestellten Maße.

a) Bestimmen Sie die Koordinaten von A, B, C, E und F.

b) Bestimmen Sie die Gleichungen der Firstgeraden g_{BD} und g_{FD}. Hinweis: Die Richtungsvektoren sind einfach zu bestimmen.

c) Berechnen Sie den Punkt D als Schnittpunkt der Firstgeraden g_{BD} und g_{FD}.

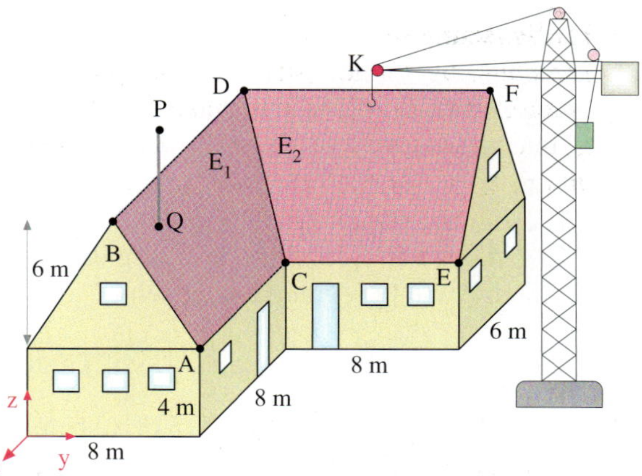

d) Wie lautet die Gleichung der Kehlgeraden g_{DC}? Wie lang ist die Dachkehle $\overline{DC}$?

e) Welchen Winkel bildet die Dachfläche E_2 zwischen der Kehle $\overline{CD}$ und der Traufe $\overline{CE}$?

f) Die Dachfläche E_2 soll komplett mit Solarzellen belegt werden. Wie groß ist die zu belegende Fläche? (Hinweis: Zerlegen Sie die Dachfläche in zwei Dreiecke und verwenden Sie die vektorielle Formel für den Flächeninhalt des Dreiecks.)

g) Die Spitze der abgebildeten Antenne hat die Koordinaten $P(-2\,|\,5\,|\,12{,}5)$. In welchem Punkt Q durchstößt die Antenne die Dachfläche E_1? (Hinweis: Stellen Sie zunächst die Gleichung der Ebene E_1 auf.)

h) Sonnenlicht in Richtung des Vektors $\vec{v} = \begin{pmatrix} -4 \\ 2 \\ -7 \end{pmatrix}$ erzeugt einen Schatten der Antenne auf der Dachfläche E_1. Berechnen Sie den Schattenpunkt P′ der Antennenspitze P.

i) Die Auslegerspitze des Kranes hat die Koordinaten $K(11\,|\,12\,|\,26)$. Von dort soll ein Seil zur Dachfläche E_2 gespannt werden. Wie lang muss das Seil mindestens sein?

20. Drachenflug

Ein von der Flugüberwachung kontrollierter Luftraum wird von einer Ebene E begrenzt. Sie enthält die Punkte $A(0\,|\,500\,|\,0)$, $B(100\,|\,500\,|\,0)$ und $C(0\,|\,600\,|\,100)$ (alle Angaben in m). Die Erdoberfläche liegt in der x-y-Ebene.

a) Bestimmen Sie eine Ebenengleichung von E in Normalenform.

b) Welchen Winkel schließt die Ebene E mit der Erdoberfläche ein?

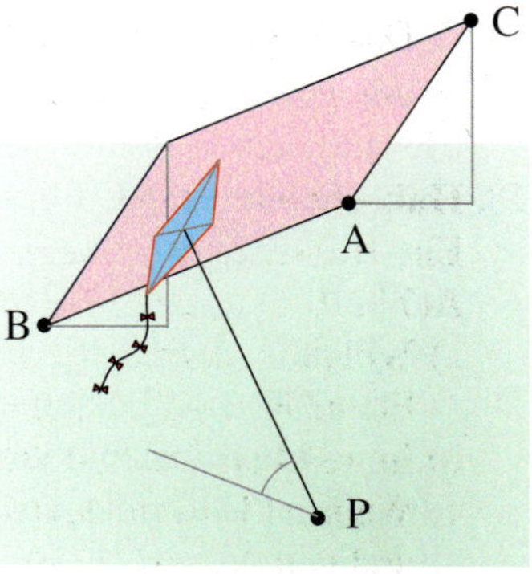

c) In einem Punkt $P(2500\,|\,750\,|\,25)$ knapp außerhalb des überwachten Flugraums befinden sich Kinder, die einen Drachen aufsteigen lassen. Durch den Wind stellt sich die Schnur in Richtung des Vektors $\vec{w} = \begin{pmatrix} -10 \\ -50 \\ 25 \end{pmatrix}$. Ab welcher Schnurlänge gelangt der Drachen in den überwachten Flugraum?

d) Der Wind dreht, so dass sich die Schnur in Richtung $\vec{u} = \begin{pmatrix} 10 \\ 50 \\ z \end{pmatrix}$ stellt und mit der Erde einen Winkel von 45° bildet. Berechnen Sie zunächst den Wert des Parameters z. Bestimmen Sie dann den Winkel zwischen der alten und der neuen Lage der Drachenschnur.

21. Dachflächen und Sonnensegel

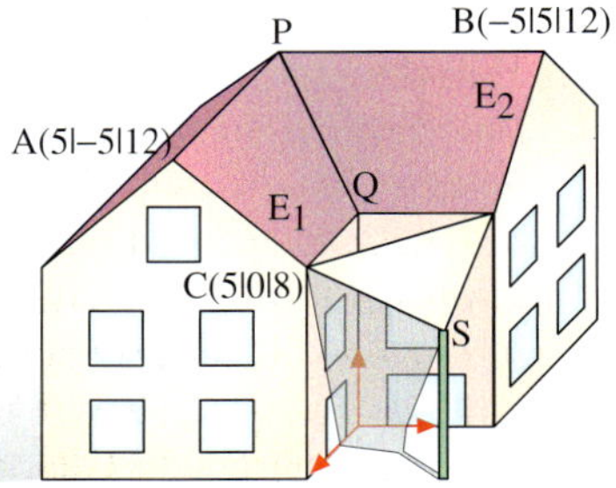

a) Stellen Sie die Gleichung der Dachebene E_1 des Doppelhauses in Parameter- und die Gleichung von E_2 in Koordinatenform dar.

b) Bestimmen Sie die Gleichung der Schnittgeraden g von E_1 und E_2. Wie lang ist die durch P und Q begrenzte Dachkehle?

c) Sonnenlicht fällt in Richtung $\begin{pmatrix} -1 \\ -1 \\ -2 \end{pmatrix}$ ein und trifft das Sonnensegel, das an dem senkrechten Mast mit der Spitze $S(5\,|\,5\,|\,6)$ befestigt ist. Welchen Inhalt hat das Sonnensegel?

d) Konstruieren Sie rechnerisch den Schatten S′ der Spitze S des Sonnensegels.

22. Flussbrücke

Die Oberfläche eines im betrachteten Bereich geradlinig fließenden Flusses befindet sich in der x-y-Ebene. Die x-Achse zeigt nach Süden, die y-Achse nach Osten. Der Punkt $A(10\,|\,5\,|\,0)$ liegt in Fließrichtung gesehen am rechten Flussufer, der Punkt $B(2\,|\,13\,|\,0)$ liegt genau gegenüber.

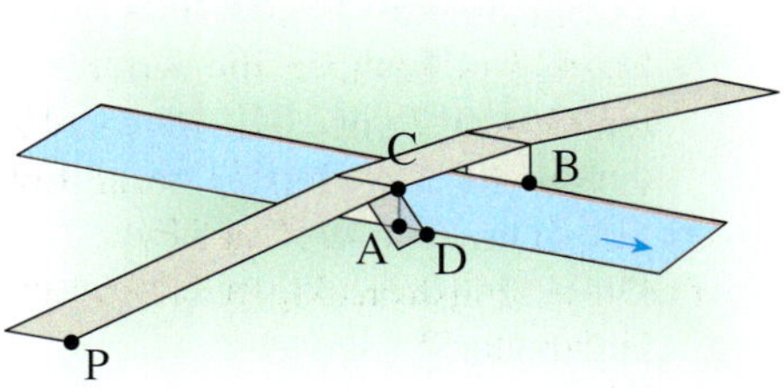

a) Geben Sie die geographische Fließrichtung sowie die Breite des Flusses an.

b) Eine Brücke soll den Fluss in 30 m Höhe waagerecht überqueren. Geben Sie eine Gleichung der Brückenebene an.

c) Die Auffahrt zur Brücke beginnt im Punkt P, der 10 m über dem Wasserniveau liegt, und verläuft in Richtung $\vec{v} = \begin{pmatrix} -10 \\ 10 \\ 1 \end{pmatrix}$ bis zum Punkt C, der senkrecht über A liegt. Wie lang ist die Auffahrt? In welchem Winkel zum Erdboden steigt die Auffahrt an?

d) Nahe dem Flussufer befindet sich im Punkt $D(9\,|\,2\,|\,2)$ der Fußpunkt einer Fußgängertreppe, die nach C führt. Wie steil und wie lang ist die Treppe?

23. Fußball

Die Punkte $A(0\,|\,0\,|\,0)$, $B(0\,|\,740\,|\,0)$, $C(0\,|\,740\,|\,250)$ und $D(0\,|\,0\,|\,250)$ sind Eckpunkte eines Fußballtores. Einer Einheit im Koordinatensystem entspricht 1 cm. Der Fußball wird als punktförmig angenommen und alle Flugbahnen als geradlinig.

a) Spieler 1 köpft den Ball aus $P(850\,|\,-90\,|\,135)$ in Richtung des Vektors $\vec{v} = \begin{pmatrix} -10 \\ 10 \\ -1 \end{pmatrix}$. Zeigen Sie, dass er den Pfosten trifft.

b) Der Kopfball aus a) prallt am Pfosten ab, d. h., er wird sozusagen reflektiert. Unter welchem Winkel und in welchem Punkt berührt er den Boden?

c) Spieler 2 köpft einen Ball aus der Position $R(475\,|\,1070\,|\,195)$ in Richtung der Position $S(150\,|\,420\,|\,0)$. Gelangt der Ball ins Tor, falls der Torwart nicht eingreift?

24. Hausdach

Ein Haus besitzt wie abgebildet drei Dachflächen E_1 (sichtbar), E_2 (nicht sichtbar) und E_3 (Gaube). Das Haus hat Wandmaße von 10 m (Länge) und 8 m (Breite). Es ist 9 m hoch. Die beiden unteren Dachtraufen liegen in 3 m Höhe. Ihr horizontaler Abstand zur Wand beträgt jeweils 1 m. An den beiden Giebelseiten hat das Dach ebenfalls 1 m Überstand.

a) Bestimmen Sie die Koordinaten der Punkte A, B, C, D, E, F und K.

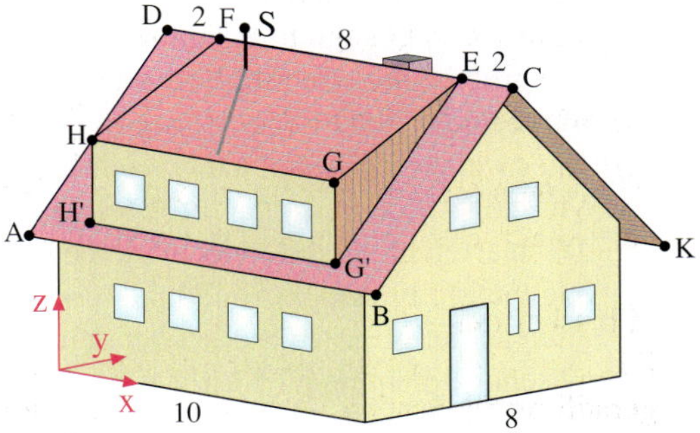

b) Bestimmen Sie die Gleichungen der Dachflächenebenen E_1 und E_2 in Parameter- und Normalenform.

c) Unter welchem Winkel steigt die Dachfläche E_1 an?

d) Welchen Winkel bilden E_1 und E_2 miteinander?

e) Die Eckpunkte G und H des Gaubendaches besitzen die Koordinaten $G(9|0|7)$ und $H(1|0|7)$. Wie lauten die Koordinaten ihrer Lotfußpunkte G' und H' auf E_1?

f) Die beiden dreieckigen Seitenwände der Gaube sind mit Holz verkleidet. Wie groß ist der Holzbedarf?

g) Die Satellitenantenne mit die Spitze $S(3|3|10)$ wirft durch das Sonnenlicht in Richtung des Vektors $\vec{v} = \begin{pmatrix} 2 \\ -3 \\ -2 \end{pmatrix}$ einen Schatten. Liegt der Schatten vollständig auf dem Gaubendach?

25. Pyramide

Die Punkte $A(0|-1|0)$, $B(1|-4|0)$ und $C(4|-3|0)$ sind die erhaltenen Eckpunkte der Grundfläche einer quadratischen Pyramide, die teilweise eingestürzt ist und die rekonstruiert werden soll. Einer Einheit im Koordinatensystem entsprechen 100 m.

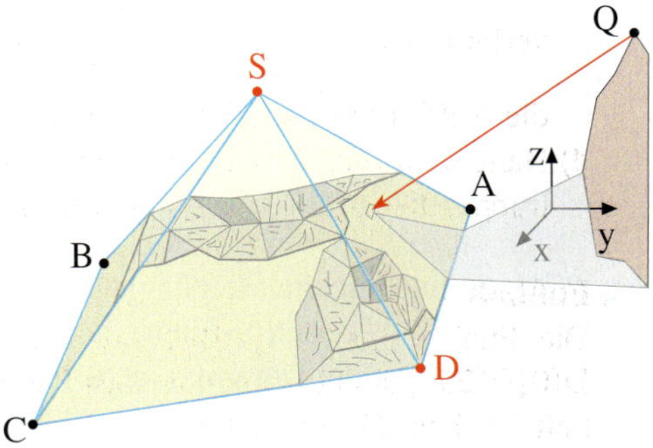

a) Weisen Sie nach, dass das Dreieck ABC gleichschenklig und rechtwinklig ist. Berechnen Sie die Grundseitenlänge der Pyramide.

b) Ergänzen Sie das Dreieck zu einem Quadrat ABCD. Bestimmen Sie den Mittelpunkt M des Quadrates sowie die Koordinaten der fehlenden Ecke D. Senkrecht über Punkt M lag ursprünglich die Spitze S der Pyramide ABCDS, die eine Höhe von 200 m hatte. Zeichnen Sie die Pyramide.

c) Bestimmen Sie die Gleichung der Ebene E, welche die Pyramidenseite DAS enthält, in Parameter- und in Normalenform. Bestimmen Sie den Flächeninhalt und die Winkelgrößen im Dreieck DAS.

d) Der Legende nach weist orthogonal auf die Dreiecksfläche DAS fallendes Sonnenlicht durch den Punkt $Q\left(\frac{1}{2}\middle|\frac{5}{3}\middle|\frac{7}{2}\right)$ auf einen geheimen Eingang der Pyramide hin. In welchem Punkt P lag dieser geheime Eingang ursprünglich?

26. Flugbahnen

Ein Flieger F_1 fliegt in einer Minute vom Punkt $A(3|-2|5)$ zum Punkt $B(5|0|4)$. Ein zweiter Flieger F_2 fliegt gleichzeitig vom Punkt $C(6|2|6)$ zum Punkt $D(8|3|5)$. Alle Angaben in km.

a) Stellen Sie die Gleichungen der Fluggeraden f_1 und f_2 auf.
b) Welchen Abstand hat Punkt A zur Geraden f_2?
c) Zeigen Sie, dass die Flugbahnen windschief zueinander sind. Wie groß ist die kürzeste Entfernung zwischen den Flugbahnen?
d) Wo befindet sich Flieger F_2, wenn Flieger F_1 in $P(9|4|2)$ angekommen ist?
e) Unter welchem Winkel nähert sich Flieger F_1 dem Erdboden (x-y-Ebene)?
f) Wie lange nach dem Durchfliegen von Punkt A hat Flieger F_1 die kritische Höhe von 100 m erreicht, wo befindet er sich dann?
g) Wie müsste Flieger F_1 im Punkt A seine Flugrichtung ändern, wenn er sich nach 5 Minuten an der gleichen Stelle über dem Erdboden wie ohne Änderung aber in einer Höhe zwischen einem und 2,5 km befinden will?
h) Die Flugbahnen aus g) liegen in einer Ebene E. Stellen Sie eine Ebenengleichung auf. In welchem Punkt durchfliegt Flieger F_2 diese Ebene?

27. Lärmschutzdamm

Ein Lärmschutzdamm hat die abgebildete Form.
Die bahnseitige Böschung kann durch die Ebenengleichung E_1: $3x + 4y - 5z = -13$, die ortsseitige Böschung wird durch E_2: $3x + 4y + 10z = 87$ beschrieben, während die Dammkrone in der Ebene E_3: $z = 5$ liegt.

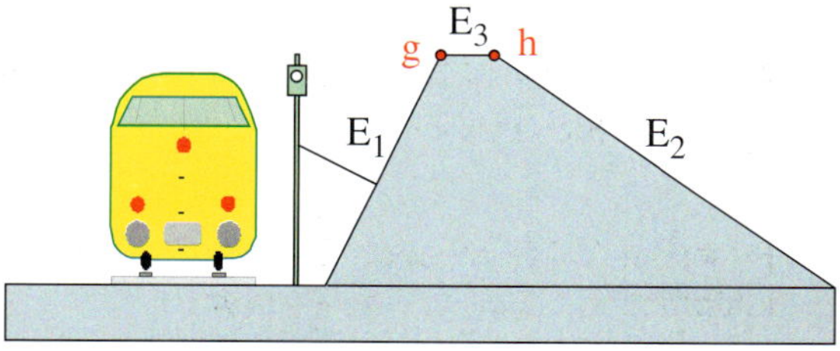

Zeichnung nicht maßstäblich

a) Bestimmen Sie die Gleichungen der Begrenzungsgeraden g und h der Wallkrone, d. h. die Schnittgeraden von E_3 mit E_1 und E_2.
b) Bestimmen Sie die Steigungswinkel der beiden Böschungen, d. h. die Schnittwinkel von E_1 und E_2 mit der x-y-Ebene.
c) Wie breit ist die Dammkrone, d. h. der Abstand von g und h?
d) Wie breit ist der Dammbasis?
e) Wie abgebildet steht ein 5 m hoher Signalmast im Punkt $P(0|-4,5|0)$. Er ist in 3 m Höhe durch ein senkrecht zur Böschung gespanntes Seil gesichert. Wie lang ist das Befestigungsseil?
f) Wie viel Erdreich wird für den 1 km langen Damm benötigt?

28. Gegeben sind die Vektoren $\vec{a}_t = \begin{pmatrix} -1 \\ 1 \\ t-1 \end{pmatrix}$, $\vec{b}_t = \begin{pmatrix} 1 \\ 0 \\ 1-2t \end{pmatrix}$, $\vec{c}_t = \begin{pmatrix} t \\ 2 \\ -1 \end{pmatrix}$ mit $t \in \mathbb{R}$.

a) Zeigen Sie, dass die Vektoren $\vec{a}_t$, $\vec{b}_t$, $\vec{c}_t$ für $t = -1$ linear abhängig sind.
Bestimmen Sie die Dimension des Untervektorraums U des Vektorraums V_3, der aus allen Linearkombinationen dieser drei Vektoren besteht.

Überprüfen Sie, ob der Vektor $\vec{d} = \begin{pmatrix} -1 \\ 4 \\ 1 \end{pmatrix}$ zu U gehört.

Bestimmen Sie eine parameterfreie Darstellung von U und interpretieren Sie U geometrisch.

b) Zeigen Sie, dass $\{\vec{a}_2, \vec{c}_2\}$ eine Basis des Untervektorraums

$$W = \left\{ \begin{pmatrix} x \\ y \\ z \end{pmatrix} \in V_3 \mid -3x + y - 4z = 0 \right\} \text{ von } V_3 \text{ ist.}$$

c) Für welche $t \in \mathbb{R}$ bilden die Vektoren $\vec{a}_t$ $\vec{b}_t$, $\vec{c}_t$ eine Basis von V_3?

d) Für welchen Wert von $t \in \mathbb{R}$ sind $\vec{b}_t$ und $\vec{c}_t$ orthogonal?

e) $\{\vec{v}_1, \vec{v}_2\}$ sei eine Basis irgendeines zweidimensionalen Vektorraums V.
Zeigen Sie, dass auch $\{\vec{v}_1 + \vec{v}_2, \vec{v}_1 - \vec{v}_2\}$ eine Basis von V ist.

29. P_2 sei der Vektorraum der Polynomfunktionen höchstens 2. Grades mit den üblichen Verknüpfungen + und · für Funktionen.

a) Zeigen Sie, dass $B = \{f_1, f_2, f_3\}$ mit $f_1(x) = 2$, $f_2(x) = 1 - x$, $f_3(x) = 2x + x^2$ eine Basis von P_2 ist.

b) Stellen Sie $p(x) = 3x^2 - 2x + 4 \in P_2$ bzgl. der Basis B dar.

c) Die Elemente von B aus a) erhält man aus der kanonischen Basis $B_0 = \{1, x, x^2\}$ durch die Matrizengleichung

$\begin{pmatrix} f_1 \\ f_2 \\ f_3 \end{pmatrix} = \begin{pmatrix} 2 & 0 & 0 \\ 1 & -1 & 0 \\ 0 & 2 & 1 \end{pmatrix} \cdot \begin{pmatrix} 1 \\ x \\ x^2 \end{pmatrix}$. Welche Matrix B erfüllt die Gleichung $\begin{pmatrix} 1 \\ x \\ x^2 \end{pmatrix} = B \cdot \begin{pmatrix} f_1 \\ f_2 \\ f_3 \end{pmatrix}$?

d) Für welche $t \in \mathbb{R}$ bildet $\{-x^2 + 2x + 3, 2x^2 + x + 3, 3tx^2 + x + t\}$ eine Basis von P_2?

e) U sei die Menge aller Funktionen f aus P_2 mit $f(0) = 1$. V sei die Menge aller Funktionen f aus P_2, die symmetrisch bezüglich der Geraden $x = 1$ sind.
Welche der Teilmengen U und V von P_2 bilden eine Untervektorraum von P_2? Welche Dimension hat gegebenenfalls der Untervektorraum? Geben Sie dafür eine Basis an.

30. Wildwasserfahren

Ein Produzent von Schlauchbooten stellt aus vier Rohstoffen R_i(Gummi, Kunststoff, Holz, Seil) die Zwischenprodukte Z_i (Bodenbrett, Paddel, Rumpfschläuche) und aus diesen drei Bootsmodelle E_i (Paddelboot, Badeinsel, Wildwasserboot) her.
Der Teilebedarfsgraph beschreibt den Prozess. Die Zahlenangaben sind Mengeneinheiten.

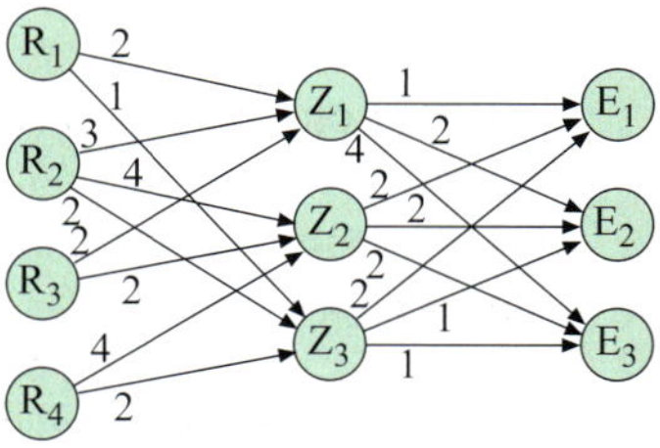

a) Stellen Sie die beiden Stufen des Produktionsprozesses durch die Matrizen A und B dar. Jede Spalte von A steht für ein Zwischenprodukt und gibt dessen Rohstoffe an. Jede Spalte von B steht für ein Endprodukt und gibt dessen Zwischenprodukte an.
b) Berechnen Sie die Matrix C, deren Spalten für die Endprodukte stehen und angeben, welche Rohstoffe dafür benötigt werden.
c) Welche Rohstoffe müssen wöchentlich bereitgestellt werden, wenn von jedem Endprodukt 50 Einheiten produziert werden sollen?
d) Welche Fertigproduktanzahlen sind mit folgender Reserve von Zwischenprodukten herstellbar? Z_1: 50, Z_2: 60, Z_3: 45
e) Die Nachfrage nach dem Endprodukt E_3 hat sich auf 60 Einheiten / Woche erhöht. Von E_2 werden nach wie vor 50 Einheiten nachgefragt. Die Produktion von E_1 kann beliebig gedrosselt werden, da Lagerbestände vorhanden sind. Reichen die folgenden wöchentlichen Rohstoffzuteilungen aus? Z_1: 900, Z_2: 2650, Z_3: 1300, Z_4: 1600

31. Tennisbälle

Eine Firma stellt Tennisbälle her, die aus zwei in Form einer Acht zugeschnittenen Netzteilen zusammengenäht werden. Es gibt einfarbige sowie bunte Bälle, die wie abgebildet als zu je vier Bällen in den Verkauf kommen.

Rohstoffe R_1, R_2 — Zwischenprodukte Z_1, Z_2, Z_3 — Endprodukte E_1, E_2

a) Stellen Sie den Produktionsprozess zunächst als Pfeildiagramm dar.
b) Stellen Sie den Materialbedarf für beide Produktionsstufen in Form von zwei Matrizen A und B dar. Welche bedeutung hat die Matrix C = AB?
c) Berechnen Sie den Rohstoffbedarf für 50 Packungen E_1 und 100 Packungen E_2.

32. Bevölkerungswanderung

Der Osten Deutschlands wird langfristig mehr als die Hälfte seiner Einwohner verlieren. Diese Prognose ist das Ergebnis von Untersuchungen des Leibniz-Instituts für Länderkunde in Leipzig.

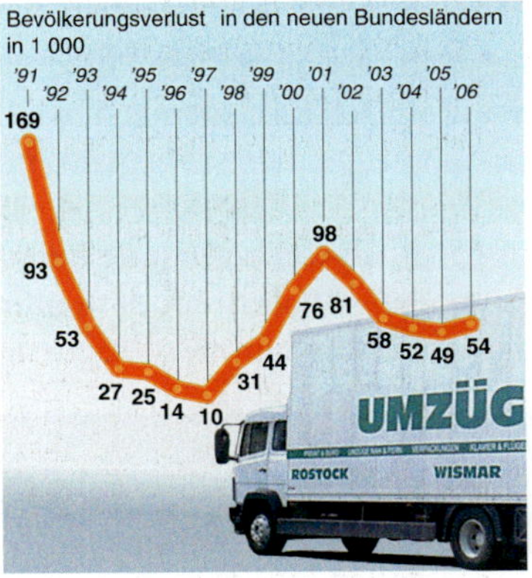

Die Einwohnerzahl der westlichen Bundesländer betrug 2005 ca. 70 Millionen, die der östlichen Bundesländer betrug ca. 13 Millionen. Im Jahresdurchschnitt zogen ca. 1,2 % der Ostdeutschen nach Westdeutschland, während in umgekehrer Richtung nur 0,1 % der Westdeutschen nach Ostdeutschland zogen.

a) Zeichnen Sie den Übergangsgraphen und stellen Sie die Übergangsmatrix M auf (Weitere Wanderungsbewegungen, Geburten etc. werden vernachlässigt).
b) Welche Bevölkerungszahlen ergaben sich für Osten und Westen für die Jahre 2006, 2007 und 2010?
c) Welche Bevölkerungsverteilung ergibt sich langfristig? Berechnen Sie hierzu den Fixvektor der Matrix M. Interpretieren Sie die Ergebnisse. Wie lautet die Grenzmatrix?
d) Wie stark müßte die Wanderung von Osten nach Westen forciert werden, um den Bevölkerungsverlust im Osten bei 10 Millionen Menschen zu stoppen?

33. Rotwild

Ein Forstbezirk ist in drei Jagdbezirke unterteilt. Der Förster registriert die Wanderbewegungen des Rotwildes zwischen den Jagden. Die Übergangstabelle beschreibt das jährliche Wanderverhalten.

nach \ von	J_1	J_2	J_3
J_1	0,6	0,1	0,2
J_2	0,2	0,8	0,3
J_3	0,2	0,1	0,5

Im Jahr 2011 zählt der Förster folgende Rotwildbestände in den einzelnen Jagden:
J_1: 400, J_2: 400, J_3: 200

a) Berechnen Sie, welche Bestände an Rotwild die vier Jagdpächter in den nächsten beiden Jahren erwarten können.
b) Welche langfristige Entwicklung ist bei unverändertem Verhalten zu erwarten?
c) Abschüsse, Geburten, Zu- und Abgänge in andere Regionen beeinflussen den Tierbestand in den Jagden folgendermaßen: J_1: 50 % Verlust, J_2: 50 % Verlust, J_3: 100 % Zugewinn, bezogen auf den jeweiligen Tierbestand.
Untersuchen Sie, wie sich dies bei sonst unverändertem Übergangsverhalten in den nächsten zwei Jahren auf den Tierbestand der drei Jagden auswirkt.

Werkzeug zur Raumgeometrie

Die Lagebeziehungen von Punkten, Geraden und Ebenen können mithilfe von 3-D-Geometriesoftware anschaulich gemacht werden. Darüber hinaus liefern solche Programme Schnittpunkte bzw. Schnittgeraden sowie Abstände und Winkel.

Auf der Buch-CD wird unter dem Mediencode 254-1 ein solches universelles Werkzeug zur analytischen Geometrie des dreidimensionalen Raumes bereitgestellt. Die folgende Abbildung zeigt die Anwendung des Programms auf die Untersuchung der Lagebeziehung zweier Ebenen.

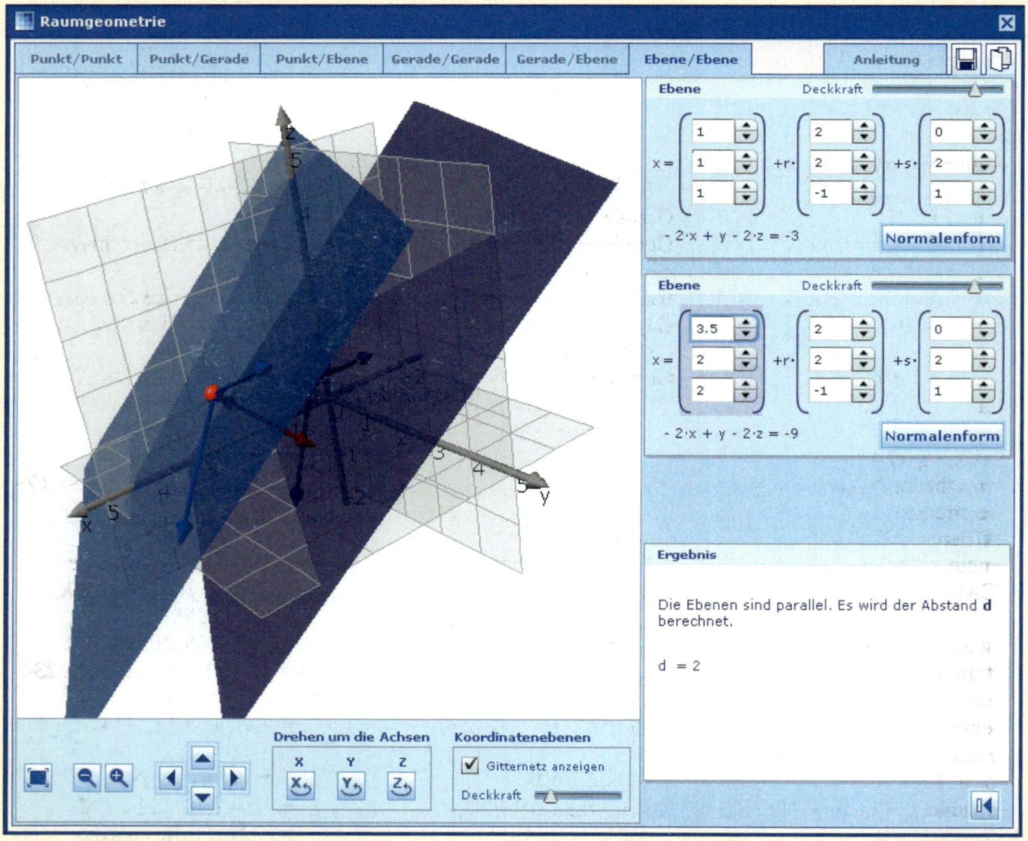

Das Programm gestattet die Eingabe von Punktkoordinaten, Geraden- und Ebenengleichungen. Im grafischen Ausgabefenster werden die geometrischen Objekte dargestellt. Das Bild lässt sich vergrößern und verkleinern, verschieben und um die Achsen drehen. Im Fenster rechts unten erfolgt die Ausgabe von Schnittobjekten und Winkeln bzw. von Abständen.

Übung

Bearbeiten Sie zunächst ausgewählte Übungen zu Lagebeziehungen von Punkten, Geraden und Ebenen sowie zur Bestimmung von Schnittelementen sowie zu Schnittwinkel- und Abstandsberechnungen, um sich mit dem Geometrie-Werkzeug vertraut zu machen. Verwenden Sie anschließend das Werkzeug bei der Überprüfung Ihrer Lösungen von komplexen Aufgaben.

Stichwortverzeichnis

Bildnachweis

Titelfoto Wikimedia/CC/Nikados; **9** picture-alliance/Bildagentur Huber/F. Mader; **10** picture-alliance/Berlin Picture Gate/Uhlemann; **15, 24** akg-images; **25** picture-alliance/Bildagentur Huber/F. Damm; **29** picture-alliance; **33** M.C. Escher's „Symmetry Drawing E 22“ © 1999 Cordon Art B.V. – Baarn – Holland. All rights reserved; **54** Deutsches Museum, München; **59** Wikimedia/CC/Johannes Robalotoff; **82** picture-alliance/dpa/W. Thieme; **87** Wikimedia/GNU/Michael Paul Gollmer (Mipago); **115** Visum/Bernd Ehler; **157** Werner Otto, Oberhausen; **165** Deutsches Museum, München; **180** c't – Magazin für Computertechnik, Heft 8/2003, Seite 82/Heise Zeitschriftenverlag, Hannover; **181** Wikimedia/GNU/Mylius; **183** Wikipedia/GNU/Eva K.; **184-1, 184-2, 185-1, 185-2** Cornelsen Verlagsarchiv; **203** Wikipedia/C/Karsten11; **209, 218** Cornelsen Verlagsarchiv; **219** Schokologo e.K., Düsseldorf; **225** Fotolia.com/TAJ; **226-1** Fotolalia.com/amridesign; **226-2, 227** Cornelsen Verlagsarchiv; **228** Fotolalia.com/Kufferather; **230-1** Fotolalia.com/Nancy Tubb; **230-2** Fotolalia.com/TSOMBOS ALEXIS; **232, 233** Cornelsen Verlagsarchiv; **237** Wikimedia/GNU/Presse03; **248** picture-alliance/dpa/Report/Hanschke; **252** picture-alliance/dpa/Lou Avers; **253-1** picture-alliance/ Stat. Bundesamt/infografik; **253-2** Fotolalia.com/Friedrich Hart

In einigen Fällen war es uns nicht möglich, die Rechteinhaber zu ermitteln. Selbstverständlich werden wir berechtigte Ansprüche im üblichen Rahmen vergüten.